总主编　庞国明

宝宝健康**益智**

小绝招

（第三版）

主编　王　虹　王喜聪　王学孔　孔宪遂

U0313597

中国医药科技出版社

内 容 提 要

　　本书通过对婚姻、孕产、新生儿养护、喂养与营养、生活卫生、心理教育、防病治病、体育锻炼、意外事故与急救等就生儿育女的宜忌进行详细解说，内容充实易懂，语言生动活泼，全书共搜集780例养护小偏方，是准爸妈、准爷奶的良师益友、指导专家。此书带领您轻松养护健康宝贝，全家老少快乐每一天。

图书在版编目（CIP）数据

　　宝宝健康益智小绝招／王虹等主编．—3版．—北京：中国医药科技出版社，2014.5

　　（小绝招丛书）

　　ISBN 978-7-5067-6740-8

　　Ⅰ．①宝…　Ⅱ．①王…　Ⅲ．①婴幼儿—哺育
Ⅳ．①TS976.31

　　中国版本图书馆CIP数据核字（2014）第063923号

美术编辑　陈君杞
版式设计　郭小平

出版　中国医药科技出版社
地址　北京市海淀区文慧园北路甲22号
邮编　100082
电话　发行：010-62227427　邮购：010-62236938
网址　www.cmstp.com
规格　880×1230mm $^1/_{32}$
印张　13$^1/_8$
字数　321千字
初版　1994年4月第1版
版次　2014年5月第3版
印次　2014年5月第3版第1次印刷
印刷　三河市汇鑫印务有限公司
经销　全国各地新华书店
书号　ISBN 978-7-5067-6740-8
定价　**29.80元**
本社图书如存在印装质量问题请与本社联系调换

丛书编委会

总主编　庞国明

副主编　郑万善　韩建涛　王　虹　张景祖

编　委　（按姓氏笔画排序）

王红梅　王利平　王凯锋　王喜聪

朱恪材　朱　璞　李军武　李丽花

李　慧　张庆伟　庞国胜　庞勇杰

郑万善　娄　静　韩建涛　谢卫平

本书编委会

主　编　王　虹　王喜聪　王学孔　孔宪遂

编　委　（按姓氏笔画排序）

马超颖　孔宪遂　王　虹　王　珂

王学孔　王喜聪　王永梅　尹贵锦

刘素云　邢彦伟　庞勇杰　郭闪闪

三版前言

Preface

奔小康，首先要健康。国家提出了到2020年实现人人享有卫生保健和"健康中国"的目标。因此，人们对健康的渴求与日俱增。从"三餐温饱"到"防病治病"，再到今天的"养生保健"，这每一步都是人们对自我关注度的提升，对健康长寿的追求，对"天年"百岁的渴望。在日新月异的世界给我们带来便利的同时，也给健康带来了威胁。环境的变化、工作的繁忙、生活的压力等使人们对"健康"和"养生保健"的消费成为奢侈。为此，我们在中国医药科技出版社的笔训下出版了《小绝招丛书》，以期通过我们整理先贤的小、单、偏、验、食疗方药，对人们追寻健康提供些帮助。

该丛书1994年4月出版，2000年2月修订再版，新书的每次面世，都被很快抢购一空，虽已九次重印，但仍不能满足广大读者朋友的需求。时光荏苒，十四个春秋已悄然流过，然书中之方多取自新世纪之前的资料文献，恐有"古方今病不相能"之嫌，何况临床科研发展迅速，新理论、新方药、新成果层出不穷。为使该丛书的内容得到不断充实、不断更新、日趋完善。我们本着去伪存真、去粗取精、增新务实、升华提高、方便读者的原则，于2014年1月始至今，对该丛书进行了全面修订。

《小绝招丛书》第三版就要和大家见面了，希望她能在前两版的基础上，进一步给广大读者朋友带去更多的防病治病讯息，也期望广大读者在阅读之余，提出批评和建议，以使我们不断进步，不断为大家提供更多、更好地健康知识。

最后，感谢为本丛书的出版而努力的各位工作人员。

丛书编委会
2014年3月

再版前言
Preface

　　健康之心，人皆有之；长寿之想，人皆盼之。随着社会的不断进步，人人健康已成为一种大趋势，究其实现途径大约有三：首先是对人类发病数最大的未病（尚未形成疾病）人群开展"从源预防，无病先防"；其次是对已发的各种常见病、多发病、疑难病采取积极有效的综合治疗，"既病防变，截断病势"，促进逆转，力争早日康复；第三是加强健康宣传教育，普及保健常识，提高全民健康意识和自我保健能力。为此，我们在中国医药科技出版社的大力支持下，于1994年编著出版了《小绝招丛书》，共计8册，约200余万言。

　　该丛书自1994年4月问世后，很快售之一空，虽已3次重印，发行总数达20余万册，但全国各地索购此丛书的信函、电话有增无减。惜于该丛书的取材多为1993年以前的文献资料和经验报道。大有"古方今病不相能"之嫌，更何况在临床科研发展较快的今天，新理论、新方药、新成果不断出现。为能使该丛书的内容得到不断充实、不断更新，日趋完善。我们本着去伪存真、去粗存精、增新务实、升华提高、方便医患的原则，于1998年2月始至今，对该丛书进行了全面修订。

　　《小绝招丛书》即将和广大读者见面了，希望她能在首版的基础上，进一步给广大读者带来更有益的感受、更新的收获。也希望广大读者对这一健康之树的小小"绿叶"予以关心、爱护，使她不断地吸收阳光和养分，为人类的健康做出贡献。

　　最后，诚望广大患者在阅读之余，提出批评和建议，以资修订重版。

丛书编委会
2000年2月

目 录
Contents

第三章　新生儿养护宜忌 ⋯⋯⋯⋯⋯⋯⋯⋯⋯⋯ 133

第一章 孕前宜忌

◉ 婚期选择宜讲究

选择合适的时间举行婚礼，这要根据男女双方的实际情况而定。一般情况下，选择婚期应从以下几个方面考虑。

一看季节。春季万物复苏，气候温和，景色迷人；秋季气候凉爽，天高云淡，都是旅游结婚的黄金季节，这时的景物必然为婚礼增辉。冬季虽然气候寒冷，但对举行冰上婚礼却提供了得天独厚的条件。而水上婚礼，夏季无疑最为合适。

二看身体和心理。男女双方需选择自己心理状态、思想情绪、生理状态较好、工作压力不大、时间充裕的时期举行婚礼。但应避免在女方月经来潮时举行婚礼，以免给夫妻生活蒙上阴影。如果婚礼当天正好是新娘的月经期，那将是一件让人烦恼的事情。所以，如果新娘的生理周期很有规律，可以计算出她的月经期；或者如果不可避免的挑选到新娘的生理周期或其生理周期不规律而无法确定月经期时，可以在婚期来临前10天向医生请教，若无禁忌证，在医生的指导下于婚期前服用药物，尽可能地让婚礼日期避开新娘的月经期。一般可以将月经期往后推移或提前。

三看特定节日。我国传统节日和特定纪念日很多，选择春节、新年、中秋节等节日举办婚礼，增添了热烈隆重气氛。有的现役军人，选择在建军节举行婚礼。还有少数民族选择民族重大节日，如白族"三月三"、傣族"泼水节"、藏历新年等，一方面感受少数民族民风，一方面为婚礼增添气氛。

◎ 幸福婚姻五宜

即便是较为完美的婚配，也须不断地磨炼和培育。婚姻幸福的因素大致有五宜。

一宜要有成熟的爱情观。在为数众多的人看来，爱情是一种热切的、具有浪漫色彩的激情。另外还有一些人则对于这种激情仅是处于接收的被动位置。然而，这都不是爱情，只能说是爱情的从属物，是一种随着心情和环境的变化而变化的情感。成熟的爱情观认为，对方的安宁和幸福应比自己的安宁和幸福更为重要。正如有人说，真正的爱情就是准确地估计和满足爱人的正当需要。

二宜不断交流思想。工作之余，夫妇坐在一块儿就家务的计划和问题，就某些不快或误解，以及就生活的各方面进行诚心地交谈。这样，困难与烦恼将会在最初阶段得以解决，而不至于积重难返。这种通过语言交流来互相体谅的习惯一旦形成，婚姻生活就会经得起更大的压力和更严峻的考验。

三宜学会延缓享乐。这个问题是自我控制力与忍耐力的结合。夫妇双方应当乐于放弃一时的享乐，以便将来获得更大的收益。如有些人往往不注意积蓄一部分钱，为家庭作长远打算，他们只是把兴趣过多地放在了眼前的享乐上。由于这类问题争吵不休而濒临离婚的夫妇，应当认识到，离婚并不能改变自己面临的根本问题。这类矛盾，还将可能伴随着他们进入下一次的婚姻关系中。

四宜学会互相忍让，不要苛求对方。婚姻的幸福与否取决于两人能否做出共同的努力：生活中有了分歧，你不能过多地期望改变对方，而要明白真正可以改变的只能是你本人。有人说过，思考决不会使客观事物为你做出改变，却会使你改变得能顺应和驾驭客观事物。

五宜掌握表示体贴温存的艺术。任何一个人都乐于爱人对自己温存。一句对爱人随口说出的称赞的话，作一个小小的手势来表示"你的举止很美"，一束出乎对方意料之外的鲜花，或者一张藏在衣袋里或枕头下表示关切的便条，都会在感情上得到意想不到的效果。

◎ 新婚夫妇宜食补

新婚夫妇的饮食调剂从婚前两周就应开始注意，作好每天的营养调配，有利于夫妇的特殊营养需要，因夫妇在婚前为办婚事忙碌，精力耗损很大，婚后有较频繁的性生活，造成疲惫也很自然，肾精随之消耗，中医有新婚多虚的说法，新婚期间易出现肾虚。如果不充分补给营养，不仅夫妇双方的健康受到损害，从优生的角度来说，对孕育第二代也会造成不良后果。

夫妇新婚期间的营养调配，主要是补充蛋白质、维生素与无机盐。

1. 补充蛋白质 在总热量充足的前提下，膳食中应有多样、丰富的优质蛋白质食物，包括鱼、虾、禽、蛋、鸡、鸭、羊肉、牛肉、猪肉、豆制品等。

2. 充足的维生素 尽量多吃豌豆、扁豆、土豆、南瓜、青蒜、大枣、菜花、莴苣、胡萝卜、西红柿、雪里蕻、绿叶蔬菜、动物肝脏、植物油、柑橘、核桃、花生、木耳、芝麻等亦有补肾滋阳之效。

3. 无机盐不可少 传统的饮食，钙、磷、铁、碘，锌、硫、铬、硒等元素往往不足，所以新婚夫妇应多吃含有这些元素的食物，如冬瓜、蚕豆、洋葱、大蒜、木耳、海带、紫菜、鱼虾、海参、禽蛋、红糖、葡萄、山药、核桃、桂圆、蜂蜜、黄花菜、骨头汤等。其中钙的补充量每人每日不能低于 700 毫克。如缺少，在性生活后会出现腰痛、腿痛、骨盆痛等症状，可每天进食些豆腐、豆浆、虾皮、芝麻酱等食物为宜。同时，也可服用一些含锌丰富的动物性食品，如牡蛎、鸡肝、瘦鸡肉、蛋类等。

◎ 生龙育凤宜优生

每一个家庭和父母都希望自己有优质的后代，所生的孩子既聪明活泼、智力超群、身体健康，又有良好的品德，这无疑给家庭带来愉快与幸福。如果出生的孩子是个痴呆儿，家庭就谈不上愉快和幸福。从国家和民族来讲，生育后代是优质的，就为整个民族兴旺发达、国家繁荣昌盛奠定了基础。如果所生后代是劣质的，既不成才，又不能丢弃，就成为社会的沉重负担，根本谈不上民族兴旺和国家强盛。因此，优生对于家庭幸福、民族兴旺、国家富强具有十分重要的意义。

优生学是以遗传学理论为基础，以人类生物学属性为对象，研究改善人类遗传素质的一门自然科学。通俗地说，就是人类育种学。具体一点说，优生就是防止和减少遗传病的发生，以及从妊娠开始，对孕妇和胎儿进行监护，避免各种物理因素（如放射线、缺氧）、化学因素（如药物、中毒等）、生物因素（如病毒感染等）对胎儿产生有害影响，使所生婴儿是优良的。

◎ 婚前体检需要做什么

1. 做好健康询问 了解双方以往健康状况，如曾患何种疾病，有无遗传病，配偶双方间有无近亲血缘关系，避免近亲结婚。了解父母、家族的健康情况，有无遗传或先天缺陷等家族病史。

2. 体格检查 分全身一般检查和生殖器官检查。

（1）全身一般检查，包括发育情况，有无畸形，重要脏器心、肝、肾、肺的功能状况等。

女性：一般检查、血常规、尿常规、肝功2项、肾功3项、血脂2项、空腹血糖、内科、外科、眼科检查＋裂隙灯、眼底、耳鼻喉、口腔、腹部超声、胸部透视、红外乳透、心电图、妇科检查、巴氏。

男性：一般检查、血常规、尿常规、肝功2项、肾功3项、血脂2项、空腹血糖、内科、外科、眼科检查＋裂隙灯、眼底、耳鼻喉、口腔、腹部超声、胸部透视、心电图、盆腔超声。

（2）检查生殖器官是否正常，及时发现有无生器官畸形或异常。如男性的尿道下裂、包茎等，女性的处女膜闭锁、先天性无阴道、阴道隔膜等。还要进行必要的化验检查，如血型、梅毒、艾滋病检查等。

3. 进行必要的性教育，优生学、宣传以及对避孕方法的选择、计划生育的安排作必要的指导 可采取展览、录像、录音、讲课等多种形式。

◎ 哪些妇科病宜婚前治愈

1. 生殖器异常　有处女膜闭锁、阴道狭窄、无阴道的未婚女子，婚前应治愈，以免影响婚后的性生活。

2. 继发性痛经　继发性痛经大多是子宫、卵巢发育不良、卵巢功能不全等，此外还有子宫前倾、后倾、子宫颈管狭窄等，通常手术治疗效果较佳。

3. 闭经　不论是原发性闭经还是继发性闭经，都要到医院仔细检查，找出发病原因再进行对症治疗，特别是一些炎症、结核等引起的闭经，只有治愈原发疾病，才能解决闭经的问题；对于功能性闭经的患者，通过治疗多数可以恢复月经，有少数人则很难治愈。

4. 子宫颈炎　不注意外阴卫生或经期卫生，或有手淫习惯的女性，均易发生感染，引起子宫颈炎，出现白带增多、腰酸腹痛、阴道瘙痒等症状，性交时也会感到不适。

5. 子宫肌瘤　这是一种良性肿瘤，可生长在子宫的不同部位，从而引起各种症状，如阴道流血、白带增多、下腹疼痛等。如肿瘤很小，数量不多，可行保守治疗。如果肿瘤大，阴道流血等症状明显，则应手术摘除。

6. 盆腔炎　经常穿透气性差的涤纶丝三角内裤、健美裤、牛仔裤等，加之不注意外阴卫生，易引起盆腔炎。盆腔炎可用药物很快治愈，但一定要注意外阴的清洁卫生。

◎ 受孕前后应该注意饮食调整，补充多种维生素

1. 要多食富含优质蛋白质的食物　因为蛋白质是一切生命的物质基础，这不仅是因为蛋白质是构成机体组织器官的基本成分，更重要的是蛋白质本身不断地进行合成与分解。这种合成、分解的对立统一过程，推动生命活动，调节机体正常生理功能，保证机体的生长、发育、繁殖、遗传及修补损伤的组织，同时有益于协调男性内分泌功能以及提高精子的数量和质量。如深海鱼虾、牡蛎、大豆、瘦肉、鸡蛋等。

2. 多吃水果蔬菜 不仅女性要多吃，男性也要多吃水果蔬菜。因为水果蔬菜中含有的大量维生素是男性生殖生理活动所必需的。一些含有高维生素的食物，对提高精子的成活质量有很大的帮助。如维生素 A 和维生素 E 都有延缓衰老、减慢性功能衰退的作用，还对精子的生成、提高精子的活性具有良好效果。

3. 严格戒烟禁酒 在男性吸烟者中正常精子数减少 10%，且精子畸变率有所增加，吸烟时间越长，畸形精子越多，精子活力越低。而女人抽烟的危害也是很大的，因为烟中大量的有害物质会降低女性的生育能力，还可以引起流产，造成分娩婴儿的畸形率明显增高。

◎ 新婚避孕三宜

新婚夫妇暂时不想生育，宜采用哪些方法呢？

1. 宜采用避孕套 由于新娘阴道较紧，最好与避孕套合用，这样既可提高避孕效果，又增加阴道内的滑润感，还可降低阴茎龟头的敏感性，促使性生活和谐，是新婚首选的避孕方法。

2. 宜服用避孕药 每日服药，可免去性生活前的麻烦。若无肝肾疾患，短效口服避孕药从新婚前月经的第五天开始服药，每晚服 1 片，连续服 22 片，待来月经第五天再服第二个月药。漏服易发生避孕失败，一般应停药半年再怀孕。另一种是 18 甲探亲药。这是速效避孕药，服药不受月经周期限制，新娘可在结婚前一天晚上开始服药，每晚 1 片，连服 15 天。注意只能当月使用，月经后改用其他方法，或改服短效药。新婚佳期若不能错开月经期，可在月经前服药，既可推迟月经，又可避孕，具有一举两得的优点。

3. 宜采用外用避孕药具、避孕药膜、避孕栓或避孕片 在同房前 5 ～ 10 分钟放人阴道深处，使用方法简便，容易掌握。

应该指出，人工流产是"不得已"采用的补救措施，千万不能用人工流产代替避孕。

◎ 孕前丈夫宜注意什么

大量的事实已经证实，父亲与胎儿的健康情况有关，因为胎儿有 1/2 的基因来自父亲。这 1/2 的基因是否正常对胎儿来说非常重要。因此，丈夫在妻子怀孕前应注意以下几点。

（1）如果丈夫在孕前反复接触有毒有害物质，如农药、汞、铅、一氧化碳、某些病毒感染等，均可致丈夫的精子畸形，活力不足，成活率低或数量少，这样的精子如果受孕，出生的孩子容易畸形或流产。

（2）男性多嗜烟、酒，而烟、酒对生殖细胞均有毒性，影响精子的质量，故酒后所受孕的胎儿在体力和智力都比正常儿差一些。

（3）丈夫在妻子受孕前穿紧身裤将对产生精子不利，导致受精卵质量下降。

（4）丈夫因服用某些药物致精子畸形，若受孕则会出现呆痴儿、无脑儿等。

（5）父亲是常染色体显性遗传病者，则即使与正常妇女结婚，将有一半子女发病；若父亲是常染色体隐性遗传病者，与正常妇女结婚，后代为致病基因携带者：许多遗传病是父亲传给子女的。

◎ 影响受孕的因素

1. 女性输卵管不通　输卵管是受孕的重要生殖器官。精子和卵子在这里相遇，形成受精卵。如果输卵管有炎症，管腔部分阻塞，受精卵容易滞留在输卵管，形成宫外孕。

2. 母体营养不良会降低卵子活力　许多女性为了保持苗条的身材而经常过度的节食，这样会使身体缺乏某些营养素。母体的营养不足会直接影响孕初刚形成的胚胎发育，因为孕初正是心、肝、肾、肠、胃等重要器官分化时期，脑也在快速发育，必须从母体获得各种充足的营养，所以孕前一代要加强营养。

3. 精神过于紧张压抑会影响受孕　现代心理学研究和临床调查表明，精神心理因素在女性不孕方面占有很大的比例。所以除了去做一些相关或必要检查外，一定要注意放松精神，保持心情愉快，轻松。

4. 经常洗热水浴伤及精子　曾有研究表明睾丸温度升高会影响

精子功能，长时间的热水浴，使阴囊处于高温状态下，破坏精子生成的最佳温度，影响正常精子的产生。

5. 性生活过频会降低精子的成活率并可能产生抗体

临床研究显示，性生活过于频繁不仅只是降低精子的质量，影响受孕，还会在血液中形成一些抗体，形成受孕障碍。在精子和精液中含有许多蛋白质，这些异性蛋白在女性生殖道被吸收后成为抗原，诱发女性体内发生免疫反应，继而在女性生殖道局部组织或血液中产生抗体。所以适当控制性生活次数，有利于怀孕和优生。

◎ 受孕时机选择

什么时候受孕合适，一般说来。应该抓住以下几个时机。

（1）在身体最佳时期受孕，双方身体都处于良好状态，切忌在病中或患病初愈或极度疲劳时受孕。据调查资料证实，男女双方或一方如果处于严重疾病或体质虚弱时受孕，可影响下一代健康，致使畸胎、死胎、流产和低能儿的发病率增加。只有健康的身体才能排出健康且有很强生命力的精子和卵子，从而形成一个健康的胚胎。

（2）选择最佳情绪时受孕，双方的心理必须处于良好的状态下，要避免在精神状态不佳、情绪低落时受孕。因为情绪不好可影响受精过程和受精质量，继而影响胎儿的性格：专家们发现，夫妻同房时情绪也是造成胎儿发育不良和先天疾病的因素之一。还指出，如果在夫妻双方情绪高涨和智力高峰时受孕，所生的孩子有可能性格活泼开朗，聪明伶俐。

（3）选择最佳季节受孕，科学表明，6～8月是受孕最佳季节。因为这个季节受孕，可避开胚胎大脑形成期间，季节流行病如风疹、流感、腮腺炎、脑膜炎等对孕妇的侵害。同时分娩避开了三伏天的酷暑和冬季严寒，使母子都能在不冷不热的季节中安然地生活。另外，整个妊娠过程和分娩时期，母子都会有充足的阳光照射，以满足孕妇和胎儿的维生素 D 的需要，减少孕妇和胎儿因缺钙引起的各种疾病。

◎ 哪些人宜进行遗传咨询

遗传咨询就是医生与未来的父母、家庭或有关人员之间，就遗传方面有关的问题进行商谈。那么，哪些人宜进行遗传咨询呢？

（1）近亲相恋或已近亲婚配者。

（2）同病（遗传病）相恋的情侣。

（3）家族中有遗传病史的夫妇。

（4）患有遗传性疾病、突变基因携带者或两性畸形者。

（5）不孕或习惯性流产、早产、死亡的夫妇。

（6）头胎生的是先天缺陷儿，已批准生育二胎者。

（7）35岁以上高龄或羊水过多症的孕妇。

（8）孕期曾接触过农药、放射线照射、病毒感染、使用有害药物等畸形因素的孕妇。

为对咨询者提出的有关遗传问题提供正确指导，咨询要经过三个程序：①确诊。首先从家谱调查，了解家族中发病史和发病规律，结合患者临床表现，生化检测和细胞染色体分析，最后确定是患有某种遗传病。②预测。根据已确诊该病的传递方式，遗传特点和规律，推算出复发的风险率。③防范。根据已预测本遗传病复发的风险率，就如何治疗及阻断突变基因的传递，包括婚姻、生育、选择性流产等优生原则，向咨询者提出切实可行的指导。

◎ 已婚生育年龄妇女宜尽早知道怀孕

年轻夫妇婚后面临一个现实问题就是要生儿育女，为了提早对胎儿采取保护措施，避免有害因素的影响，有利于优生。原来妊娠初期（头3个月）是胎儿发育最重要的时期，胎儿的脑、心脏、五官和四肢都是在这一阶段开始形成的。如果这时不知道自己已经怀孕，在生活上不去注意保护胎儿，免不了会随便用药，不自觉地与有毒有害物质接触，以及在体育锻炼和劳动中不加防范，在性生活上不检点，很容易对胎儿造成畸形，死胎儿和流产。因此，凡已婚生育年龄妇女应尽早知道怀孕。

那么怎样知道是否怀孕呢？妇女一般是一个月左右来一次月经，前后相差不过几天，如无特殊情况（如高烧、过度疲劳、精神过度紧张等），月经 40 天还不来，就很有怀孕的可能。除了月经过期以外，受孕后一部分人还会出现一些伴随症状如：①恶心、呕吐，最早可能发生在末次月经后 5 周，多数在一个半月左右。症状在清晨比较明显，怀孕三个月以后就会自然消失。②感觉疲乏无力，有点发懒，好困，感到不太舒服。③有人腋下不适，乳房发胀或有乳房刺痛，乳头和乳晕色素加深。④小便次数增多但每次量不多，这是由于妊娠子宫逐渐增大。压迫膀胱引起的。以上表现，只是妊娠早期可能出现的一些现象，还必须请医生检查，才能做出明确诊断。

◎ 做好产前检查是生育健康宝宝的基础

根据中华医学会围产分会制定的指南要求推荐无妊娠并发症者妊娠 10 周进行首次产检并登记信息后，孕期需 7 次规范化产检，分别是 16、18～20、28、34、36、38、41 周；既往未生育过者，还应在 25、31、40 周分别增加 1 次，共计 10 次。低危孕妇产前检查的次数，整个孕期 7～8 次较为合理，高危孕妇检查次数增多，具体情况按照病情不同而定。

1. 详细询问病史　内容包括年龄、胎产次、职业、月经史，了解初潮年龄及月经周期，若为经产妇，应了解以往分娩情况，有无难产史、死胎死产史、分娩方式，末次分娩或流产日期，新生儿情况，既往史有无高血压、心脏病等；本次妊娠过程，出现早孕反应的时间、程度，有无发热、病毒感染和其他不适，用药情况等；丈夫健康情况，双方家族史中需要注意有无出生缺陷和遗传病，对于相关的疾病需要进行记录。

2. 推算预产期　按末次月经第一日算起，月份数字减 3 或加 9，日数加 7。如末次月经为 3 月 5 日，则其预产期为 12 月 12。需要注意月经不规律的孕妇由于排卵时间的异常而不能机械使用本方法确定预产期，可以根据早孕反应出现的时间，胎动开始时间，宫底高度等进行判定，必要时需要行超声核对孕周。

3. 全身检查 身高和体重 / 体重指数（BMI）：一般来讲，身材矮小的孕妇骨盆狭窄的机会增加，而 BMI 值与妊娠预后有相关性，BMI 指数高者孕期需要警惕妊娠期高血压、糖尿病等并发症发生。

血压测量，了解患者基础血压情况对于评估和判断妊娠期循环系统的耐受性具有重要的意义，如慢性高血压的患者需要在早期积极控制血压，在生活和饮食方面需要得到更为专业的指导。

4. 口腔检查 目前的研究表明牙周炎与感染性早产有密切的相关性，因此孕期牙齿的保健非常重要，当然计划妊娠前对于口腔疾病进行彻底治疗是非常重要的。

5. 心肺的听诊 了解心脏有无杂音，肺部有无基础病变，尤其是既往有心肺疾病病史的孕妇在妊娠期负担明显加重，需要进行进一步的心肺功能的评估。

6. 下肢有无水肿 正常孕妇往往会有膝部以下的水肿而且休息后消退，如不消失而且伴有体重增加过多，则需要警惕妊娠期高血压疾病的发生。

7. 产科检查 测量宫高与腹围：宫高是指耻骨联合上缘至子宫底部的距离。宫底超过正常孕周的范围时，需要考虑是否为双胎妊娠，巨大儿以及羊水过多，尤其是胎儿畸形引起的羊水量的异常增多。腹部过小则需要注意是否存在胎儿宫内发育受限，胎儿畸形等。

8. 胎心音听诊 胎心音往往在胎儿的背侧听诊比较清楚，当子宫壁较敏感，或者肥胖等其他原因导致的胎位评估困难者有一定的帮助。

9. 阴道及宫颈检查 阴道检查往往在早孕期 6～8 周期间进行，需要注意无孕前检查的孕妇需要进行常规的宫颈细胞学检查以防止外宫颈病变，如果发现有宫颈细胞学的异常需要酌情进行阴道镜检查。在孕晚期可以在进行阴道检查的同时进行骨盆测量，骨盆测量中最为重要的径线是坐骨结节间径，即骨盆出口平面的横径，如出口平面正常可以选择阴道试产。骨盆外测量目前已经废弃不用。

辅助检查及其临床意义

1. 血常规 一般在早孕期和晚孕期 30 周进行血常规的检查。孕妇血液稀释，红细胞计数下降血红蛋白值降至 110 克 / 升为贫血。白细胞自怀孕 7 ~ 8 周开始增加至 30 周增加至高峰，有时可以达到 15×10^9/ 升，主要是中性粒细胞增加，需要与临床感染性疾病进行鉴别。孕晚期检查血常规注意有无出现贫血，及时补充铁剂。

2. 尿常规 孕期尿常规与非孕期一致，但由于阴道分泌物增多可能会对结果有一定的干扰，在孕中、晚期需要注意尿蛋白的情况。每次产前检查的时候均需要进行尿常规的检查。

3. 肝肾功能检查 妊娠期肝肾负担加重，需要了解早孕期肝肾功能状态，如存在基础病变需要进一步的检查明确疾病的类型评估妊娠风险。有些妊娠并发症如先兆子痫和妊娠期急性脂肪肝均可以累及肝肾功能。在孕早期和孕晚期需要监测两次。

4. 梅毒血清学检查 患梅毒后妊娠的孕妇需要在孕期进行检查，如早期妊娠感染梅毒需要根据情况给予治疗，减少梅毒病原体对于胎儿的损害。

5. 乙型肝炎表面抗原 乙肝孕妇可以通过母胎传播而导致新生儿乙肝病毒感染，因此在早孕期即需要进行筛查，不提倡孕期进行乙肝免疫球蛋白的阻止，生后需要进行主动免疫联合被动免疫，预防新生儿肝炎。

6. ABO 及 Rh 血型 主要与判断和预防母儿血型不合有关，中国人 Rh 阴性血较为罕见，3‰ ~ 4‰。测定血型是因 Rh 阴性的孕妇由于丈夫为 Rh 阳性其胎儿血型为 Rh 阳性时出现母儿 Rh 血型不合，会引起胎儿的宫内水肿，严重时胎死宫内，需要给予及时地治疗。ABO 血型系统出现胎儿溶血的风险相对较小。

7. HIV 筛查 在早孕期进行筛查，对于阳性病例进行诊断，按照 HIV 感染处理指南进行积极的处理。

8. 妊娠期糖尿病筛查 根据卫生部妊娠期糖尿病行业标准的要求在妊娠 24 ~ 28 周应进行 75 克糖耐量试验，如空腹血糖，服糖后 1 小时和 2 小时血糖只要有一项超过临界值即诊断妊娠期糖尿病，临界值分别为 5.1 毫克 / 升，10.2 毫克 / 升，8.5 毫克 / 升。对于高危妊娠的孕妇可以依据情况提前进行筛查或者重复筛查。

9. 孕妇血清学筛查 在各省市卫生局获资质认证的医院根据各医院不同的条件进行各种相关的血清学筛查试验。早孕期筛查试验是指妊娠 11 ～ 13+6 周，应采用超声测定胎儿颈部透明层厚度（NT）或综合检测 NT，母血 β-HCG 及妊娠相关血浆蛋白 A（PAPP-A），得出 Down 综合征的风险值。筛查结果为高危的孕妇，可考虑绒毛活检（CVS）进行产前诊断。中孕期筛查可等到妊娠中期再次血清学筛查后，可以结合早孕期的筛查结果或者独立计算罹患风险值，决定是否进行产前诊断。妊娠 14 ～ 20 周是中孕期筛查的窗口期，多为血清学二联筛查（AFP 和游离 β-HCG）或者三联筛查（AFP、游离 β-HCG、游离 mE3）。血清学筛查结果包括 21 三体，18 三体和神经管畸形的风险值，其中前两者需要进行染色体核型的进一步检查，而后者只需要进行系统的超声检查。

10. 超声检查 是妊娠期中最为重要的检查项目，在妊娠 7 ～ 8 周时超声检查有助于判断是否为宫内妊娠，如果此阶段并未出现阴道流血、腹痛等异常情况，建议第 1 次超声检查的时间安排在妊娠 11 ～ 13+6 周，在确定准确的孕龄同时测定胎儿颈部透明层厚度（NT）。妊娠 18 ～ 24 周时进行第 2 次超声检查，此时胎儿各器官的结构和羊水量最适合系统超声检查，全面筛查胎儿有无解剖学畸形，系统地检查胎儿头颅、颜面部、脊柱、心脏、腹部脏器、四肢、脐动脉等结构。妊娠中期染色体异常的超声软指标包括胎儿颈部透明层厚度、胎儿鼻骨缺失或者发育不良、肱骨股骨短小、肠管强回声、心脏结构异常、三尖瓣反流、心室内强回声光点、肾盂扩张、脉络膜囊肿等，通过以上检查可以提高胎儿非整倍体异常的检出率。妊娠 30 ～ 32 周进行第 3 次超声检查，目的是了解观察胎儿生长发育状况、胎盘位置及胎先露等。妊娠 38 ～ 40 周进行第 4 次超声检查，目的是确定胎盘的位置及成熟度、羊水情况、估计胎儿大小。正常情况下孕期按上述 4 个阶段做 4 ～ 5 次 B 超检查已足够，但孕期出现腹痛、阴道流血、胎动频繁或减少、胎儿发育异常及胎位不清等，则需根据情况酌情增加检查次数。

11. 电子胎心监护 妊娠 34 ～ 36 周开始，应每周进行 1 次电子胎心监护。37周后根据情况，每周行1～2次。若系高危孕妇尤其存在胎盘功能下降风险者应增加胎心监护的次数。

12. 心电图检查 首次产检和妊娠32～34周时，分别做1次心电图，由于在孕晚期存在血容量的增加需要了解孕妇的心脏功能情况。

◎ 哪些人宜做产前诊断

产前诊断，可以查出患有严重的遗传病或先天畸形的胎儿，以便采取引产手术等措施，杜绝严重不良人口素质的传递。这是预防出生有先天性缺陷和遗传疾病患儿的一项专门技术，有利于优生。究竟哪些人宜做产前诊断呢？

（1）有生育染色体异常儿史的孕妇。

（2）家族中有隐性遗传病历史，夫妇又为近亲结婚者。

（3）有性连锁遗传病家族史的孕妇。

（4）夫妇之一有染色体平衡易位，或者其他染色体结构异常者。

（5）有育过染色体不平衡易位患儿的孕妇。

（6）家族中有智力低下或同时合并有多种先天异常的患儿者。

（7）有脆性X标记染色体家族史者。这种染色体异常的夫妇往往会出生"先天愚型"的患儿。

（8）有不良生育史的孕妇。如曾有三次以上的流产：死胎、死产，特别是生育过多次畸形儿的孕妇。

（9）高龄孕妇。即年龄在35岁以上的孕妇，出生"先天愚型"儿率相对较高，需做产前诊断。

（10）妊娠早期接触过明显的致畸因素者，如毒物辐射、应用不良药物、患风疹等。

（11）羊水过多的孕妇。因羊水过多往往并发胎儿畸形。

◎ 产前诊断宜采用哪些方法

咨询门诊做产前诊断采用的方法有以下几种。

1. 取羊水检查 即从母体宫内取出羊水，查胎儿脱落细胞，对胎儿进行染色体核型分析，了解胎儿是否有遗传病。就诊在妊娠后18 ～ 20周合适。

2. 取绒毛检查　这是从子宫内取出少许绒毛，对染色体做核型分析，看胎儿是否有染色体病。此手术在产前检查中是新的进展，经临床实践证明：手术安全、方法简便，三天左右出结果。取绒毛检查能早做出诊断，如染色体不正常，可及时做人工流产，减少痛苦。手术应于妊娠42 ～ 70天左右为适当。

3. 超声波检查　这是查胎儿是否有畸形。就诊在妊娠四个半月后为适当。

4. 抽血或从宫内抽羊水查甲胎蛋白　这是看胎儿是否有神经管畸形，如无脑儿、脊柱裂等。

通过咨询门诊进行产前检查，如果发现胎儿异常，可采取措施终止妊娠，避免生畸形儿、呆傻儿。要是诊断胎儿正常，就可继续妊娠，实现生个好孩子的愿望。

◎ 患哪些病的男性宜选择胎儿性别

众所周知，国家明令规定禁止做胎儿性别鉴定主要是为了保持男女正常的性比例。但由于有的男性患有伴性遗传疾病，所以妻子怀孕后宜对胎儿性别加以选择，以利优生。

伴性遗传病就是随着父母患病不同伴随性别遗传的疾病。目前人类共有190多种伴性遗传隐性疾病，如白发病、色盲、肾原性尿崩症等；有10多种伴性遗传显性疾病，如佝偻病、遗传性慢性肾炎等。隐性遗传多数是母传子，显性遗传全为父传女。因此，要根据男性所患遗传病的种类来决定胎儿的性别。例如血友病是伴性遗传隐性疾病，如果患病男性与正常女性结婚，则所生男孩正常，所生女孩为致病基因携带者，这样的夫妇应生男孩。与隐性遗传相反，患有遗传显性疾病的男性与正常的女性结婚，所生女孩有病，男孩正常，夫妇也要生男孩，不要生女孩。为了避免病儿出生，患有伴性遗传病的男性婚后想要孩子，应在医生指导下慎重选择胎儿的性别。

◎ "阴阳人"宜早治

人，有男女之分，绝大多数人的性别是确切的，非男即女，非女即男。但社会上也有极少的人，他们似男非男，似女非女，其性别无法确定。民间称为"阴阳人"，医学上则称为两性畸形，更确切的名称叫作性分化畸形。这是一种先天性性发育异常性疾病，宜尽早治。

两性畸形在医学上分为三大类。

1.真两性畸形　这是在胚胎期时，性染色体发生畸变，造成睾丸或卵巢发育不良引起的。这种病人的体内既有睾丸，也有卵巢，性染色体可以是 XY，也可以是 XX，或者兼有 XX 和 XY。

阴阳人形成的原因有很多，大多数是性染色体异常造成的。常见的有以下几种。

第一，染色体性别异常。众所周知，男性染色体是 46XY，女性是 46XX，但有可能因某种原因，父母减数分裂时 X 与 Y 染色体出现异常，染色体发生变异，出现 47XX 或 45XY 等，于是性别畸形就出现了。

第二，性别异常。由于性腺分化不正常，如卵巢、睾丸等"错位"，会出现"两性人"。

第三，胚胎发育时期发生基因突变。由于孕妇怀孕后应用不恰当的药物，导致胎儿发育畸形。所以育龄妇女从停月经后至临床上确定怀孕前要谨慎用药，避免胎儿有致畸的风险。

比如，女性患肾上腺病，脑垂体长瘤，就可能因雄性激素分泌过多，而"半路"变性。有的母亲怀孕时吃了雄性激素，也可能使本来怀着的女孩出生后出现男孩特征。

第四，外生殖器异常，也容易被人误作"两性人"。小儿外生殖器异常主要有隐睾（睾丸藏在腹腔里）和尿道下裂两种，这两种情况很容易把男性当成女的。

第五，环境影响，即受自然环境和社会环境等的影响，性别观念模糊，或性取向出现偏差，并通过长期的心理暗示导致性别的问题。

真两性人会同时出现男女两种特征，乳房丰满，阴茎可以勃起，有时会遗精，不长胡须。如果作为女性，阴道浅而小，子宫很小，因此没有生育能力。

2.男性假两性畸形 这种病人其性染色体是 XY，体内有睾丸，所以是男性。但由于某种原因，使他的内外生殖器在胚胎时期引起了异常发育，如外生殖器为正常男性，腹内却还生有子宫和输卵管；有的人外生殖器介于两性之间，分辨不清，还有的则完全像女性，因此常作为女孩抚养，所以称为男性假两性畸形。

3.女性假两性畸形 这种病人的性染色体是 XX，腹内有卵巢，所以是女性。但由于先天性肾上腺皮质增生，使雄激素合成过多，引起外生殖器"男性化"。如阴蒂长得肥大，像个小阴茎，有时两侧大阴唇生在一起，外表和男孩一样，当然，在假"阴囊"中是没有睾丸的，所以称为女性假两性畸形。

总之，不论哪一类两性畸形的孩子，尤其是将性别搞错了的孩子，成长成人后，常常会带来一些复杂的社会问题。因为这种人的社会性别已被公认，心理性别已经定型，如果要来一个突然的改变，会对他们造成极大的精神刺激，引起他们的心理冲突和性格变态，在社会生活中产生不安。为了防止这种情况的发生．在孩子生下后如果发现外生殖器不正常，有异常畸形，对性别有怀疑，不能确定等情况，应在婴儿期就去医院判定性别，并进行适当的治疗。最好能在三岁以前确定性别。现代医学的外科技术是可以根据病人的具体情况，采取适当的措施，赋予患者以最适合的性别。

◎ 近亲不宜婚配

新婚姻法规定："直系血亲和三代以内的旁系血亲禁止结婚"。因为近亲结婚使遗传病和先天性身体、智力障碍的发生率大为增加。据统计痴呆等隐性遗传病的发病率，近亲结婚比不同血缘的自由婚配高出 150 倍。

人类的基因很多，大约有五万个，而且又是高度杂合的。在非近亲结婚的婚姻中，相同的两个基因，通过受精卵结合在一起的机会是很少的。而血缘相近的父母，他们的基因更相似些。同一个血统的成员，不仅正常基因相似，而且有病的基因也相似，从而结合的机会也就多。当两个有病的基因结合后，其后代就很容易得遗传病，诸如智力低下、先天愚型、畸形、体质较弱等，这都是近亲结婚的常见病。因此可见，近亲不宜婚配。

◎ 同病不宜相恋

日常生活中青年男女，由于患有相同的某些遗传疾病，往往相互同情和怜惜，这是人之常情。但从相怜进入相恋而结了婚，那就会给国家带来累赘，给自己播下苦果。

在我国不少山区调查资料表明，父母双方都患有相同的遗传性疾病，生下来的子女发病率高达73%。新婚姻法规定："患麻风病未经治愈或患有其他在药学上认为不应当结婚的病人，禁止结婚"。这是因为双方都患有相同的病，若结婚生育，其后代就更容易患上与父母相同的疾病。如隐性遗传病的先天性耳聋，先天性视网膜色素变性，显性遗传病的尿崩症，多囊肾，神经纤维瘤，多因遗传病的唇裂，精神分裂症，裂腭畸形等。还有，如双方都患糖尿病，其后代几乎都要发病。再有，不被人们注意的血友病，也是不宜相恋而结婚的。

◎ 婚前不经健康检查不宜结婚

有些男女青年，总把婚前健康检查看成是一件神秘、羞涩的事，其实这是非常不对的。人们在婚后谁不想生一个活泼健康的孩子，为小家庭增添欢乐呢？你可知道，不经过健康检查，婚后孕育出来的小生命，不一定聪明健康，甚至可能生个有缺陷的婴儿。

要想生一个好孩子，必须做婚前健康检查。一是，有利于双方和下一代的健康。因为遗传性疾病可以存在你的对象身上，也可以存在你对象家庭成员中，甚至于存在对方祖辈身上，都有可能影响你的下一代。因此，通过健康检查可以了解彼此有无生理缺陷，了解双方家庭、家族成员健康状况，曾患何种疾病，特别是遗传病、传染病等。全身检查可以了解心、肝、肾、肺重要脏器有无疾患，发现疾病及时治疗，或采取预防性措施。同时在检查时，医生还可以帮助选择避孕方法，安排计划生育，讲解性生理卫生及心理卫生等，指导你婚后生活幸福美满。也有利于你有效地掌握好受孕的时机和避孕方法，减少计划外怀孕和人工流产保护女性的身体健康。

◎ 男女青年结婚不宜过早

结婚过早是有害无益的。

新婚姻法规定："结婚年龄，男不得早于22周岁，女不得早于20周岁。"从医学角度看，法定婚龄是一个最低年龄界线，虽然男女到了这个年龄，性的发育已成熟，但一个人性成熟并不等于全身各器官同时发育成熟，特别是高级神经和骨骼系统的发育完善还要迟一些时候。

从医学生理而言，女的身高多半长到23岁才停止，男的一直要长到23～26岁左右，高矮才基本上定型，要完成骨骼钙化要到22～25岁。如果过早结婚，势必会受影响发育和骨骼钙化。男女青年20岁左右，大脑正处在发育阶段，其抑制能力还未健全，婚后对性的要求往往较少节制，甚至性生活过度，以致影响大脑皮层的活动和发育，对智力发展也不利。过早结婚，年轻夫妇在家庭生活处理上都还不理智，容易发生争吵，在情感上蒙上阴影，影响家庭生活和睦。

◎ 哪些疾病的患者不宜结婚

为了保证整个民族的健康和家庭幸福和睦，下列疾病的患者，有的是禁止结婚，有的是暂时不能结婚，须到适当的时候才能结婚。

（1）未经治愈的麻风病人，禁止结婚。

（2）严重的遗传性疾病（如进行性营养不良、肌紧张病、克汀病等）患者，不宜结婚。

（3）严重的精神病，主要指精神分裂症与躁狂抑郁性精神病，不能结婚。

（4）重度智力低下和某些先天性代谢性疾病患者，不宜结婚。

（5）未经彻底治愈的梅毒、淋病等性病患者，若未彻底治愈不能结婚。

（6）生殖器官发育异常，如隐睾、小睾丸、尿道下裂、先天性无阴道、阴道横隔、处女膜闭锁、严重的性功能障碍、两性畸形的患者，未治愈前不宜结婚。

◎ 哪些人可结婚但不宜生育

现已结婚，但不宜生儿育女，目前在我国除对麻风病有明确规定外，对患其他一些疾病不宜生育的，还没有制定法规。现将日本《优生保护法》中规定不得生育的内容作一简介，供读者参考。

（1）遗传性精神病：精神分裂症，躁狂抑郁性精神病，癫痫。

（2）遗传性智能缺陷。

（3）显著的遗传性精神病态：显著的性欲异常，明显的犯罪性倾向。

（4）显著的遗传性躯体疾患：遗传性舞蹈病，遗传性脊髓共济失调，遗传性小脑共济失调，进行性肌营养障碍症，肌紧张病，先天性紧张消失症，先天性软骨发育障碍，白血病，鱼鳞癣，多发性软性神经纤维瘤，结节性硬化症，先天性表皮水疱症，先天性卟啉症，先天性手掌足跖角化症，遗传性神经萎缩，视网膜色素色变性，全色盲，先天性眼球震颤，蓝色巩膜，遗传性听觉不良或耳聋，血友病。

（5）严重的遗传性畸形：裂手，裂足，先天性骨缺损症。

◎ 先天性聋哑者不宜互婚

先天性聋哑人互相婚配，对后代会带来不良后果。

先天性聋哑是常染色体隐性遗传病。也就是说，本病必须具备一对致病的遗传基因，并且致病基因存在于一对常染色体的同一位点上，才会发病。这一对致病基因中，一个是父亲传给的，另一个是母亲传给的。因先天性聋哑患者互相婚配，其子女就很可能也是先天性聋哑患者。据有关资料报道，先天性聋哑患者互相婚配，其子女有 16.97% 的再发危险率。因目前尚无法鉴定致病基因的位点，所以，先天性聋哑患者不要互婚，如已结婚，最好也不要生育。

◎ 什么月份不宜受孕

有些青年一结婚就不择时间，忙于孕育，殊不知，孩子的健康与当初受孕的月份有着一定的关系。

医学专家曾对不同月份受孕而出生的婴儿，分别进行测查，结果表明：受孕月份和出生的季节与婴儿的智力和体质有密切的关系。一般认为，受孕最佳时间是每年的 6~8 月份，于此期受孕后三个月，正值天高气爽，蔬菜瓜果品种繁多，孕妇休息好，营养丰富，维生素摄入量多，有利胎儿发育。待来年大地回春时，孕妇恰逢分娩，卧室可以开窗换气，减少污染，有利母婴健康。满月后气候正温暖宜人，孩子又可抱出室外进行日光浴、空气浴，有利对孩子的哺乳和照料。到炎热的夏天，婴儿已渐渐长大，对外界就有了一定的适应能力和对疾病的抵抗力。婴儿需要大量添加辅食时，又进入了冬季，这样又避开了肠道流行病的发病高峰。

◎ 常穿牛仔裤不宜受孕

近代时装潮流中，牛仔裤、骑士裤、巴拿马裤等风靡一时，深受男女青年的青睐。然而，从医学观点来看，青年男女穿裤子须注意合身得体，而不宜穿过分狭窄瘦小，紧裹身体的裤子。

因为男婚青年穿上过分紧窄的裤子后，下腹部、臀部、会阴部被紧裹，体内热量不能很好地散发，而使压力向腹股沟管的睾丸转移，温度增加，以致睾丸生精功能减退，引起精子数量减少，造成男子不孕症。女婚青年穿过分紧窄的裤子同样会使会阴部温度升高，皮肤汗液分泌增多，刺激外阴部皮肤，往往容易引起皮肤瘙痒，白带增多，阴道炎，有的还会发展成为盆腔炎，引起女性不孕症。因此，已婚男女青年经常穿牛仔裤不宜受孕，女青年也不要穿紧身尼龙裤或涤纶三角内裤，以免产生不良影响。

◎ 青春初期不宜受孕

女子在青春初期受孕，不利胚胎的生长发育。

因为女子在青春初期，其卵巢功能及子宫、骨骼、骨盆发育都还不成熟，不利于胚胎成长。同时在青春初期的性激素未达到高峰，排卵也不规则，质量也不高，这种卵子不是最佳卵子，不利于胚胎的生长发育。所以，青春初期最好不要受孕。

◎ 婚前不宜怀孕

青年男女结婚生育，是很自然的事。但婚前怀孕，既不合法，也不体面，而且还会给精神上造成痛苦而影响健康。

如果结婚前怀了孕，对自己的身心健康和胎儿的生长发育，以及工作、学习都极为不利，甚至会给今后家庭幸福生活蒙上阴影。未婚女青年因失身怀孕后，为了免遭社会歧视，偷偷自行乱打胎，乱吃打胎药等，往往会导致严重感染，发生败血症。有的女青年，婚前怀孕后求治于巫婆，用草药塞人子宫颈堕胎，结果胎儿非但打不下来，反而引起严重的病痛。真可谓"冲动一时，后悔一生"了。

因此，为了避免婚前怀孕，劝告男女青年在恋爱过程中，双方注意学点生理知识，接触中应主动交流思想、生活、学习等方面的情况和体会，借此以增进情感。在举止上男女要庄重、大方，以免对方发生误会。如果万一婚前怀孕，要实事求是地向家长或医生讲清楚，及时采取措施，切莫轻信巫医的诡骗，以免摧残身心健康，悔恨终身。

◎ 结婚当月不宜受孕

有些人认为结婚当月怀孕,称之为"座上喜",是喜上加喜。其实，这种喜是不利于优生的。

因为在操办婚事期间，男女双方每天东奔西跑，有时忙到通宵达旦，使身心长时间内处在高度兴奋和疲劳状态，而且喜庆筵席上免不了要饮酒、吸烟。这些都可能会使男子的身体素质、生殖器官的健康和功能状况下降，将影响精子的产生和质与量。如果此时受孕，婴儿很可能不会健康，带来的后果，则不是喜而是忧了。

◎ 旅行结婚途中不宜受孕

新婚燕尔，外出旅游，即使伉俪情意更浓，又饱览祖国山河的壮丽景色，不失为蜜月的一件快事。然而若途中受孕，也会贻误后代。

因为外出旅游，常常早出晚归，长途乘车，有时还要跋山涉水，生活没有规律，食宿没有保证、休息、睡眠不充足，身体疲惫困倦。同时，外出卫生条件较差，如果性生活频繁，就可能影响内分泌功能。一旦受孕，这一系列的不良因素就又会对刚发育的胎儿产生刺激，使新娘发生先兆流产或继发不孕。

因此，医学界建议，在旅游度蜜月期间，最好不要受孕。若发现途中怀了孕，则应终止旅游，及时返回家中，以免产生连锁反应，而产生不必要的后果。

◎ 纵欲过度不宜受孕

一般人只注意妇女在孕育后代的作用，现今的研究提倡人们重视男子的作用，特别是精子的质与量，也影响到受精卵的发育，甚至胎儿的成长。

受精过程是几亿精子相互竞争的过程，在竞争中与卵子结合，这个精子是几亿个精子中的强者。受精时的精子越多，这种竞争也越激烈，给卵子选择一个称心如意的精子的机会也越多。而纵欲过度，男子身体素质下降，排出的精子数量相对减少，其质量和活动度不同程度的减弱，这样，就会使卵子选择精子受孕的范围受限，只能在较少数精子中选择。如果每次排精的精子数少于 2000 万个，精子畸形率超过 30%，精子死亡率超过 50%，精子无活动或活动力差等，这都可以引起不孕。因此说，为保证精子的质量，排卵前期宜"养精蓄锐"，不宜频繁性交。

◉ 酒后不宜受孕

新婚燕尔，举杯酩酊，又不避孕，这显然是不明智的表现。

俗语说："酒后不入室"。这就是说，酒后不但严禁同房，更忌怀孕。因为酒精随血液流遍全身，危害着每个细胞，特别是男女生殖细胞对酒精十分敏感。酒后受到酒精损害的生殖细胞，使受精卵质量下降，形成的胎儿往往发育不正常，出生后的孩子呆笨，甚至白痴。我国古代三大诗人李白、杜甫、陶渊明，都和酒结下了不解之缘。但酒癖给这三位名家带来了共同的恶果是"有误子嗣"。他们的后裔却都庸庸碌碌，其智商远远不如父辈。李白的子孙一点诗意也没有。杜甫虽有良田百顷，其子竟无能管理。陶渊明他的五个儿子均是痴呆，直到晚年他才悔知是终日贪杯的恶果。可见酒后绝对不宜受孕，如果妇女有酒嗜好，须戒酒2～3个月才宜怀孕。

◉ 患病期间不宜受孕

男女双方若有一方患有急、慢性病，尤其是急性传染病期间，受孕会影响胎儿的生长发育。

在此期间，由于病原微生物的毒害作用和某些治疗药物的影响，精子、卵子可能会受到一定的损害。女方患有慢性疾病，如心、肝、肾、疾病，其功能不正常者，则更不宜受孕，因为心、肾功能障碍会使胎儿发育迟缓、低体重、早产甚至胎死宫内。一旦怀孕，不仅使病情加重，也给治疗带来困难，某些药物有致畸作用，要找出一个既治疗母病，又保住胎儿两全齐美的办法，往往是很难做得到的。所以，男女任何一方患病期间，都应采取避孕措施，待功能恢复良好时再受孕。

◉ 服药期间不宜受孕

男女双方或一方才服过药物，打过针，特别是口服过抗癌激素、抗甲状腺、抗癫痫、镇静安定药物及女方避孕药等，这些情况下不宜受孕。

动物实验研究证实：雄性动物服镇静剂，有致畸作用，影响后代健康，可能使后代有发生先天性缺陷。有学者指出，某些化学制剂会损害精细胞的产生和成熟，影响男性精液的质量，药物及其分解物，对精子的输送也无影响。

◎ 精神创伤后不宜受孕

精神上如果受到各种刺激或大的创伤，平时夫妻不和，反目吵闹，此时受孕，对胎儿生长发育是有害无益的。

科学家早已证实，精神因素可导致大脑功能紊乱，使大脑皮层抑制和兴奋过程失调，影响内分泌的功能，往往会引起身体内一系列的不良反应，从而对受孕是不利的。

◎ 接触有害毒物后不宜受孕

许多专家调查表明，在不良生活环境和接触有害毒物，对胚胎生长发育极为不利，由此可导致胚胎畸形或发育不良。

男女双方或一方接触有害、有毒物不久，或住宅、工作环境长期接触污染，呼吸异味毒气，听到嘈杂音；化学物质中毒如苯、铅、砷和抑制生精药物的应用，如自消安、呋喃类药及长期大量用睾丸素、雌激素、孕激素等，都不宜受孕。

◎ 射线辐射后不宜受孕

妇女被射线照射后受孕，会导致胎儿畸形。

男女双方或一方，特别是女方在 X 线辐射腹部或高温环境中不宜受孕。因为高温对精卵有很大的杀伤能力。在强大的 X 光线辐射或高温下，即使精卵不被杀死，也会致残，变形。特别是受孕的女方腹腔上接受大量的 X 射线会致胎儿畸变。这是应该十分注意的。

◎ 妇女病毒感染时不宜怀孕

妇女在病毒感染时怀了孕，病毒可经胎盘侵犯胎儿，使胎儿出现心脏畸形，耳聋，白内障，小头症，智能障碍以及流产、死产等。

一般说来，由于胎盘存在一种特殊的防御机构（胎盘屏障），可以阻止病毒等有害因子进入胎儿体内，所以，并非任何母体的感染都能危及胎儿，主要是风疹、带状疱疹、麻疹、脊髓灰质炎、单纯疱疹、流感、巨细胞病毒等，可侵入胎儿，尤其是风疹病毒对胎儿危害最大。据统计，妊娠第 1 个月感染风疹时，畸形发生率 50%，第 2 个月 30%，第 3 个月 20%，第 4 个月 5%，即使在 4 个月后感染，仍有一定的危险性。可见，预防病毒感染，对孕妇来说，是非常重要的。怀孕时要尽量少到公共场所去，减少感染机会，注意个人和环境卫生，居室保持良好的通风，注意冷暖，加强锻炼，预防感冒。

◎ 妇科手术后短期内不宜受孕

女方在妇科手术后，子宫盆腔会受到一定的损伤，需要相当长的时间内，才能恢复原来的功能。如果在功能恢复前受孕，胚胎在未恢复功能的子宫里发育会受到影响。

一般认为，女方在取环后不满三个月以上，流产后不满六个月以上，引产后不满一年以上者，均不宜受孕。

◎ 患有生殖器官病变或有炎症者不宜受孕

在受精过程中，仅有健康的精卵无畅通的生殖器官，仍然会使精卵质量降低。

因为双方或一方生殖器官发生了病变或炎症，会使精卵在受精过程中受到阻碍，尤其是精子在进入输卵管过程中受到阻碍，使精卵在最佳生命期难以相遇结合，而且精卵在发生病变的生殖器里本身也要变形、变性，它的活力和强度都会大大减弱。一旦受孕，会直接影响胎儿生长发育的质量。因此，男女双方中，任何一方的生殖器官发生病变或炎症时，都不宜受孕。

◎ 妇女贫血时不宜怀孕

患贫血的妇女怀孕，对孕妇及胎儿都有危害。

妊娠期胎儿所需要的铁剂，均由母体获得，如果患有贫血的妇女一经怀了孕，那么，孕妇摄入的铁及贮存铁量，就显得更为不足，这势必会对孕妇及胎儿有大的影响。孕妇贫血会因缺氧而出现头晕，眼花，四肢无力，食欲不振，腹胀，活动后气急，心跳加快等症状。重时可造成心肌缺氧，甚至导致心力衰竭而危及生命。孕妇由于组织缺氧，子宫、胎盘供氧不足，易造成胎儿宫内发育迟缓、早产或死胎。据报道，贫血的孕妇合并妊娠高血压综合征，较正常孕妇高2倍，新生儿死亡率和死产率均高于正常孕妇的 2 ～ 3 倍。此外，孕妇贫血时，抵抗力降低，并发感染机会多，且不能耐受出血，稍有出血，便影响组织氧化过程，易发生休克。

◎ 乳腺癌患者不宜受孕

乳腺癌患者经治疗已得到有效控制，受孕后会导致肿癌复发；尚未得到控制乳腺癌患者受了孕，会使肿癌迅速扩散和转移。

因为妊娠期孕妇雌激素水平急骤上升，这样可能使残存的乳腺癌细胞重新增生活跃，癌肿迅速生长，很容易导致复发和转移。因此，为了提高乳腺癌的生存率，劝告每位孕妇患者，采取有效的避孕措施是十分重要的。

◎ 慢性高血压病妇女不宜怀孕

高血压病的妇女怀孕后，不仅会加重病情，而且对胎儿的生长发育有很大影响。

慢性高血压病的孕妇，妊娠的时间，常常少于正常妊娠月份，胎儿发育较缓慢；由于胎盘发生梗死，使胎儿氧气和必需养料供给不足，胎儿很可能死于子宫腔内；妊娠中期孕妇的血压往往稍有下降，但到晚期又复上升，且常超过原来高度，以致引起血管痉挛，或全身血管功能障碍，而使子宫供血不足，此时极易并发妊娠中毒症、胎盘早期剥离，危及孕妇和胎儿的生命。据调查统计，患高血压病的孕妇中，约有 25% ～ 50% 可能合并发生先兆子痫、高血压合并妊娠中毒症，婴儿死亡约占 1/5。因此，患有慢性高血压病的妇女，最好采取避孕措施。一旦怀孕，轻者一般可安全度过孕产期，但须注意休息，适当活动，饮食要限制食盐量，加强产前检查，观察血压变化。重者可有严重的并发症，应及时请医生考虑，是否中止妊娠或妊娠中止后施行绝育术。

◎ 更年期妇女不宜怀孕

妇女更年期怀孕，易导致胎儿畸形和发育不全。

妇女更年期，是由性成熟期进入老年期的一个过渡时期，大约在 45 ～ 50 岁左右。这一时期的妇女仍有可能怀孕；但此时怀孕容易发生胎儿畸形和发育不全，而且更年期妇女子宫逐渐萎缩，若怀孕后做人工流产，容易引起出血和子宫内膜炎。所以，更年期妇女应采取有效地避孕措施。

◎ 患有活动性肺结核妇女不宜结婚生育

一般来说，患轻度肺结核妇女结婚生育，对病情和胎儿影响不大。其实，妊娠与肺结核病相互是有影响的，尤其是重症和活动期肺结核患者，不宜结婚生育。

慢性纤维性空洞型肺结核，由于肺组织破坏面广而严重，肺有萎缩，肺功能不全者，则可使胎儿缺氧，轻度缺氧可致胎儿发育迟缓，严重时会引起流产或胎儿死亡。急性粟粒性肺结核，由于渗出严重，肺泡膜增厚，氧气不能很好扩散到血液中去。此时妊娠会加重病情，分娩功能严重不全时，会导致孕妇死亡。

患肺结核妇女，一旦结婚怀了孕，治疗过程中，必须考虑到药物对胎儿的影响，如链霉素有可能引起胎儿听觉功能的异常；利福平有致畸作用，在妊娠 3 个月之内不宜使用；对于活动性肺结核患者分娩后，产后应立即给婴儿接种卡介苗，并与母亲隔离 6 ～ 8 周，还应避免用母乳喂哺，以免感染，也可减少母亲体力消耗。

◎ 病毒性肝炎患者暂时不宜结婚生育

在病毒性肝炎的急性期，会出现发热，肝痛，消化不良，黄疸，需要隔离治疗，这段期间是不宜结婚的。此期间结婚则有可能怀孕，这对孕妇和胎儿影响很大。

胎儿生长发育，需要的营养物质，全靠母亲供给，代谢物也靠母亲解毒排泄。如果母亲的肝脏已被病毒侵犯，那就难以胜任了。怀孕后不仅使母亲的肝脏恢复缓慢，也将大大增加其转成迁延性肝炎和慢性肝炎的机会，从而使病情恶化，发生急性重型肝炎，甚至引起肝昏迷。母亲的肝脏功能不佳，还会影响胎儿生长发育，妊娠早期患病毒性肝炎，往往使胎儿发生畸形，晚期病情严重时，胎儿会在子宫内死亡，分娩时多发生产后出血。同时，孕妇患病毒性肝炎，尤其是乙型肝炎，其病毒可能经过胎盘传染给胎儿，使刚出生的新生儿患上病毒性肝炎。因此，妇女在患病毒肝炎期间，最好不要结婚生育，待病情恢复后再行考虑。

◉ 精神病人不宜结婚生育

精神病人失去正常理智，思维混乱，生活不能自理，一般不宜结婚生孩子。虽然经过治疗已痊愈的精神病人也可以结婚生育，但从遗传学角度来看，男女双方都患精神分裂症，则不可婚配与生育，男女双方均有明显家族精神病史者，也是不宜结合的。

国内外调查资料表明，精神病患者家属，患精神分裂症的比例较一般人群高 6 倍多；单卵双生儿同患精神分裂症发病率高达 86%；父母一方有病者，子女中发病的机会要比双亲无精神病史的高 20 倍左右；父母双方都有精神病史者，其子女发病的机会要比一般人高 80 倍左右。患遗传性精神病，如精神分裂症，躁狂抑郁性精神病，婚后一旦怀孕，一般主张终止妊娠；其他类型精神病，可以继续妊娠，但在治疗用药时，应注意到药物对胎儿的毒害作用，氯丙嗪的用量不宜过大，胰岛素昏迷和电休克疗法，应绝对避免。

◉ 妇女患糖尿病不宜生育

患有糖尿病妇女怀孕，对胎儿损害极大。

妇女在妊娠期间，新陈代谢是复杂的。患有糖尿病而妊娠，会加重病情，妊娠早期反应，可产生酸中毒，低血糖；妊娠中、晚期还会由胎盘激素增多而使病情加重，导致羊水过多，容易感染，而出现妊娠中毒症和昏迷。据调查，糖尿病孕妇所生的婴儿中，先天性畸形的发病率高于健康孕妇约10倍；胎儿死于子宫内约占30%；胎儿常发育过大，成为巨大胎儿，其中约有15%～20%体重超过5000克，造成胎位不正或难产。新生儿还容易发生反应性低血糖症和呼吸窘迫综合征，死亡率较高。

糖尿病的发病原因与遗传有关，因此，糖尿病人在选择配偶时，对方最好不是糖尿病患者。如果夫妇双方都患糖尿病，那对下一代的健康是极其有害的。对患有糖尿病的妇女来说，最好不要生育或少生育。

◎ 妇女患心脏病暂时不宜结婚生育

青年妇女患心脏病的为数不少，此病患者结婚生育，对孕妇和胎儿的威胁都比较大。

患有心脏病的妇女结婚后，在性生活中心率加快，血压上升，呼吸急促；怀孕后，孕妇还要承担胎儿血液循环，心脏负担明显增加，到孕中期心输出量增加25%～30%。随着妊娠月份增加，增大的子宫向上压迫膈肌并使之上升，使心脏向左转移，血管屈曲，心脏负担更大。此外，孕妇的子宫增大，体重增加，以及水肿等都使心脏难以承受，如发生心力衰竭，则危及生命。心脏病妇女妊娠对胎儿也有很大影响，由于子宫瘀血，氧气供给不足，胎儿生长缓慢，低体重，容易发生早产，甚至在子宫内死亡。同时产后容易并发感染，如严重的急性或亚急性心内膜炎等。

心脏病妇女在处理婚姻生育问题上要格外慎重。一般来说，病变轻，心功能Ⅰ、Ⅱ级，在医生指导下可结婚生育，Ⅲ和Ⅳ级的心脏病患者暂时不宜结婚生育。

◎ 妇女患慢性肾炎不宜结婚生育

肾炎可分为急性和慢性两种，尤以慢性肾炎，怀孕后易导致流产、死胎，甚至发生并发症。

急性肾炎一般发生于孕早期的青年妇女，多数孕妇恢复很快，但也常会引起流产和早产。慢性肾炎则对孕妇和胎儿威胁就大了。因为慢性肾炎常表现为蛋白尿，水肿，高血压，血尿等，患者肾功能减退，一旦妊娠，可加速原有肾脏病变的进展，大部分病例可出现肾功能的损害，再加上很容易发生妊娠中毒症，甚至引起血压明显增高而抽搐，危及孕妇生命。慢性肾炎多数病程长，病情重，使胎盘功能减退，影响胎儿宫内生长发育。病情严重时，则流产、早产、死胎、死产的机会增多。据调查，慢性肾炎的孕妇，胎儿死于流产、早产者约占 2/3，其中不少胎儿是被母体输入的毒素所害，即是幸存下来的婴儿，也大多体小而苍白。

慢性肾炎肾功能明显改变者，不仅不宜妊娠，而且即便怀了孕，也应及早做人工流产，以防病情恶化危及孕妇和胎儿。

◎ 癫痫患者不宜结婚生育

癫痫可分为原发性和继发性两种，尤以原发性癫痫妊娠后，对孕妇和胎儿都是极其有害的。

继发性癫痫见于脑外伤、脑炎后遗症、脑内血管性病变。这类患者原发病治好后，癫痫也会随之缓解，治愈后是可以结婚生育的。但一部分发病原因不明。或有明显遗传性的癫痫则不宜结婚，或婚后亦不宜生育。有人研究证明：患者亲属 3%～5%也患有癫痫，其发病率为正常人群 6～10 倍。患原发癫痫的人，其子女半数将有发生癫痫的危险性，有 1/6 可能出现外观可见的发作。因此说，原发性癫痫患者不宜生育，以阻断这类遗传病的延续，避免贻害后代。

据文献资料报道，妊娠期癫痫发作次数增加者占 45.3%，而频繁发作又导致妊娠及分娩时并发症成倍增加，常用有效的抗癫痫药物如扑痫酮等，又有致畸作用，因而常引起胎儿缺氧、窒息、流产、早产、胎儿畸形等不良后果。

◎ 重型甲亢病妇女不宜生育

甲状腺功能亢进简称甲亢。患者多为女性，尤以 20～40 岁生育期的妇女占多数。

甲亢病大多数妊娠时没多大影响。但必须注意的是，一旦妊娠中止，如人工流产或正常分娩时，以及产后半个月后，病情又会加重，甚至会出现甲亢危象。

甲亢孕妇只要合理用药不会影响胎儿，但不宜做手术及同位素治疗。重型甲亢患者需要长时间服药，若治疗不当，如服用抗甲状腺药剂量过大，会造成胎儿先天性甲状腺功能减退，即先天性呆小症。同样的，抗甲状腺药物可通过母亲的乳汁进入婴儿体内，可造成后天性呆小症。所以，有服用抗甲状腺药物的产妇，千万不要哺乳，以免给家庭带来不幸。

◎ 红斑狼疮妇女不宜结婚生育

从遗传学角度来看，红斑狼疮患者结婚生育，对母体和胎儿都有生命危险。

研究表明，红斑狼疮患者的素质可由母体遗传给下一代，以致患者家族中发病率明显升高。据统计，红斑狼疮患者自然流产率可达 10% ~ 24%，死产率 12%，早产率 22%，即正常分娩，也因新生儿继承母体的素质，而发生新生儿期或迟发期红斑狼疮。妊娠期间，多数患者则因妊娠生理负担加重，体力消耗，以及机体的代谢、内分泌等一系列重大变化，往往会促使病情发展。妊娠后或分娩后的有 20% 发生狼疮性肾炎，容易导致肾功能衰竭。

◎ 胸廓畸形妇女不宜怀孕生育

胸廓畸形俗称驼背，严重的胸廓畸形，常由于胸廓活动受限制，肺活量减少，可引起呼吸障碍。一旦怀孕，则会随着子宫的增大，横膈活动受限，胸腔进一步缩小，血中的氧气减少，碳酸气增加，引起呼吸困难，出现气急、紫绀，甚至呼吸衰竭、循环衰竭等，危及母婴生命。遇到这种情况，即使胎儿出生后有生存能力，也应考虑做人工流产或引产。如果驼背不太严重，但在妊娠后要注意经常检查，特别是妊娠 5 个月后，定期检查肺功能，若肺功能明显减退，必须立即中止妊娠。另外，胸廓畸形的患者伴有骨盆畸形，不能正常生产，常需做剖腹产。

◎ 妇女不宜过早生育

过早的生育，对母、婴都不利。

一个胎儿，能长大出生，需要从母体摄取很多养分。曾有人计算，一个体重 3 公斤的初生儿，至少有 1.7 公斤蛋白质、1 公斤以上脂肪及 0.25 公斤多的钙质，由母体提供；其他养料如葡萄糖、铁及维生素等，全靠母体供给。但母体本身，自怀孕后早期反应，中期心、肺、肝、肾脏的负担负荷明显加重，如果女性骨骼系统尚未发育完全成熟，过早的生育，母子的健康均会受到影响。孕育期间，营养物质又要大量消耗，常致宫缩无力，胎位不正，产后出血，产钳、剖腹产手术率增高。不少的早育妇女，产后因身体虚弱，还发生许多病症；也有些妇女盲目过早生育，引起宫颈癌。据调查，过早生育妇女所生的孩子，一般流产、早产、死胎、婴儿窒息、体重过轻、智力愚钝的较多。

◎ 妇女不宜过晚生育

过晚生育，对母、婴也不利。

妇女一生中最佳生育年龄，是有一定限度的，最好不超过 30 岁，尤其不要超过 35 岁，医学上将 35 岁生第一胎称为高龄初产妇。35 岁以上的妇女，卵巢功能开始衰退，卵子易发生畸变，胎儿发生先天性畸形或痴呆的发病率明显增加。此外，妇女在 35 岁以后，骨盆和韧带的松弛性、骨盆和会阴的弹性都有所减弱，妊娠期并发症和难产亦相应增高。调查资料表明：仅以先天愚型为例，40 岁以上的产妇比 30 岁以下的产妇，所生的子女，发病比例要高 15 倍左右，且引起难产和婴儿死亡率也都高。当然，由于种种原因，结婚、生育年龄超过这界限，也不必过分紧张。因为现代医学已经发展到了相当高的水平，只要做好产前检查和产前诊断，是可以预防和处理的，多数高龄的初产妇仍可平安顺产的。

◎ 有遗传缺陷不宜向恋人保密

有的年轻人把自己或家庭的遗传缺陷，不愿意向恋人讲清楚，唯恐影响配偶的选择和婚姻的前途。实际上，这种做法会给家庭和社会带来极大的危害。

曾有这样一个家庭，父亲在中年以后出现遗传性舞蹈病，全家悲痛不已。经查询家族史发现，原来父亲的妈妈以前患过这种病，后来亡故。而父亲又没有将这一遗传病史告诉母亲。就是说，这位父亲其实是不应该生育的，但他为了家族的荣誉，却把这一重要事实向恋人隐瞒了。严重的后果在于，父亲这时已经儿女成群了，而这些儿女们，每人都有 50% 的机会患舞蹈病。

因此，每一个青年人都应坦诚地向恋爱对象介绍自己家族的病史和自己的健康状况。不要怕对方会因此而嫌弃自己，只有这样，才是有道德和忠诚的表现，也有利于今后婚姻的美满和家庭幸福。

◎ 患白血病妇女不宜受孕

妇女患白血病怀孕，不仅使母体白血症恶化，治疗困难，缩短寿命，而且对胎儿的生长发育极为不利。

因为急性白血病病程短、病情重，病人能怀孕和维持妊娠至足月者很少。白血病孕妇常出现的乏力、食欲低下、贫血、低热、鼻出血、皮肤出血点等常见病症都会对胎儿产生不利影响。据有关资料统计，急性白血病妊娠，胎儿死亡率可达 60%；慢性白血病孕妇或可将妊娠维持到足月分娩，但先天性愚型的发病率是正常儿的 15 ～ 20 倍。所以白血病人应严格避免怀孕，一旦怀孕要毫不犹豫地施行人工流产。

◎ 类风湿病活动期不宜怀孕

育龄妇女患有类风湿性炎症，在风湿活动期不宜怀孕。

因为病人在风湿活动期时，本身症状就较重，如果怀了孕，那就会加重病情，甚至恶化。再说多数活动期的病人，日常生活都难以自理，需要他人协助，怀孕只能使活动更加不便。重要的是治疗类风湿的某些药物对胎儿会造成不良影响。

因此，类风湿病活动期不宜怀孕，若病人康复后是可以怀孕的，但怀孕时间应根据个人的具体情况和经治医生的意见而定。

◎ 妇女患子宫肌瘤暂不宜怀孕

子宫肌瘤是一种妇女常见的良性肿瘤，30 岁以上的妇女中约20% ~ 30% 患此病。肌瘤可以单个，也可以多个，其大小相差悬殊。小的肌瘤一般对妊娠和分娩都没有影响，如果肌瘤过大或数目多，可使子宫体和子宫腔变形，或因输卵管受压而妨碍受孕，影响胚胎发育，引起流产、早产或不孕。

因为肌瘤生长的部位可在子宫肌层内、子宫表面，或子宫腔内。妊娠合并肌瘤时，如肌瘤较大，胎儿活动受限，容易产生胎位不正；分娩时肌瘤会妨碍子宫收缩。如肌瘤生长在子宫下部，很可能阻塞产道，影响胎儿娩出。分娩后因子宫收缩不好而出血多及继发感染。妊娠期间因子宫血液供给丰富，子宫肌瘤可迅速增大。有时因肌瘤中心营养供应不足产生出血、液化，发生"红色变性"，孕妇会有腹痛、发热、白细胞增高等现象。所以，对患有子宫肌瘤的妇女，肌瘤较大，数目多的患者暂不宜怀孕，小的肌瘤患者要遵医嘱，定期检查。

◎ 有外阴尖锐湿疣的妇女不宜怀孕

尖锐湿疣是由人乳头瘤病毒感染所致。多发在大小阴唇、肛周、会阴部；重者可波及阴道、宫颈、尿道等处。因其传染途径主要是性接触所致，故属性传播性疾病之一。

尖锐湿疣在妊娠时因性激素刺激，可迅速增多，增大，并可由阴道至子宫上行感染。如孕妇在阴道内或阴道口发生尖锐湿疣，分娩时新生儿可被感染，以致婴儿出生后不久就能发现其阴部或肛周有尖锐湿疣症状。因此，患有尖锐湿疣的妇女，应治愈后再怀孕。

◎ 妇女患梅毒不宜怀孕

患梅毒的妇女如果怀孕，对胎儿的健康是极为不利的。

梅毒是一种性病，是由一种叫苍白螺旋体的微生物引起的慢性传染病。妊娠后，螺旋体可通过胎盘脐带传染给胎儿，使胎儿发生梅毒性病变，如在梅毒早期怀孕，胎儿受到的危害就更为严重，往往出现死胎。还有40%作为先天性梅毒患儿存活下来，由于内脏常有多种病变，如肺炎，肝、脾、胰肿大，骨髓炎，中枢神经病变等，亦容易夭折。外表上，最多见到的是手掌和脚掌水泡。

因此说，夫妇一方不慎患了梅毒，另一方大多也会受到传染，则应尽早彻底治愈后再怀孕。若在患病期间，妇女忌妊娠，有利于优生优育，提高人口质量。

◎ 妇女患淋病不宜怀孕

患淋病的妇女受孕，殃及母子健康。

淋病是性病的一种。妇女患淋病后，淋病双球菌可侵犯阴道、子宫颈、子宫内膜、输卵管而引起一系列的炎症反应。急性淋病如不治愈，淋菌可长期潜伏于尿道旁形成慢性感染，并可导致经常发作。输卵管是女性生殖系统的重要器官，是精子和卵子的交通要道，卵子常在输卵管远端的壶腹部与精子会合受精，随后，受精卵仍通过输卵管运行到子宫腔。若输卵管发炎引起完全性阻塞，就会导致不孕。如果是其中一部分阻塞，精子勉强通过并与卵子会合，而形成的受精卵渐渐增大，可能会在阻塞处滞留，形成输卵管妊娠（宫外孕）。当胚胎长到一定程度，输卵管就会破裂，引起腹腔内出血，对孕妇生命可造成严重威胁。

倘若孕妇在怀孕期间感染淋病，当分娩婴儿通过产道时可感染婴儿的眼睛，发展成淋菌结膜炎，如不及时治疗或治疗不当，可致失明。

◎ 受孕不宜错过时机

生儿育女对一个小家庭来说是一件大事，选择良好的受孕时机，生个聪明健康的孩子，是每对新婚夫妇所关心的问题。

要使胎儿生长发育良好，必须考虑有优质的受精卵。受孕时刻男女双方的健康情况、营养、精神等因素可以影响受精卵的状况。所以在受孕时机上应注意以下几个条件。

（1）要把握排卵期，增加受孕机会。女性排卵期一般是在两次月经的中间，即下次月经前第14天左右。

（2）双方健康良好。要求双方不仅未患一般疾病，就是一方感到身体疲倦时，也不宜受孕，以防对生殖细胞产生不利影响。

（3）为给生殖细胞提供充足营养，在受孕前一个月，男女双方应多吃些富含蛋白质的食物，如瘦肉、蛋类、鸡、龟和动物肝肾等，还要吃些富含维生素的新鲜蔬菜和水果。

（4）若已决定孕育，为了保证精子的质量，排卵期前宜"养精蓄锐"，不可频繁性交。此外，良好的环境和情绪对于受孕成胎亦是有益。

◎ 生男生女不宜责怪妻子

有些重男轻女思想严重的大男子主义者，无端责怪妻子只生女不生男，其实，这是毫无道理的。

因为人类男女性别的决定，在于精子与卵子受精的一瞬间，而这关键时刻主要决定因素在于男子精子所携带的性染色体类型。如果含Y性染色体的精子与卵子结合则生男；含X性染色体的精子与卵子结合必生女。换句话说，妻子生男还是育女，主要决定于丈夫的精子类型，而不决定于女方的卵子，这就是生男生女的科学道理。

◎ 择偶不宜过早

有不少的家长认为，早些给孩子选好对象心里就踏实了。其实这种想法是不对的，而且往往不能如愿以偿，反而会给订婚双方造成极大的痛苦。

因为随着孩子年龄的增长，可能对父母原来给他安排的婚配不满意。青少年是人生的黄金时代，在这个阶段里既要长身体，又要长知识。如果过早地谈恋爱势必要分散精力，影响学习，而且青少年缺乏生活经验，考虑问题不全面，也会引起不良的后果。对女孩子来说，若经常受性兴奋刺激，易导致盆腔性充血、月经过多、经期延长，婚后还可能造成性功能障碍，如性冷淡等。男青年若久恋未婚，易导致慢性盆腔充血、出现下腹不适、腰背酸痛、阴茎根部肿痛等，婚后也可能出现性功能障碍，如阳痿、早泄等。

从优生学的角度看，早恋早婚早育都是不利的。我国宋代妇科专家陈自明指出："男虽十六而精通，必三十而娶；女仍十四而天癸（月经）始至，必二十而嫁。皆欲阴阳充实，然后交而孕，孕而育，育而子坚壮强寿"。这见解是很有道理的。研究表明，未满20岁母亲所生新生儿的体重较轻，多早产，子女染色体异常引起畸形的也较多。

◎ 恋爱时不宜过分亲昵

有的男女青年在炽热的恋爱中，往往会有过分亲昵的举动，虽然没有真正性交，却造成女方怀了孕，影响婚姻前途。

男女在亲昵的过程中，男子往往容易发生性冲动，阴茎接触女方外阴，甚至隔着衣裤接触，女方都有可能受精怀孕。因为在过分亲昵时，男子不管是否完全射精，前列腺、尿道球腺都会分泌液体，有时精囊少量地溢出一些精液与分泌物混合，这样分泌液里就有大量的精子，这些精子落到女方外阴部就能游过处女膜孔，游进阴道、子宫、输卵管，要是女方正值排卵期，就有可能受精怀孕。

所以，男女青年在热恋中不宜过分地亲昵，以免给身心造成严重的损害。

◎ 欲生育时男性不宜饮酒

为了生个聪明健康的孩子，人们普遍重视孕妇与胎儿的关系，却往往忽视父亲常饮酒会影响胎儿的发育。

因为酒（包括白酒和药酒）对生殖细胞有强烈的毒害作用，直接影响胚胎的发育。精子和卵子一方的变异，都会影响胎儿的发育。常用的人参酒、鹿茸酒、虎骨酒和五加皮酒等与白酒一样，有较强的毒性作用，饮后会使精液中约70％的精子活力降低或发育不全。这种精子与卵子结合，孕育的胎儿容易出现头面畸形、肢体短小、心脏畸形、智力迟钝等。因此，为了优生，准备怀孕的妇女要劝阻丈夫不要饮酒。

◎ 停服避孕药不宜急于受孕

妇女停服避孕药以后，马上受孕对胎儿生长发育不利，甚至引起胎儿畸形。

因为口服避孕药中含有雌性素和孕激素。这种激素从人体内排泄去相当缓慢，只要是服避孕药一个月，体内的激素就需要五个月才能排泄完。若在五个月以内受孕，会影响胎儿的正常发育。有人用一种较为敏感的姐妹染色单体分化染色技术观察发现，长期服用口服避孕药，可能对胎儿染色体有微弱的诱变作用，因此，长期服避孕药的妇女，应在停药半年后再怀孕。

◎ 人工流产不宜多次进行

人工流产是妇女在怀孕3个月内，用人工方法终止妊娠，一般无不良影响。如果婚后不注意避孕，怀孕后二、三次，甚至四、五次做人工流产，这不仅容易造成生殖系统后遗症，而且对乳腺有潜在的危险。

医学研究表明，人工流产不同自然分娩，前者是强制中止妊娠，后者是"瓜熟蒂落"。多次进行人工流产，常常会打乱正常女性激素的生理功能，从而出现月经周期紊乱，经期延长，经量过多或闭经。容易导致乳腺肿块和乳腺疼痛，诱发乳腺小叶增生、乳腺炎等疾病。据有关资料统计，因人工流产诱发乳腺病的占40％以上。人工流产还会使子宫内膜受损，遗留创伤面，容易引起以后妊娠时发生胎盘黏连，造成难产或产后大出血。人工流产时羊水容易进入后血管窦而流入血液，从而引起血管栓塞。多次人工流产还容易引起不孕症。人工流产容易导致不孕，主要是由于：①流产可以导致生殖器损伤、内膜基底层损伤，引起月经紊乱、量少、严重者可引起闭经。②流产后如果消炎不彻底，造成炎症上行感染，导致子宫内膜炎，输卵管阻塞，盆腔黏连等都会影响再次怀孕造成不孕症。③流产所致的宫颈或宫腔黏连也可以引起不孕。因此，暂时无生育计划的夫妇，一定要做好避孕，避免怀孕，以防止多次流产后对身体造成损害，影响以后生育。因此，怀孕妇女不宜多次施行人工流产。

◎ 避孕不宜只靠安全期

所谓安全期是妇女在两次月经之间的一段时间。安全期一般情况下不易受孕。但是只靠安全期避孕并非绝对安全。

因为妇女排卵期为下次月经前14天左右，在此前5天及后4天，加上排卵当天共10天为不安全期，其余时间为不易受孕的安全期。实际上，安全期避孕法仅适合于月经周期正常，夫妻经常生活在一起，并能熟悉掌握和严格遵守安全期性交的夫妻使用。不经常生活在一起的夫妇、分娩或流产后的妇女，不能准确掌握安全期的夫妇及新婚夫妇，均不宜使用本法避孕。由于女子排卵常常受精神刺激、情绪变化、生活环境改变、身体健康状况等因素的影响，排卵期可提前或延迟，还会产生额外排卵，以致造成有些夫妇应用安全期避孕而失败。据国内资料统计，应用安全期避孕法成功率不到85%，所以说不宜只靠安全期，应与其他避孕措施结合起来，才能达到有效避孕目的。

◎ 哪些妇女不宜口服避孕药

一般身体健康的育龄妇女，口服避孕药的效果是可靠的，如能按照要求正确服药，一千位服药妇女中几乎没有失败者。但有下列情况时不适合。

（1）患有急、慢性肝炎或肾炎者。

（2）患有高血压及心脏病伴心功能不全者。

（3）患有糖尿病者。

（4）过去或现在患脑血栓、心肌梗死者。

（5）未治愈的甲状腺功能亢进者。

（6）哺乳期妇女。

（7）患生殖器官肿瘤（如子宫肿瘤、卵巢肿瘤）、乳房肿块及全身其他部肿瘤者。

（8）流产后的妇女，最好在来过一次月经后服药。

◎ 孕妇第一胎不宜做人工流产

有些年轻夫妇婚后，因怕羞不采取避孕措施而怀了孕，但因工作或学习需要，第一胎又做了人工流产，这对以后的生育是有害无益的。

因为夫妻双方的血型可能不同，男方红细胞所含的血型抗原如和妻子的不同，称夫妻血型不适合。怀孕后，若胎儿的红细胞血型抗原和父亲的血型抗原相同时，因某种原因，红细胞进入母体，使母体血液中产生抗胎儿细胞的抗体，做人工流产时，子宫壁有损伤创面，胎儿细胞会进入母体，结果母体产生抗丈夫血型的抗体，若再次怀孕时，这种抗体可通过胎盘进入胎儿体内，凝集和溶解胎儿的红细胞，使胎儿出现贫血、水肿，甚至死亡，也可造成反复流产、早产，即使胎儿足月生下，也可能发生新生儿溶血症，严重黄疸，甚至死亡。所以，育龄妇女怀孕第一胎不宜做人工流产。

◎ 婚前不宜发生性行为

有的男女青年在热恋中，情欲的潮水冲破了理智的闸门，发生了性行为，这不仅与法律、道德相违背，而且对男女双方身心健康都是有害的。

因为婚前性行为多是处在紧张、急促状态下进行，而且双方又缺乏性生理、性卫生知识，因而这种性生活谈不上和谐，也容易造成女方的阴道损伤、泌尿系统感染等，给女方身体带来损害。性行为中出现的痛楚，常可引起女方对性生活产生不正确的看法，影响婚后的正常生活。若婚前性行为导致受孕，就会令双方陷入困境，特别是女方要承担更多的不幸，各种终止妊娠手术都会给女方身体带来一定损伤，甚至可导致危险并发症的发生。

因此，未婚男女青年在热恋中一定要理智，避免发生性行为。若发生婚前受孕，要妥善处理，千万不要私自堕胎，以免发生意外。

◎ 避孕一般不宜采取体外排精法

体外排精避孕法就是在性交时男子临要射精之前，迅速将阴茎从阴道内抽出，将精液射在女方体外，以达到避孕目的，这种叫体外排精避孕法，也叫中断性交避孕法。

这种避孕方法虽然不需要任何避孕工具，也不影响双方性快感，如果在性交过程中，掌握方法不得当，往往容易使少数精子进入阴道，或由于抽出阴茎动作稍迟缓，致使一部分精液已经射入阴道，所以这种方法避孕不十分可靠，一般不宜采用。此外，从生理上讲，在性高潮临近抽出阴茎中断性交，对双方特别是女子性欲的满足有较大的影响，日久还可能发生性功能紊乱。

第二章 孕产宜忌

◎ 孕妇宜知道的数据

如果您有了身孕，为了您和宝宝的健康，顺利生下一个聪明可爱的孩子，请您记住下列数字。

1. 孕期 一般为 40 周，满 37 ~ 42 周前分娩均属正常。12 周前称为早孕，13 ~ 27 周称为中孕，第 28 周以后称为晚孕。早产指妊娠在满 28 ~ 37 周之内（妊娠 196 ~ 258 天）结束者。妊娠超过 42 周为过期妊娠。

2. 预产期 按末次月经第 1 天计算，月份减 3 或加 9，日期加 7。如末次月经第一天是 12 月 16 日，则预产期为 9 月 23 日，一般实际分娩日期与预产期可相差 1 ~ 2 周。

3. 妊娠反应时间 约停经 6 周左右开始，孕 12 周左右自行消失。

4. 药物流产适宜时间 越早越好，一旦明确早孕，即可行药流，一般在停经 39 ~ 40 天，不宜超过 45 天。

5. 人工流产适宜时间 妊娠 10 周以内，可用吸管伸入宫腔，将胚胎组织吸出以终止妊娠；妊娠 10 ~ 14 周时，吸宫辅以钳刮终止妊娠。

6. 初次产前检查时间 确诊早孕时即应行第一次全面检查，以了解软产道及盆腔内生殖器官有无异常。

7. 以后产前检查 妊娠 20、24、28、32、36、37、38、39、40 周共 9 次。如属高危孕妇，应酌情增加复查次数。

8. 自觉胎动时间 妊娠 18 ~ 20 周开始，孕妇可自觉胎动，胎动每小时约 3 ~ 5 次。妊娠周数越多，胎动越活跃，但至妊娠末期减少。

9. 胎心率正常范围　胎儿心率为 120 ~ 160 次 / 分。

10. 产前"见红"　分娩开始前 24 ~ 48 小时，子宫颈管内原有的黏液栓与少量血液相混而排出，称"见红"，是分娩即将开始的一个比较可靠的征象。

11. 产前阵痛规律　由有规律且逐渐增强的子宫收缩引起，每次持续 30 秒或稍长，间歇 5 ~ 6 分钟。

◎ 孕妇宜做糖尿病试验

所有孕妇最好都能做一次检查，以便明确是否患有糖尿病。怀孕期间的糖尿病必须得到严格控制，因为糖尿病可对胎儿产生严重影响，所以早期发现和治疗孕妇的高血糖就显得十分重要。

最近有人检查发现大约 2.5% 的孕妇患有糖尿病，并且有增加的趋势。如果孕妇在怀孕期间有饥饿感就是妊娠糖尿病早期症状之一。由于孕妇是一个人的嘴巴，两个人的饭量，所以很容易感到饥饿，因此很容易被忽视。还有孕妇会没有理由的时不时地感到口渴，偶尔会有皮肤瘙痒，容易疲乏，尿频，经常头晕，甚至昏倒，尤其对于过于肥胖的妇女，这个时候就一定要去医院验血糖了。因为血糖过高会导致流产率升高，引起妊娠高血压综合征发生率升高，会造成畸胎儿发生率增高，出现巨大胎儿、胎儿宫内发育迟缓及低体重儿，胎儿红细胞增多、新生儿高胆红素血症增多，易并发新生儿低血糖，增加新生儿呼吸窘迫综合征的发病率，造成胎儿及新生儿死亡。对于完全没有糖尿病症状的妇女应当做尿糖试验，而对于轻度的糖尿病患者，则最好做口服葡萄糖耐量试验，这项试验应当在怀孕的第 20 ~ 28 周内进行。

妊娠期合并糖尿病的孕妇需要控制饮食，因为空腹时极易出现饥饿感，故可将全日食物量分为 4 ~ 6 次吃，临睡前必须进餐 1 次。合理安排饮食，避免高糖食品，采取少食多餐，多食蔬菜、富含纤维素的食品如鱼、香菇、芝麻、大蒜、芥菜等。注意维生素、铁、钙补充。水果的补充最好是在两餐之间，并且在选择水果时应尽量选择含糖量低的水果，或以蔬菜代替，如番茄、黄瓜等，千万不要无限量吃西瓜等高糖分水果。

较为严重的患者，最好采用注射胰岛素的治疗方法，不宜使用口服药，因为口服药可以透过胎盘，过度降低胎儿血糖。

◎ 妇女怀孕后宜验血型

妇女怀孕以后验血型，是为了防止新生儿溶血病和孕妇流产，保证优生优育的一项有效措施。

人类的血型分 A 型、B 型、O 型、AB 型四种。在这些血型系统中，A 抗原容易引起免疫性抗体的产生。在一对夫妇中，如果男方血型是 A 型，他的遗传型必将是 AA、AO；女方血型是 O，她的遗传型则是 OO。他们受孕的胎儿血型如果是 O 型，那么对母体和胎儿均无影响，因为 O 型红细胞上无抗原。倘若胎儿血型是 A 型，则与母体血型不相容，在分娩期如遇到剖腹产、人工剥离胎盘、产钳助产、注射催产素和羊膜穿刺等手术过程中，一旦胎盘损伤，胎儿原有 A 抗原的血红细胞就会大量进入母体血液循环，刺激母体产生免疫性抗体，再经过胎盘进入胎儿的血液循环内，就可造成新生儿溶血病或孕妇的流产。因此，对进行产后检查的妊娠妇女，都有必要进行血型鉴定，男方也一定要鉴定血型，以便了解情况，做到有备无患，以便有利及时采取相应的预防措施。

◎ 高龄孕妇宜防染色体畸变

高龄孕妇要谨防产下唐氏综合征患儿。此症又名先天愚型症，俗称蒙古痴呆症，是儿童智力低下最常见的原因，发生率为活产新生儿的 1/1000 左右。患儿主要表现为严重的智力低下及生长迟缓，并有特殊面容，部分患儿还有先天性心脏病，智力随年龄增长而下降，是社会及家庭的沉重负担。

导致此病的主要原因是其母（或父）的生殖细胞（即卵子或精子）在减数分裂时发生了一次 21 号染色体的不分离。一般高龄孕妇的卵子发生染色体不分离较多，患儿发生率常随母亲年龄增大而增高。如孕妇年龄为 30 岁，患儿发生率为 1/850，若孕妇年龄为 45 ～ 49 岁，则患儿发病率高达 1/32 ～ 1/12。

此病的预防：①怀孕前后预防病毒感染，慎用药物，以减少药物及病毒导致的染色体畸变。②高龄孕妇或曾分娩过先天愚型儿的孕妇应做产前诊断，防止病儿出生。

◎ 妇女怀孕后宜合理安排膳食

妇女从受孕到分娩整个孕期约280天，如果孕妇的饮食营养不足，孕妇本身的健康和胎儿的生长发育，以及产后泌乳功能等，都会受到一定影响。因此，在给怀孕妇女安排膳食时应注意以下几方面。

1. 妊娠初期（3个月以内） 这个时期的胎儿长得很慢，此时膳食中营养素供给量与非孕时相同。为适应妊娠反应，要做到少吃、多餐，每日可进食5餐～6餐，可以吃一些固体的食物，如咸饼干、馒头等能减少晨吐。在反应较重、呕吐剧烈时，要少吃油腻荤腥和不宜消化的食物，可以吃藕粉、稀粥、豆浆、牛奶、新鲜的水果、蔬菜。食欲恢复后，应立即采用正常供给量。要适应孕妇的口味，用少量酸、辣味食品增加食物的色香味，做到多品种、多花样、少用油。饮食宜清淡，可以多吃一些菠菜。

2. 妊娠中期（4～7个月） 孕中期是胎儿迅速发育的时期，处于孕中期的准妈妈体重迅速增加。这时，准妈妈要补充足够的热能和营养素，才能满足自身和胎儿迅速生长的需要。多补充能量和蛋白质，多食用牛奶、鱼类、豆类等富含蛋白质的食物，以及虾皮、海带、紫菜等含钙丰富的食物。当然，孕妇也不能不加限制地过多进食。过度进食不仅会造成准妈妈身体负担过重，还可能导致妊娠糖尿病的产生。有水肿者还应严格控制食盐的摄入。

3. 妊娠后期（8～10个月） 食物营养素的质量要特别注意，应增加鱼、肉、蛋等含蛋白质较多的食物。但饮食中要适当控制少食含脂肪多的食物，控制食量不宜过饱，要少吃糖类，多吃含钙、磷、铁、碘等矿物质的食物。适当加食紫菜、海带等含碘食物。芝麻、花生、核桃、葵花籽也要经常食用。还要适当加些青菜和水果。但要少吃刺激性食物，如咖啡、辣椒等。此外，孕期除合理营养外，还要适量的体力活动和户外活动。

⊙ 孕妇宜多吃含铜食物

在20世纪70年代初期，人们发现了一种致婴幼儿于死地的疾病，患者以贫血为主症，往往因精神异常、运动障碍和全身动脉血管迂曲而夭折。体格检查可见头发扭卷，体温极低，且常常伴有骨骼损伤。医学界一时震动很大，许多专家学者对此进行了深入研究，最后发现这是由于婴幼儿机体缺铜，使为机体新陈代谢提供能量来源的三磷酸腺苷合成量大为减少，以致不能满足生命之最低能量的需要所致。

追根溯源，原来，婴幼儿缺铜与母亲血中铜含量的高低密切相关。发病者母亲血液中铜含量都低于正常人，进一步调查发现婴幼儿出生后发生铜缺乏病，是因其母亲在妊娠期间铜的供应不足所致。

要防治铜缺乏病的发生，自然以补铜为佳。有报道采用依地酸铜治疗有显效，但该药目前尚未普遍推广于临床，况且对长期使用所造成的慢性铜中毒还尚无对策。所以目前比较实惠、可靠的办法是保证铜的供给，在妇女妊娠期间，多食猪肝、牛肝等动物性肝脏和含铜量较高的蔬菜。

◎ 孕妇宜补叶酸

妊娠妇女缺乏叶酸，不仅会影响其造血功能，出现妊娠期贫血现象，而且还可能于早期限制胎儿、胎盘的迅速发育，导致流产、胎盘早剥和胎儿畸形的发生。这是因为叶酸在细胞增生中占重要地位，通过参与蛋白质代谢而维持胎儿正常发育，如果叶酸缺乏，就会使胎儿发育迟缓及受阻，引起流产、胎儿畸形等。

一般说来，正常饮食的健康孕妇少有叶酸缺乏问题，但遇感染、纳差、腹泻及服用某些具有叶酸吸收抑制作用药物（如抗生素）时，叶酸的吸收不足或消耗增加，便会造成叶酸缺乏而影响胎儿发育。因此，专家建议，在妊娠早期（怀孕三个月），首先要注意多从饮食上补充叶酸，适当添加含叶酸丰富的食品，如菠菜、芹菜和新鲜水果等。其次要对那些可能出现叶酸缺乏的孕妇额外补充叶酸，以每日 400 微克为宜，持续用药到妊娠 12 周左右，以起到良好的预防作用。

◎ 孕妇宜少吃盐

不少孕妇在妊娠期间，由于妊娠反应，口淡无味，喜进咸食，而忽略了孕妇应该忌服过咸的食物。

现代医学认为，妇女怀孕后，身体各脏器为适应胎儿生长发育的需要，在生理上发生各种特殊变化，如孕妇体内钠潴留较多，过多摄入会进一步加重水的滞留。水滞留，对肾功能、心功能等都有不同程度的不利影响，出现心悸、胸闷、小便减少等症，可影响胎儿的生长发育，对母子均不利。

妊娠后期，孕妇的血浆渗压下降，下腔静脉回流进一步受到胎儿的阻碍，以至多有下肢肿。此时，更须注意进低盐食物，每日限用食盐 5 克以内，以减少水钠潴留。相反，如果在妊娠期间过食咸食，或已有水肿后还不注意淡食，就会出现或加重水肿，严重者出现头晕、头痛、上腹不适、胸闷不舒，饮食不香，小便短少等症状，引发先兆子痫或子痫，严重危害母子的生命。

孕妇淡食，就意味着每天不得超过 1.5 ~ 2.0 克氯化钠。一切无味的提味品可使孕妇逐渐习惯淡食。如鲜番茄汁、无盐酸渍小黄瓜、柠檬汁、醋、无盐芥末、菜、大蒜、洋葱、韭菜、豌豆等。

◎ 孕妇防早产宜多吃鱼

早产的婴儿，体重轻，各组织器官的发育较差，体质弱，不易喂养，是孕妇家庭比较担忧的事情。最近，科学家研究发现，孕期多吃鱼可预防早产。

丹麦阿哈斯大学流行病学定斯奥尔森等人，对生活在海岛的孕妇进行研究，结果发现她们妊娠期较内陆的孕妇长几天。据此，他们对妊娠后期（产前三个月）的 533 名孕妇进行了试验，其中 266 人每日补充鱼油，131 人以鱼为膳食；另 136 人为对照组，结果，吃鱼油组比对照组平均长 4 天分娩，婴儿体重比对照组重 107 克；鱼类膳食组也比对照组长 2.4 天。他们解释有的脂肪酸能影响前列腺素的分泌过程，从而推迟产妇阵痛的发作，防止了早产。

因此，专家们建议：孕妇尤其有早产倾向的孕妇，孕期应多吃鱼类食品或鱼油。

◎ 孕妇体重增加多少为宜

妇女怀孕以后，为适应这一特殊生理现象，机体会产生一系列的变化，再加上胎儿的生长，孕妇的体重就逐渐增加。

怀孕期体重的增加量，有一合适的范围。如果孕妇体重增加较少，肯定胎儿体重过轻，生长发育状况欠佳，数据表明，低体重新生儿出生后哺育护理较为困难。体重增加过多，胎儿体重往往也超标，势必分娩困难的可能性大大增加，而对母亲本身，增加的体重负荷使生理性高血压、水肿，甚至毒血症的机会也相应加大，对母子同样不利。

医学界对孕妇体重增加的最佳数值一直有不同看法，最近美国国家科学院的食品与营养委员会（FNB），推荐了一个权威性的数字，整个怀孕期体重增加以 9 ~ 11 公斤为最安全值。

怀孕前少妇的体重以 55 公斤的基准数，怀孕过程情况良好，足月胎儿平均体重为 3.5 公斤，胎盘重 0.5 公斤，母体总血容量增加 1 公斤，羊水约重 0.7 公斤，乳房充盈增至 0.3 公斤，另外机体还将贮存 4 公斤脂肪以供哺乳时所需。以上数项，总计为 10 公斤，考虑到个体之间的差异，取 ±10% 为安全范围。

孕妇应关心自己体重的增长，特别在后期，如果食欲大增胃口很好，就要注意控制饮食，勿使体重增加量突破 11 公斤的上限。

◎ 孕妇宜采取什么样体位

妇女怀孕以后，采取适当的体位有利于胎儿的生长发育。孕妇分娩后，采取适当的体位有利于子宫和身体的恢复。

妇女妊娠后的头 12 周，由于胎儿很小，孕妇可采取随意体位。

在怀孕的中、晚期，孕妇卧床休息或睡眠时，宜采取侧卧位，尤以左侧卧位最佳。其理由是，随怀孕月份增加，子宫逐渐增大，仰卧位时，子宫压迫腹腔静脉，使回心血量下降，引起体位性低血压，从而使子宫内胎儿缺血、缺氧，影响胎儿的发育。另外，妊娠子宫多向右旋转，左侧卧位可使子宫向后移位，减轻子宫对右肾血管压迫，增加回心血量，改善子宫和胎盘的血液循环。左侧卧位还可减轻妊娠后发生的水肿，并能预防妊娠高血压综合征的发生。

妊娠末期，孕妇要避免长时间站立，因子宫增大前突，重心后移，腰背部肌肉持续紧张，可致腰酸背痛。故孕妇要注意休息。

对于孕妇分娩后的体位，过去人们很少注意。现代医学研究表明，孕妇产后应避免一直采取仰卧位，否则易造成子宫后倾，还可能影响大便自然通畅。孕妇产后也宜采取侧卧位。

孕妇产后 24 小时内应卧床休息，以后每天渐增加起床时间。为了使松弛的腹壁和盆底肌肉及早恢复，产妇可先在床上做一些体操样运动（抬腿、收腹、缩肛），这样可帮助产妇及早康复。

分娩后一个月内，产妇不宜站立过久，更不宜蹲位及手提过重物品，否则可使腹压增加，不利于子宫复位，甚至引起子宫脱垂。

◎ 肥胖孕妇宜做好自我孕期保健

国内外资料表明，肥胖孕妇由于肥胖导致的人体代谢异常，易引起其他多种并发症，如妊娠毒血症，分娩时宫缩无力，巨大儿，分娩时流血增多。同时，孕期合并糖尿病、静脉瘤、静脉炎、贫血和肾炎者比一般孕妇多见。肥胖孕妇对胎儿的危害也明显增多。据统计，肥胖孕妇的围产期胎儿死亡率较高，一般孕期体重若增加 13 公斤以上，胎儿围产期死亡率会比一般孕妇增加两倍，比消瘦型孕妇增加 5 倍。因此，身体肥胖的孕妇宜做好自我孕期保健。

首先要请医生诊断，是属于单纯性肥胖，还是症候性肥胖，后者是由某些疾病引起的。这两种肥胖，治疗方法不同，症候性肥胖应以内科治疗为主，而单纯性肥胖则主要依靠饮食控制。运动疗法对于肥胖孕妇不宜推行，因为这种方法可引起流产、早产和妊娠中毒症。

饮食控制主要是适当减少孕妇的进食量，采取低热量饮食为主，每天热量以限制到 1200 ~ 1500 千卡为宜。但在妊娠第 28 ~ 32 周，孕妇血浆蛋白最低，不可限制蛋白质，一日不得少于 40 ~ 80 克，但应适当限制脂肪和糖。在饮食品种上，应多吃蔬菜、水果和一些粗粮；少吃动物脂肪，食盐每日不可超过 7 克，主食减半，并停止吃零食，注意补充多种维生素和铁质。

◎ 丈夫宜学会孕期监护

孕期家庭监护是保证孕妇和胎儿安全的重要措施。孕期家庭监护简单易学，稍经医生指导即能掌握，所以，当妻子怀孕以后，丈夫宜学会孕期监护。监护内容主要有以下五个方面。

1. 量宫底 妻子排尿后取仰卧位，两腿屈曲。丈夫则用卷尺测量妻子耻骨联合上沿至子宫底的距离。自孕后 20 周开始，每周 1 次，一般每周增加 1 厘米。到 36 周时，由于胎头入盆，宫底上升速度减慢，或略有下降。宫底升高速度，反映了胎儿生长和羊水的情况，如发现增长过快或过慢，应及时找医生检查。

2. 测腹围 胎儿增长腹围也渐随之增大，将皮尺以脐为中心绕腹部——周即得腹围之数据，每隔 3 天测 1 次。做好记录。

3. 听胎心 妻子取仰卧位，两腿伸直。丈夫可直接用耳朵或用木听筒贴在妻子腹壁上医生指定的听胎心地方，则可听到规则的"滴答、滴答"的心跳声。每日听一次或数次，一般每分钟为 120 ~ 160 次胎心。如发现胎心过快、过慢或不规则，则为胎心缺氧的警报，应立即就医。

4. 数胎动 妻子取仰卧或左侧卧位，丈夫两手掌放在妻子的腹壁上，可感知胎儿有伸手蹬腿样的活动，即为胎动。胎动一般于孕后 4 个月时开始，7 ~ 8 个月时最明显。晚上 7 ~ 9 时和午夜 11 ~ 1 时为一天中的胎动高峰，以这时数胎动最好。每次数 1 小时，一般胎动每小时 3 ~ 5 次，也可以每日早、中、晚数 3 次，每次 1 小时，3 次胎动数相加乘 4，即为 12 小时胎动数。如果 1 小时胎动少于 3 次，或 12 小时胎动少于 20 次，则说明胎儿发生危机，应去医院检查。

5. 称体重 从妻子怀孕 28 周开始，可每周称一次体重。这时胎儿发育较快，体重每周约可增加 0.5 公斤。如数周体重不增加，或体重增加过多，都是不正常现象，要请医生查找原因，不能掉以轻心。

◎ 孕妇坐火车宜注意什么

孕妇乘坐火车一怕流产，二怕早产，三怕将婴儿生在车上。因此，孕妇坐火车应注意以下事项。

1. 莫要登梯爬高被人撞 孕妇上火车将随身携带的物品最好放在座位下面，避免登高往行李架上放置或取下行李物品时，引起流产、早产。在全国各次列车上，实行了老弱病孕旅客专座。孕妇上车后，可以在列车工作人员的帮助下候座或就座。

2. 入厕谨慎选好时机 列车厕所比较狭窄，并由于列车摇摆不宜站稳蹲稳，如果再遇上有人敲门急于入厕，心里就更着急，常常容易碰撞跌倒。孕妇入厕不要选择在列车刚出站或刚进站的时候，因为此时列车要通过许多岔道，列车摆动大，入厕不宜站稳。应选择在进入直线区段再行入厕。入厕后还要有列车紧急刹车的思想准备，以免突发情况出现，引起早产或流产。

3. 孕妇上火车要克服羞涩之情 遇有困难要主动同周围旅客或工作人员取得联系。孕妇如自感有流产或早产的征兆，应及早和列车员联系，以便使工作人员做好应急准备。例如寻找医务人员，布置产房，准备孕妇或产妇饮食，联系救护车等等。

◎ 孕期腹大过快宜当心

已婚女子一旦怀孕后，腹围的增长将随着妊娠月份的增加而逐渐增大。由于个体的差异及其他因素等，腹围增加的程度都会有所差别。在日常情况下，至妊娠中晚期的孕妇其脐部的腹围一般不超过 95 ~ 100 厘米。但若孕妇的腹围增长过快，则多是不祥之兆——可能存在某些病理性变化，应引起孕妇及其家人的警惕，及时去医院检查，以免延误病情。

1. 多胎妊娠　妊娠中晚期子宫增大的程度与妊娠的月份明显不相符合，但腹围增大的速度仍表现为循序渐进，同时腹部压迫的症状较轻，腹围可超过 100 厘米；在腹部的不同部位听诊时，可听到不同速率的胎心音。

2. 巨大胎儿　妊娠晚期，腹围增大的程度超过正常范围，与妊娠月份明显不符；但孕妇压迫症状较轻，脐部的腹围大于 100 厘米，巨大胎儿的发生，除与孕妇的产次（多见于经产妇）、孕妇合并糖尿病、遗传因素及孕妇的身高、体重等有关外，还与孕妇生活水平的提高、产前停止工作、在家休息等有关。

3. 葡萄胎　是胎盘组织发生的一种良性肿瘤，20 岁以下及 40 岁以上孕妇中发病最多。腹围异常增大多见于妊娠早、中期，子宫一般比实际妊娠月份大而无胎心音；病变多局限于子宫腔内，不侵入肌层，伴闭经 2 ~ 3 月后阴道流血。

4. 妊娠合并腹部肿瘤　①妊娠前有腹部肿瘤史，或妊娠早期检查，发现妊娠合并肿瘤。②卵巢肿瘤合并妊娠，在子宫外可摸到一肿块；子宫浆膜下肌瘤合并妊娠，可触到子宫相连的突出肿块。③较大的肿物可挤压子宫，并将胎儿推向对侧。④超声波检查可出现卵巢囊性肿物的进出波及波性平段、并可测出波动。

5. 羊水过多　①多见于已妊娠 6 ~ 7 个月的孕妇。由于子宫增大程度明显超过同期的正常妊娠，故孕妇会明显有呼吸困难、心慌气急、不能平卧等压迫症状感。②在脐平处测量腹围可达 110 ~ 120 厘米或更多，皮肤发亮腹壁紧张，腹部有明显液体震动感。③胎位摸不清，胎心音难以听到。④ X 线检查可见较多的羊水，使胎儿肢体伸展，并伴有胎儿畸形。羊水过多的发生除多胎妊娠、母体疾病（糖尿病、妊娠中毒症等）因素外，还常与胎儿畸形特别是无脑儿和开放性脊柱裂等密切相关。

◎ 孕妇宜做好心理保健

现代心理学的研究表明，人在不良情绪（愤怒、忧伤、焦虑等）状态下，肾上腺素和去甲肾上腺素的分泌都有增加。这些激素随血液经脐带进入胎儿体内，对胎儿的神经系统的生长发育产生不良影响。

那么，孕妇如何保持孕期情绪的乐观和稳定呢？下面几点可供参考。

1. 回避 孕妇要尽量避开一些易引起不良情绪的环境。如脾气暴躁的孕妇，应避开一些易引人生气的场合；易于伤感的孕妇，应尽量不参加告别会、追悼会；而胆小者则应避免夜晚外出等。

2. 控制 在无法避开易引起不良情绪的场合时，应学会控制自己的情绪，可采取自我暗示的方法，如在引起恐怖的环境中，暗示自己"没有什么可怕的"等。

3. 宣泄 如果通过自我控制不能消除不良情绪，那么，把它宣泄出来也会使心情平静下来。一个人如果觉得很委屈，找别人倾诉一番，得到几句安慰，可使不良情绪得到疏导。

4. 转移 在被不良情绪困扰时，从事自己喜欢的工作或活动便能转移注意力，这也是缓解不良情绪的好方法，例如：听一段欢快的音乐，常可使心情得到好转。

◎ 妊娠中期性生活宜用避孕套

医学专家告诫已婚夫妇，在妊娠 4～7 个月的时候，如进行性生活宜用避孕套，以防子宫收缩而腹痛或流产。

男子的精液中含有大量的前列腺素，性交时可经女子阴道黏膜吸收，参与多种代谢活动，影响局部的循环，产生一系列反应。据医学研究发现，前列腺素共 13 种，在人体内各种类型的前列腺素含量也不一样，对子宫的作用也可因是否妊娠而有区别。如果女子没有受孕，前列腺素 F 可以抑制子宫生理性收缩，使子宫肌肉松弛，以利精子向输卵管移动，促进精卵结合。前列腺素 E 虽说对子宫有收缩作用，但含量较少。而女子受孕期间，情况就不同了。有关资料证实，无论是前列腺素 E 或 F，对子宫的收缩作用都明显增强，它可使子宫发生剧烈收缩，故在性交后不少孕妇会出现腹痛现象。如果性生活过于频繁，子宫经常处于收缩状态，就有导致发生流产的危险。

据国外有关性医学调查研究发现，女子在妊娠初三个月，因恶心、呕吐而使性兴趣降低，性活动减少。在妊娠中期大部分孕妇出现性欲和性反应提高。到最后三个月，疲劳感的增加使性欲明显降低。因此，医学家告诫人们：在妊娠中期孕妇要节制性生活，如性交宜用避孕套，避免精液流入阴道。

◎ 孕妇宜与胎儿沟通

法国心理学家贝尔纳·蒂斯说，每个父母都可以通过动作和声音同胎儿"对话"，这有助于胎儿出生后长得聪明、健康。同胎儿沟通信息，能使胎儿产生安全感，促使胎儿发育和智力发展。

过去，孕妇对胎儿的活动采取被动的方法，现在应该转为主动。怀胎三四个月后即可与胎儿沟通信息。孕妇躺下来，放松，然后用双手捧着胎儿，手指轻压又放松，胎儿即能做出反应。孕妇天天可如此做。胎儿六、七个月后，可用手轻推胎儿，使胎儿在腹中"散步"。同时可以与胎儿讲话。

美国育儿专家凡德卡提供了一个方法，已怀孕5个月的孕妇，可与胎儿玩"踢肚游戏"，一天二、三次，每次几分钟。方法是：当胎儿踢肚时，母亲轻拍被踢的部位，而后再等第二次踢肚。一般是过一、二分钟会再踢的，那时母亲再轻拍几下，就会停踢，但过后不久又会再踢。假如你改变部位拍打，胎儿也会在新部位踢肚。这个方法可以教胎儿对外来刺激做出反应。以后可增加新内容，例如轻摩、轻敲、轻压、轻摇和轻划等。同时每做一次动作，加说相应的词。例如，当妈妈出现挛缩时，她可以轻拍肚子，并说："这是轻压，你知道轻压是什么了"。有时也可以对自己的肚子说："我的宝贝，我是你的妈妈"。

一些专家指出，母亲在怀孕之后必须将个人喜怒哀乐等激动情绪减到最低限度，多看些优美的风景、画及轻松愉快的电视、电影，好让胎儿在母体内有一个轻松舒畅的环境。

◎ 孕妇宜正确使用胎教音乐

即将当父母的年轻人，总是盼望诞生一个漂亮活泼、智商高的孩子。因此，对"胎教"十分关注，有的年轻人看到音乐胎教磁带，不加选择，见了就买。其实，胎教音乐大有讲究。有人曾用 B 型超声波观察发现，对不同的音乐、噪音，胎儿的反应也不同。还有人对胎内听音乐的胎儿进行调查，发现经常听轻音乐的胎儿，其心率正常，活动平缓，出生后再听到此音乐时会表情安详，面露笑容。而经常听强烈的迪斯科音乐的胎儿，则其心率较快，活动频繁，出生后再听到此音乐时仍会显得烦躁不安，四肢扭动不停。长期听此种嘈杂的音乐，还会使神经系统受到强烈的刺激，使人体中分泌的去甲基肾上腺素增多，引起孕妇子宫平滑肌收缩，造成胎盘供血不足，导致胎儿发育不良。所以，孕妇宜正确使用胎教音乐。

首先，要选好胎教音乐磁带。以旋律优美、节奏明快、典雅悠扬一类的古典乐曲和悦耳动听、感情丰富的轻音乐为宜。在选听乐曲时应注意胎动的类型，个体差异往往在胎儿期就有所显露。有的"淘气、调皮"，有的"老实、文静"。这些既和胎内外的环境有关，也和先天神经类型有关。一般来讲，应给那些活泼好动的胎儿听一些节奏缓慢、旋律柔和的乐曲，如《摇篮曲》等；而对那些文静、不爱活动的胎儿，则应给听一些轻松活泼、跳跃性强的乐曲，如《小天鹅舞曲》、《杜鹃圆舞曲》等。许多学者认为这样做"能使出生后的婴儿变得更加聪明和健壮"。因为旋律优美的乐曲能使孕妇恬静愉快，节律鲜明的乐曲能振奋孕妇的情绪。

◎ 孕妇宜防尿路感染

妇女由于生理上的原因，容易罹患尿道炎、膀胱炎、肾盂肾炎，统称尿路感染，尤其是在怀孕以后，更容易患这类疾病，影响孕妇身心健康和胎儿的正常发育。

据调查资料，孕妇发病率高达 11%，这是为什么呢？因妇女妊娠期雌激素和孕激素的分泌增加，抑制输尿管及肾盂的平滑肌，使其扩张而蠕动减弱，影响尿液的排出；孕期膨大的子宫压迫盆腔内输尿管，而致机械性梗阻，特别是子宫常向右旋转，常引起右侧输尿管扭曲得更明显，以致发生输尿管及肾盂积尿，给细菌生长繁殖提供了条件，妊娠期盆腔瘀血，增大的子宫和胎头将膀胱向上推移；引起排尿不畅或膀胱内残尿增多，孕期的尿液中葡萄糖、氨基酸等营养物质增多，有利于病菌繁殖。患尿路感染不仅损害孕妇心身健康，甚至并发感染性休克而危及孕妇生命，而且因同时伴有高热及使用某些药物，以致损害胎儿，发生流产、早产，高热还可使胎儿神经管发生障碍、引起无脑儿等畸胎。

因此，孕妇要特别注意，谨防尿路感染，适当增加营养、增强体质、节制房事，尤其在妊娠期头三个月和末三个月应尽量避免房事。要注意卫生，坚持每日清洁外阴部，以保持清洁，勤换内裤，并应坚持每隔半个月或一个月检查一次尿常规，以便及时发现尿液改变而得到及时治疗。

◎ 孕妇宜防痔疮

痔疮是直肠末端黏膜及肛管皮肤下静脉（痔静脉）扩大与曲张所形成的静脉团。据统计，痔的发生率男性为53.9%，而妇女则高达67%，重要原因之一是妊娠。

痔疮的发生，与静脉壁薄弱有一定的关系，但更重要的是静脉充血。妇女妊娠时，随着胎儿长大，子宫也在增大。膨大的子宫可以压迫腹腔内静脉，并使腹内压升高，造成痔静脉血回流受阻而充血扩张，形成痔疮。尤其是当胎位不正时，对腹内静脉压迫更甚，痔疮更易发生。此外，孕妇活动减少，肠蠕动缓慢，胃酸分泌少，容易发生便秘。这样，排便时用力也可使腹压升高，促痔疮发生。

孕妇预防痔疮，首先，生活要有规律，按时进食与休息，根据自身情况，适当参加些体力劳动与体育运动，以促进血液循环，保持正常的肠蠕动。其次，要注意饮食，多吃一些富含维生素与纤维素的食物，如新鲜蔬菜、水果等，可以促进肠蠕动，防止便秘。尤其多吃一些含维生素E较多的食物，如玉米油、大豆油、芝麻油、莴苣叶等，可促进血液循环，也有利于预防痔疮。油煎、油炸食物以及辛辣、刺激性食物以少吃或不吃为好，以免刺激痔静脉充血、扩张而诱发痔疮。

◎ 妊娠晚期宜防便干

怀孕妇女，尤其是妊娠晚期常可出现便秘，其原因与怀孕后身体器官形态、功能的改变及孕妇的生活规律的变化有关。妇女怀孕后，胎盘可分泌大量孕激素，这种激素可使胃肠张力减低、蠕动减弱，引起便秘；子宫体随胎儿的生长发育逐渐增大，重量由 50 克增加到 1000 克。增大的子宫以及妊娠晚期降入盆腔的胎儿头部均可压迫大肠，造成排便困难。孕妇运动减少及由于妊娠反应或出现偏食，而吃的蔬菜、水果之类含纤维素的食物过少也是引起便秘的重要原因。

了解了孕妇便秘的原因后就可以预防便秘的发生。首先是要养成每天定时排便的习惯，如果因大便困难而惧怕排便，则只能加重便秘。平时注意多饮水并多吃含纤维素的蔬菜、水果，纤维素不但能促进肠道的蠕动，而且可保留肠道中的水分，使大便软化易于排出。应适量体力运动，这有利于改善胃肠的蠕动及分泌功能。

如果已经发生便秘，一般可用开塞露、甘油栓塞入肛门，也可以适当吃些缓泻药，如中药麻仁润肠丸、番泻叶，或睡前吃 1 ~ 2 片果导。这些对胎儿的发育不会有影响，但是如有习惯性流产的孕妇，要小心使用缓泻剂，避免再次流产。千万注意切不可服用重泻剂，避免早产或流产。

◎ 孕早期患生殖器疱疹宜终止妊娠

生殖器疱疹是当今某些国家和地区广为传播的性病。该病由单纯疱疹病毒所引起。病毒可长期隐藏于人体细胞内，反复发作：如母体怀孕早期染有这种病毒后，病毒可通过胎盘侵犯胎儿，引起胎儿病毒血症，造成死胎、自发性流产、胎儿畸形、胎儿宫内发育迟缓等。出生后的新生儿则表现为泛发性单纯疱疹，皮损为泛发性水疱，散发于全身皮肤、口腔和上呼吸道黏膜，伴有轻重不等的全身中毒症状，心、肝、肺、脑等多数器官均可受累，此类婴幼儿大多预后不良。问题还在于这种病毒感染至今尚无特效药物治疗。据研究证实，孕妇在怀孕 28 周内如发生该病毒感染，则对胎儿影响最大，故应终止妊娠为宜。

◎ 妊娠早期阴道流血宜当心

在日常生活中，有不少妊娠早期（3 个月以内）的妇女发生阴道流血。妊娠早期阴道流血有以下几种原因。

1. 生理性出血（俗称"漏胎"） 有的妇女受孕后，在到达月经期仍出现短期少量月经样出血（也有的无规律），出血时一般没有其他伴随症状如腹痛等，没有月经期的不适感。此种现象可能是孕卵着床的一种生理反应，即包蜕膜与壁蜕膜融合过程，亦可能为抑制正常月经来潮的作用不够完全。这样的无须治疗，只要保持外阴清洁即可。

2. 早期流产 阴道流血并伴有下腹部疼痛。流血量由少到多，色由暗到红；腹痛开始为隐痛，以后逐渐加重，出现一阵紧的下腹部疼痛。一旦出现这些症状就要及时就医。

3. 异位妊娠（宫外孕） 阴道流血并伴有突发的下腹部剧烈疼痛。严重的出现晕厥、休克。这时，要急送医院抢救。

4. 葡萄胎 葡萄胎流产一般开始于闭经的 2 ~ 3 个月。阴道流血多为断断续续少量出血，但有的可有反复多次大流血。如仔细检查，有时可能在出血中发现水泡状物。腹痛程度轻重不等。这种情况不能忽视，也应及时就医。

5. 其他疾病 妊娠合并子宫颈外翻，子宫颈息肉和子宫颈癌，都可发生阴道流血，但其性质均为接触性出血，如性交出血，便秘用力出血。发现这种情况，要及时求医诊治。

◎ 妊娠晚期出现哪些情况宜及时就医

妊娠的最后 3 个月，最容易发生意外，一旦出现以下这些现象时，宜及时就医。

1. 头痛 头痛突然出现，往往是子痫的先兆，特别是有血压升高和下肢水肿的孕妇更是如此，要特别注意。

2. 腹痛 晚期妊娠突然发生腹痛，应区分产兆还是别的疼痛。产兆为阵痛，有规则，一般每隔 5 ~ 10 分钟有一次腹痛，两次阵痛之间完全缓解，有时可见一些带有血性的白带排出；倘若腹痛持续不能缓解，则为疾病所致。

3. 出血 妊娠晚期的阴道流血，常见有前置胎盘与胎盘早期剥离。无痛的反复性阴道流血最可能是前置胎盘，即胎盘附着在子宫下段，或直接覆盖在子宫内口上面，其出血时间的早晚和出血量的多少，常和胎盘附着子宫口的部位有密切关系；完全性前置胎盘出血早、量多；低置胎盘出血晚、量少。

4. 严重浮肿 妊娠后期可以出现下肢浮肿，但如果下肢浮肿过重，甚至面部和手上也浮肿，且伴头痛呕吐等症状，就要警惕妊娠中毒症。

5. 早期破水 指孕妇尚未进入临产期，提前破水——阴道有水样物流出。早期破水会刺激子宫，引起早产，并会引起子宫内感染，危及母子健康，甚至生命，必须及时就医。

⊙ 什么情况下宜"剖腹产"

剖腹产，指的是经腹部切开子宫取出胎儿的手术。临床上常常是在怀孕或分娩过程中碰到异常情况时采用。那么什么情况下宜剖腹产呢？

（1）骨盆有异常：骨盆畸形（如小儿麻痹症后遗症）、骨盆狭窄（包括骨盆本身小或因胎儿过大造成骨盆相对偏小）。

（2）子宫颈或阴道有疤痕；盆腔有肿痛阻碍胎头下降。

（3）胎儿位置异常：如横位、颏后位等。

（4）胎儿有宫内缺氧或脐带脱垂但胎儿仍存活，估计阴道分娩需时过长，来不及抢救胎儿。

（5）妊娠晚期有严重出血情况，如前置胎盘、胎盘早剥等。

（6）第一次剖腹产，第二次分娩时一般仍采用剖腹产。

（7）分娩过程中发现有子宫破裂的可能性。

（8）母亲有内科疾病，如风湿性心脏病、高血压病等，一般采用剖腹产。

此外，还有一些情况，为了保证胎儿的安全娩出，必要时可考虑剖腹产，如婚后多年不孕；高龄初产切盼胎儿；原有反复多次流产史等等。

◉ 为即将出世的小宝宝宜准备什么

为即将出世的小宝宝准备些什么？根据每个家庭的条件，有所不同。一般宜准备以下物品。

首先是准备婴儿衣、被。新生婴儿皮肤稚嫩，准备的衣被最重要的是柔软、舒适。内衣宜用薄棉布、棉绒布缝制四、五件，不必做衣领和钉扣子。衣服最好肥大一些，做成斜大襟的和尚服，两片衣服互相对压即可。新生儿可以不穿裤子，但要准备二、三块一米见方的包布，两条小毛巾被，一条带布套的绒毯，两条方形小薄棉被和一根四、五尺长的带子。

其次是尿布。尿布宜用白色软布或干净的旧被里，要求质软、易吸水。不应用深色或过厚、过硬的布做，将这些软布裁成两尺多见方的尿布，准备三十块左右即可，其中半数要钉上带。带子的钉法是将尿布对角折叠后呈三角形，在两底角各钉一条一尺长布带，再在顶角处钉一个一寸长的横攀，以备固定时用。另外还要准备十来块尿垫。尿垫可以用多层干净的旧布缝制，亦可中间夹少量棉花，要有一定厚度。

奶具也是婴儿必备物品。最好选用带刻度的玻璃奶瓶两个，便于煮烫消毒，也没有异味。奶嘴四至六个，用烧红的大头针尖在奶嘴顶部烫两个小孔。还要准备铝制奶锅一个，小漏斗一个，奶刷两个。

此外，还应准备一些必需的卫生用品：小方毛巾五至六块，睡觉或吃奶时垫在胸前，以免弄脏衣被，还要固定两块用来洗脸、洗屁股；脸盆两个。一个专门洗脸用，另一个用以洗澡、洗屁股和洗尿布。

◎ 产妇宜配合接生

分娩需要医生或助产人员帮忙，也需要产妇正确的配合。

在分娩的第一阶段，要补充营养和水分，尽量吃些高热量的食物，如稀饭、牛奶、鸡蛋、麦乳精等，要保存体力。因为这时宫口未开全，用力是徒劳的，反而会使宫口变肿发紧不易张开。做深、慢、均匀的腹式呼吸大有好处，即每次宫缩时，深吸气时逐渐鼓高腹部，呼气时缓缓下降，可以减少痛楚。

宫口开大后，要注意掌握每次宫缩，做到"有劲用在宫缩上"。先吸一口气，憋住，接着向下用力，象便秘时用力那样，使胎儿快些生出。宫缩间隙，要休息放松，喝点水，擦擦汗，准备下次再用力。当胎儿即将娩出阴道口时，医生会让产妇哈气，产妇就张口哈气，免得一味用劲，力量过猛，引起会阴撕裂。

胎盘娩出时只需稍加压，如超过30分钟胎盘不下，则应听从医生处置，帮助娩出胎盘。

◎ 生产时胎儿易受哪些危害因素影响

生产时危害胎儿的因素有以下几个方面。

1. 臀位产 生产中或产后死亡的胎儿有25%是臀位产。臀位产逐易引起婴儿产伤。产伤可致婴儿运动障碍、癫痫、智力低下等。

2. 产程延长 是产时胎儿死亡的重要原因。

3. 胎膜早破 如羊膜破后24小时无宫缩者，胎儿易受感染。

4. 产时感染 母亲生产时各种原因造成的感染可以影响胎儿。

5. 脐带并发症 脐带脱垂可致胎儿严重缺氧，是急症，常需剖宫产以挽救胎儿。

6. 产时缺氧 对胎儿有不同程度的影响。

◎ 产后宜吃的饮食

产妇为了弥补产期的消耗，恢复身体健康，又为了有充足、富于营养的奶水喂养新生儿，必须适当多吃些营养丰富和易于消化的食物。饮食应该选择新鲜温和的食材，注意营养均衡，多采用炖、煮、熬、煲等避免油炸、油煎。

（1）产后的头 1 ~ 2 天，产妇的消化能力减弱，要多吃些易消化、富有营养又不油腻的食物，如牛奶、豆浆、面条、藕粉、粥等。在产后 3 ~ 4 天里，不要喝太多的汤，以免乳房淤胀过度。要待泌乳后才可以多喝汤，如鸡汤、排骨汤、猪蹄汤、鲫鱼汤等，这些汤都有很好的催奶作用。

（2）补充足够的蛋白质、矿物质和维生素，这些营养素可从瘦肉、猪肝、猪心、鱼、鸡蛋、乳、花生、豆类和豆制品、白薯、土豆、莲子、菠菜、胡萝卜、芹菜、水果等食物中摄取。

（3）膳食要多样化，荤菜和素菜、粗粮和细粮要搭配吃，植物蛋白和动物蛋白混合吃，还要多吃新鲜蔬菜和水果，不要偏食、挑食，更不要忌口，这样才能增加食欲，使产妇身体恢复得快，奶量充足。

◎ 产后宜注意乳房保健

年轻的妈妈们，你知道产后乳房保健的知识吗？

1. 要注意清洁卫生 产后每天要用温开水擦洗乳房，保持清洁。清洁时要注意水温不可过热或过冷。尤其是在给孩子哺乳前，要用热毛巾将乳房擦洗干净。这样，既可防止孩子得肠道传染性疾病，又能预防乳腺炎，同时还可起到按摩作用，促进局部血液循环，增加乳汁分泌，有利小儿生长发育。

2. 产后戴乳罩宜松紧适度 选择合适的乳罩是保护双乳的必要措施，切不可掉以轻心。过紧压迫乳房，容易使乳汁淤积，乳房胀痛不适，甚至引起乳腺炎；过松则起不到固定乳房的作用，容易造成乳房下垂。因此，乳罩的大小应根据个人体型、胖瘦、胸围来定，以舒适为宜。

3. 哺乳方法要合理 当妈妈给孩子哺乳时，应把奶头和一部分乳晕塞入孩子口中，不能光叫孩子吮吸乳头，以免造成乳头皲裂。如果发生乳头皲裂，可用蛋黄油外涂。同时，每次喂奶以前，要把奶头洗干净。

4. 要特别注意预防乳腺炎 急性乳腺炎是产褥期的常见病，它是由金黄色葡萄球菌侵入乳腺引起的。预防办法除注意乳房卫生外，还应注意每次喂奶后，最好排空乳房，避免乳汁淤积；不要挤压或用力揉捏乳房；孩子哭闹时不喂奶，以免咬伤乳头而发生感染。发现乳房内有硬块，可在局部作热敷，或用吸奶器将乳汁吸净，促使乳汁排空。若发烧、寒战及乳房红肿、疼痛时，应及时去医院诊治。

◉ 产后妇女宜注意

1. 尽早下床活动 一般情况下，经阴道正常分娩的产妇在产生第二天就应当下床走动，产妇应避免劳动，但是可以适量进行少量运动，有利于保持良好的体形。一般来说，产后 14 天就可以开始进行简单的腹肌收缩、仰卧起坐等运动，但要视情况，不能勉强，不能过于剧烈。

2. 尽早喂宝宝母乳 分娩后乳房充血膨胀明显，尽早哺乳有利于刺激乳汁的分泌，使以后的母乳喂养有个良好的开端；还要促进子宫收缩、复原。哺乳前后，产妇十分注意保持双手的清洁以及乳头、乳房的清洁卫生，防止发生乳腺感染和新生儿肠道感染。

3. 合理安排产后性生活 恶露未干净或产后 42 天以内，由于子宫内的创面尚未完全修复，所以要绝对禁止性生活。恶露干净较早的产妇，在恢复性生活时一定要采取可靠的避孕措施，因为产褥期受孕也是常见的事，应引起重视。

4. 不要吹风、受凉 如果室内温度过高，产妇可以适当使用空调，室温一般以 25 ～ 28℃ 为宜，但应注意空调的风不可以直接吹到产妇。产妇应穿长袖衣和长裤，最好还穿上一双薄袜子。产妇坐月子期间不可碰冷水，以防受凉或产生关节酸痛的现象。

5. 注意休息、保持愉快的心情 哺乳妈妈要注意抓紧时间休息，白天可以家人帮忙照看一下宝宝，自己抓紧时间睡个午觉。还要学会如何在晚间喂奶的同时不影响自己的睡眠。每天争取能有 10 小时的睡眠，睡时要采取侧卧位，利于子宫复原。同时注意保持愉快、平和的心情，要做到不急不躁，平静的面对生活中的一切。

◎ 孕妇主食不宜精米白面

有的妇女一怀孕，在主食方面，只喜欢吃精米白面，对五谷杂粮则从来不吃。殊不知，这样做对孕妇及胎儿都没有好处。

稻麦含维生素、矿物质和粗纤维。经碾磨得越精越白，上述几种营养丢失得就越多。据测定，蛋白质要比原麦粒少 1/6，维生素 B_1、维生素 B_2 和钙、磷、铁、粗纤维等，几乎全部损失掉。精白米也是如此。如果孕妇长时间吃精米细面，就会引起孕妇体内钙、铁及维生素缺乏。若孕妇缺钙，轻的感到腰酸，腿痛，关节痛等；重的还会出现难产或下肢抽搐等。小儿出生后会患佝偻病。缺铁孕妇可出现贫血。缺乏维生素 A，会引起早产或死产，使产后感染增加。孕期的科学饮食，一定做到主食粗、细粮搭配，多吃粗粮，少吃精制米面。当然，副食中的鱼、肉、鸡、鸭等要适量，新鲜蔬菜、水果和蛋要多吃，这样才能保证胎儿的正常发育。

◎ 孕妇不宜吃食物太多

有的妇女怀孕后，胃口特别好，认为这是"口福"。其实错了。孕妇恣意贪吃，再以家里亲人又包下全部家务，不让孕妇活动，这样很容易使孕妇发胖，胎儿发育过大，造成分娩困难。

孕妇每日各种食物吃得过多，特别是摄入糖类和脂肪食品，不说孕妇发胖，重要的是可使胎儿吸收大量的碳水化合物，而长成巨大儿；胎儿过大而影响产程，分娩时精疲力竭，子宫收缩无力，亦可导致滞产或产后大出血。这是巨大胎儿带给接产的困难与产妇的痛苦。所以，孕妇要合理饮食，营养适当，荤素搭配，劳逸结合。对于个别孕妇确实感到吃不饱的，可以多吃些新鲜蔬菜，尤其是要注意多食含蛋白质的食物，碳水化合物食物要适当控制。

◎ 孕妇不宜过于节制饮食

有一些年轻的孕妇，怕胎儿太胖，生不下来会难产或剖腹产，尽量少吃，这种做法也是不对的。

妊娠期间，既不贪食，也不要节制饮食。因为孕妇必须摄入足够的营养，才能满足胎儿生长的需要，保证母子的身体健康。若孕妇节制饮食，不仅自己营养不足，而且可使胎儿生长不好。特别是怀孕早期，恰恰是胎儿脑子快速生长的阶段，如果孕妇营养不良，胎儿不仅体重长得轻，而且脑细胞数目也减少，生下的孩子就不聪明，甚至笨手笨脚。在妊娠后期，孕妇一味节食，胎儿皮下就缺少脂肪，同时心脏、肝脏内贮藏的糖原亦明显减少，这就经受不住在产程中由宫缩和经过产道时受压迫等的考验，娩出后又容易发生低血糖和呼吸窘迫。

◎ 孕妇不宜单吃素食

有的人认为，孕妇多吃素食、孩子生后智力发育快；多吃动物性食物的则相反。这种说法在科学上是缺乏依据的。

孕妇对营养需要全面供给，欲使胎儿发育良好，必须有健康的母体。如果孕妇长期单吃素食，可导致缺乏维生素 B_{12}，胎儿出生后诱发不可逆的脑损害疾病，成长到 8 个月后，婴儿还会出现失去控制头部稳定的能力，以及舌、手腕等部位不自主运动。因此，无论是素食还是动物性食物，对孕妇来说，只要它富有营养，都要吃一些，切不可单吃素食。

◎ 孕妇不宜偏食

有的孕妇偏爱吃某些口味的食物，而对另一些食物从不过问；也有的孕妇不敢多吃，怕胎儿长得太大要难产，这都是不对的。

妇女妊娠期，尤其是孕早期，受精卵正处在分化最旺盛的时期，各种器官系统不断健全，这时，孕妇所需的营养量和微量元素越来越多。如果孕妇偏食，身体所需的各种营养得不到及时补充，必然出现微量元素的缺乏，这对胎儿危害极大，国内外研究证实，孕妇缺碘，会造成胎儿出生后就可能表现为不同程序的聋哑，痴呆，身材矮小，智力低下，小头等畸形；孕妇缺锌常导致流产、死胎，引起无脑儿，脊柱裂和软骨发育不良性侏儒等先天畸形；孕妇缺铁，容易引起贫血，又会导致胎儿发育迟缓，体重不足，智力下降等危害；孕妇缺钙则会影响胎儿骨骼生长发育，孕妇缺铜则会影响胚胎及胎儿的正常分化与发育；导致胎儿大脑萎缩，心血管异常等。偏食事小，而对优生优育危害极大。

◎ 妊娠反应时不宜忌嘴

有的妇女出现妊娠反应，因惧怕呕吐而不敢吃饭。这种做法，不但对孕妇的健康不利，而且对胎儿的发育也有较大影响。

妊娠反应是正常生理现象。怀孕最初的 3 个月，是受精卵分化最旺盛，胎儿各种器官形成的关键时刻，需要更多的营养供给。如果孕妇因妊娠呕吐而忌嘴，营养素的摄入就会减少，对母体及胎儿的发育将产生有害的影响。临床常见到由于忌嘴，使足月分娩出的婴儿体重过轻。因此，妊娠反应时，不要惊慌，要保持心情舒畅，精神愉快。在饮食方面，应该吃清淡可口，容易消化的食物。也可多吃些各种水果。妊娠呕吐早晨起来后比较严重，可在起床前先吃点体积小、含水分少、含碳水化合物多的干燥食物，如烤馒头片、咸饼干等，以减少晨吐。进餐以少食多餐为好，进餐后要平躺 30 分钟，就可制止呕吐。千万不要怕吃了呕吐，应呕吐后就吃一些，以保证营养物质的供给。

◎ 孕妇身肿不宜忌盐

怀孕后，特别是到 5～6 个月以后，下肢出现浮肿现象。这是由于胎儿的增大和羊水的增多，宫体对下肢血管的压迫，使下肢血液回流不畅及脉压增高所致，是怀孕后正常现象，又叫生理性浮肿，不算有病。

水肿患者应该忌盐，但一般情况下，孕妇身肿不宜忌盐。因为孕妇体内新陈代谢比较旺盛，特别是肾脏的滤过力和排泄功能比较强，钠的丢失也多，所以，孕妇需要量增加，如果控制盐的摄入量，很容易导致孕妇体内盐分不足，引起食欲不振，疲倦乏力，重者会影响胎儿发育。若浮肿是从脸上，特别是眼皮开始乃至全身，出现肾炎等疾患时，才需要严格控制盐的食入量。

◎ 孕妇不宜多吃水果罐头

孕妇大量吃水果罐头，可对胎儿的生长发育有影响。

食品加工厂为了使罐头长期贮存，常在制作过程中加热处理，水果原含的各种维生素和其他营养，都有不同程度的损失。例如经加热处理后，约一半以上的维生素C将被破坏。另外，为增添罐头中水果的色、香、味，便往罐头中加入一些添加剂，如色素、香精、防腐剂等。这些人工合成的化学物质，对正常健康成人影响不大，但添加剂中化学物质对组织胚胎，有一定的刺激性和毒性。如果孕妇大量吃水果罐头，特别是在孕早期，胎儿正处于形成和发育阶段，组织器官均未健全，且功能很不完善，对一些化学物质的反应和解毒功能尚未建立。因此，尽管罐头食品中所含化学物质添加剂的量不多，但大量的食用，也会影响胎儿的新陈代谢和生长发育，甚至发生畸形，引起早产和流产。

妇女一时吃不到新鲜水果，可用鲜蔬菜代替，往蔬菜中加些糖和醋，这要比吃水果罐头好得多了。

◎ 孕妇不宜多吃山楂、玫瑰花等

孕妇怀孕早期喜欢吃山楂，因为它味道酸甜，且富含维生素C。你可知道，吃山楂过多，容易流产。

现代医学证明，山楂对孕妇的子宫有兴奋作用，可使子宫收缩。倘若孕妇经常大量的食用山楂食品，就有可能刺激子宫收缩，导致流产。有关医学杂志也有因孕妇食用山楂而造成流产的报道。因此，孕妇应少吃或慎吃山楂，尤其是有自然流产史或先兆流产的孕妇，要避免食用山楂食品。

◎ 孕产妇不宜多吃白糖

人们一般比较喜欢吃白糖，但从营养学的角度来看，孕产妇多吃红糖，对母亲婴儿有利。

白糖是红糖再经提纯而制成，红糖虽有一种未经提纯的粗制糖，但所保留的营养成分都比白糖多得多。红糖所含钙的质量，比同等的白糖多 2 倍，铁质比白糖多 1 倍。其他微量元素锰和锌等也比白糖多。此外，红糖中还含有白糖所没有的胡萝卜素、核黄素、烟酸等，所含葡萄糖亦比白糖多 20 ~ 30 倍。这些都是孕产妇十分需要的营养物质。由此可见，孕产妇吃红糖是比较适宜的。

◉ 孕妇不宜多食辣椒

辣椒虽富含有维生素 C 和维生素 A。但孕妇多吃辣椒反而有害。

辣椒可使孕妇便秘。多吃辣椒，可使大便干燥，大便时就得用力屏气，腹压随之加大，从而使子宫、胎儿、血管局部受挤压，导致供血不足，容易引起血压增高、流产、早产或胎儿畸形。有人认为，临产吃辣椒，可间接的引起子宫破裂、子痫、休克等。辣椒虽可调味，增进饮食，但孕妇不宜多吃。

◉ 孕妇不宜饮酒

孕妇怀孕后，应该戒酒。怀孕前十四周，孕妇不能喝酒。

妇女饮酒，酒精通过胎盘屏障，使胎儿体内的酒精浓度与母体内一样，所以，孕妇饮酒过多，可发生"胎儿酒精中毒综合征"，引起胎儿发育不良。其表现是：体重低，智力低下，可有小头畸形，以及面部很怪，前额突起，眼裂小，斜视，鼻底部深，鼻梁短，鼻孔朝天，上口唇向里收缩，扇风耳，还有心脏及四肢畸形。据美国医学家研究，孕妇滥饮酒所生的婴儿往往具有面部不正常，心脏构造有缺陷，手（脚）多指（趾）等多种畸形，出生后的智力也比普通孩子低。

致畸作用与饮酒量、酒内含酒精浓度、不同胚胎时期及孕妇个人体质有关。孕期越早危害越大，经常饮酒较偶尔饮酒影响大。因为孕妇饮酒，可能引起孕妇过敏，出现多汗、尿频、醉酒会增加跌倒的概率，同时大量饮酒会损伤孕妇的肠胃甚至出现酒精中毒、食欲不振，导致孕妇营养不良等。奉劝孕妇，切莫过于贪杯中物，为了下一代最好戒酒。

◎ 孕妇不宜饮浓茶

茶叶的主要成分是咖啡因。怀孕期饮用浓茶，不仅易患缺铁性贫血，影响胎儿的营养供应，由于浓茶含咖啡因浓度高达10%左右，还会加剧孕妇的心跳和排尿，增加孕妇心、肾负担，诱发妊娠中毒症等，不利母体和胎儿健康。据研究，不少学者从数种动物实验中证明，咖啡通过胎盘可以引起胎儿畸形。因此，妇女在妊娠期不要喝浓茶。

◎ 孕妇不宜喝浓咖啡

前面提到孕妇不宜喝浓茶，由于茶中含有咖啡因，当然咖啡更为孕妇所忌了。

咖啡中含有丰富的咖啡因，且有很强的刺激作用，一般人如长期过量饮用，成了嗜好者，则大多会患失眠症，胰腺癌的发病率也大大增高。长期饮用咖啡可诱发心律失常，血压升高，冠心病，维生素 B_1 缺乏症等。对于孕妇来说，如果嗜好咖啡，会影响胎儿的骨骼发育，诱发胎儿畸形，甚至会导致死胎。曾有人报道，用浓咖啡喂孕鼠，生下的小鼠发生畸形。所以，学者反对怀孕妇女饮用浓咖啡。尤其是在早孕期最好不喝含有咖啡因的饮料。国外营养学家指出：妊娠期间应当停止喝咖啡，而采取多呼吸新鲜空气，多进高蛋白食物，做做轻松体操，这样也可代替咖啡提神经醒脑作用。

◎ 孕妇不宜多饮汽水

你知道吗？汽水饮用过量，有可能导致缺铁性贫血。

汽水中含有磷酸盐，进入肠道后能与食物中的铁质发生化学反应，产生对人体无用的物质后排出体外。所以，大量饮用汽水会大大降低血液中的含铁量。而正常情况下，食物中的铁一般只有10%被胃肠道吸收，怀孕期为保证孕妇本身和胎儿的生长发育的需要，铁质比任何时候都需要得多。如果孕妇过多饮用汽水，势必影响孕妇的健康及胎儿的发育。另外，充气性汽水内含有大量的钠，孕妇经常饮用汽水则会加重水肿。由于这些原因，孕妇最不宜经常过多的饮用汽水。

◎ 孕妇不宜吸烟

烟草燃烧产生的烟气中，含有许多有毒物质，最有害的是尼古丁、一氧化碳和氰化合物等。对孕妇的肺部和肝脏会有很大的伤害和负担，消耗孕妇的身体营养，同时，经常吸烟有可能增加胎儿的畸形概率。胎儿在子宫内是通过胎盘从母亲的血液中获得氧气和营养素的，而尼古丁作用于末梢血管，使血管收缩，供氧量减少，母血一氧化碳浓度升高，则使血中含氧量降低，氧气得不到充分供应和交换，引起胎儿缺氧。轻者会使胎儿发育迟缓，体重减轻；重者可致胎盘早期剥离、妊娠高血压和子痫，而威胁母婴生命。再加上其他有害成分的毒，还可引起胎儿畸形、流产、早产以及胎儿死亡。据调查，由于孕妇吸烟，新生儿体重比不吸烟者平均轻 150 ~ 200 克，低体重儿（出生体重低于 2500 克）的发生率增加 2 ~ 3 倍；孕妇每日吸20 支以下，其产儿死亡率上升 20%；每日吸烟 20 支以上为 35%。另外，婴儿先天性心脏病的发病率，吸烟的孕妇也比不吸烟者高 2 倍。孕妇吸烟除了对胎儿有以上间接作用外，吸烟对胎儿还有直接作用。吸烟能加速胎儿心率和减少呼吸运动，烟内的尼古丁和其他有害物质会给胎儿还不完善的脏器造成损害。

为了后代健康，妇女怀孕前后都不宜吸烟，值得提醒的是丈夫也不要吸烟，以免妻子"间接吸烟"，胎儿同样受害。

◎ 孕妇不宜整日卧床静养

有少数妇女怀孕后，整天躺在床上，不敢活动，其实，这样反而会影响胎儿的发育。

道理是：胎儿的生长发育，不仅与母亲的营养和健康有关，而且与运动也有密切的关系。孕妇适当的活动，如散散步，打太极拳等，可促进消化，有利于睡眠，更重要的是有利于胎儿生长发育。孕妇适当的体育锻炼，可通过肌肉的收缩运动，增强腹肌的力量，防止因腹壁松弛而胎位不正和难产。通过适当运动锻炼，孕妇的腹肌、腰背肌、骨盆肌肉的力量和弹性有所增强，可缩短分娩时间，防止产道撕裂伤和产后出血现象的发生。孕妇常在室外活动，还能呼吸新鲜空气，经受阳光紫外线的照射，有助于胎儿的骨骼发育。据研究证明，妊娠期参加适当体育锻炼的孕妇，产出的新生儿心脏比一般新生儿大，从而保证了婴儿体内各种器官和组织有充分的血液供应。

◎ 孕妇不宜仰卧位

有的孕妇在妊娠后期，仰卧时即感到头晕、恶心、出冷汗、胸闷，眼前发黑以至面色苍白，血压下降等，医学上把这种现象称为仰卧位综合征。当孕妇改为侧卧位时，上述现象即可消失。

孕妇妊娠后期，胎儿不断增大，子宫本身的重量比平时增加20多倍。整个子宫加上胎儿、胎盘、羊水，足足有6公斤左右。此时，孕妇如果仰卧位睡，增大的子宫便会压迫腹主动脉，造成胎盘供血不足，直接影响胎儿的营养和发育。如果孕妇患妊娠中毒症，仰卧位睡可使肾脏血流量明显减少，而加重病情。重要的是心脏接受下肢静脉回流的血液急剧减少，大脑的血液和氧供应也会随之减少，对全身各器官的供应血量亦明显减少，以致造成孕妇仰卧位综合征。同时孕妇仰卧位睡觉，还能造成下肢及外阴部静脉曲张、水肿、溃破出血；诱发胎盘早期剥离，突然出现腹痛，阴道及子宫内出血，发生休克，威胁母婴生命。

◎ 孕妇不宜用电热毯

据科学研究，孕妇睡眠若使用电热毯，当通电后会产生较强的电磁波辐射和感应电，会影响胎儿细胞的正常分裂，从而导致胎儿畸形。特别是在怀孕早期，电热毯所产生的电磁场最易使胎儿的大脑、神经、骨骼和心脏等重要器官组织受到不良影响。此外，由于长时间通电后电热毯持续散热，使皮肤水分不断蒸发干燥，加上热原体对皮肤的刺激，还会引起电热毯皮炎。因此学者们建议：孕妇冬季睡觉不要用电热毯取暖，用热水袋或暖壶取暖，既暖和又安全。

◎ 孕妇的情绪不宜波动

孕妇要求情绪平静，避免波动。在孕妇情绪有了变化时，能激起体内自主神经系统活动，释放出乙酰胆碱等化学物质，同时引起内分泌的变化。分泌出各种不同种类和数量的激素，使血液的成分发生变化，血液通过胎盘传到胎儿，从而影响胎儿的生理功能。

妊娠早期孕妇情绪不安或忧愁悲伤，会使胎儿发生畸形或早产。妊娠中期情绪波动大，可能导致病变。妊娠晚期严重刺激或过度忧伤，能使大脑皮层与内脏之间平衡关系失调，引起循环紊乱，子宫出血，胎盘早期剥离，造成胎儿死亡。曾有学者对数百名孕妇进行观察，发现当孕妇情绪不安时，胎动次数较平常多3倍甚至10倍；若情绪扰乱持续几周后，胎动一直维持在一个过高的水平上，所生婴儿体重轻，且表现躁动不安，喜欢哭闹，不爱睡觉，经常吐奶，频繁排便，甚至发生脱水，引起更多的适应不良。假如，孕妇在怀孕期间情绪长期压抑，婴儿在出生后往往会出现身体功能失调，特别是消化系统功能容易出现紊乱。

怎样经常保持情绪稳定？要散散步，听听优美而有节奏感的音乐，心情愉快，自然就避免情绪波动了。

◎ 孕妇不宜焦虑不安

妊娠期间，孕妇常有怕难产，怕生畸形儿，甚至对生男、生女也忧心忡忡，会坐立不安，使消化和睡眠受到影响。

前面提到孕妇不宜情绪波动，而应该指出的也不宜有焦虑情绪。因为孕妇持续的焦虑情绪，可引起一系列生理变化，导致胎儿胎动频率和强度倍增，胎儿这种过度的活动，可能贯穿整个胎儿期。胎儿长期不安，导致体力消耗过多，从而影响发育；甚至影响胎儿出生后生理、心理以及智力的发育。如胎儿出生后，可瘦小虚弱，体重较轻，躁动不安，喜欢哭闹，不爱睡觉等表现。国外心理学家研究表明：孕妇焦虑会造成内分泌系统的生理变化，还可导致产程延长和并发症的发生。

在怀孕期间，孕妇在思想上保持松弛，培养兴趣，转移情绪，做一些自己喜欢的事情，可以听听音乐、看看书，到屋外去，散散步，呼吸一下新鲜空气，欣赏自然界的美丽风光，让自己的心情放松、愉悦。还可以练练孕妇瑜伽，不仅可以改善孕妇孕期睡眠，消除失眠，有助于形成孕妇积极健康的生活态度。而且瑜伽的动作可以增加氧气的吸收，促进新陈代谢与血液的循环，还可排解忧郁与胸口郁闷，使心情愉悦、神清气爽，有助于心神安宁、顺利生产。同时，孕妇一定不要把自己封闭在家里的，应该多结交一些开朗乐观的朋友，和她们多聊天，释放自己的压力。一定要定时体检，学习一些相关的医学知识，了解分娩全过程以及可能出现的情况，了解分娩时要怎样配合，进行分娩前有关的训练。这些都是有助于孕妇克服分娩的恐惧，有助于减轻她们的心理压力，解除心理负担。另外，丈夫对妻子的体贴、关怀和安慰，也是帮助妻子克服焦虑情绪的重要因素。

◎ 孕妇不宜到外地东躲西藏

近年来，一些人为了超生孩子，便到外地东躲西藏，甚至生产时也不去医院。这种现象，实在令人们关注。

如前所述，情绪波动、焦虑不安可影响胎儿的发育，孕妇外出躲藏，必然终日心惊，惴惴不安，这种恐惧心理对胎儿的发育影响，就可想而知了。最为明显的是，孕妇除了心理状态之外，由于在外奔波，风尘仆仆，生活极不规律，饮食不定时，甚至饥一顿饱一顿，天长日久，很容易营养不良，甚至引起早产。有人曾对 11 名外出躲生的孕妇进行了调查，发现早产的 8 名，婴儿智力不正常的就有 7 名。

◎ 孕妇不宜穿紧身衣

妊娠期间，妇女的生理发生了明显的变化，随着胎儿的发育，子宫慢慢变大，腹部逐渐向外隆起，这时衣着应该宽松。如果孕妇衣着过紧，会影响母体的正常血液循环，又限制了胎儿的活动，妨碍成长。妊娠 6 个月之后，发生转胎，一般头向下，腹部也显著隆起，穿着过于紧身，或裤带过紧，往往限制胎儿转动，增人斜位或横位发生的可能。而且，妊娠后期增大的胎儿压迫腹腔静脉，常使下肢血液回流受阻而产生水肿，腹部紧束则使水肿加重。时间长了，还会产生下肢静脉曲张。

由此可见，妊娠妇女的衣着，应以轻软宽松、舒适，合乎卫生要求为原则。上衣宜长而松宽，裤腰要肥大，忌穿紧身内衣；妊娠后期可穿背带裤，以松紧带及布带腰带为好，切忌用窄硬的裤带。

◎ 孕妇不宜束胸过紧

有的孕妇片面追求保持体形，常用胸带紧束胸部，这样做危害不小。

要知道，随着妊娠月份的增加，乳腺管增殖，乳房也逐渐膨大，如果孕妇用胸带紧束胸部，就会限制乳房增大；再由于压迫乳头，使乳头凹陷，可使乳腺管发育不良，产后乳汁分泌必然减少，影响婴儿哺乳；而且还可引起一种束胸综合征（胸壁静脉炎）的发生。据资料表明：缺乳的产妇中，有相当部分是与妊娠期或青少年期束胸所造成的乳腺管发育不良有关的。

此外，由于妊娠中期以后，孕妇以胸式呼吸为主，且呼吸较深。上衣如果过紧，势必影响胸部呼吸活动。所以，妊娠期间随着乳房日渐增大，应及时更换文胸，不要束胸过紧。

正确的审美观应当顺其自然，妊娠期孕妇乳房增大是为孕育婴儿所必需的。所以，孕妇绝不能束缚这种生理性的增长，这是每个人必须牢记的。

◎ 孕妇内衣不宜选用化纤织品

化纤织品内衣，虽经久耐穿，但对孕妇最不适宜。

妇女在妊娠期间，新陈代谢旺盛，汗液分泌增多，孕妇穿了化纤织品衬衣背心、内裤等，出汗后感觉湿冷，从而刺激皮肤引起过敏，甚至发生尿道综合征（尿频、尿急、尿痛）。再以妊娠晚期神经体液的变化，使输尿管管壁松弛，蠕动减弱，且因增大的子宫压迫输尿管，造成尿液潴留，穿化纤织品内裤，更增加尿路感染的机会。因此，孕妇的内衣，应选用质地细软、透气、吸湿、散热的棉布制品。

◎ 孕妇不宜佩带乳罩

婚后特别是孕妇佩带乳罩，会对产后乳汁的分泌带来麻烦。

日本医学界希光教授指出：婚后产妇出现缺乳、少乳或无乳的现象，除患有内分泌系统的疾病外，大部分与婚后戴乳罩有着密切的关系。他检验数百名妇女，结果从乳房挤出的茧状微粒体是羊毛，这是棉织品和化学纤维尘等填塞了乳腺管，导致了乳汁分泌和排泄困难。希光教授提出四点要求：一是不要光身穿化学纤维内衣，也不要在乳罩上直接穿羊化类衣服；二是在洗涤乳罩时，不要和其他衣物混在一起清洗，使新生儿有足够的乳汁吸入，促进孩子健康的生长发育。

◎ 孕妇腹部不宜缚带子

孕妇腹部紧缚带子，可影响胎儿发育。

孕妇的腹部总是要随胎儿月份长大而隆起，如果孕妇经常用带子勒紧腹部，胎儿就不能向上伸展，迫使胎儿横着生长，这样就会引起流产。胎儿的营养来源于母体血液的供给，孕妇在腹部紧缚带子，影响血液循环，不仅使胎儿得不到足够的营养物质，造成先天不足，而且还可能加重孕妇下肢浮肿。孕妇如果把上腹部缚紧，胎儿就不能向上伸展，势必向下生长，这样就会形成"悬垂腹"。为了使胎儿正常生长发育，一定不要用带子紧缚腹部。

◎ 孕妇不宜穿紧身裤

裤子宜选择宽松有弹性的，最后是腰部有系带的，这样松紧可自由调节，裤带不能束得过紧，以免使增大的子宫不能上升而前凸，造成悬垂腹，导致胎位不止、难产。因为太紧的裤子会束缚腰部及腿部，影响下肢血液循环，有碍子宫胎盘的血液循环，影响胎儿的正常发育，内裤也不宜过紧，最好选用能把肚子及臀部完全遮住、适于孕妇用的短裤。袜子也不能穿太紧的，太紧的袜子会影响下肢血液循环，使下肢静脉压增高，导致静脉曲张，或引起加重下肢的水肿，尤其不可以扎裤腿口带。

◎ 孕妇不宜穿高跟鞋

怀孕期间尤其是中、晚期，孕妇大腹便便，如果穿高跟鞋，身体的重心向前倾，易压迫腹部，下腔静脉回心血流量减少，影响胎儿血氧的供给，不利胎儿发育，还会加重下肢水肿；由于膨大的子宫下坠，膀胱受压，可导致尿频，下肢胀痛，尿道感染，甚至分娩后子宫脱垂；腹部受压，胃肠道蠕动减弱，易发生便秘，嗳气，食欲减退等。此外，孕妇穿高跟鞋，身子背向后仰，呈腰椎向前，胸椎向后，脊柱弯曲度增加，常出现腰酸背痛，走起路来很不平稳，容易跌跤，会造成流产或早产。

正确的是，孕妇要穿尺寸合适的鞋，妊娠晚期脚部浮肿，鞋要稍大一些。鞋帮要柔软，鞋底要稍厚，鞋后跟要软宽大，高度以 2 ~ 3 厘米为宜。随着妊娠时间的延长，脚心受力逐渐加重时，可用 2 ~ 3 厘米厚的棉花团垫在脚心部位作为支撑，以保持脚底的弓形，这样就不易疲劳。

◎ 孕妇不宜热水浴

孕妇泡热水浴，可能造成胎儿畸形。

孕妇不宜热水浴有资料研究显示，如果孕妇的体温超过 38.3 摄氏度的话，就很容易会导致胎儿先天畸形的危险，尤其会伤害胎儿正在发育的中枢神经系统，孕妇在怀孕的前三个月的体温上升会导致缺陷婴儿概率升高。因为，在孕早期，尤其是从第 10 ~ 14 周，胎儿的中枢神经正在迅速的发展，高热会杀死那些分裂中的细胞，可能造成神经系统无法发展完成，使大脑无法思维，或对关节造成永久伤害，以及肌肉组织日渐萎缩。因此，不建议女性在怀孕期间进行过热的泡浴，一定不能令身体的体温上升超过 39 摄氏度，因为，孕妇的血液循环有其自己的特点，她们如果在热水的过度刺激后，心脏和脑部可能会负荷不了其刺激，很可能会出现休克、晕眩和虚脱等情况。

因此，孕妇在怀孕期间洗澡时，尽量将水温调至低一点的温度，不要超过 39 度，泡澡的时间，尽量控制在 10 分钟或更短的时间以内，要时刻注意水位的变化，避免自己体温过高。

◎ 孕妇洗澡不宜盆浴

孕妇盆浴洗澡，易引起感染。

妇女怀孕后，由于新陈代谢旺盛，汗液分泌增多，白带及外阴分泌物增多，如果孕妇洗澡常用盆浴，就会带来麻烦。因为盆浴时，孕妇的阴道浸泡在不洁的洗澡水中，细菌和其他致病微生物就有机会上行到子宫内繁殖，尤其是即将临产的孕妇，子宫颈逐渐变短，洗盆浴更容易将细菌带入阴道，继而进入子宫腔，引起感染。同时，还会增加产后发生产褥热的机会，对母儿都不利。孕妇洗澡的方式最好采用淋浴，如家庭没有淋浴的条件，可采用小盆水冲浴的办法。

◎ 孕妇头发不宜冷烫

目前冷烫发液普遍改用硫代甘醇液，它是一种含硫基的有机酸，属于高毒类化学物质，溶于酒精，常温下水中可溶解 7%，经皮吸收。如果孕妇头发冷烫时，化学冷烫精用量稍大，直接接触范围广，时间较长，很容易引起过敏反应，有害胎儿发育。另外，孕妇头发冷烫使用的药水，既是卷发固定剂，又是一种脱发剂，它是碱性较强的物质，可使头发的角质蛋白变性，发丝的拉强度降低，又会使滋润头发光泽的脂酸发生皂化，油脂消失，使油黑乌亮的头发枯萎棕黄。同时烫发时的电吹风产生电磁场，对胎儿健康有害。而且，孕妇在妊娠期间发质比较脆弱，头发容易脱落，若用化学剂烫发，则可导致大量脱发。为了孕妇及胎儿健康，孕期尤其是孕早期不宜冷烫。

◎ 孕妇不宜浓妆艳抹

妇女怀孕期间，由于身体内的内分泌改变，黑色素沉淀增加，所以容易出现雀斑。为了掩盖这些雀斑，有的孕妇就浓妆艳抹。其实，这是有害的。

孕期的皮肤比较敏感，而化妆品中有不少成分具有刺激性，如氯化铝、氯化锌、过氧化物、硫化物、水杨酸等，如果使用过多化妆品，反而刺激皮肤，可能引起毛囊炎、过敏和皮肤对光反应，反而会弄巧成拙。因此，孕妇在这期间，可以使用日常用的乳液或面霜，以免使皮肤粗糙或产生斑点。

◎ 孕妇不宜涂口红

古往今来，人们常以涂口红作为美容的一种方法，但这对孕妇是不适宜的。

目前，国内外用于口红的油脂，通常是从漂洗羊毛的废液中提炼，回收的羊毛脂。它能渗入人体皮肤，而且还可吸附空气中飞扬的尘埃、各种金属分子、细菌和病毒，经过口腔进入体内，容易引起各种疾病。其中，有毒、有害物质及细菌和病毒，还能够通过胎盘对胎儿造成威胁。研究发现，口红颜色中的酸性红色粉末，能损害遗传物质——脱氧核糖核酸，引起胎儿畸变。此外，孕妇经常涂着口红，产前检查时就会掩盖唇红的真实色泽，致使一些疾病不能早期发现，早期治疗。应该说，涂口红对孕妇和胎儿都是不利的。

◎ 孕妇不宜涂指甲油

孕妇涂指甲油，虽然美化了纤纤十指，你可想到，这对胎儿却可能是有害的。

指甲油，大多是以硝化纤维为基料，配以丙酮、乙酯、丁酯、苯二甲酸等化学溶剂和增塑剂及各色染料制成。这些化学物质对人体都有一定的毒性作用。如果孕妇在进食或吃零食时，指甲油中的有害物质会随食物进入孕妇体内，并能通过胎盘和血液进入胎儿体内，久而久之，就影响胎儿的生长发育。

◎ 孕妇不宜用风油精

风油精虽是内服外用的保健良药，但孕妇应忌用风油精。

风油精的主要成分之一的樟脑，味辛，性热，有毒，气芳香。孕妇多接触芳香物质，容易引起流产。如果孕妇服用了樟脑制剂，樟脑可穿过胎盘屏障进入羊膜内，而导致胎儿死亡，这是我们应该十分注意的。

◎ 孕妇不宜过多接触洗涤剂

洗涤剂，包括各种洗衣粉、洗洁精等。孕妇经常接触此类相同化学性质的洗涤剂，有可能会产生不良影响。

洗涤剂的主要成分是烷基苯磺酸钠，可破坏和导致受精卵的变性和坏死，特别是在受孕早期孕妇过多地使用，极可能影响胎儿发育，导致流产或胎儿畸形。据报道，一项对150名育龄妇女进行的测验发现，有1/3妇女卵细胞受精后，在妊娠早期就死于母体内。其原因是因为一些含有酒精硫酸的物质（存在于洗涤剂中），通过皮肤吸入人体，当达到一定浓度时，就导致受精卵死亡。动物实验证明，洗涤剂还有致畸作用，给40克左右妊娠白鼠0.001～0.1毫克烷基苯磺酸钠，可生出无脑畸形或唇腭裂畸形的仔鼠。因此，孕妇应少接触洗涤剂，如果不能避免必须使用各种洗涤剂时，最好是戴上手套，或在使用后将双手彻底清洗。

◎ 孕妇不宜受污染之害

近年来，工业的发展，各种新的化学物质日益增多，环境污染越来越严重，它危害人类健康和繁衍，更危害着孕妇及胎儿。

据研究，孕妇受到汞污染，胎儿的大脑常出发育畸形；经常在铅、汞、砷、苯等毒物，污染环境里生活和劳动的孕妇，流产、早产和死胎的发病率高；孕妇大量吸入一氧化碳，可致胎儿大脑障碍及四肢畸形；水的硬度不足，亦可致胎儿神经系统发育缺陷，如无脑儿等。

国内外许多资料表明，在环境化学污染严重的地区，尤脑儿、畸形儿、痴呆儿等，发生率有逐年上升的倾向。为了子孙后代，要大力控制污染，消除公害，同时孕妇应避免接触有害毒物。

◎ 孕妇不宜喷洒农药

有的人认为孕妇只要戴上大口罩，再去喷洒农药不会有啥妨碍，其实，这种看法是错误的。

目前农村中大量使用的是有机磷农药，它不但可以通过呼吸道进入人体，还会通过皮肤和黏膜进入体内。孕妇在喷洒农药时，农药中的毒性物质会通过上述渠道进入孕妇体内，经胎盘进入胎儿体内，从而导致胎儿生长迟缓，发育不全，畸形和功能障碍。这也是引起流产、早产和胎儿宫内死亡的原因之一。特别是孕早期，正是胚胎重要器官组织分化发育的关键时刻，对外界有害因素的干扰与损害特别敏感，接触农药更容易出现先天性畸形儿。孕妇千万不要参加农药喷洒工作。

◎ 孕妇不宜多闻汽油味

孕妇经常闻汽油味，对孕妇及胎儿健康都有一定的影响。

这种动力汽油，为了防震防爆，加入了一定量的四乙基铅，故又称为乙基汽油。乙基汽油燃烧时，四乙基铅即分离放出铅，随废气排放到大气中。据调查空气中的铅就有60%来源于汽油。若孕妇通过呼吸吸入体内的铅在血液中积累，并通过胎盘屏障危害胎儿，可引起铅中毒和胎儿先天性发育畸形。据报道，从1976～1980年，美国将汽油中的铅含量标准降了一半，结果美国人血液中的铅量便降低37%。由此可见，汽油的铅对人体的影响是大的。所以，孕妇不宜从事生产、配制或保管四乙基铅、乙基溶液和乙基汽油的工作。孕妇应多注意休息，尽量到外面呼吸新鲜空气，注意避免接触汽油、油漆等。以减少对胎儿的影响。

◎ 孕妇不宜接触放射线

怀孕期，特别是孕早期接触放射线，易导致胎儿畸形。

在怀孕 12 周以前，是人类胚胎各个器官形成的时期，这个阶段 X 线对胚胎有很强的致畸作用，可引起发育畸形、痴呆、白血病、恶性肿瘤及死胎。12 周后虽然大部分器官已形成，但牙齿、生殖腺及中枢神经系统还在继续发育中，此时也不宜照 X 线。

这里说的，也不是孕妇一经放照线的照射，就会影响胎儿，还应根据妊娠时间、照射部位、照射时间及剂量大小而定。怀孕 3 个月内，不宜照 X 线，妊娠 4 个月后，可做胸透、摄片检查，36 周后，如妇产科需要，亦可做 X 线骨盆测量。但应尽量避免长时间照射的胃肠钡餐透视等检查。因患病确需放射治疗时，须在停止治疗后半年方可怀孕。如果在妊娠早期因不知道怀孕而接受了腹部的放射线照射，或者妊娠接受相当的同位素治疗，则应行人工流产。此外，从事放射线工作的育龄妇女，最好在怀孕前调换工作。

◎ 孕妇不宜养小动物

有的妇女在怀孕期间，常喜欢抱着家里养的猫亲昵，甚至晚上让猫与自己同睡一床。这种做法，对孕妇及胎儿健康都是有害的。

因为小动物会感染上一些疾病，并能传染给人。其中，比较突出的是弓形体病。弓形体感染动物，最常见的是猫，其次是狗。当人与患病的动物密切接触后，就很容易被感染。孕妇染上弓形体病后，不管本人是否出现症状，都会通过胎盘传给胎儿，造成胎儿在出生后出现小头畸形、小眼球、脑积水、神经精神发育异常、瘫痪、抽搐、高热、青紫、呕吐、皮疹、黄疸、肝脾肿大等一系列症状，往往在出生后几天到几周内死亡。有的孩子出生时并无症状，但却会在数月或数年后发生神经系统症状及眼部损害症状。因此，为了下一代的健康，孕妇家中不要养猫、狗等小动物。

因此，孕妇最好不要接近猫、狗等小动物，以免传染上对胎儿有害的疾病。如果已养的小动物舍不得丢弃，那就一定做好防护工作，要专设猫窝、狗窝，不让猫、狗经常出入卧室，更不能让猫、狗与人同睡，不让猫的舌头舔人用的饭碗，菜碟等食具。

◎ 孕妇不宜过多看电视

正常电视机播放节目时，显像管辐射出的微量 X 光射线，对一般人是没有什么危害。但对孕妇来讲，长期受小剂量多次的积蓄辐射，对孕妇及胎儿健康是有害的，尤其是孕早期的胎儿危害更大。妇女怀孕早期 1 ～ 3 个月，经常看电视，往往引起早产、流产，甚至导致胎儿畸形。据报道，德伯特公司有 12 名孕妇，在电子计算机荧光屏前工作，一年内竟有 7 人流产，3 人产下畸形儿。因此，妇女在怀孕初期尽量少看电视，更不能长时间、短距离地对着电视荧光屏收看。

◎ 孕妇不宜多听高频率立体声音乐

孕妇经常欣赏轻松活泼的乐声，对胎儿发育是有好处的。但过多的听高频率立体音乐，对孕妇及胎儿亦会产生有害的影响。

高频立体声，是一种噪音刺激因素，孕妇长期处于这种立体声音乐环境中，不但会患一种"高频听觉损失症"，而且会发生多种异常变化，如心率和呼吸加快，肌肉紧张等，可使胎儿受到损伤。据报道，噪声刺激能够破坏在子宫里的豚鼠的听觉。因为豚鼠像人类一样，有天生的完好的听觉能力。因此，学者告诫孕妇：一定要回避每天几小时的 90 分贝或更多些的噪声。

◎ 孕妇不宜强度运动

孕妇适宜的运动锻炼，有益于健康和胎儿的生长发育，但强度运动或运动不当，会给胎儿带来危害。

强度运动可使孕妇及胎儿体温上升，所以发热时不可运动，高温环境对早期的胎儿发育有影响；潜水运动对胎儿有致畸作用；激烈运动或过度伸屈和跳跃动作的运动，易引起流产、早产；空腹运动会使游离脂肪酸增高，加重心肌负荷。孕妇应选择适当运动项目，进行锻炼，运动时间宜在饭后 2 小时内，不宜空腹运动。运动前要做 5 分钟的准备工作，运动高峰时的心跳次数，不宜超过 140 次 / 分，运动中、运动后可饮水，以防脱水，运动完毕可做轻松伸展动作。此外，孕妇在运动前要进行医学监护，要检查有无心脏病、糖尿病，查出致病因素，然后制订运动计划。一旦在运动中出现异常现象，需及时请医生指导。

◎ 孕妇不宜从事过重体力劳动

妇女怀孕后，适当地参加劳动可促进新陈代谢，有利母子健康，但过重的体力劳动会给孕妇及胎儿带来危害。

妊娠期，一般可以照常工作和劳动。农村的孕妇除了操作家务外，田地里一些不太重的活也可以参加。但要避免做那些下水、挑重担子、背重东西、推碾子、弯腰或蹲着的活。因为孕妇弯着腰或蹲着干活，就会压迫腹部，若胎儿和胎盘长时间受压，血液流通很可能发生障碍，影响胎儿的生长发育。孕妇常常蹲着，两腿根的血管会受到胎儿的压迫。妨碍了孕妇下半身的血液循环，腿脚就会发肿。推碾子，用搓板洗衣服，因硬物压迫子宫，容易引起胎盘早期剥离。有些活像摘果子时，孕妇踮起脚尖，肚子的压力增大，也易造成流产。孕妇在湿地里干活，受凉后容易流产或早产。还有些活，像走狭窄的田埂或泥泞的滑路，也容易发生意外。因此，孕妇无论干什么活，都要格外小心。

◎ 孕期性生活不宜过频

孕期性生活，是导致流产、早产、早期破水和产褥感染的重要原因之一。

妊娠早期，胚胎正处在发育阶段，特别是胎盘和母体子宫壁的连锁还不紧密，如果同房，子宫受到震动，很容易流产。同房时因孕妇盆腔充血，子宫收缩，也会造成流产。妊娠中期倘若性生活过频，用力较大，压迫腹部，胎膜就会早破，胎儿因得不到营养和氧气而立即死亡，或者导致流产。如果胎膜不破、未流产，也可能使子宫腔感染，重者致胎儿死亡，轻者胎儿身体和智力的发育受到影响。

妊娠晚期特别是临产前的 1 个月，孕妇子宫下降，阴道缩短，子宫逐渐张开，若这时同房，羊水感染可能性大。晚期由于子宫较为敏感，受到外界直接刺激，极易突然加剧收缩而诱发早产。

妊娠期性生活应严格控制，早期要节欲，中期莫纵欲，晚期更当心。尤其是已经发生过自然流产或先兆流产的孕妇，早、晚孕期一定要禁止同房。

◉ 妊娠后期不宜外出旅游

妇女怀孕后期外出旅游，易导致早产。

妊娠后期，身体各系统会发生显著变化，乳房增大，血容量增加，新陈代谢旺盛，使肝脏、肾脏、心脏的负担明显加重。此时也经常会出现胎动。由于这些变化，造成孕妇行动不便，容易疲劳。如果在这时长途旅游，会因休息不好，饮食不当和过度疲劳而诱发疾病，影响胎儿的生长发育，甚至导致早产。所以，妊娠后期，特别是怀孕 7 个月以后的妇女不宜旅游，尤其应避免长途旅游。此外，患有心脏病、病毒性肝炎、肾功能不良，胃肠疾患，关节疼和其他疾病的孕妇，无论是妊娠早期，还是晚期，都不宜进行旅游。

◉ 孕妇不宜去拥挤的公共场所

公共场所人多拥挤，免不了你推我挤，孕妇腹部一旦经受挤、压、撞、击等外伤，有可能发生胎盘与子宫壁的分离，引起流产、早产，甚至发生危险的胎盘早期剥离。另外，公共场所中各种致病微生物的密度远远高于其他地区，尤其是传染病流行期间，由于孕妇抵抗力较差，很容易染上病毒或细菌性疾病，会给胎儿带来一定的威胁。还有，公共场所有高音喇叭，各种车辆的轰鸣声和人的嘈杂声都是噪声，这些对胎儿也是很不利的。甚至有人还特别指出，孕妇最好不要到飞机场去，因为飞机起飞和降落时高噪音对胎儿有明显损害。

◉ 孕妇在哪些情况下不宜骑自行车

习惯于骑自行车的妇女，怀孕后是可以骑车的，但有下列情况者不宜骑车。

（1）孕妇骑车上班往返路程太长，遇到天气不好，路面滑时，或交通拥挤秩序混乱，道路条件较差的地方，应避免骑车。

（2）孕妇早期3个月内，因胎盘功能不健全，容易发生流产，这期间也应避免骑车。

（3）孕妇妊娠晚期，由于子宫膨大，身体重心前移，腰部曲度增加，行动本来就有种种不便，就不宜再骑车。

（4）少数孕妇如常有不规则子宫收缩，出现有流产、早产症状，或正确诊为双胎，前置胎盘，胎盘功能不全者，也不宜骑车。

（5）孕妇患有妊娠高血压，妊娠水肿或孕妇本身患有其他系统的疾病，也不该再骑车增加负担了。

另外，孕妇不宜骑男式车，因为男式车，车身长，而且有横梁，上下不便，容易发生意外。

◎ 孕妇不宜盲目保胎

有习惯流产的妇女，一旦怀了孕，为了保胎，整日卧床不起，甚至不断地使用保胎药，其实，这种盲目保胎并不好。

近代医学遗传学的发展已证明：有许多习惯性流产的发生，是由于卵子或精子的先天性缺陷造成的。由于不健康的精子、卵子结合，因而孕卵在发育过程中，很容易夭折而致流产。这种习惯性流产，不只是黄体酮保不住，就连那些鹿胎膏、保胎丸也无济于事。而长期应用黄体酮激素类保胎对胎儿很不利。研究结果表明，孕期尤其是孕早期应用黄体酮，可使胎儿性器官发育畸形，出生女胎男性化的畸形儿。因此，有习惯流产的妇女，若怀了孕，最好到产前咨询门诊检查一下，找出原因，切不可自己盲目保胎。

◎ 孕妇不宜随便用药

"是药必有毒"这对孕妇来说，在用药上显得格外重要。因为孕妇用药不当，常引起流产、早产、胎儿畸形、智力发育停滞，甚至死胎等。

孕妇用药对胎儿影响的大小，与药物的种类、性质、剂量、疗程长短、用药方法及药物通过胎盘的速度和浓度，尤其与胎儿发育不同时期有着密切的关系。在孕3周以内用药相对安全，这个时候胚胎细胞数量较少，一旦受到有害物的影响，细胞损伤难以修复。如果胎儿质量不高，机体会优胜劣汰，不可避免地造成自然流产。因此，这个时候服用药物，不必为生畸形儿担忧，因为如果这个时候不小心服了药物，又没有任何流产征兆，一般表示药物未对胚胎造成影响，可以继续妊娠。在怀孕五个月前，由于胚胎对于药物比较敏感，不安全药物容易导致胎儿畸形。此时应根据药物毒副作用的大小及症状加以判断是否继续妊娠。若出现与此有关的阴道出血，不宜盲目保胎，应考虑终止妊娠，继续妊娠者应在妊娠中、晚期做羊水、脐血、B超监测胎儿生长情况，了解鼻骨长度以及颈项皮肤厚度。若发现胎儿异常应及时终止妊娠。据报道，西欧一些国家，孕妇因服用"反应停"，而在2年内就发生近万名罕见的类似海豹肢体的先天畸形儿。孕中期如用氨基糖苷类药物，可致胎儿先天性耳聋及肾脏损害；晚期如使用催产素、阿司匹林，可致新生儿高胆红素血症及出血等。由此可见，孕妇用药宜在医生指导下谨慎用药，切不可随便用药。

◎ 孕妇不宜服用哪些西药

根据研究结果表明，目前有以下药物对胚胎和胎儿有害。

1. 抗癌药物　如甲氨蝶呤、氨蝶呤钠、环磷酰胺等，可致畸形、死胎。

2. 抗癫痫药物　如扑米酮、丙戊酸钠等，孕早期服用可致兔唇、腭裂、小头畸形、面形异常。

3. 镇痛退热药　如阿司匹林、非那西汀，可致骨骼畸形、神经系统或肾脏畸形。

4. 激素类　如雌激素、孕激素、甲状腺激素、肾上腺皮质激素等，可造成外生殖器异常，还会增加唇裂、腭裂、无脑儿的发病率。

此外，四环素类药物可致骨骼发育障碍、牙齿发黄；磺胺类，可致新生儿核黄疸；链霉素和卡那霉素，可致先天性耳聋、肾脏损害；氯霉素，可抑制脊髓功能；降血糖药和抗凝血药，有机汞、麦角类药，对胎儿也有不利影响；利福平，在胎儿体内的血液浓度可增高，有致畸作用，孕早期应忌用。

孕妇用药的箴言是：宜少用药，或不用药，尤其是孕早期。因疾病需要时，应按医嘱用药，切勿随意滥服。

◎ 孕妇不宜滥用抗生素

妊娠期，孕妇的免疫力功能有所下降，易发生由细菌感染的疾病，常选用抗生素治疗。如选用不当，对孕妇及胎儿会产生不良影响。

下列抗生素，孕妇不宜选用。

（1）四环素，除了会影响胎儿骨骼生长和新生儿牙齿发育外，还有可能造成先天性白内障等严重后果。土霉素、多西环素与四环素有同一作用，也不宜选用。

（2）氯霉素，有可能造成胎儿再障碍性贫血，新生儿可能呼吸不规则，肤色发灰，低体重，软弱无力甚至发生死亡的"灰婴综合征"。

（3）链霉素，可致胎儿听力功能异常。

（4）卡那霉素、庆大霉素，有可能影响胎儿神经系统发育，尤其听神经，不宜长期使用。

一般情况下，孕妇患病需要选用抗生素时，首先考虑选用青霉素，只要不过敏，用量在正常范围内可应用；红霉素尚未见有致畸作用，也可选用，但用量不宜过大；还可选用先锋霉素，最好采用口服，副作用小，效果好。

◎ 孕妇不宜服用哪些中药

药物对孕妇的影响，主要涉及孕妇本人和胎儿两个方面，而主要是胎儿。孕妇用药禁忌范围，从药物性能来说，下列药物应禁服。

1. 活血破气类 桃仁、红花、三棱、莪术、泽兰、苏木、刘寄奴、益母草、牛膝、水蛭、虻虫、乳香和没药等。因活血可使血液循环加速，迫血下溢，促胎外出；破气会使气行逆乱，气乱则无力固胎。

2. 利下逐水类　滑石、冬葵子、甘遂、大戟、芫花、薏苡仁、巴豆、牵牛子和木通等。此类药物多具通利小便，泻下迪府的作用，常会伤阴耗气。阴伤则会使胎失所养，气伤则胎失固摄，胎元下堕。

3. 大辛大热类　附子、肉桂、川乌、草乌。辛热之药常迫血妄行，辛热而燥，燥能伤津，造成堕胎的危险。

4. 芳香渗透类　如麝香、苹果、丁香和降香等。这类药多辛温香燥，有疏通气机的作用。气行则血行，以致迫胎外出。

5. 有毒类　如水银、雄黄之类，这类药都会直接损伤胎儿。

◎ 孕妇不宜服用哪些中成药

有些人认为生病吃中成药较安全，其实不然。由于中成药的成分比较复杂，含有多种中药，某些中药对孕妇及胎儿会产生不良影响。妇女怀孕期禁用和慎用的中成药有以下几种。

禁忌服用的中成药：主要有牛黄解毒丸、大活络丸、小活络丸、牛黄清心丸、紫金丹、黑锡丹、开胸顺气丸、复方当归注射液，风湿跌打酒、十滴水、小金丹、玉真散、苏合香丸等。

慎用的中成药：主要有上清丸、藿香正气丸，防风通圣丸、蛇胆半夏丸。

对有些中成药，一时难以明确是否不利于妊娠的，应在医师指导下服用。

◎ 孕妇不宜滥用温热补品

随着人们生活水平的日益提高，为了生育一个好宝宝，不少妇女怀孕后，花钱买人参、鹿茸、鹿胎胶、桂圆、荔枝、胡桃肉等温热类补品。应该注意，若进补不当，不但无益反而有害。

中医学认为，女子在妊娠期，由于月经停闭，脏腑经络之血皆注于冲、任以养胎，致使母体全身处于阴血偏虚、阳气相对偏盛的状态。在这种情况下，如果孕妇经常服用温热性补品、补药，势必导致阴虚阳亢，致气机失调，气盛阴耗，血热妄行。医学临床观察证实，孕妇滥用人参、鹿茸和桂圆等温热补品，容易加剧呕吐、水肿、高血压、便秘等病症，甚至发生流产或死胎。孕妇进补，应根据个人体质与妊娠月份，在医生指导下合理补益。一般宜清补、平补，如食用百合、沙参、藕粉、莲子及适量的阿胶，以利补体安胎、优生优育。

◎ 妊娠期浮肿不宜滥用利尿药

有人习惯于使用利尿药，以求达到利尿消肿的目的。但是要提醒人们注意，孕妇滥用利尿药确实是有害的。

利尿药有促进肾脏排钠作用，一部分水分也伴随从体内排出，因此会发生血容量减少，使胎儿得不到足够的氧气和养料供给，而影响胎儿生长发育。有人观察到孕妇单纯卧床休息 24 小时，不服用任何药物，一般尿量可达 1500～2000 毫升，可有效地消除水肿。不过，倘若有浮肿的孕妇伴有高血压，心肾功能不全或其他严重的并发症，需要利尿时，应用利尿药是必要的，然而，这种机会是极少的。据统计，每百名孕妇中仅 1 名。医学研究还发现，妊娠浮肿的孕妇所生的婴儿，不仅体重超过一般婴儿，而且存活率也较高。因此，如无特殊情况，妊娠期浮肿不必服用利尿药。

◎ 孕妇便秘不宜乱用泻药

怀孕妇女，尤其是妊娠晚期常可出现便秘，若随便使用泻药，会带来不良后果。

妇女怀孕后，胎盘可分泌大量孕激素，使胃肠张力减低，蠕动减弱，引起便秘。孕妇活动减少及由于妊娠反应或出现偏食，而吃蔬菜、水果之类含纤维素的食物少，也是引起便秘的重要原因。如果选用泻药不当，或应用强泻剂，那就很可能因其引起流产、早产或乳汁分泌减少，甚至会影响到哺乳的婴儿。

为防止孕妇便秘，首先是要养成每天定时排便的习惯，如果因大便困难而惧怕排便，则只能加重便秘。孕妇平时注意多吃蔬菜，多饮水，并适当起床活动，以改善胃肠的蠕动及分泌功能。如已发生便秘，一般可用开塞露、甘油栓塞入肛门，也可服石蜡油 30 毫升（麻油、花生油均可代替），切不可随便服用强泻剂或灌肠，避免早产或流产。

◎ 孕妇不宜乱服止咳药

孕妇咳嗽时，若选用止咳药不当，不但达不到止咳目的，反而会加重病情，甚至影响孕妇及胎儿健康。

不同种类的药品中，所含的成分各有不同，其性能、作用及禁忌也不相同。如远志止咳糖浆，因远志这味药能兴奋子宫，引起短阵性的宫缩，甚至造成流产或其他不良后果，所以孕服应禁服。含杏仁的止咳药，其中的杏仁苷经水解后能产生微量的氢氰酸，虽其量甚微，可对于尚在发育中的胎儿就可致病。其他如涤痰丸、大金丹等也是孕妇禁服的止咳中成药。此外，如果孕妇合并有高血压或心功能方面病变者，禁服喷托维林。此药对呼吸道黏膜产生麻醉作用，导致孕妇呼吸道阻塞，致使胎儿发生缺氧和窒息。有结核病灶活动的孕妇忌服碘化钾，因其有加剧结核病灶的活动作用。可待因、复方甘草合剂（含阿片）等吗啡类止咳药，可抑制胎儿的呼吸，同时，这两种药还能对抗催产素的兴奋子宫作用而延长产程。孕妇用止咳药，宜选用药性较为缓和的药，最好请医生给予指导。

◎ 孕妇不宜长期大量服维生素B₆

妊娠早期，孕妇伴有恶心、呕吐等妊娠反应，不少孕妇常用维生素 B_6 来解除。殊不知，长期服用会给胎儿带来不良后果。

孕妇如果长期较大量地服用，致使血中维生素 B_6 的浓度升高，不仅可以造成胎儿短肢畸形和感觉性周围神经病，而且使胎儿产生对这种环境的依赖性。分娩后维生素 B_6 的供应突然中断。单靠母乳供应及新生儿自身合成，远不能满足生长发育需要，以致引起新生儿维生素 B_6 缺乏症，出现兴奋的表现，并有眼睑震颤，严重者可抽搐。如不及时抢救，就会造成神经的后遗症。

怀孕期孕吐者，需要服维生素 B_6 时，每日不宜超过 50 毫克，症状缓解后，减量停药，切不可长期服。

⊙ 孕妇不宜超量服维生素A

有些孕妇为了使胎儿健康活泼，却大量服用维生素A类药，实际上，这样反而对胎儿有害。

维生素A，虽然是人体及胎儿发育中不可缺少的一种维生素，可孕妇平时吃的食物及其他营养物质，多含有维生素A，足够孕妇及胎儿需要。如果孕妇再超量的服用，那就会直接刺激胎儿骨膜中的破骨细胞和成骨细胞，使它们功能亢进，引起严重的骨骼畸形和并指趾，也可引起颅骨骨缝增宽、腭裂、眼畸形及脑畸形等。据英国《柳叶刀》杂志报道，在动物实验中，可引起各种畸形，最常见的是露脑、兔唇和腭裂。而在人类，罗莎医师报告了4例在其母亲怀孕时，用异维生素A酸治疗后，出现脑积水合并小耳或小眼畸形的婴儿。还报告8例孕妇服异维生素A酸治疗而引起流产。由此可见，孕妇超量服用维生素A，对胎儿有害无益。

⊙ 孕妇不宜过多地服维生素D

孕妇过多地服用维生素D，对胎儿不利。

维生素D的主要作用是促进身体对钙、磷的吸收，它对胎儿的发育有很大的作用。但是，孕妇服用维生素D过多，就会引起胎儿血钙增高，甚至发生主动脉及肺、肾动脉狭窄，甲状旁腺功能低下及其他先天畸形。还会使囟门早闭，造成脑组织发育不全，往往导致智力低下。经常晒太阳的孕妇，皮肤在阳光下会制造维生素D，就不必补充维生素D。

⊙ 孕妇不宜服用安定

孕妇服用安定，易导致胎儿畸形。

孕妇口服安定后，它的有效成分可通过胎盘进入胎儿体内，并分布至胎儿的骨骼、脑等组织，阻碍它们的正常生长发育。特别怀孕初期3个月时，正是胎儿各器官开始形成期，若服安定类药物，易引起胎儿畸形，如手足畸形、脑畸形等。临近分娩时。服用安定，经过胎盘进入胎儿体内，而胎儿肝脏及小肠又不易代谢，影响新生儿的体温调节，并延长生理黄疸期，甚至引起高胆红素血症。正告孕妇，怀孕初期3个月和即将分娩时不宜服用安定，亦不宜服氯氮、甲丙氨酯及其他安眠药。

◉ 孕妇不宜注射丙种球蛋白

丙种球蛋白，虽有增强人体对疾病的抵抗力和预防某些病毒性疾患的作用，然而孕妇应用则会引起过敏反应。

怀孕后头三个月为胎儿器官形成期，对外界刺激敏感。球蛋白所用血清为混合血，包括几种遗传异型，重复使用能引起过敏，对胎儿不利。如给孕妇增加抗病能力，不宜靠注射丙种球蛋白，而应注意增加营养，锻炼身体。

◉ 孕妇临产前不宜服阿司匹林

临产妇女服用阿司匹林，会引起产妇及产儿局部出血。

阿司匹林对血小板的凝血性有干扰和破坏作用，如果临产妇女服用阿司匹林，不仅会引起产妇局部出血，而且药性会进入胎儿血液中，造成新生儿局部出血，特别是对早产弱小的新生儿来说，可能还会影响其早期发育，甚至危及生命。研究人员曾对58名孕妇作了调查，其中10人在分娩前5天内服了阿司匹林，分娩后有9名新生儿发生程度不等的出血现象。有的皮肤渗血，有的眼白出血，还有的尿中带血，延续数日才自然消失。而在前10天内未服阿司匹林的35名孕妇，只有1名新生儿身上有轻微出血现象。

◉ 孕妇临产十忌

1. 忌怕 孕妇由于缺乏分娩生理常识，易产生恐惧心理，因而影响正常顺利分娩。

2. 忌急 没到预产期孕妇就焦急盼望早分娩，要知道"瓜熟蒂必落"不必着急。

3. 忌粗 分娩前准备不充分，临产时往往弄得手忙脚乱，很容易出错。

4. 忌累　妊娠后期应适当减少活动量，特别要注意休息好，养精蓄锐，分娩时精力充沛。

5. 忌懒　孕妇产前休息时间过长，甚至光吃不动，更容易出现分娩困难。

6. 忌忧　孕妇在临产前精神不振，甚至忧愁、苦闷，这种消极情绪也会影响顺利分娩。

7. 忌孤独　临产前孕妇心理紧张，需要亲人的鼓励和安慰，这时最怕孤独、冷落。

8. 忌饥饿　分娩时要消耗很大的体力，要求临产时吃饱吃好，切忌什么东西都不吃。

9. 忌远行　接近临产不能到外地旅行，尤其不能乘车、船远行，以免途中发生意外。

10. 忌滥用药　孕妇不可自行其是滥用药，更不可随便用催生药，以免造成严重后果。

◎ 孕妇产后不宜捂得过严

过去传统风俗，认为孕妇产后应多"捂"着点，怕受风着凉落下"月子病"，即使盛夏酷暑也有的产妇待在门窗紧闭的室内，身着长衣长裤，甚至包着头，盖上被。其实，这般"捂"法，非但不能防病，反而会招致麻烦，甚至酿成不幸。

孕妇产后一般身体比较虚弱，容易出汗，特别是炎热的夏季，更是经常汗湿衣衫。如果不分时宜地"捂"，就会发生中暑。这是因为产妇体内余热散发不出去，加上外界的高温又不断作用于人体，就会造成体温中枢调节失调，引起头疼、眩晕、恶心、呕吐、高热、胸闷及晕厥等表现，甚至抽搐，昏迷，以致死亡。因此，夏天坐月子的产妇是不能捂得过严，更没必要包头、扎裤角、盖厚棉被了。最好穿些宽松的棉布制成的衣物，同时，还要注意开窗通风，保持室内空气新鲜。但要避免风直接吹到产妇身上。

◎ 孕妇不宜忽视营养食物

有的孕妇认为，粗米淡食吃饱就行，忽视合理的营养及平衡的膳食，结果不仅影响新生儿的体重，也会影响胎儿的智力发育。

适于孕妇的营养食物有以下几种。

1. 蛋白质　妊娠期每天需要优质蛋白质（含人体必需氨基酸的蛋白质）85 克左右，（非妊娠期 60 克）。主要来源于动物性蛋白质如蛋、肉、奶类及植物蛋白质如豆类。

2. 脂肪　孕妇每日所需脂肪以 60 克左右为宜（非妊娠期约 50克左右）。动物性脂肪来源于猪油、肥肉等；植物性脂肪来源于豆油、菜油、花生油及核桃、芝麻等。

3. 糖　粮食、土豆、白薯等均含糖，是产生热量的主要来源。孕妇平均每天主食（谷类）400 ~ 450 克即可满足热量的需要。

4. 矿物质　食物中牛奶及鱼含钙高，且易吸收，最好每日喝250 ~ 500 毫升牛奶，多食含铁丰富的猪肝、瘦肉、蛋黄、菠菜、胡萝卜等。

5. 维生素类食物　维生素存于多种食物如蛋、肉、黄油、牛奶、豆类及各种蔬菜中。

6. 微量元素　如碘、镁、锌、铜等，海味中含碘多；动物性食品、谷类、豆类和蔬菜等含镁、锌、铜等微量元素。

◎ 孕妇营养不宜盲目进补

有的妇女怀孕后，听说鸡、鸭、鱼、肉有营养，就拼命吃，甚至滥用维生素、钙、补血剂等。这样不仅使胎儿得不到合理营养，反而影响母亲健康及胎儿生长发育。

一般来说，孕妇食物要多样化，米面混吃，粗细并用，荤素搭配，蔬果兼有，这样才能保证孕妇的营养需要。具体做法如下。

1. 多用粗粮，少用精制米面　玉米、小米、土豆等所含维生素和蛋白质比大米、白面高，还含有微量元素。

2. 多吃新鲜蔬菜和瓜果，可以满足身体所需要的维生素 A、维生素 C、钙、铁等。

3. 多吃豆类、花生和芝麻酱等 因其中含有较丰富的蛋白质、脂肪、维生素 B 和维生素 C、铁、钙，发芽豆还富含维生素 E。

4. 多吃鱼、肉、蛋、奶 可以供给大量所需的蛋白质，特别是牛奶及鸡蛋含有大量的钙和磷脂质，可供胎儿骨骼生长和神经系统发育。

◉ 孕妇不宜吃得太差

有些妇女怀孕后，由于食欲不振、精神性厌食，或妊娠反应呕吐等因素，以致造成身体摄取、消化、吸收和利用食物的整个过程发生障碍，从而导致营养不良，影响胎儿的健康成长。

研究表明，怀孕期不注意营养，蛋白质供应不足，可使胎儿细胞减少，影响日后的智力，还可使胎儿发生畸形和营养不良，如体重太轻，出生后抵抗力低下而容易生病等。孕妇营养不良，还造成胎儿生长迟缓，流产、死胎也增多。对孕妇来说也可能发生贫血、水肿和高血压。

一般认为，从怀孕 3 个月开始，一直到哺乳期都应加强营养，主要是蛋白质的摄入。孕期营养是保证产妇和婴儿健康的关键。

◉ 孕妇不宜吃哪些食物

为了加强孕妇营养，保证母婴健康，孕妇不宜吃下列食物。

1. 调味品 调味汁、咸黄瓜、芥末、罐头、洋葱、蛋黄酱、袋装冲汤料。

2. 淀粉食物 面饼、面包、咸花生米、饼干、糕点制品。

3. 肉鱼蛋 咸、干、熏制成罐头的肉和鱼、腌鸡蛋、加工后的肉类、火腿、猪肉冻、蛋粉、甲壳类、贝壳类动物。

4. 蔬菜水果 水果罐头、蔬菜罐头、腌酸菜、商业果汁。

5. 乳制品 商业牛奶可可、发酵干酪、咸黄油、甜炼乳。

6. 油脂 人造奶油、熟猪油、肥肉。

7. 甜食 商业果酱、糖果、甜食罐头、甜食制品。

8. 饮料 椰子水、化学酵母、充气汽水。

◎ 孕妇不宜缺乏维生素供应

孕妇对各种维生素的需要量比非孕妇多，如果在早期妊娠缺乏维生素A、维生素B、维生素C、维生素D、维生素E，可引起流产和死胎，晚期妊娠可引起胎儿窘迫或胎儿死亡。所以妊娠期切不可忽视对维生素的供应。

维生素A有促进胎儿生长发育的作用，并能增强母体抵抗感染的能力，对预防产褥热也有一定作用。成人每日需要维生素A 5000～6000单位，而孕妇需要量比成年人多20%～60%。维生素B有预防早产、流产、脚气病、神经类和维持正常饮食的作用，可减轻早孕反应，帮助消化、增加食欲，促进分娩。成人每日需要维生素B_1 1.1毫克、维生素B_2 1.5毫克、烟酸11毫克，而孕妇每日需要量分别为1.8毫克、2.5毫克及18毫克。维生素C可促进铁的吸收和利用，预防孕妇贫血、坏血病和传染病，避免胎儿发育不全或发生早产或流产等。成人每日需维生素C 70毫克，而孕妇需要100毫克，维生素D能帮助肠道吸收大量的钙和磷，使胎儿骨骼充分形成，又能预防孕妇及胎儿软骨病。孕妇每日需要400～800国际单位。

各种维生素的主要来源是：维生素A来源于各种动物肝脏、鱼类、乳类和禽蛋类；维生素B_1、维生素B_{12}，来源于各种谷类、豆类、动物内脏、瘦肉及蛋类；维生素C来源于新鲜蔬菜、水果；维生素E来源于肉类、乳类、蔬菜及谷物胚芽等食物。

◎ 孕妇不宜少吃含铁的食物

铁是人体造血的主要原料之一，每天的一般食物中，铁的含量至多不超过15毫克，而被吸收的仅占10%。怀孕后，孕妇全身血量要增加30%，还要担负胎儿血液形成所需的原料。在怀孕初期，需铁量为每天0.77毫克，而在后期将增至7毫克。据估计，整个孕期孕妇共需铁1000毫克。如果孕妇在孕期不注意多吃富含铁的食物，很容易引起贫血，减慢胎儿体重增长速度等。孕妇贫血严重时，还可能发生早产、死胎及新生儿窒息等。孕妇贫血也可致子宫收缩不良，产后大出血，出生的婴儿体质也较差。

有鉴于此，孕妇应多吃些含铁丰富的食物，多吃些富含蛋白质、维生素的食物。

那么，孕妈妈该怎么补铁呢？

首先，多吃含铁丰富的食物，动物肝脏是首选，像鸡肝、猪肝等，一周吃两三次，每次25克左右。其次，动物血、瘦肉也很不错，同时，由于蔬菜、水果等是富含"三价铁"的食物，在一定条件下，可以还原成"二价铁"，变成易于人体吸收的形式，所以多食用一些新鲜的水果蔬菜，因为这些蔬菜水果中含有丰富的还原维生素C，而只有还原型维C，才能很好提高铁的吸收利用率。还原型维C广泛存在于新鲜蔬菜、水果中，但它非常娇嫩，常温下食物每存放24小时，其含量就衰减一半，被氧化成了氧化型维C，促进铁吸收的作用会大打折扣，所以要注意，蔬菜水果随买随吃，尤其新鲜带酸味儿的水果，如猕猴桃，其还原型维C含量可是排第一的。

◎ 孕妇不宜多吃酸性食物

妇女在怀孕早期常会出现恶心、呕吐等妊娠反应，这是正常的生理现象，而流行在民间的习俗是常用酸性食物缓解孕期呕吐，甚至还有人滥用酸性药物止吐，这些做法是极不科学的。

据科学研究证明，酸性食物和药物是导致畸胎的元凶之一。研究人员分别测定了不同时期胎儿组织和母体血液的酸碱度（pH值），认为在妊娠最初半个月左右，不食或少食酸性食物和含酸性的药物。孕妇可选择番茄、橘子、杨梅、石榴、葡萄、绿苹果等新鲜果蔬。但一定不要吃腌制的酸菜或者醋制品，人工腌制的酸菜、醋制品虽然有一定的酸味，但维生素、蛋白质、矿物质、糖分等多种营养几乎丧失殆尽，而且腌菜中的致癌物质亚硝酸盐含量较高，过多地食用显然对母体、胎儿健康无益。

◎ 孕妇不宜吃热性香料

小茴香、八角、花椒、胡椒、桂皮、五香粉、辣椒粉等热性香料，都是日常生活中常用的天然调味品。但孕妇食用这些热性香料则不适宜，往往会影响自身健康和胎儿生长发育。

因为妇女怀孕后，体温相应增高，肠道较干燥。而热性香料其性质热，且具有刺激性，很容易消耗肠道水分，使胃肠腺体分泌减少，肠道枯燥，造成便秘或粪石梗阻。发生秘结后，孕妇必然用力屏气解便，这样可引起腹压增大，压迫子宫内的胎儿，致使胎动不安，胎儿发育畸形，羊水早破，自然流产，早产等不良后果。科研人员经过试验和检测，发现桂皮、八角和花椒均有一定的诱变性和毒性，并可能改变正常人体组织细胞的遗传功能，使其发生突变，给人体特别是孕妇和胎儿带来极大的不利。因此，孕妇日常生活中不宜食用热性香料。

◎ 孕妇不宜多吃菠菜

不少的人认为，菠菜含有丰富的铁质，是儿童、孕妇理想的补铁食品，其实，菠菜含铁质并不多。

据近年研究证实，菠菜的主要成分是草酸，而草酸对于锌、钙的吸收有着不可低估的破坏作用。锌和钙是人体不可缺少的微量元素，怀孕期孕妇和胎儿均需要大量的钙质，如果过多食菠菜，必将加重体内缺钙，可引起孕妇食欲不振、味觉下降、儿童缺钙会发生佝偻病，出现鸡胸、罗圈腿、牙齿生长迟缓等现象。因此，孕妇不宜多吃菠菜。

◎ 孕妇不宜多吃方便面食品

有些母亲因吃得太少而过分依赖方便食品，尤其是在怀孕的前3个月。这种饮食虽然吃足了蛋白质，但必要的脂肪酸却不够，结果直接影响胎儿的发育生长。

方便面的主要成分是碳水化合物，汤料只含有少量味精、盐分等调味品，其中的营养成分含量非常少，远远满足不了准妈妈自身和胎宝宝每天所需要的营养量。即使是新鲜的方便面，如果长期用来替代主食，而不吃其他食品，是很容易导致人体营养缺乏，对健康极为不利。所以，孕妇在怀孕期间要注意营养均衡，少吃方便面食品，即使要吃也要注意增加一些副食，以补充营养的不足。比如可以吃些香肠、牛肉干、肉脯、肉松、熟鸡蛋、卤肉等。并多生吃一些瓜果、蔬菜，如黄瓜、西红柿、萝卜、地瓜、荸荠、藕、香蕉、梨、橘子等。

◎ 孕妇不宜多吃油炸食品

有些丈夫为了使妻子孕期得到较丰富的营养，往往认为一些煎炸的肉食和面食味道好，有营养，其实，这种做法是不科学的。

因为做油条的面粉是用明矾水合成的，明矾的化学成分是钾铝盐，体内过多地摄入铝，能引起脱发、记忆力减退等症状，孕妇为了自身和胎儿的健康，应少吃为好。食品科学家们认为，一些反复加热、煮沸、炸制食品的食油内，可能含有致癌的有毒物质，用这种油炸制的食品也会带有这些物质，若孕妇经常食用势必对孕妇及胎儿产生有害影响。怀孕早期吃这些油类食物，因油制食品较难消化而导致食欲不振；怀孕 4 ~ 7 个月时，由于子宫增大肠道受压，蠕动差，食用油炸食品很容易便秘，严重者可引起便后出血。此外，高温下的油炸会使食物中的维生素和其他营养素受到较大的破坏且含脂肪太多，若孕妇过多地摄入脂肪，会使胎儿太胖，增加分娩困难，还会使胎儿大脑皮质的面积缩小，可能直接影响到胎儿的"信息储存量"，造成智力发育迟缓的后果。

我国古代胎教学说认为，如果孕妇"多食煎品，或恣味辛酸，或嗜无节……皆能令子受患"。由此可见，孕妇不宜多吃油炸食品，以保持各种维生素的平衡，有利胎儿的生长发育。

◎ 孕妇不宜吃咸鱼

孕妇食用咸鱼对母婴健康都是不利的。

因为市场上出售的各类咸鱼，鱼体内含有大量的二甲基亚硝酸盐，进入体内能被代谢转化成致癌性很强的二甲基硝胺。鼻咽部是主要的致癌部位，美国学者在华进行癌症研究发现，我国南方发病率很高的鼻咽癌同食用咸鱼的生活习惯有关。动物实验进一步证明，它不仅具有特定的器官亲和性，并可通过胎盘作用于下一代。因此，孕妇最好不要食用咸鱼。

◎ 孕妇不宜过多吃水果

许多人认为，孕妇多吃水果可增加营养，不会发胖，出生的小孩皮肤细腻白嫩。其实，这种说法是不科学的。

据研究表明，水果中90%是水分，此外还含有果糖、葡萄糖、蔗糖和维生素。这些糖类很容易消化吸收，一个中等大小的苹果能产生100～120千卡的热量，相当于一碗米饭所产生的热量。果糖和葡萄糖经代谢还可以转化为中性脂肪，不仅会促进体重迅速增加，而且会引起高脂血症。因此，孕妇不宜过多地吃水果，一般主张每天水果食量不应超过800克，而且最好是在饭后食用，以免影响食欲。有贫血的孕妇不要吃石榴、杏子等。

◎ 孕妇不宜长时间过多食糖精

孕妇长时间过多食糖精，会给母婴健康带来不良影响。

糖精是从煤焦油提炼出来的，主要成分是糖精钠，并无什么营养价值，使用它只是为了改善口味。纯净的糖精对人体无害，但夹杂在糖精中的某些微量物质，对身体有一定的损害作用。孕妇长时间过多食用糖精，例如大量饮用含糖精的饮料，或是每天在牛奶等食物中加入糖精调味，则对胃肠道黏膜有刺激作用，并可影响某些消化酶的功能，出现消化功能减退，造成消化不良，营养吸收功能障碍等，同时还可加重肾脏功能负担（糖精由肾脏经小便排出）。此外，孕妇食用糖精对胎儿的潜在作用也不容忽视。

◎ 妊娠早期不宜吃动物肝脏

动物肝脏营养丰富，含有多种微量元素及丰富的维生素 A。不少人认为，妊娠早期孕妇应当吃动物肝脏，以补充营养，有利于胎儿的生长发育。实际上，据营养学家研究证实，妊娠初期妇女过多地食用动物肝脏，会引起胎儿畸形。

动物肝内，尤其是鸡、牛、猪肝，每 100 克含维生素 A 的平均值为正常每日规定饮食量所含维生素值的 4 ～ 12 倍。早期妊娠孕妇吃动物肝脏引起胎儿畸形的原因是大剂量维生素 A 造成的。专家们建议，孕妇应避免吃动物肝脏及其他高维生素 A 食物，以免导致胎儿畸形。

◎ 孕妇不宜多吃冷饮

怀孕妇女过多地吃冷饮，对孕妇和胎儿的健康都是无益的。

因为妇女在怀孕期胃肠对冷热的刺激非常敏感。若多吃冷饮能使胃肠血管突然收缩，胃液分泌减少，消化功能降低，从而引起食欲不振、消化不良、腹泻甚至引起胃部痉挛，出现剧烈的腹痛现象。此外，孕妇的鼻、咽、气管等呼吸道黏膜往往充血并有水肿，如果多量贪食冷饮，充血的血管突然收缩，血流减少，可致局部抵抗力降低，使潜伏在咽喉、气管、鼻腔、口腔里的细菌与病毒乘虚而入，引起嗓子痛哑、咳嗽、头痛等，重者还可引起上呼吸道感染或诱发扁桃体炎等。

研究表明，腹中胎儿对冷饮刺激也十分敏感，当孕妇喝冷水或冷饮时，胎儿会在子宫内躁动不安，胎动会变得频繁。因此，孕妇吃冷饮一定要有节制。

◎ 孕妇做饭时四不宜

孕妇在做饭时，在下列情况下不宜做饭。

（1）淘米、洗菜时尽量不用手直接浸入冷水中，尤其是在冬季更应注意，因着凉受寒有诱发流产的危险。

（2）厨房最好安装换气扇或抽油烟机，因油烟对孕妇尤为不利，可危害腹中胎儿。炒菜、炸食物，油温不宜过高。

（3）烹饪过程中注意不要让油锅直接压迫肚子，保护好胎儿。

（4）早孕反应重时，不要到厨房去，因油烟和其他气味可加重恶心、呕吐。

◎ 孕妇不宜吃糯米甜酒

自古以来，我国许多地方有给孕妇吃糯米甜酒的习惯，说是糯米可以"补母体、壮胎儿"。然而这种做法是不科学的，其结果是适得其反。

糯米甜酒像一般的酒一样，其主要成分是酒精。虽然糯米甜酒浓度不高，但因为即使微量酒精，也可以毫无阻挡地通过胎盘进入胎儿体内，使胎儿大脑细胞的分裂受到阻碍，导致其发育不全，并造成中枢神经系统发育障碍、智力低下和胎儿某些器官的畸形。如小头、小眼、下巴短、脸扁平窄小、身子短，甚至发生心脏和四肢畸形。有的孩子要到一两岁时才发现其眼、耳、鼻、心脏、泌尿生殖器官等畸形。因此，为了孩子健康、聪明地成长，孕妇不要吃糯米甜酒，更不能错误地把糯米甜酒当作补食吃。因为酒精除了以上对胎儿的影响也会加重孕妇肝脏肾脏的负担，并对孕妇的神经、心血管系统造成伤害。因此，孕妇不宜吃糯米甜酒。

◎ 孕妇不宜多饮啤酒

啤酒被人们美誉为"液体面包"，是夏季消暑解渴的好饮料，也是四季咸宜的宴客佐餐佳品。但孕妇如多饮酒会给胎儿生长发育带来不利影响。

啤酒的酒度是按其麦芽汁浓度高低决定的，一般称为糖度。孕妇饮酒时对胎儿危害的危险性为30% ~ 50%，认为孕妇每日喝酒量相当于50克纯酒精或偶然酗酒一次，就有可能造成胎儿身体和智力上的严重损伤。因啤酒内尚含有大量的钠，过量饮用时可致钠潴留，引起或加重妊娠水肿。因此，从优生学角度来看，孕妇还是不饮啤酒为宜，当然更不应该将啤酒作为消暑解渴的清凉饮料来大量饮。

◎ 孕妇不宜吃黄芪炖鸡

有的人为了给孕妇增加营养，使胎儿将来聪明，常常给孕妇吃黄芪炖鸡，其实，这是毫无科学根据的。

药理研究表明，一是黄芪有益气、升提、固涩作用。若孕妇常吃黄芪炖鸡，可引起过期妊娠，胎儿过大而造成难产，结果不得不行剖宫产分娩，这既给孕妇带来痛苦，同时增加了胎儿损伤的机会；二是黄芪有"助气壮筋骨、长肉补血"功用，加上母鸡本身就是高蛋白食品，两者起滋补协同作用，使胎儿骨肉发育长势过猛，造成难产；三是黄芪有利尿作用，通过利尿，羊水相对减少，以致延长产程。由此可见，从利于母婴健康的角度出发，孕妇不宜吃黄芪炖鸡。

◎ 孕妇不宜吃霉变食品

孕妇食用霉变食品不仅会发生急性或慢性食物中毒，甚至危害胎儿，造成流产、死胎或先天畸形。

据研究，霉菌毒素按其作用的靶器官分类，可分为心脏毒、肝脏毒、肾脏毒、胃肠毒、神经毒、造血器官毒、变态反应毒等。如果孕妇食用被霉菌毒素污染的食品，孕妇及胎儿就会直接受到危害。在妊娠早期 2 ~ 3 个月，胚胎正处高度增殖、分化时期，由于霉菌毒素的危害，可使染色体断裂和畸变，产生遗传性疾病和胎儿畸形，如先天性心脏病、先天性愚型等，甚至导致胚胎停止发育而发生死胎或流产。胎儿期，由于胎儿正处于发育旺盛，各器官功能尚不完善，尤其是肝肾的功能十分微弱，霉菌毒素也会对胎儿产生毒性作用，导致胎儿畸形发育。

因此，孕妇在日常生活上应注意讲究饮食卫生，千万不要食用霉变的大米、玉米、花生、银耳、薯类、菜类以及甘蔗、柑橘等果品，以防霉菌毒素危害孕妇及胎儿的健康。

◎ 孕妇产后不宜过多吃鸡蛋

孕妇分娩后，"坐月子"期间滋补亏损，常以鸡蛋为主食，但吃蛋过多也有害处，并非愈多愈好。

因为孕妇分娩过程中，体力消耗大，消化能力随之下降，起初产妇应吃半流质或流质软食为宜。若为了加强营养，一天吃十几个甚至几十个鸡蛋，这样就难以消化吸收，还会增加胃肠负担，时间长了还容易引起胃病。医学家曾作过临床试验，一个产妇每天吃 40 个鸡蛋与每天吃 3 个鸡蛋，身体所吸收的营养是一样的。根据国家对孕、产妇营养标准规定，每天需要蛋白质 100 克左右。因此，每天吃鸡蛋 3 ~ 5 个就足够了，不宜过多。

◎ 哪些孕妇不宜少吃

有下列情况的孕妇，必须增加营养，适量多吃点，不宜少吃，以免影响母子健康。

（1）尚未发育成熟的年轻妇女，每天的总食量必须达到 3200 ~ 3600 千卡。

（2）工作十分繁重的孕妇，每天总食量同样应有 3000 ~ 3200 千卡，但在产前数周必须停止这种过度营养。

（3）多次生育的孕妇，每天应有 3000 ~ 3200 千卡，可适量增加一些葡萄糖和蛋白质来补充。

（4）怀双胎的孕妇，从妊娠后半期开始应多食用一些肉类并控制盐的食入量。

◎ 妇女妊娠期间不宜缺锌

锌是人体不可缺少的微量元素，对人体的心理作用是相当重要的。缺锌会导致味觉及食欲减退，减少营养物质的摄入，影响生长发育。据研究资料表明，孕妇体内缺锌，会影响胎儿的大脑发育和智力，产生低体重，甚至出现畸形。近年发现，锌具有影响垂体促性腺激素分泌，促进性腺发育和维持性腺正常机能的作用。所以，缺锌不仅可以使人体生长发育迟缓，身材矮小，且可致女性乳房不发育，没有月经，男性精液中精子数目减少，甚至无精子。所以，缺锌也是导致男性不育和女性不孕的一个原因。

在正常情况下，孕妇对锌的需要量比一般人多，这是孕妇自身需要锌外，还得供给发育中的胎儿需要，妊娠的妇女如不注意补充，就极容易缺乏。所以孕妇要多进食一些含锌丰富的食物如肉类中的猪肝、猪肾、瘦肉等；海产品中的鱼、紫菜、牡蛎、蛤蜊等；豆类食品中的黄豆、绿豆、蚕豆等；硬壳果类的是花生、核桃、栗子等，均可选择入食。特别是牡蛎，含锌最高，每百克含锌为100毫克，居诸品之冠，堪称锌元素宝库。

◎ 孕妇居室温度不宜过高或过低

孕妇居室温度过高或过低，对孕妇的正常生活都有一定的影响。

孕妇居室要求较好的通风，室内整齐清洁，舒适恬静。温度要适宜，最好控制在摄氏20℃～22℃。温度过高（如25℃以上），会使人感到精神不振，头昏脑涨，全身不适。温度若太低，会影响孕妇的工作和生活。为了使孕妇顺利度过妊娠期，要采取适宜的调节方法，夏季可开窗通风；也可使用电扇，但不能着凉或对着电扇直吹，因易感冒或生病。冬天以暖气取暖可调节室温，若以煤炉取暖，应防止一氧化碳中毒，因一氧化碳中毒而造成缺氧对母婴都有害，所以即使在冬季，也不要忘记定时开窗使空气流通，以保持室内空气清新。

◎ 孕妇居室湿度不宜过高或过低

孕妇居室的湿度过高或过低，都有害于孕妇及胎儿的健康。

孕妇居室适宜的空气湿度为50％，若相对湿度太低，会使孕妇觉得口干舌燥，喉痛、流鼻血等。湿度太高则室内潮湿，衣褥发潮，可引起消化功能失调，食欲降低，肢体关节酸痛、浮肿等。调节室内湿度的方法，湿度太低时，可在火炉上放水壶，暖气上放水槽，室内摆水盆，或地上喷洒水等；湿度太高时，可移去室内潮湿的东西及沸腾的开水，或打开门窗，通风换气以散发潮湿的气体，直至适宜。

◎ 孕妇室内宜放那些植物

最适合室内放置的三大类花卉：一，能吸收有毒化学物质的植物。芦荟、吊兰、虎尾兰、一叶兰、龟背竹是天然的清道夫，可以清除空气中的有害物质。常青藤、铁树、菊花、金橘、石榴、半支莲、月季花、山茶、石榴、米兰、雏菊、蜡梅、万寿菊等能有效地清除二氧化硫、氯、乙醚、乙烯、一氧化碳、过氧化氮等有害物。兰花、桂花、蜡梅、花叶芋、红背桂等是天然的除尘器，其纤毛能截留并吸滞空气中的飘浮微粒及烟尘。二，能杀病菌的植物。玫瑰、桂花、紫罗兰、茉莉、柠檬、蔷薇、石竹、铃兰、紫薇等芳香花卉产生的挥发性油类具有显著的杀菌作用。紫薇、茉莉、柠檬等植物，5分钟内就可以杀死白喉菌和痢疾菌等原生菌。蔷薇、石竹、铃兰、紫罗兰、玫瑰、桂花等植物散发的香味对结核杆菌、肺炎球菌、葡萄球菌的生长繁殖具有明显的抑制作用。仙人掌等原产于热带干旱地区的多肉植物，其肉质茎上的气孔白天关闭，夜间打开，在吸收二氧化碳的同时，制造氧气，使室内空气中的负离子浓度增加。虎皮兰、虎尾兰、龙舌兰以及褐毛掌、伽蓝菜、景天、落地生根、栽培凤梨等植物也能在夜间净化空气。丁香、茉莉、玫瑰、紫罗兰、薄荷等植物可使人放松、精神愉快，有利于睡眠，还能提高工作效率。三，能驱蚊虫的植物。蚊净香草。它是被改变了遗传结构的芳香类天竺葵科植物，近年才从澳大利亚引进。该植物耐旱，半年内就可生长成熟，养护得当可成活10年～15年，且其枝叶的造型可随意改变，有很高的观赏价值。蚊净香草散发出一种清新淡雅的柠檬香味，在室内有很好的驱蚊效果，对人体却没有毒副作用。温度越高，其散发的香越多，驱蚊效果越好。据测试，一盆冠幅30厘米以上的蚊净香草，可将面积为10平方米以上房间内的蚊虫赶走。另外，一种名为除虫菊的植物含有除虫菊酯，也能有效驱除蚊虫。

◎ 孕妇居室不宜放松柏类植物

花草色彩斑斓，高雅宜人，给人以美的享受。往室内放上几盆花，可增色不少，使人赏心悦目，有益健康。

如果在孕妇居室的房间摆放些松柏类花草植物，那就不适宜了。因为孕妇居室房间小，气温高，较浓的松柏香味会影响孕妇的食欲，并会感到恶心、厌腻。洋绣球、五彩梅等植物会使人产生过敏反应。因此，孕妇居室内不宜养殖松柏类花草植物，以利孕妇及胎儿的健康。

◎ 孕妇不宜参加哪些工作

为了母婴的健康，孕妇在妊娠期不宜从事下列几种情况下的工作。

（1）繁重的体力劳动，如搬运工人、人力挖土石方等。

（2）频繁上、下楼梯工作者，如送公文或文件的服务员。

（3）接触刺激性物质或某些有毒化学物品的工作，如石油化工某些车间工人。

（4）有受放射线辐射危险的工作。

（5）可能震动或冲击腹部的工作，如公共汽车的售票员。

（6）不能得到适当休息的流水作业的工人。

（7）长时间站立的工作，如售货员、招待员等。

（8）工作环境温度过高或过低。

（9）高度紧张的工作，如机器作业的工人。

（10）单独一人工作，万一发生问题无人帮助。

孕妇若从事以上工作，很可能使孕妇早产、流产并出现胎儿缺陷，甚至危及母婴安全。因此，产妇在妊娠期应暂时调换其他能胜任而无害的工作。

◎ 孕妇不宜搬运重物

妇女在怀孕期间，一些轻微的家务还是可以的。但是，搬动超过25千克的重物或推拉200千克重的东西，就容易引起早产、流产等现象。

据研究发现，孕妇搬运 25 千克的重物时，子宫没有什么变化或只是轻微受压，拿 30 千克以上的重物时，子宫就会向后倾并向下垂，从而影响子宫的正常功能。因此，孕妇不宜搬运超过 25 千克的重物。

◎ 孕妇不宜去公共浴室洗澡

寒冷的冬季孕妇常去公共浴室洗澡，可能会危害胎儿的健康。

因为冬天公共浴室里水蒸气云集，人又多，故空气混浊，使空气中含氧量不足。如果孕妇在这样的环境中停留时间过长，不仅容易昏倒，胎儿也可因缺氧发生意外。尤其是妊娠 7 个月以上的孕妇，这时胎儿已较大，需要氧气量增多，更容易发生意外。因此，孕妇不宜去公共浴室洗澡，以保护胎儿的安全。

◎ 孕妇不宜睡席梦思床

席梦思床目前已成为许多年轻人新婚必备之物。一般人睡在上面，有柔软、舒适之感。然而，孕妇就不宜睡席梦思床了。

因为席梦思床较软，孕妇睡上深陷其中，对孕妇及胎儿会产生不良影响。仰卧时，孕妇脊柱呈弧形，使以前曲的腰椎小关节摩擦增加；侧卧时，脊柱也向侧面弯曲。长期下去，使脊柱的位置失常，压迫神经，增加腰肌的负担，既不能消除疲劳，还可引起腰痛。孕妇睡席梦思床辗转翻身困难，仰卧时，增大的子宫压迫腹主动脉和下腔静脉，导致子宫供血减少，对胎儿不利。下腔静脉受压则会出现下肢、外阴及直肠静脉曲张，有些人因此患痔疮。右侧卧时，上述症状消失，但胎儿压迫右输脉管，因升结肠与右肾的邻近关系，患肾盂肾炎的机遇大大增加。左侧卧时上述弊处虽可避免，但可造成心脏受压，胃内容物排入肠道受阻。

因此，孕妇不宜睡席梦思床，应睡棕棚床或硬板床上铺 9 厘米厚的棉垫为宜。

◎ 孕妇不宜久坐久站或负重

妇女怀孕时，下肢及外阴部静脉曲张是常见的现象，且往往随着月份增加而逐渐加重。静脉曲张常伴随有许多的不适，如腿部沉重感、热感、肿胀感、蚁走感或疼痛、痉挛等。如果怀孕期间，孕妇不注意休息，坐、站或负重时间过长，则会加重这种静脉曲张。

孕妇发生静脉曲线的主要原因是：①妊娠时子宫和卵巢的血容量增加，以致下肢静脉回流受到影响；②增大的子宫压迫盆腔内静脉，阻碍下肢静脉的血液回流；③受激素影响，血管扩张，在妊娠初期就常常见到下肢静脉曲张；④个别孕妇是先天性因素。

静脉曲张除了妊娠造成的原因之外，主要是孕妇在妊娠期间休息不好，特别是那些久坐、久站或负重的孕妇，出现下肢静脉曲张者较多。因此，只要孕妇平时适当注意休息，不要久坐负重，要减少站立和走路的时间，一般来说是可以避免下肢静脉曲张的。

◎ 孕妇适合那些运动

在怀孕头 3 个月，胎儿尚处于胚胎阶段，孕妇的活动量宜小不宜大，以免引起流产。此时最佳的选择就是散步。因为有氧运动在孕期能起到加强心肺功能而促进身体对氧气吸收的作用，因此对孕妇及胎儿都有直接的益处。

妊娠中期 3 个月，胎儿着床已稳定，孕妇可根据个人体质及过去的锻炼情况，适当加大运动量，进行力所能及的锻炼，如游泳、孕妇体操、瑜伽等。虽然此时运动量可以适量增加，但仍应切记不可进行跑、跳等容易失去平衡的剧烈运动。

妊娠进入最后 3 个月，孕妇应再次减少运动量。可以散步，或适当做一些家务劳动代替运动，但要避免用力过大，尤其不能抬、提重物。

◎ 孕妇散步不宜过快过急

散步是增进孕妇健康的有效运动，通过连续匀速的肌肉运动，有助于全身血液循环，尤其是腿部血液循环，散步能呼吸户外新鲜空气，促进呼吸，改善胃肠蠕动功能，并能增强腹肌力量，防止体重过增。同时，散步可以产生适度疲劳，能帮助睡眠，还可以舒畅心情，消除烦躁和郁闷。

孕妇散步时，饭后最好先稍事休息后再散步，应穿便于行动的衣服，不要穿高跟鞋。夏天和冬天要注意防暑御寒。夏天不要忘记带太阳伞和帽子，冬天不要忘带围巾。散步时间，夏天最好是阳光不太强的上午或傍晚，冬天最好是暖和的下午 2～3 点钟之间。散步时不要走得太急，不要使身体受到过多的振动，路线要避开有台阶和有坡度的地方，以防摔倒，此外，还要避开人群密集的地方，散步途中如感到不舒服时，应及时停下来休息一下，以防发生意外。

◉ 孕妇哪些情况不宜过多活动

妇女怀孕后，适度的活动尤其在室外活动，对孕妇健康和胎儿的骨骼生长发育都是有益的。凡孕期有下列情况应注意限量活动和保健监护。

（1）孕期的前、后三个月，剧烈运动或过重劳动，会引起流产和早产。有过流产或早产史的孕妇，更应选择轻稳的运动。

（2）孕期呼吸加快，耗氧增加，体内氧储备受限，应避免短跑等剧烈运动。

（3）孕期应避免做要求平衡的运动，以防体态改变影响平衡而致跌倒受伤。

（4）孕期应避免仰卧运动，以防沉重的子宫压迫下腔静脉，使回心血流受阻。起床或运动时，应避免迅速改变体位，以防发生体位性低血压。

（5）由于孕期关节、韧带松弛，应避免做使关节紧张的运动。另外，怀孕期间脊柱的生理弯曲发生改变，故作伸展运动时要防止腹部损伤。

（6）有某些妊娠高危因素如糖尿病、高血压妊娠中毒、胎位不正等，或运动后有异常感觉时，应及时请教医生。

◎ 孕妇不宜干哪些家务活

孕妇干些家务活也是一种有益的运动。但因妊娠后身体随时都在变化，行动也越来越不方便，有些家务活就不适宜孕妇干了。

下列几种情况下孕妇不宜干。

（1）不登高打扫卫生，不抬搬重的物品，抱被子、晾被子之类的事，应由丈夫承担。

（2）洗衣服宜用温水不用冷水，避免受凉感冒，一次不要洗得太多，以免过累引起流产和早产。

（3）妊娠晚期不要长久压迫已经突出的肚子，也不要在庭院除草或弯腰擦拭东西，以免引起流产。

（4）不要干久坐久站的家务活，以免引起下肢浮肿。

（5）不要骑自行车出去买东西，去大商店不要爬楼梯，要利用电梯。此外，一次不要买太多的东西，抱着沉重的东西走很长的路不好。

◎ 孕妇洗衣服时五不宜

孕妇洗衣服时，要注意以下几种情况。

（1）不宜用搓板顶着腹部，以免胎儿受压。

（2）不宜用洗衣粉，尤其是在怀孕早期，因洗衣粉里含有可损害受精卵的化学物质。

（3）拧衣服不宜用力过猛，晒衣服时不宜向上伸腰，晒衣绳（竿）置低些。

（4）洗衣服一次不要过多，以免长时间站立造成下肢浮肿。

（5）冬春季节不用冷水而用温水，以免着凉，受寒而诱发流产的危险。

◎ 孕妇不宜过度疲劳

孕妇怀孕后，由于身体的负担加重，白天从事的各种工作，或做一些家务活也会感到疲劳。如果不适当的休息，会引起疲劳过度，使身体抵抗力下降，不能对抗外来的细菌或病毒感染，从而发生各种疾病。所以，孕妇要注意休息和睡眠，以尽快地消除疲劳。

一般来说，正常成人每日睡眠时间需要 8 小时，孕妇因身体各方面的变化，容易疲劳，故睡眠时间应比平时多 1 小时，最低不能少于 8 小时。怀孕 7 ~ 8 个月后，应该尽量减少家务和担负的工作，每天中午最好有 1 个小时的午睡时间，但不要睡得太久，以免影响晚上的睡眠，因此午睡最多以不超过 2 小时为宜。

总之，孕妇要根据自己身体感觉，适当休息，不要勉强去做某些事，以影响母子健康。

◎ 孕妇不宜在"超净"车间工作

最近，美国电报电话公司禁止怀孕妇女在公司的硅片生产线工作（硅片生产一般都在"超净"车间进行）。麻省大学的研究结果表明，在这种车间工作的妇女流产率高达 39%，几乎是美国正常水平的 2 倍。其原因尚不明了。

◎ 孕妇不宜操作电子计算机

以往认为电子计算机对人体完全无害的观点是错误的。孕妇操作电子计算机对胎儿也是有害的。

因为电脑的射线可能致癌，也可能产生遗传效应，特别是对于早期的（胚胎 1 ~ 3 个月）有比较敏感的生物效应，这就是我们告诫孕妇一般不要进行 X 线检查的原因。有关专家对每周接近荧光屏 20 小时的 700 名孕妇调查，发现 20% 的孕妇发生自然流产。而对每周接近荧光屏 40 小时的孕妇调查，表明自然流产发生率更高。美国科学家研究发现，电脑周围产生的磁场可致孕妇流产、胎儿畸形和癌症。电脑两侧、后部的射线最强，孕妇应尽量避免在该区域活动。所以建议：孕妇最好少用电脑、少看电视，另外，在电脑前久坐会影响孕妇下肢血液循环，加重下肢水肿，导致下肢静脉曲张。电脑游戏中的紧张情节和惊险场面，对胎儿的刺激过大。因玩电脑睡得过晚，会妨碍孕妇的睡眠和休息。所以还是建议孕妇最好远离电脑、电视，注意劳逸结合，经常参加户外活动、体育活动，定期检查身体。

◎ 孕妇不宜发怒

孕妇发怒不仅有害于自身的健康，而且还会殃及胎儿的正常发育。

据最新研究，当孕妇发怒时血液中的激素和有害化学物质浓度剧增，并通过胎盘屏障进入羊膜，胎儿身上便会"复制"出母亲的心理状态，并承袭下来。发怒，还会导致孕妇体内血液中的白细胞减少，从而降低机体的免疫功能，使后代的抗病能力减弱。妊娠早期发怒，可以导致胎儿发生唇裂、腭裂及其他器官畸形。美国一些学者最近调查发现，性情暴躁易怒、愤世嫉俗、处处敏感多疑、心胸狭窄的孕妇，流产率要高于正常孕妇的 3 ~ 5 倍。由此可见，孕妇易发怒，有百害而无一利。

◎ 孕妇看电视五不宜

有下列情况孕妇不适宜看电视。

1. 忌连续长时间看 因这样会使用眼过度，容易眼胀头昏。长时间坐看不活动，下肢血液循环不畅，则会加重下肢浮肿，出血下肢麻木疼痛及全身酸痛、乏力疲惫。

2. 忌近距离看电视 荧光屏射出来的少量放射线，对孕妇及胎儿发育均有一定不良影响。

3. 忌饭后即看电视 因饭后肠胃需要消化食物，若立即看电视势必会使人体内供给胃肠的血液相对减少，以致影响孕妇的消化吸收功能。

4. 忌看激烈紧张的球赛和惊险恐怖的节目 过度紧张兴奋的刺激，可使孕妇情绪发生剧烈活动，从而引起心跳加快、血管收缩、血压上升，对妊娠有不良影响。

5. 忌贪看电视睡的过晚，妨碍孕妇的睡眠和休息 一般孕妇看电视的时间最多不宜超过 2 小时，最晚不要超过晚上 10 点钟。

◉ 孕妇体重不宜过多或过少

妇女怀孕期间体重增加过多或减重，对母亲和胎儿均可能有害。

因为孕期由于胎儿长大、羊水增多、子宫及乳房胀大，加上母体的水分、血液和脂肪的增加，至分娩时孕妇体重可增加 10 ~ 12.3 公斤。在此范围内的增重，其婴儿出生体重可维持在 2500 ~ 3400 克，新生儿的死亡率随着体重的增加而减少。研究者认为，低体重孕妇（指孕前体重低于同身高标准体重 15%），如孕期增重少于 9 公斤时，其分娩低体重儿的发病率增加 50%。对过重妇女（指孕前体重超过同身高标准体重的 20%），孕期增重 8.1 ~ 9.1 公斤即可。妊娠后期，每周体重增加一般不应超过 0.5 公斤。从怀孕中期至后期，若每月体重增加不到 1 公斤，或是每月体重增加超过 3 公斤，应视为异常情况，可能引起一系列并发症，这时，应及时到医院进行相应的检查。

◉ 孕妇不宜大笑

俗话说，"笑一笑，十年少"，它是有一定道理的。对常人讲无疑是件开心的欢乐，但对孕妇来说，切不可取，否则会乐极生悲。

因为怀孕期间的妇女。哈哈大笑时会使腹部猛烈缩腹抽搐，若怀孕早期会导致流产；妊娠晚期会诱使早产。通过调查发现，尤其是在妊娠初期，有的年轻女性还不知道自己是否怀孕时，当放声大笑，高兴得忘乎所以时，流产便产生了。因此，妇女怀孕期间，保持心情舒畅愉快十分必要，但不宜盲目哈哈大笑。

◉ 孕妇的乳头不宜多刺激

乳房是哺育儿女的天然"粮库"，为了保证婴儿出生后能顺利地吸吮乳汁，孕期需要注意对孕妇乳头的护理。

妊娠过程中，特别是前几个月，如果乳头凹陷明显，孕妇每日应用清水擦洗乳头，可用手轻轻将乳头捻出来，千万不要用力牵拉，以防乳头拉伤。孕期尤其是妊娠末期对乳房的刺激不宜过多，因为刺激乳房可诱发子宫收缩，有引产和催产作用，这是由于刺激乳房，尤其是乳头，通过神经内分泌通路的传导，可以促使孕妇体内的内源性催产素物质分泌增多，作用于子宫肌产生子宫收缩。因此，凡孕期子宫敏感性偏高，或曾有过流产、早产、习惯性流产史，有过多次人工流产的孕妇，孕期均不宜过多地刺激乳房和乳头。

◎ 哪些情况下孕妇不宜游泳

孕妇适量的游泳训练，不仅能增加腰背部及四肢肌肉的力量，增加肺活量，而且有利于胎儿顺利生产。但是，遇到下列情况时不宜游泳。

（1）妊娠未满 4 个月者。

（2）有流产、早产、死胎史者。

（3）患有心脏病、肾脏病、肝脏病、妊娠中毒症等。

（4）有阴道出血者。

（5）水温低于 30℃时。

为了防止发生意外，孕妇游泳时要有人陪同。每次在水中时间不超过 1 小时，不要过累，一定要选择水质较好的浴场，以免传染上疾病。

◎ 孕妇不宜久吹电风扇

孕妇的新陈代谢十分旺盛，皮肤散发的热量也增加，夏天既怕炎热出汗又多，因此常常借助吹电风扇来纳凉。但孕妇若久吹不停，可出现头晕头痛、疲惫无力、饮食下降等不良反应。

因为电风扇的风吹到人体的皮肤上时，汗液蒸发作用会使皮肤温度骤然下降，导致表皮毛细血管收缩，血管的外周阻力增加，尤其是头部因皮肤血管丰富、充血明显，对冷的刺激敏感，故易引起头晕、头痛症状。孕妇若吹风时间过长反而容易引起疲劳，邪风极易乘虚而入，轻者伤风感冒，重者高热不退，给孕妇和胎儿的健康造成危害。因此，怀孕妇女应注意避免长时间的电扇吹风，必须吹时也只宜选用微风间隙吹。

◎ 孕妇不宜使用电吹风

有些妇女经常使用电吹风来修饰打扮发型，吹出的头发十分漂亮。如果孕妇常用电吹风，对孕妇及胎儿健康有害。

据临床实践证明，孕妇经常使用电吹风可以引起头痛、头晕和疲倦乏力、精神不佳；而且电吹风吹出的热风中含有石棉纤维微粒，能通过孕妇的呼吸道和皮肤进入血液，再经胎盘循环进入胎儿体内，从而诱发胎儿畸形。因此，妇女在怀孕期间不宜使用电吹风修饰发型。

◎ 孕妇不宜使用染发剂

孕妇使用染发剂对自身及胎儿都是有害的。

因为染发剂中某些物质，如醋酸铅有一定的毒性。经过染发，加之情况不清，有些人使用后会导致皮肤过敏，而出现红肿、水疱、疹块、瘙痒等症状。曾有一位孕妇第一天使用了某种染发剂，第二天就感到头痛，接着整个脸部都肿了起来，眼睛无法睁开，随之就发生了先兆流产。据报道，染发剂对胎儿有畸形作用，甚至有致癌作用（如皮肤癌和乳腺癌）。因此，孕妇不宜使用染发剂。

◎ 孕妇的鞋后跟不宜过低

孕妇穿后跟过低的鞋也不好。

因为孕妇穿着后跟过低的鞋，不仅难于行走，且震动会直接传到脚上。随着妊娠时间的推移，孕妇脚心受力加重形成扁平足状态，这是造成脚部疲劳、肌肉疼痛、抽筋等的原因。因此应该想办法保持脚底的弓形。可用2～3厘米厚的棉花团垫在脚心部位作为支撑，以保持脚心的弓形，这样就不容易疲劳。到了妊娠晚期，脚部浮肿，要穿稍大一些的鞋子。

◎ 孕妇体内不宜缺乏叶酸

叶酸，是B族维生素，对细胞分裂和生长有重要作用。对于孕妇而言，叶酸是机体细胞生长和繁殖所必需的物质。是胎儿生长发育不可缺少的营养素。孕妇缺乏叶酸有可能导致胎儿出生时出现低体重、唇裂，心脏缺陷等疾病。如果在怀孕前三个月内缺乏叶酸，可引起胎儿神经管发育缺陷而导致畸形。因此，准备怀孕的女性应在怀孕前 3 个月开始补充叶酸，直至哺乳期过后。专家指出：即便做不到孕期全程补充，至少在孕前期（怀孕日起 3 个月）必须每天补充 400 微克。因为缺乏叶酸，不仅影响胎儿，还会给孕妇带来危险，出现贫血症状，严重时还会导致贫血性心脏病、妊娠期高血压病、胎盘早剥、早产和产褥感染等。因此孕妇在怀孕期间及怀孕前要多服用一些富含叶酸的食物，绿色蔬菜如莴苣、菠菜、西红柿、胡萝卜、青菜、龙须菜、花椰菜、油菜、小白菜、扁豆、豆荚、蘑菇等。新鲜水果如橘子、草莓、樱桃、香蕉、柠檬、桃子、李、杏、杨梅、海棠、酸枣、山楂、石榴、葡萄、猕猴桃、梨等。还可以服用一些动物食品动物的肝脏、肾脏、禽肉及蛋类，如猪肝、鸡肉、牛肉、羊肉等。豆类、坚果类食品如黄豆、豆制品、核桃、腰果、栗子、杏仁、松子等。谷物类食品如大麦、米糠、小麦胚芽、糙米等。

◎ 孕妇不宜轻易拔牙

孕期妇女，尤其是妊娠的早、末期里，若拔牙可引起流产和早产。

女性在妊娠期间，因体内雌激素的增多，常导致牙龈充血、肿胀，有时疼痛，且易出血。此外，妊娠期内对各种刺激的敏感性增加，即使轻微的不良刺激也有可能导致流产和早产。据大量资料表明，在妊娠最初的 2 个月内拔牙可能引起流产，妊娠 8 个月以后可能引起早产。因此，妊娠期间除非遇到必须拔牙的情况以外，一般情况下不可拔牙。有习惯流产和习惯早产的孕妇禁忌拔牙。

对于妊娠期间必须拔牙的孕妇，拔牙的时间要选择在妊娠 3 个月以后，7 个月以前。并在拔牙前做好充分的准备工作，除保证足够的睡眠，避免精神紧张外，还要在拔牙前一天和拔牙当天各肌肉注射黄体酮 10 毫克，拔牙麻醉剂不可加入肾上腺素，麻醉要安全，以防疼痛而反射性地引起子宫收缩和流产。

◉ 孕妇不宜作免疫接种

免疫接种是将生物制品如疫苗或类毒素等接种到人体内，使人体产生对传染病的抵抗力，以达到预防疾病的目的。但孕妇做免疫接种会产生不良影响。

因为生物制品是异种蛋白质，能使接种部位发红、肿、痛等反应，或发生全身反应如高热、头痛、寒战、腹泻等。孕妇作免疫接种的反应与非孕妇并无多大差异。局部反应及高热等不适在某些免疫接种较为明显，可引起早产、流产。某些免疫接种如风疹疫苗可致胎儿畸形，孕期禁用；其他如流行性腮腺炎、脊髓灰质炎、麻疹等疫苗亦忌用，因为它们都是活疫苗，可以通过胎盘到达胎儿体内，造成不良影响。狂犬病与伤寒疫苗在孕期应该慎用，但需要时还是可以接种的。在有白喉、鼠疫传染流行地区工作或居住时，应该进行这类疫苗接种，因一旦受染，会威胁孕妇生命。所以，孕妇非特别必要，以不作免疫接种为宜。

◉ 早孕反应不宜吃药打针

妇女怀孕后，多数（约80%）有轻微的妊娠呕吐反应，一般不必吃药打针治疗，可以采取简易自疗法，效果很好。具体方法如下。

（1）取生姜汁1汤匙，蜂蜜2汤匙，加水3汤匙，蒸熟后一次服下，每日2～3次。

（2）食醋60毫升煮开，加白糖30克，待溶化后，再打入鸡蛋1个，蛋熟后食之，每日1次。

（3）鲜橘皮1个，切成细丝，生姜1块25克，切成细末，白糖适量，沸水冲泡，代茶频饮。

（4）糯米250克，生姜汁3汤匙，同炒，炒至糯米爆破，然后将其研成细粉，每日早晚各服2汤匙，用开水调服。

（5）取重约500克的新鲜鲤鱼1条，去鳞及内脏，置菜盘中（勿放油盐及调料）入笼蒸熟，分数次1日吃完。

◎ 怀孕期哪些意外情况不宜轻心

怀孕期间出现下述情况时，应即去医院诊治。

（1）伴有或不伴有腹部疼痛的阴道出血。

（2）面部和四肢浮肿，在短期内迅速加重。

（3）剧烈而持续的头痛、眼花。

（4）突然发作的腹部疼痛。

（5）不能忍受的持续性呕吐。

（6）发冷，发热。

（7）阴道突然流混浊液体。

（8）胎动剧烈或明显减少。

孕妇若出现上述变化时，应引起高度警惕，因为它们往往是早产、宫外孕、葡萄胎、前置胎盘、胎盘早期剥离、先兆子痫或胎膜早破等先兆症状，故应迅速去医院诊治，以免延误时机，影响母婴的健康和安全。

◎ 孕妇哪些疼痛不宜麻痹

1. 头痛 怀孕早期有头痛，多是较常见的妊娠反应，倘若在妊娠的后三个月，血压升高和浮肿严重的孕妇，突然出现头痛，要警惕子痫的先兆，应及时就医诊治。

2. 胸痛 好发于肋骨之间，犹如神经痛。可能是怀孕时起不同程度的缺钙，或是由于膈肌抬高所致。可适当补充一些含钙食物或服少量的镇静剂。

3. 腰背痛 随着怀孕时间的增加，不少孕妇常感到腰背痛。这是为调节身体平衡，孕妇过分挺胸而引起的脊柱痛。一般在晚上及站立久时疼痛加剧，减少直立体位及经常变换体位和适当活动，疼痛会有所改善。

4. 腿痛 常见原因是腿部肌肉痉挛而引起的，往往是孕期缺钙或维生素B所致。可服用钙片或维生素B及含量较高的食品。

5. 臂痛 当孕妇把胳膊抬高时，往往感到一种异样的手臂疼痛，或有种蚂蚁在手臂上缓缓爬行感。这是怀孕压迫脊柱神经的缘故。平时应避免做牵拉肩膀的动作和劳动，可减轻疼痛。

◎ 孕妇不宜过期妊娠

正常怀孕期为 38 ~ 40 周，怀孕时间过长会导致胎儿异常。有些人以为怀孕时间越长，胎儿越大越健壮，其实，这种认识是十分错误的。

因为妊娠时，母子之间的联系主要靠胎盘这个中间器官。胎儿生长发育所需的氧气和营养通过胎盘由母体供给胎儿，胎儿所排出的代谢物又要通过胎盘带走。胎盘还能抵御很多细菌，病毒侵犯保护胎儿。当妊娠过期后，胎盘老化，血管栓塞、血流减慢，功能逐渐减退，不能再供给胎儿足够的营养和氧气，长期慢性缺氧可使胎儿生长缓慢或停顿，也可由于脑细胞缺氧造成智力发育迟缓或低下，过期妊娠胎儿死亡率也较高。因此，孕妇必须定期做好产前检查，超过预产期应及早住院，必要时行人工引产。

◎ 孕妇患风疹不宜继续妊娠

风疹是一种由风疹病毒引起的出疹性传染病。如果孕妇染上了风疹，可影响腹中的胎儿，造成严重的后果。

孕妇妊娠第 1 个月感染风疹，胎儿发生先天性风疹综合征的机会 50%，第 2 个月感染的发生机会是 30%，第 3 个月的发生机会是 20%，第 4 个月发生机会为 5%。即使在妊娠 4 个月后染上病毒的，也仍有一定的危险性。畸形胎儿受到风疹病毒感染症状严重。感染的影响几乎涉及全身各个器官，大多为多种畸形，最常见的是白内障（89%），其次是耳聋（占 84%），有心血管系统畸形者（占 60%）。据资料，在澳大利亚，一次风疹大流行，第二年出现大批新生儿失明，几乎形成"流行性失明"。在美国 1964 年风疹流行，第二年出生了数万名畸形儿。

因此，孕妇一旦受风疹感染，应听从医生劝告尽快做人工流产，不要继续妊娠。

◎ 孕妇多次阴道流血不宜保胎

怀孕如果有多次阴道流血，在排除其他原因后，要考虑可能是流产。导致流产的原因很多，如遗传基因不正常或基因受到外界不良因素的影响，分泌功能失调，感染性疾病，免疫因素等，都可以妨碍胎儿继续在子宫生长发育，精神因素如惊吓，严重精神刺激等也可导致流产。

因此，从优生学的观点来看，怀孕后多次阴道流血，保胎并不必要。因为怀孕后阴道流血意味着怀孕子宫内的绒毛脱膜分离，血窦（血管）开放而有出血或胚胎死亡，底脱膜的海绵层出血。流产是一种自然淘汰，不必惋惜，关键是要注意准备再怀孕或怀孕后应及早就医，以尽量避免不良因素的影响而发生流产。

◎ 孕妇不宜相信 "七活八不活"

民间流传胎儿 "七活八不活" 的说法，意思是孕期 7 个月分娩的新生儿可以存活，而孕期 8 个月分娩的新生儿则不易存活。这是毫无科学依据的。

精子与卵子结合之后，胎儿开始生长和发育，孕后两个月胚胎已初具人形，五脏六腑俱全。4 个月之后，各器官进一步增大，功能逐渐健全。7 个月时肺功能发育完善。月份越大，器官功能越健全。因此 "七活八不活" 的说法，从胚胎学观点来说是没有科学道理的，孕妇千万不可相信。

◎ 孕妇不宜轻易剖腹产

有的人说："剖腹产最省事,孩子、大人都安全"。还有的人认为"剖腹产的小孩聪明，又不影响自己的体型美"。其实，这些观念并不十分科学。

剖腹产对孕妇来说是个较大的手术，并发症比阴道分娩的要多一些。首先剖腹产经用麻醉药，偶尔发生因麻醉意外而造成难以挽救的损失。第二，剖腹产的手术操作比较复杂，切开和缝合腹壁、子宫肌的层次要比阴道分娩的多，产后出血率、感染率也比阴道分娩的多，阴道分娩平均出血量为 50 ~ 200 毫升，而剖腹产平均出血量要在 200 ~ 300 毫升以上。第三，由于削腹产，术后头两天，产妇的胃肠功能会受些影响，如胀气、进食少，身体恢复和子宫复旧比阴道分娩的要慢。第四，做过剖腹产的产妇，不宜短期内再次妊娠，因为子宫上有疤痕，一旦妊娠，人工流产难度较大，易发生一些并发症，而且容易发生瘢痕妊娠，造成子宫旧疤痕破裂，重者会危及产妇及胎儿生命。

因此，对每一个产妇来说，应为胎儿出世选择一条最佳的出生之路。能自然分娩尽量顺其自出，绝不要轻易选择剖腹产手术，应尊重医生的意见，慎重从事。

◉ 孕妇不宜服用人参蜂王浆

人参蜂王浆是滋补调养身体的佳品，有滋补强壮、益肝健脾之功效。如果孕妇乱服滥用，就会适得其反，产生不良后果。

妇女在怀孕期间不宜服用人参蜂王浆，因为人参以补气为主，俗称"带火"之物，容易上火；蜂王浆刺激子宫收缩，影响胎儿正常生长发育。因此，为了自身健康和胎儿的正常发育，孕妇不要服用人参蜂王浆。

◉ 孕妇鼻出血不宜吃哪些食物

有不少孕妇到妊娠 7 个月后，经常会出现流鼻血现象，在一般情况下，这是属于正常生理现象。

因为妇女怀孕后，卵巢和胎盘产生大量的雌激素，源源不断地进入血液循环，并流遍全身。到妊娠末期，孕妇血液中雌激素浓度已增加到怀孕前的 25 ~ 40 倍。大量的雌激素可促使鼻黏膜发生肿胀、软化、充血，血管壁的脆性增加等改变，使之容易发生破裂引起出血。

孕妇为防鼻出血，在日常膳食中，多吃富含维生素 D、维生素 E 类食物，为蔬菜类的白菜、青菜、黄瓜、西红柿等，水果类的苹果、红枣等，以及瘦肉、豆类、乳类、蛋类等，增强血管弹性。少吃油煎、爆火类食物。在冷天，每天用手轻轻按摩鼻部、颜面肌肤 1 ~ 2 次，促进血液循环与营养供应，增加抗寒、抗刺激能力。

如果孕妇有鼻出血时，应该迅速仰卧，并用拇指和示指压鼻翼根部，持续 5 ~ 10 分钟，然后再用湿毛巾敷额、鼻部，一般出血即可止住。若出血较多，可以请别人对着孕妇的双耳孔连吹三口长气，有立即止血之奇效。当然，如果平素患有其他鼻腔疾患或鼻出血很多时，应及时去医院诊治。

◎ 孕妇不宜接触抗癌药

孕期妇女，尤其是妊娠的头三个月里，若接触治疗癌症的化学药物，可以引起流产和胎儿畸形。

据报道，美国和芬兰的医学专家，通过对 445 名怀孕护士的研究发现，在 124 名流产的护士中，绝大多数在妊娠的头三个月里，接触了治疗癌症的化学药物。这类药物可以通过呼吸道和皮肤而被吸收。胎儿的细胞和癌细胞一样生长迅速，因而也容易遭到抗癌化学药物的破坏。因此，孕妇不宜接触抗癌药物，医务工作者切不可麻痹大意。

◎ 孕妇不宜自服堕胎药

有的年轻妇女怀了孕，由于某种原因想堕胎但又不好意思去医院做人工流产。便听信江湖医生的吹嘘，自己花钱买药堕胎，结果险些丢了性命。

在农村里，自己找药堕胎的事屡有发生，常用中药堕胎（斑蝥，辛寒，有毒，能破血散结、攻毒蚀疮，正常人口服斑蝥粉 0.6 克即可产生严重的毒性反应，口服 1.3 ~ 3 克，即可致死）。内服过量斑蝥可发生口腔烧灼、口渴、吞咽困难、舌肿胀起疱、呕吐、胃出血，甚至血尿，肾功能衰竭而死亡。还有的用牛膝、附子、麝香、夹竹桃叶等纳入阴道，企图造成流产，往往导致阴道大出血而危及生命。临床观察，病人用药不慎的流产与健康人不一样，能使病人流产的药未必能使健康孕妇堕胎，因此，孕妇私自堕胎是十分危险的。

◎ 产妇饮食不宜吃得太好

提到产后饮食，多数产妇和家属会一致认为，要吃得好。于是鸡、鸭、鱼、肉、蛋等一起上，似乎多多益善。有的地区的传统习俗还规定，产妇一天要吃十多个蛋，整个"坐月子"要吃十余只鸡等。其实这是不科学的。

产妇确实需要大量营养，以补充孕期和分娩期的消耗，恢复身体健康，哺育婴儿。产后的饮食应根据实际情况及营养成分的搭配来合理摄入，产后 1 ～ 2 天，由于劳累，产妇消化能力较弱，应吃些容易消化，富有营养而又不油腻的食物，如牛奶、豆浆、藕粉、粥、面、馄饨等；产后 3 ～ 4 天里，不要喝太多汤，以免发生乳胀；乳汁分泌后，则要多喝点鸡汤、排骨汤、蹄肘汤、鲫鱼汤、黄豆汤、瘦肉汤、香菇汤、桂圆红枣汤等，这些汤类含有丰富的蛋白质、脂肪、矿物质和维生素等，不但容易吸收，而且可促进乳汁分泌，不失为产妇的理想饮食。产妇除每日三餐外，可适当加 2 ～ 3 次点心，但不要吃得过饱，以免消化不良和体重增加过多；不要吃变质的食物，以防食物中毒；最好不吃酸、辣等带刺激的食物。总之，饮食要多样化，粗细搭配，动物蛋白类食物与植物蛋白类食物搭配，多吃新鲜蔬菜和水果，不偏食，更不忌口。

◎ 分娩阵痛时不宜大喊大叫

有些产妇分娩阵痛时大喊大叫，认为这样会减轻阵痛，喊叫出来也会舒服些，其实，这样做有害无益。

因为分娩时大喊大叫既消耗体力，又会使肠子胀气，不利于子宫扩张，胎儿下降。产妇如果对分娩有正确认识，解除精神紧张，抓住宫缩间歇休息、喝水，身体有足够的能量和体力，不但能促进分娩，对疼痛的耐受力也会大大增加，这是减轻疼痛的主要措施。如果确实疼痛难忍，产妇可做深呼吸动作，子宫收缩时，先深深吸一口气，然后慢慢地呼出，每分钟做 10 次。同时，在吸气时，两手从两侧下腹部向腹中央轻轻按摩。呼出时从腹部中央向两侧按摩，也可用拳头压迫腰部或耻骨联合处。如产妇一切正常，经医生同意后，可走动一下，或靠在椅子上休息一会，或站一会儿也可缓解疼痛。

◎ 产妇不宜用拖拉机送医院

目前，在农村用拖拉机送临产孕妇的情况普遍存在，其实，这样对产妇的健康极为不利，会产生不良影响，甚至危及产妇生命。

因为在用拖拉机送产妇时，行驶起来不仅噪音很大，而且摇晃得厉害。产妇在剧烈的颠簸中，很容易发生胎盘早剥、子宫破裂等严重后果，造成体内大量出血，导致失血性休克。如果患有妊娠中毒症（子痫）的产妇，还可因拖拉机的巨大噪音引起血压升高、呕吐、抽搐，甚至昏迷，直接危及产妇的生命。

因此，切不可用拖拉机送产妇。最好的方法还是用救护车或普通汽车，即使是用汽车也要开得稳些。条件不许可，用担架或用板车拉，这也比拖拉机送安全得多。若距医院太远，还是适当提前几天住院。

◎ 产妇入院不宜过早或过晚

正常的孕产妇入院过早长时间不生，精神紧张，容易疲劳，导致"泄产"。入院太晚，临产来不及送医院而就地分娩，往往危及母子健康。

一般来说，出现以下征兆入院是比较合适的。①临近预产期：如果孕妇平时月经正常，基本上是在预产期前后分娩。临近预产期时，就要做好入院的准备工作。②子宫收缩：起初宫缩间歇时间较长，随着产程进展，间歇时间逐渐缩短，持续时间逐渐增大，且强度不断增加，应赶紧住进医院。③尿频：孕妇的小便次数本来就比正常人多，间隔时间短，但若突然感觉尿频，这说明小儿头部已经入盆，即将临产马上住院。④见血：约有50%的孕妇在分娩前24小时内有一些带血的黏液性分泌物从阴道排出，俗称"见红"，这是分娩即将开始的一个可靠征兆。

◎ 产妇坐月子要预防月子病

新妈妈分娩后，会经历为期六周的产褥期，也叫"坐月子"，这是产后恢复的重要时期，如果护理得不好，就容易得"月子病"，并且不易治愈，严重者还会影响今后的工作和生活。所以在月子期间一定要注意养护，预防月子病的发生，保持身体的健康。

月子病就是在坐月子期间出现全身肌肉关节麻木、疼痛、酸胀、怕风、怕冷、不耐劳累、屈伸不利的表现，严重者每当感受凉风之时就有凉风钻到骨头里的感觉，患者即使在暑热时节其患处也必须裹以厚被或棉衣才能感觉舒适，部分产妇还会出现头痛、头晕、眼眶疼痛、眼睛干涩或多泪、视物模糊、体弱多病等征候。月子病看上去很像风湿病，但患病关节、肌肉无红肿，血沉、抗链球菌"O"以及产后风湿因子等常见的风湿病化验指标多正常，按常规抗风湿也无效果。如果治疗不及时或治疗不当，此病会缠绵难愈，严重影响产妇的生活质量，给女性以后的生活带来很大的影响。

月子病的发生主要是因为分娩用力、出汗和生产时失血过多，使身体极度虚弱，加之产后调养不慎，感受寒气导致脏腑功能失调，而引发疾病。

患了月子病，一定要及早治疗，不能拖延，民间就有"月子病月子治的说法"。这是因为在怀孕期间，在孕激素的作用下，关节、韧带、肌肉组织为了满足胎儿的需要，比非怀孕期间更加"松弛"，人体屏障开放，风寒湿邪通道比较畅通，容易进入体内，同时也容易排出体外。一旦月子结束，关节、韧带、肌肉组织收缩至正常状态，人体屏障关闭，体内风寒湿邪难以排出，体外也不容易进去。所以说，患了月子病，一定要及早治疗。

◎ 产妇"坐月子"不宜完全卧床

有些妇女及家属认为，所谓"坐月子"就是不能活动，要躺在床上一个月，甚至连吃饭、洗脸等也在床上。其实，这种做法是不利于母婴保健的。

因为妇女怀孕后，全身器官尤其是生殖器官发生了很大变化，分娩后要使全身器官复原，不是卧床休息和营养所能达到的，需要借于适当的体育锻炼，促进局部肌肉收缩，才可实现。所以，凡是无会阴撕裂伤或接受过会阴侧切手术，无产道损伤、发热、恶露不尽、腹痛等症状的，就应在 24 小时后下床活动，并逐渐增加活动量，可以增加食欲，减少大小便的困难，促进腹壁、骨盆底部的肌肉恢复，预防产后容易发生的尿失禁、子宫脱垂等毛病。第一天至第三天做抬头、伸臂、屈腿等活动；一周后可在床上做仰卧位的腹肌运动和卧位的腰肌运动；半月后可做些扫地、做饭等家务以利肌肉收缩，减少腹部、腰部、臀部等处脂肪蓄积，避免产后肥胖症，保持体态美。早期适量活动，还可使消化功能增强，以利恶露排出，避免褥疮、皮肤汗斑、便秘等产后疾病发生，并能防止子宫后倾。单纯卧床休息对产妇来讲是有害无益的，只要运动不过量，就不会出现不良的不良反应。

◎ 产妇不宜吃麦乳精

麦乳精是用新鲜牛奶、鸡蛋、麦精、葡萄糖及可可制成的，具有浓馥的朱古力香味，是一种营养丰富的滋补饮品。然而，麦芽精中含有麦芽糖和麦芽粉，这两种成分会使乳汁减少或产生回乳。

因为麦芽糖和麦芽粉是从麦芽中提取的，麦芽有消食、健胃、舒肝和退奶等药用效果，历来中医都把它作为退奶的主药。因此，产妇和哺乳期妇女大量饮用后，会使乳汁分泌减少，故不宜多饮麦乳精。

◎ 产妇不宜过多食巧克力

哺乳的妇女过多食用巧克力，对吃乳婴儿的发育会产生不良的影响。

因为巧克力所含的可可碱能渗入母乳并在婴儿体内积蓄，可可碱能损伤神经和心脏，并使肌肉松弛，排尿量增加，结果会使婴儿消化不良、睡眠不稳、哭闹不停。此外，孕产妇整天在嘴里嚼着巧克力还会影响食欲，结果身体发胖，而必需的营养素却缺乏，这当然会影响孕产妇的身休健康，不利于婴儿的生长发育。

◎ 产妇不宜久喝红糖水

按我国民间习俗，产妇分娩后一般都要喝些红糖水。这样做对产妇、婴儿是有好处的。但若一味多饮、长时间饮对产妇健康也是不利的。

因为产妇分娩，精力、体力消耗很大，失血较多，产妇又要给婴儿哺乳，需要丰富的碳水化合物和铁质。据研究测定，300 克红糖含有钙质 450 毫克，含铁质 20 毫克及一些微量元素等，又由于红糖含葡萄糖多，能直接为人体吸收，红糖含有"益母草"成分，可以促使子宫收缩，排除产后宫腔瘀血，促使子宫早日复原。吃些红糖具有益气养血、健脾养胃、驱散风寒、活血化瘀的功能，是补养的佳品。但是，有不少产妇喝红糖水时间往往过长，有的要喝半月，甚至长达一个月。殊不知，久喝红糖水反而对产妇子宫复原不利。因为产后 10 天，恶露逐渐减少，子宫收缩也逐渐恢复正常。若仍久喝红糖水，红糖的活血作用会使恶露的血量增多，造成产妇继发失血。过多饮用红糖水，还会损坏牙齿。因此，喝红糖水的时间，一般以产后 7 ~ 10 天为宜，喝红糖水时应煮开饮用，以防细菌感染。

◎ 产后不宜憋小便

有些产妇（尤其是初产妇）往往在生了小孩以后，于第一次排尿时有害怕的感觉，即使膀胱十分胀满，也不肯解小便，其实，这种害怕是没有必要的，憋小便会导致不良后果。

因为分娩过程中受到强烈的刺激，会阴部的各种组织器官产生了难以忍受的疼痛，尿道括约肌因此而痉挛性收缩。在产后短时间内，尿道括约肌的痉挛尚未缓解，因此造成排尿困难。有的产妇只要消除畏惧心理，稍微忍着一些疼痛，一有尿意是可以顺利解下小便的。如果因对痉挛敏感而憋着小便，那就容易出现潴留尿液现象，尿黄增多，尿液中的代谢废物刺激破坏膀胱壁，可能导致比较严重的炎症。

因此，产妇千万不要因怕痛憋小便。

◎ 产妇不宜只喝肉汤不吃肉

产妇只喝肉汤不吃肉的说法，流传很广，认为养分全在汤里，容易消化、吸收，而肉则没啥营养。这种说法是没有科学道理的。

肉汤（包括鸡汤、鸭汤、排骨汤、鱼汤等），富有营养且有催奶作用。但肉汤的营养并不全面，含脂肪较多，而蛋白质大部分还在肉里。产妇的饮食要求，一要营养丰富，数量充足；二要品种多样，相互补充。

◎ 产妇不宜禁梳头

在我国农村一些地区里，有产妇坐月子不梳头的旧传统习惯，害怕产后梳头会出现头痛、脱发等，产后半月甚至30天不梳头。其实，这种习惯是不利产妇健康的。

因为梳头不仅是美容的需要，通过木梳刺激头皮，还可以提高人的精神，使人心情舒畅，促进头部皮肤血液循环，以满足头发生长所需要的营养物质，防止脱发、早白、发丝断裂、分叉等，产后梳头绝不会给产妇带来麻烦和后遗症。此外，在月子里，指甲、趾甲长长了，完全可以放心地修剪短。指甲是角化了的上皮，根本不存在"剪刀风"的问题。

◎ 产妇不宜停止刷牙

民间流传一种说法，认为"生一个娃，掉一颗牙"。错误地理解为产妇不能刷牙，不然会招致终身牙痛。实际上，这恰恰与医学科学的道理相反。

产妇在月子里不刷牙危害极大。产后的头几天，为了补充营养，促进体力恢复，常给产妇以高糖、高蛋白、高脂肪饮食，每天多达6～7餐，大量的食物残渣留在口腔内、牙缝里，在细菌的作用下，发酵变成酸性物质，腐蚀牙齿，使龋齿、牙周炎、口腔炎等发病率大大增加，甚至链球菌感染诱发伤湿热、肾炎、心脏病。就其防病来说，产后刷牙比产前刷牙更为重要。产妇在月子里只要注意在寒冷的季节里不着凉感冒，刷牙是绝对不会给产妇带来麻烦和后遗症的。

◉ 产妇坐月子不宜禁浴

民间多年流传着产妇坐月子不能洗澡的说法，其实，这种说法是毫无道理的。

因为孕妇产后汗腺很活跃，容易大量出汗，乳房胀还要淌奶水，下身又有恶露，全身发粘，几种气味混在一起，就应比平时更讲卫生。产后完全可以照常洗脚、洗澡。及时地洗澡可使全身血液循环增加，加快新陈代谢，保持汗腺孔畅通，有利于体内代谢物由汗液排出。还可调节自主神经，恢复体力，解除肌肉和神经疲劳。所以，产妇要勤洗澡，清洗皮肤。但产妇不宜在澡盆内洗盆浴，以免洗澡用过的脏水灌入生殖道而引起感染。一般应采取擦浴和淋浴，产后一周可以擦浴，一个月后可以淋浴，室内温度要保持34℃～36℃，水温45℃左右，洗后迅速擦干，换上干净、柔软的内衣，并注意防止感冒。

◉ 月子里不宜多看书或织毛活

有的产妇想用产褥期多学点东西，或打发这漫长寂寞的日子，就一味读起来了大部书或织毛活。其实，这对产妇恢复健康并不利。

因为孕妇的10个月怀胎以及临产的劳累，加之产后的哺乳，确实使产妇够累了。这时应以休息、活动和增加营养为主。如果整天躺在床上长时间的阅读看书，会使眼睛过于疲劳，以后会出现看书眼痛的毛病。织毛活也是如此，长时间不变换方式，对眼睛也不利。因此，产妇在产褥期不宜看书过多或织毛活。

◉ 产妇不宜用橡胶卫生带

橡胶卫生带不仅耐用，而且便于清洗。但产妇使用这种卫生带，往往会造成不良后果。

从优生学的观点上看，许多学者主张分娩时行会阴侧切术。产妇会阴侧切后，如果使用橡胶卫生带，因其透气性较差，易使伤口愈合缓慢,甚至引起伤口化脓、感染,或者引起局部皮炎、湿疹。因此,产妇不宜用橡胶卫生带,使用布料卫生带为宜。

◎ 产后性生活不宜过早

妇女从受孕到分娩,身体各器官都有很大变化。产后要经过一段时间才能恢复。所以产后 4 ~ 6 周内应禁止性交。

因为正常分娩的产妇,子宫体要在产后 42 天左右才能恢复正常大小。子宫内膜则在 56 天左右才能完全愈合。而阴道黏膜要待卵巢功能恢复正常后,即月经来潮以后,才能完全恢复正常。因此,产后 56 天内,必须严禁房事。有些人认为,妇女产后只要恶露干净了,夫妻就可以同房。其实,这种看法是错误的。产后恶露持续时间一般 2 周至 4 周,之后,恶露虽已干净,但子宫内的创面还没有完全愈合,分娩时的体力消耗也没有复原,抗病力差。若过早同房,则容易导致感染,发生阴道炎、子宫内膜炎、输卵管炎或月经不调等症。所以,妇女产后即使身体恢复顺利,也应两个月以后在同房。

第三章　新生儿养护宜忌

◎ 母婴宜同室

母婴同室，就是让婴儿与母亲同睡一个房间甚或同一个铺上，以增加母婴相互接触的机会。

我国目前条件好的医疗保健单位都设有独立的婴儿室，将刚出生的婴儿与产后母亲分隔开来，分别管理。实际上这种方法既增加了母婴管理上的麻烦，浪费了大量的人力、物力、财力，而又不利于母婴双方的健康。

与之相比，母婴同室却显示出了它的优越性。①母婴同室能避免母婴分开管理带给医务人员的负担，为国家节约了人力、物力、财力；②母婴同室，增加了母婴接触的机会。母婴能不断交流感情，这样更有利于母亲产后恢复。同时，新生儿出生后就立即让他们吮吸母亲的奶头，即使婴儿不会吸吮，或者母亲无奶汁，这种唇舌的接触，也能对婴儿建立吮吸动作，对母亲乳汁的分泌都有促进作用；③母婴同室，将婴儿放至母亲身边，婴儿能听到母亲的心音，接触到母亲的皮肤，能得到母亲的爱护与温暖，这样能增加婴儿的安全感。有研究表明，较早接触母体的婴儿在今后的体格与智力发育上优于接触母体较迟的婴儿。

◎ 早产儿宜精心护理

早产儿因为身体各器官发育不成熟，生活能力低，护理困难，故死亡率很高。因此，必须精心护理，注意以下几点。

1. 注意保暖　体重 1000 ~ 1500 克的早产儿，室内温度要保持在 34℃ ~ 35℃，湿度为 70%；1800 ~ 2000 克的早产儿，室内温度要保持在 30℃ ~ 32℃，湿度为 60%；2500 ~ 3000 克的早产儿，室内温度要 25℃ ~ 27℃，温度为 60%。早产儿最好穿柔软干燥，保暖较好的衣服，戴上帽子，再用棉被包好，在棉衣和棉被之间放上热水袋，其温度可根据早产儿的外观表现和体温进行调节。体温最好 4 ~ 6 小时测 1 次，记录下来，以观察小儿体温的动态变化。

2. 注意喂养 一般多主张应尽早喂养早产儿，如果生活力强者，可出生后 4 ~ 6 小时开始喂养；体重在 2000 克以下者，应在出后 12 小时开始喂养；若一般情况较差者，可推迟到 24 小时后喂养，先以 5% 或 10% 的葡萄糖液喂，每 2 小时 1 次，每次 1.3 ~ 3 汤匙，24 小时后可喂乳类。若 1 ~ 2 天没有母乳，可向健康产妇求助，或用脱脂、半脱脂奶代替。

3. 注意预防感染 生活能力较强的早产儿，可以定时用温水擦身，并可用植物油轻擦皱褶处，要注意检查皮肤是否生脓疱，如有少而小的脓疱，可用消毒过的针挑破排脓，然后用消毒棉签或纱布揩掉，涂上紫药水；若发现同皮肤有其他感染灶，或患乳腺炎，或脐部流脓水，应及时就医；如果脐部有少量出血，可用棉签蘸 75% 乙醇擦掉血迹，再用消毒纱布包好。要注意口腔护理，观察早产儿的脸色和呼吸，尤其是生病时更加小心。

◎ 新生儿皮肤护理四宜

新生儿皮肤病，大都是由于护理不周引起的。为了减少新生儿皮肤病的发生，必须做到四宜。

1. 宜动作轻柔 新生儿皮肤娇嫩、皮肤角化层薄，且血管丰富，护理时稍不细心，皮肤被指甲或粗糙的衣服擦破，即使伤口小到肉眼看不见，细菌却可通过伤口进入体内，导致脓疱病、剥脱性皮炎或新生儿皮下坏疽的发生，重者可并发败血症而危及生命。

2. 宜保温 新生儿皮下脂肪含软脂酸较多，体温下降后促使软脂酸凝固，使皮肤发硬、光滑如蜡版，称为新生儿硬肿症。新生儿硬肿症可并发肺出血，死亡率较高，故应注意保温。

3. 宜清洁和干燥 新生儿皮脂腺分泌旺盛，出生时有胎脂，汗腺又经常分泌代谢物质，再加上空气中的尘埃污物凝聚于皮肤上，是细菌繁殖的良好环境。尤其是一些皱折部位，由于潮湿和互相摩擦，可导致擦烂红斑的发生，严重者出现糜烂、渗出和感染化脓。所以，应逐日给新生儿洗澡，浴后扑些单纯扑粉。

4. 宜尿布柔软、干净 被大小便污染了的尿布刺激皮肤可发生尿布皮炎，表现为外生殖器、会阴部、臀部、股内侧的大片红斑，重者可见丘疹、水疱、糜烂或浅在性溃疡。

◎ 乳母宜把握新生儿乳汁摄入量

产后最初几周之内，新生儿是不是能用母乳喂饱呢？孩子会不会饿呢？初为人母的年轻妈妈常常很担心，那么就请把握以下乳汁摄入量适当的指标。

（1）喂奶时听到吞奶声。

（2）喂奶的乳房丰满，喂奶后柔软。

（3）喂奶时乳房有下奶的感觉（没有这种感觉也属正常）。

（4）24小时内尿湿尿布6次或6次以上。

（5）通常每次喂奶时有大便。

（6）两次喂奶之间婴儿很满足。

（7）平均体重增加18～30克/日，125～210克/周。

◎ 新生儿宜采取什么最佳睡眠姿势

新生儿刚出生时仍保持着胎内的姿势，四肢屈曲，为使在产道咽进的水和黏液流出，出生后24小时以内要采取头低右侧卧位，在颈下垫小毛巾，并定时改换另一侧卧位，否则由于新生儿的头颅骨骨缝没完全闭合，长期睡向一侧，头颅有可能变形。但是如果刚喂完奶后则需取右侧卧位，以减少呕吐。同时，在正常情况新生儿睡觉不需要枕头，因为他们的脊柱是直的，平躺时，背和后脑勺在同一平面上，不会造成肌肉紧绷状态而导致"落枕"，且新生儿的头大，几乎和肩宽，侧卧时也很自然，如果头部被垫高了，反而易造成头颈弯曲，影响新生儿的呼吸和吞咽。如果为了防止新生儿吐奶，有时可以把新生儿的上半身适当垫高一点，则利于防止他们的溢奶和吐奶。另外，侧卧时要注意不要把耳轮压向前边。

◎ 给婴儿宜勤洗屁股

婴儿的皮肤娇嫩，经受含有酸、碱性的大小便刺激后，容易引起红臀。大便还会污染尿道口，由此发生尿路感染。所以婴儿大小便后应及时洗清屁股。如采用一次性尿布的婴儿，大小便后也应注意用水洗屁股。

洗屁股要注意以下几点：①洗屁股用的水，温度不能过高，适宜在36℃～37℃左右。大人先用手试一试，有没有烫手的感觉。②洗时顺序要由前向后，即先洗小便处，再洗肛门周围，以防止肛门部位的细菌污染尿道口。这对女孩子尤为重要，因为女性的尿道口离肛门近，更容易发生感染。③每次清洗时，要注意观察孩子的尿道口、会阴部和肛门周围有无发红、发炎等情况，必要时需涂用婴儿用的护肤用品，以保护皮肤免受刺激。④如果发现皮肤发红应及时就医。

◎ 给新生儿洗澡宜防无名热

有些新生儿在出生后2～4天，没患什么疾病而体温却升高至39℃～40℃，新生儿显得烦躁、哭闹、睡眠不安，严重的则抽搐、昏睡。医学上称为无名热，即新生儿脱水热。

临床实践表明，经常给新生儿洗澡，可以较好地预防无名热。据资料统计，在104例患无名热的新生儿中，不经常洗澡者竟高达83%。医学研究认为，新生儿出生后，皮肤的皮脂腺分泌旺盛，全身皮肤被胎脂覆盖，起着保暖作用，以维持新生儿初期产热少、散热快的不协调状况，使体温保持在正常恒定范围。但是，随着新生儿出生后机体环境的改变，加上喂奶哭闹等一系列活动，使机体代谢逐渐增强，并通过呼吸、辐射和出汗等方式散发体热。如果新生儿缺乏洗澡，大量胎脂覆盖身体皮肤，影响了辐射散热和汗液的蒸发，使体内产生的热量不能及时散发，造成新生儿的无名热发生，不利新生儿防病保健。

因此，经常给新生儿洗澡，尤其在大热天可使新生儿的皮肤上胎脂逐渐减少，增强新生儿辐射、蒸发散热机能，以利调节体温的恒定范围。给新生儿洗澡要注意室温与水温，一般说来，室温以28℃～32℃，水温38℃左右为宜。洗澡时要避免水进入耳内。每次洗澡全过程可5～10分钟内完成，然后及时穿好衣服，垫好尿布。洗澡后宜喂一次奶，让新生儿安然入睡，可以有效地预防无名热的发生。

◎ 家长宜注意观察新生儿皮肤颜色

新生儿的皮肤变化与疾病有着密切的关系，家长应注意观察。

1. 粉红色 刚出生的孩子，正常皮肤颜色是淡红色，因为新生儿皮肤表面的角质层、透明层、颗粒层都很薄，真皮乳突较平，由于皮下细血管充血，血色透过薄薄的表皮，所以使新生儿的皮肤最初几天呈现淡红色，以后如出现生理性黄疸，皮肤可变成黄色。

2. 青紫色 新生儿皮肤如果出现青紫色，说明疾病较为严重，因为血液中血红蛋白未能充分与氧结合，导致皮肤呈青紫色。引起皮肤青紫的疾病，大多为呼吸道疾病，如喉、气管、支气管、肺部炎症，先天畸形、先天性心脏病、先天性膈疝等。

3. 苍白色 皮肤苍白是贫血的重要表现之一。

4. 紫红色 刚出生的新生儿，皮肤是淡红色的，如果一周以后皮肤、口、指甲变成深红色就要引起注意。这种紫红色是血液里的红细胞过多所引起。

5. 黄色 很多新生儿在出生后3～4天内皮肤及巩膜开始发黄，但在10天左右一般可以自行消退，这叫生理性黄疸。

如果黄疸出现过早，时间过长而不退，或者很快加深加重，呈金黄色，或者在生理性黄疸消退以后重新再出现，多为新生儿溶血性黄疸、新生儿肝炎、先天性胆管闭锁、遗传性高胆红素血症等，应当迅速请医生治疗。

◎ 新生儿宜接种乙型肝炎疫苗

有些乙型肝炎表面抗原阳性的青年妇女，经常为自己的下一代是否会患乙肝而担心。这个问题首先要认识到，乙型肝炎表面抗原阳性就说明是带病毒者，病毒有可能通过胎盘或产道而感染胎儿，因此必须采取防治措施。

（1）带病毒的妇女应在转氨酶、肝功能正常，E抗原消失，出现E抗体时生育最安全。

（2）带病毒母亲所生的新生儿应该接种"乙型肝炎疫苗"。第1次接种应在出生后24小时内完成，满月时接种第二次，6个月时再接种1次，共3次。亦可与乙肝高价免疫球蛋白联合使用，先注射乙肝高价免疫球蛋白1针，2～4周后开始注射第1次乙肝疫苗，第二、三次接种间隔时间同上。

（3）不带病毒的正常母亲所生的新生儿，亦可接种乙型肝炎疫苗，使用方法同上。

（4）乙肝病人血液中病毒浓度最高，唾液、乳汁、汗液、分泌物等也可排泄。所以带病毒母亲所生的新生儿不提倡母乳喂养，应全部人工喂养。平时应注意奶具消毒，以防污染。

◎ 父母宜细察新生儿六种反射

新生儿有一些本能的反射，这些反射只在一定的时间内存在，如果出生后这些反应不出现，或者到它们应该消失的时候不消失，都表明脑发育不正常。具体有以下六种反应。

1. 觅食反应 当触及新生儿一侧面颊时，孩子的头会立即反射地转向该侧。若轻触其上唇，则有吮唇动作，作觅食状。正常情况下，这种反射在孩子出生后3～4个月消失。

2. 吸吮反射 用奶头或其他物体触及新生儿的唇部或放入其口中，即可引起孩子口、唇、舌协调运动的吸吮动作。此反射生后4个月消失。

3. 握持反应 用手指或笔杆等物触及新生儿手心时，会立即被他握住不放。此种反射生后 2 ~ 4 个月消失。

4. 拥抱反应　让新生儿仰卧在床或检查台的一端，托稳他的头颈，此时若突然放低他的头位，使头向后倾下 10 ~ 15 度角，他即出现两臂外展，继而屈曲内收到胸前，呈拥抱状。或者在新生儿头部附近以手用力拍击其床垫，也可以引出此反射。对疑有颅内出血的新生儿，用这种拍击法为妥。此反射约在生后 3 ~ 4 个月消失。

5. 巴彬斯基反射　用钝尖的物体由新生儿的脚跟部向前划足掌外侧后，可以引起的典型反射表现是踇趾背屈，其余四趾跖屈并呈扇形展开。也有的表现为踇趾背屈，其他四趾既不耽屈，也不呈扇形展开。或者踇趾及其他四趾皆呈背屈，同时伴有其他四趾扇形展开，此反射从出生到 6 ~ 18 个月间消失。

6. 踏步反射　扶新生儿腋下使其呈立位，并使其身躯向前倾，足底着床，出现踏步动作。此反射出生 6 周后消失。

◎ 新生儿斑痣宜分辨

婴儿出生之后，有时可见到皮肤上出现红、黄、蓝、白或黑颜色的斑痣，这些斑痣有些是正常的，有些则可能预示着某些疾病。

1. 红色斑痣　最常见的是血管瘤，多凸出于皮肤，有时近似圆形或形状不规则，软软的。这些瘤只要不太大，生长得不快，又不是在重要位置，一般不需要治疗。但有一种血管瘤，长在面部的一侧，不隆起于皮肤，按下去皮肤颜色可以变白，则需要注意。这种小儿的脑子一侧表面也可能有血管瘤，可引起对侧肢体抽风，小儿智力也受影响。

2. 黄色斑痣　有时候脂肪瘤的颜色发黄，这种瘤容易手术治疗。还有一种不高出于皮肤的斑，浅棕颜色，有人称它为咖啡牛奶斑。此斑和周围皮肤界限清楚，分布在躯干或四肢，椭圆形或形状不规则。这种斑在正常人身上有时也可见到一两块，但如果超过 5 块以上，而且斑痣面积较大，将来则有可能出现神经纤维瘤。

3. 蓝色斑痣　有很多婴儿生下来皮肤上就有一块块蓝色或蓝黑色斑，多见于臀部或背部，这是皮下色素细胞堆积的结果，对身体没有影响，随着年龄增大会逐渐消退。

4. 白色斑痣　新生儿的皮肤上如见到少数几块白色的斑，呈椭圆形，或两头尖尖像个树叶似的，医学上叫作色素脱失，如伴有抽风，则往往合并有智力低下。

5. 黑色斑痣　有的小儿有少数黑痣，这并没有什么关系，主要看长痣的部位决定是否需要治疗。有些小儿身上出现黑色的花纹，好似大理石花纹或呈线条的旋涡状，则常常合并有抽风和智力低下。

◎ 新生儿智力发育易受哪些疾病影响

一些不利于孩子日后智力发育的因素威胁着新生儿的脑细胞发育。

1. 新生儿核黄疸　亦称新生儿黄疸脑病。胆红素过高，就可和脑细胞结合，而使其功能发生故障，亦就是引起新生儿今后智力差的一个重要原因。

2. 新生儿脑膜炎　这是一种死亡率较高的疾病，由于细菌及其毒素直接侵犯到脑细胞组织，使脑细胞功能受到严重破坏。

3. 产伤引起颅内出血　由于颅内受压及撕裂使血管破裂出血，出血部位脑细胞血循环受障碍，因而得不到营养而使脑细胞变性坏死，从而影响孩子日后的智力。

4. 新生儿重度窒息　即新生儿出生时没有呼吸或心跳很慢，若抢救及时，恢复很快，对日后的智力可无影响。若抢救不及时可使脑缺氧时间过长而损害脑细胞，日后智力就会受到不同程度的影响。

5. 新生儿低血糖　尤其是早产儿更为多见，由于神经组织在一般情况下几乎完全是利用糖作为代谢能源，若反复发生低血糖或低血糖发生时间过长都会产生持久性脑功能障碍，从而影响到智力发育。

6. 新生儿营养不良　特别是蛋白质的供应不足而影响脑细胞的生长，大脑发育的关键时期是怀孕后期 3 个月到出生 6 个月，称为神经细胞的激增期。脑细胞有一个特点，就是其增殖是"一次性完成"错过这个机会就无法补偿了。故此新生儿期也就正处在这个关键时刻，若喂养不当，造成营养不良，新生儿脑细胞分裂增殖就减少，亦就造成脑细胞永久性地减少，使智力发育缺陷。

此外，父母本身有智力缺陷及遗传基因或染色体异常、近亲结婚、妊娠早期的病毒感染、不良药物及饮酒吸烟等，均能影响孩子日后的智力发育。

◎ "新生儿期低血糖"宜早防

"新生儿低血糖"是指小儿在出生后的一段时间内，出现血糖水平偏低的情况。一般在出生后 3 ~ 4 天血糖最低。若新生儿出生后开奶较晚，或母乳不足而又未及时添加奶库中的母乳，以及喂乳间隔时间较长时，则更易促使低血糖的发生。同时新生儿感染、母亲患有糖尿病、小样儿，及寒冷、窒息等情况，均可引起新生儿低血糖。

新生儿低血糖有的可无症状；一般多见为发紫、体温低、出汗多、呼吸暂停、精神萎弱、肌张力低；严重的可出现昏迷、抽筋，一般并不致死。但由于怀孕后期的 3 个月至生后 6 个月内，是大脑发育的最关键时期，葡萄糖是新生儿脑细胞代谢的唯一能源，所以新生儿低血糖会影响小儿脑组织的代谢和发育，对今后的智力带来不同程度的影响。然而症状越重，对脑组织的损害越大，这种损害表现为脑重量、脑细胞数、脱氧核糖核酸、蛋白质含量和某些脂类物质明显减少，脑神经细胞广泛减少和变性。所以需对新生儿期低血糖引起足够重视。

◎ 新生儿呕吐宜辨因

呕吐是新生儿时期常见的症状之一，严重的呕吐可使病儿呈窒息状态，反复呕吐也易导致水、电解质和酸碱平衡的紊乱。相当一部分新生儿呕吐是非病理性的，在家庭内即可预防和治疗。

1. 咽下综合征 由于胎儿在母体时吞入较多的羊水，开始喂奶即有呕吐，呕吐物呈泡沫样可带有棕色黏液，一般 1 ~ 2 天内停止，用1%的碳酸氢钠洗胃后即痊愈。

2. 喂养不当 因喂奶过快，有较多的空气吞入，或喂养后立即平卧。如能喂奶后将小儿竖抱拍背，使空气嗳出，即可防止。

3. 贲门松弛 由于新生儿食管和胃连接部松弛造成呕吐，其特点为，哺乳后平卧即有奶汁溢出，如采取上身抬高的倾斜体位，一般 3 ~ 6 个月随小儿的发育而好转。

4. 胃扭转 新生儿的胃呈横形，如其韧带松弛，可使部分胃体和另一部发生重叠，造成呕吐，X 线检查即可确诊。采用体位疗法，使小儿哺乳后右侧半卧位，使重叠的胃体随体位而打开，一岁左右可以痊愈。

5. 幽门痉挛 由于幽门部反射性痉挛造成呕吐，呕吐一般发生在哺乳后一小时，吐出物为奶汁和乳凝块，呈喷射性呕吐出。治疗方法，在哺乳前用 1 : 5000 的阿托品在舌尖上滴 3 ~ 5 滴即可奏效，痉挛将随年龄增长而好转。

以上所述均为生理性呕吐，如在小儿呕吐物中伴有黄绿色胆汁，粪便，或有发热，腹胀，抽风等伴随症状，则提示有其他疾病，应立即就医。

◎ 家长宜观察婴儿的大便变化

婴儿的消化系统正处于发育阶段，胃肠功能还不健全，所以，观察婴儿粪便的变化，可以较好地了解小儿胃肠功能的情况。

婴儿的粪便通常分为生理、病理两大类。

1. 生理性粪便 按正常婴儿的食物经消化、吸收后，排泄的产物。一般婴儿的粪便为黄色，稠度均匀，有臭味但不难闻，每日 1 ~ 6 次。刚出生 1 ~ 2 日的婴儿粪便呈墨绿色或黑褐色，俗称"胎粪"，3 ~ 4 日后转为黄色。人乳喂养的小儿，粪便金黄，呈软膏样，稍有酸味，每日 3 ~ 4 次。用牛奶喂养的小儿，粪便呈淡黄色或灰白色，较硬、微臭，仍有奶瓣，每日 2 ~ 3 次，婴儿添加辅食后，粪便量增多，质变软，每日 1 ~ 2 次。

2. 病理性粪便 是婴儿胃肠功能失调或发生胃肠疾病时发出的信号。黄绿色水样或蛋白花样便，多为消化不良或受凉。突发性水样便伴有较多泡沫，后期带有黏液，应考虑急性肠炎。大便干结，数日一次，多为婴儿体质虚弱。大便有脓血，次数频繁，多为痢疾。体形肥胖的婴儿阵发性哭闹，粪便鲜红或呈果酱色，须防肠套叠。粪便有鲜血，排便时婴儿不哭闹，可能有肠息肉。粪便呈白陶土色，多为肝胆系统疾患。

◎ 新生儿发热，父母宜做什么

引起新生儿发热的疾病很多，家长为此常惊慌失措，正确的做法如下。

（1）温水擦浴是新生儿降温的好方法。先用体温计为小宝贝量一下体温，并作一记录，以便看医生或自家作降温处理。如孩子体温超过38.5℃～39℃，那么可用温水擦浴，擦浴水温稍低于体温即可（大约33℃～35℃），部位为两颈旁、腋下、大腿根部、前额和四肢。反复擦浴直至体温降至37.5C以下；也可头部枕冷水袋。一般不用酒精擦浴，不用退热药，以防体温骤降，引起孩子虚脱。

（2）协助医生初步寻找发热原因。首先要检查家里有无环境温度过高，如夏天门窗紧闭，孩子衣服包的过紧，被过厚，孩子喝水太少等都可造成环境温度过高。这样孩子多半精神很好、尿少、哭吵。发热原因是小婴儿汗腺及体温发育中枢未发育完全，体温常随外界温度变化而变化。

（3）应观察孩子发热同时有无其他症状，如拒乳、呕吐、腹泻、咳嗽、气促、面色发黄、发青、发白、皮肤脓疮、少动、少哭、多哭、脐部化脓、有无包块特别是背部、腰部和臀部有无局部红、肿、热、硬的隆起或包块等。

（4）详细收集母孕期及分娩时情况，因为母亲的健康状况及分娩过程都可直接影响新生儿的健康。如母患肠道病毒感染、结核、巨细胞病毒、弓形体病等都可通过胎盘感染给胎儿；分娩时间的长短、有无早期破水、下没下产钳、有无窒息及有无进行气管插管等都可导致新生儿感染而发热。

除第一种情况因环境因素引起新生儿发热可自行调节外，均应及时就医。

◎ 新生儿开奶时不宜先喂奶

刚生出的新生儿的胃内，常有在子宫中吸入的羊水，若立即喂奶容易引起新生儿的呕吐，甚至发生窒息。所以在新生儿出生几小时后，应先喂点糖水，若新生儿吸吮、吞咽动作协调，食后没有发生呕吐等现象，就可以再喂奶了。这样也可以使母子都能好好地休息，又便于观察新生儿吃奶。

◎ 新生儿开奶不宜过迟

在农村一些地区，至今仍流行着对新生儿危害极大的做法，即不尽早给刚出生的孩子喂奶，短者 1 ~ 2 天，长者 3 天以上。其实，这种是不符合泌乳的生理规律，会造成严重后果的。

母乳的分泌，是受神经和内分泌调节的，婴儿吸吮乳头的频频刺激，引起神经反射，促使垂体后叶激素的分泌，使乳汁从乳腺泡中输送到乳管中去，这是一种生理现象。若母亲乳头得不到这样的刺激，乳汁分泌就会减少或终止。喂奶过晚的新生儿黄疸较重，可发生脱水热。有的新生儿会出现低血糖症，严重者突然抽搐，昏迷甚至死亡，幸存者亦会因血糖太低，造成大脑不可逆的损伤，以后发生智力低下或痴呆等严重后遗症。

正常新生儿，一般在出生后 6 ~ 12 小时就应开始喂奶，而国外甚至主张早至出生后 20 分钟即开始喂奶。产妇早给孩子喂奶，还可反射性地刺激子宫收缩，有利于子宫复原。

◎ 新生儿不宜喂甘草水

有些地区，胎儿出生后第 1 ~ 2 天，普遍给喂黄连甘草水，认为可解"胎毒"。这种传统习惯有害无益。

新生儿离开母体，初到人间，抵抗力较弱，肝糖原储存低，又腹空饥饿，如果单纯喂以黄连甘草水，新生儿就得不到充足的营养物质，可能会导致不可逆转的组织（特别是脑组织）损害。此外，甘草易引起低血钾、高血压及水潴留，浮肿等假性醛固酮增多症表现。单喂黄连水虽有解胎毒作用，但黄连性味苦寒，易伤阳，败胃，新生儿服后常易出现呕吐，甚至引起消化不良，贫血等疾病。因此，新生儿不宜喂黄连甘草水。

◎ 新生儿不宜喂珍珠散

有的地区，新生儿出生 1 个月内，母亲经常把少量的珍珠散放在奶头上，让小婴儿吸吮、以为这样可以减少疾病，其实这是没有科学根据的。

新生儿的全身脏器都很娇嫩，消化吸收和代谢功能都尚未发育完善，而珍珠散是由多种药品配制成的，这些药物含矿物质多，还含有毒的金属元素，如铝、汞等。如果让小婴儿吃了这药，不仅难以消化吸收，而且还会损害体内脏器功能。曾有人观察，新生儿食珍珠散后，并无预防疾病的作用，反而使婴儿发育不良，体质虚弱，脸黄，头发稀疏。所以，家长不要给新生儿服用珍珠散，以免损害孩子健康。

◎ 早产儿不宜喂酸奶

酸奶虽是营养丰富和帮助消化的健康饮料，但是用酸奶喂早产儿是不适合的。

早产儿和胃肠道发炎的婴儿，如果给他们喂酸奶，就会引起呕吐，甚至造成急性溶血现象和坏疽性胃炎。据报道早产儿有因饮酸奶而死亡的病例。酸奶虽好，但不宜喂养婴儿。

◎ 新生儿不宜与母亲隔离

近年来大量研究揭示，适当和经常的爱抚不但有助婴儿精神发展，而且有利于机体的发育。相反，那些缺乏人体接触的婴儿，往往生长缓慢，容易患病。

据报道：有人将刚出生的孩子按随机的方法分为两组，一组放远离母亲得不到爱抚的处所哺养；另一组则让母亲经常抚抱于胸前给予充分亲昵。结果十分令人吃惊：前组孩子的智力远低于后组，神经精神疾病和发育畸形疾病发生率也比后者大十几倍。国外研究发现，在婴儿出生的最初几天到几周里，增加母亲与自己的婴儿接触，可以使孩子在今后少生病。而且这样的婴儿还不爱哭闹，发育较快。母亲的爱抚，还可以增强孩子的反应能力。科学家说："我们确信，在婴儿出生后的最初数分钟和数小时内，存在着一个敏感期，这个时期最适宜母亲接触。因此，在最初几个小时里让母亲和婴儿待在一起是极其重要的"。目前，世界各医院中也正在开始允许婴儿出生后的第一个钟头就与母亲在一起。

◉ 婴儿卧室不宜用强光

卧室强光会削弱婴儿视力。

婴儿未成熟的眼睛血管易受光线影响，当在氧气的协助作用下，会使血管细胞发生新陈代谢的变化，而削弱了视力。日子久了，将会损害婴儿的视力。研究者建议，要严格限制婴儿室内的光照度，以保护孩子的视力。

◉ 给新生儿拍照不宜用闪光灯

有的年轻爸爸在妻子分娩后，便用照相机及闪光灯为其小宝宝拍照，殊不知，用闪光灯为新生儿拍照，会伤害新生儿的眼睛。

初生婴儿视网膜发育尚不完善，遇到强烈的光束，可能使视网膜神经细胞发生化学变化。另外新生儿瞬目及瞳孔对光反射均不灵敏，泪腺尚未发育，角膜干燥，缺乏一系列阻挡强光和保护视网膜的功能。所以，新生儿遇到强光，哪怕是 1/500 秒的电子闪光灯的光束，就会伤害眼球中对光异常敏感的视网膜，引起眼底视网膜和角膜的灼伤，甚至可能导致失明。而且闪光灯距离越近，对视网膜的伤害越严重。为孩子拍照时，最好利用自然光，或采取侧光、逆光，切莫用电子闪光灯及其他强光直接照射孩子的面部，以免伤害婴儿眼睛。

◎ 新生儿室温不宜过高

新生儿的保暖是十分重要的，但室内温度过高，也是无益的。

新生儿的体表面积相对较大，皮下脂肪层又薄，易散热，对寒冷特别敏感，故当天气冷或室内温度过低时，新生儿的体温就会随之下降。若室内温度低，就容易引起皮肤脂肪组织凝固而发生新生儿破皮症。由于新生儿的汗腺发育不全，排汗、散热机能差，如果室温过高，或包裹得过严过厚时，引起发热，体温骤然升高到39℃～40℃，婴儿烦躁不安，啼哭不止。此时若不注意补充水分，还容易导致"脱水热"的发生。此外，室温过高，细菌易于繁殖，孩子很容易患呼吸道感染。因此，新生儿室内温度不宜过高，也不宜过低，最好能保持在20℃～25℃。冬季出生的小孩，室温也应适宜，不要门窗紧闭，要保持室内空气新鲜。

◎ 婴儿盖被不宜过暖

初生的小婴儿需要精心照料，保暖尤为重要。但保暖不当，会给婴儿带来不良后果。

城市里有些母亲在给婴儿保暖时，除盖得严严实实以外，还生怕不够暖和，再要加热水袋或其他的保暖用品，有时还要在面部罩一块尼龙巾或纱布。江、浙、皖一带的农村，习惯给婴儿穿一身薄棉衣，外裹小包被，睡在母亲的腋下，再与母亲合盖一条5公斤多重的棉被。这样给婴儿过度保温方法，必然会使婴儿汗水淋漓而造成脱水，影响到神经系统；而缺氧更可直接损害脑干内诸神经核。由于缺氧和脱水，而导致脑压降低，脑血管充血，颅内或蛛网膜下腔出血，硬膜下腔积液，内脏毛细血管栓塞（特别是肺栓塞），消化道出血，肝局部性坏死，以及脑性瘫痪等；缺氧严重者可在1～2天内死亡。即使幸存，也往往有各种不同程度的后遗症，例如脑性瘫痪、软瘫、脑萎缩等。

总之，冷热当心，虽是人人都懂得的常识。但是年轻妈妈对于初生婴儿的照料，都要特别仔细，万万大意不得。

◎ 新生儿口腔不宜擦拭

新生儿才从母体生下来，老年人认为口腔有脏东西，所以，民间有给婴儿擦拭口腔的传统习惯，其实，这种做法是不科学的。

婴儿出生后，嘴内有一层白色的舌苔，这是正常的。口腔上腭中线上有黄白色小点，称上皮珠；在齿龈上方也常有黄白色的小斑点，这些都是上皮细胞堆积而引起的，一般几周后自行消失。如果用手指裹着粗布到婴儿嘴里去擦，由于新生儿口腔黏膜很娇嫩，很容易造成损伤，导致细菌感染而发病。奉劝家长，切勿用粗布擦拭小婴儿的口腔。

◎ 新生儿皮肤不宜过分擦洗

刚刚离开母体的婴儿的皮肤进行一些清洗，固然必要，但稍有过分的擦洗，会导致产生皮炎，湿疹、糜烂等皮肤病。

新生儿光滑柔软的皮肤，其表面的角质层、透明层、颗粒层都很薄弱，加之真皮乳头也平坦，毛细血管网充血，对来之外界的一切物理性、化学性、机械性的刺激都很敏感，特别是对微生物抵御力更差。而刚落生的孩子全身带有一层灰白色的油脂，医学上称为胎脂，它有保护皮肤不受细菌侵入及受凉的作用。因此，新生儿的皮肤切忌用力擦洗，最好用温水湿棉球轻轻将血迹、羊水揩去即可。至于皮肤表面的胎脂不需全部擦掉，待出生 3 ~ 5 天后，方可用温水洗澡，但不宜用有刺激性的肥皂，也不要用粗糙的毛巾擦身，可用细软的棉布吸干水分，洗时，要注意室内温暖以防着凉。

◎ 新生儿乳房不宜挤

有人认为，初生的女婴一定要把乳房里的奶水挤出来，要不，将来喂孩子时，奶水不旺。显然这种说法是错误的。

婴儿出生前，从母亲身体里得到的雌性激素，这种激素可以使乳房肿大并分泌出奶汁。无论男孩或女孩，出生后 3 ~ 5 天都会出现乳房肿大，到 8 ~ 10 天尤为明显，经过两三周，随着激素慢慢被消耗，乳腺肿大也就逐渐消失，乳房也就不再分泌乳汁了。

新生儿免疫力差，当挤压乳房时，细菌很容易进入体内，引起化脓性乳腺炎。若感染较重，还会出现烦躁不安，不吃奶，发热等，甚至引败血症而危及生命。所以，千万不要给新生婴儿挤乳房。

◎ 婴儿"马牙"不宜挑破

过去不少地区有挑"马牙"的习惯，使许多婴儿死于败血和颅内感染等。直到今天仍有这样的糊涂人。

新生儿出生数周左右，在上、下牙床上常会出现一些米粒大小的白色珠状物，俗称"马牙"，一般不表现出任何不适。如果家长在不经过严密消毒的情况给婴儿挑破"马牙"外界细菌很容易从伤口进入血液而引起败血症。又因口腔和头部静脉回流血与脑内血管及一些窦互相沟通，细菌感染后，又可以引起脑脓肿或化脓性脑膜炎。另外，还可引起严重出血或窒息。因为挑破"马牙"后往往流血不止，由于婴儿不会把血吐出来，任其由咽部吞入胃肠道，既掩盖了出血现象，又难以早期发现。一旦血块呛入气管而阻塞气道，可引起婴儿窒息而死亡。"马牙"千万不要挑，当然也有少数脱落很迟而形成局部刺激物，婴儿会因不适而哭闹或妨碍吃奶，这时可请医生处理。

◎ 新生儿"螳螂嘴"不宜挑割

新生儿口腔的两侧颊部有较厚的脂肪层，民间常称"螳螂嘴"。有人错误地认为它是影响小儿吃奶的祸害，必须割去，结果因挑割"螳螂嘴"而发生出血、感染、败血症。

新生儿口腔颊部有坚厚的脂肪层，叫颊脂体，这种结构非但不会影响小儿吃奶，反而有助于吸吮动作。有些新生儿的两块颊脂体比较大，通过吸吮锻炼而更加发达并向口腔突出，这就形成了所谓"螳螂嘴"。早在明代《保赤汇编》记载："小儿两颊颐内，有内外皮两层，中空处，有脂膜一块，大人皆然"。随着小儿的长大，颊脂体也将逐渐消化。这颊脂体是正常的生理现象，不会影响小儿的吃奶，千万不要挑割"螳螂嘴"，以免发生出血、感染。

◎ "猪毛风" 不宜绞刮

有些地区，至今仍有人给新生儿刮绞硬胎毛的习俗，其实，这种做法是有害的。

有些正常新生儿身上有一种较硬的胎毛，民间称为"猪毛风"。这种胎毛受到热、汗浸渍或排泄物、奶汁等结聚而刺激皮肤，使新生烦躁不安，啼哭不止，可用石蜡油局部揉搓，使刺激减轻。新生儿的胎毛正常会自行脱落再生的。如果常用奶汁搓揉后用线绞，把那些硬的胎毛绞掉。这样不仅容易使新生儿受凉，而且用线绞，更容易损伤孩子娇嫩的皮肤，引起感染，所以一般不主张绞刮硬胎毛。

◎ 婴儿不宜剃"满月头"

不少地方有这样的习俗：婴儿满月要剃"满月头"，把胎毛全部剃光，这个习俗很不好。

据说这样做的目的是剃刀刮胎发，以后长出来的头发乌黑发硬，其实这是没有科学道理的。因为人发的发色是遗传的，比如一对一个黑发与一个浅发的夫妻，其出生后的孩子，往往表现为浅发，这是由于浅发遗传因子在孩子低龄时起主导作用，即表现为显性。但随着年龄的增加，由于黑发因子转为主导作用，所以头发就越来越黑。但如夫妻双方都为浅发，其孩子往往永远是浅发。相反如夫妻双方都为黑发，则孩子从出生起永远是黑发。此外，剃发对于刚满月的婴儿来说不利，因为婴儿皮肤娇嫩，表皮的角质层发育很不完全，表皮和真皮相连接也不牢固，剃刀很容易损伤头皮而引起感染。所以，"满月头"以不剃为好。

◎ 婴儿不宜捆绑束缚

民间传统习惯是把初生婴儿捆着，认为这样将来会长高个儿，也不会成"罗圈腿"。其实，这是没有科学根据的。

"罗圈腿"医学上称为膝外翻畸形。小婴儿的腿部有一生理弯曲，这不是异常现象。它与胎儿时期在母体的位置有关，当小儿学会站和走路时，膝外翻会自然好转，2～6岁小儿绝大部分不需治疗，在以后的生长过程中自行矫正，这与是否捆扎双腿没有关系。近几年来，因缺乏维生素D造成骨骼畸形，已很少见。

初到人间的小婴儿，生长发育需要腿的运动，运动不仅可使孩子增加食欲，还增强体力，促进肌肉发育，相反地给小婴儿捆绑着，限制他的活动才是不利的。

◉ 新生儿不宜戴手套

出疹子的新生儿，常用手把脸抓破。有的妈妈就用纱布做成手套，让孩子昼夜戴着，这样很不好。

因为纱布上的线容易缠在手指头上，婴儿的手指皮下脂肪少，缠绕在手指的线稍微紧一点，就会使静脉血管受压，血液回流发生障碍。时间久了，还会发生瘀血，甚至造成手指坏死，这样会遗恨终生。为了防止手抓破脸，可将婴儿的指甲剪短，或穿上长袖衣服，无须让婴儿戴纱布手套。

◉ 新生儿不宜用塑料尿布

有的妈妈喜欢给婴儿用塑料、橡皮尿布，这很不好。

塑料和橡皮做的尿布，它既不通气，又不透热，婴儿排出大小便以后，整个小屁股泡在尿里，皮肤受到大小便的浸渍，并且大便中的细菌就与小便作用而产生"氨气"，刺激新生儿细嫩的皮肤，引起臀部发红，婴儿可因疼痛而哭吵。给新生儿选择尿布，宜质地细软，不要用不透气、粗糙的尿布，尿布也不宜太厚太宽，太厚了孩子会感到不舒服，太宽了边缘容易擦伤大腿内侧的皮肤。尿布要经常更换，换前应先用温开水洗臀都，再用软布轻轻拭几下，然后扑上滑石粉，以防止发生尿布皮炎。若已发生臀红，在臀部可搽5%鞣酸油膏，或扑撒爽身粉，严重者可在患处涂1%～2%龙胆紫药水。

◉ 婴儿尿布不宜用煤火烘

寒冷季节，有些父母为图方便，用煤火烘尿布，其实，这样做并不可取。

蜂窝煤燃烧时，放出硫，被空气中的氧气氧化为二氧化硫，二氧化硫遇上尿布上的水，生成具有腐蚀性的亚硫酸，进而被氧化为硫酸。婴儿阴部皮肤娇嫩，垫此尿布，会使阴部腐蚀，或由于硫酸的脱水作用而致皮肤干燥。若婴儿拉尿未被父母发现，硫酸从尿布中溶出，长时刺激，可引起阴部湿疹。另外，煤燃烧时放出的硫化氢气体吸附在尿布上，也会使小儿受害。婴幼儿尿布用水洗净后，最好是放在室外晾干，不要用煤火烘烤。

◉ 新生儿不宜穿毛绒衣

新生儿不适宜穿毛绒衣，套衫和翻领衫。

婴儿是在人一生中发育最快的时期，各器官、各系统的机能还不完善，不发达，非常娇嫩，对外界刺激反应敏感，抵御细菌和污染的能力较差。而毛绒衣的绒毛较多，沾了奶汁容易发硬，会刺激颈部皮肤引起感染。患有奶癣的孩子，也不适合穿反领毛绒衣，因为刺激皮肤，容易引起奶癣发痒，影响孩子的正常生活和睡眠。

◉ 对新生儿不宜一哭就抱

有些家长很疼爱孩子，只要孩子一哭就抱，有的甚至整日抱着，生怕孩子哭闹。久之，小婴儿养成这种习惯并非是一件好事。

若无异常现象，新生儿的哭啼是对身体有利的。因为新生儿的肺部有部分肺泡处于关闭状态，这就影响气体交换和氧气的吸入，而啼哭时，新生儿要做深吸气动作，会使关闭未扩张的肺泡张开，也增加了肺活量。还有，啼哭会促进全身血液循环，加强新陈代谢；啼哭运动也是新生儿锻炼身体的方法。因此，父母应从新生儿阶段就开始培养良好的生活习惯，让小儿顺其自然地入睡、啼哭、运动、醒来，不要听到婴儿一哭就抱，以免形成不良的习惯。

但是，这并不是说孩子哭了就不去理睬他，因为新生儿啼哭有种种原因，父母应注意观察小儿的啼哭规律。正确判断啼哭的原因，再予以处理。

◎ 新生儿大便次数多不宜盲目治疗

有些刚做母亲的，发现婴儿大便次数多，误认为病态，就不知所措，其实，这种情况绝大多数还是生理现象。

新生儿神经系统发育不完善，大脑调节机能尚差，所以直肠一积大便，就引起反射性排便，大便次数多是正常现象。新生儿每日大便可达 4～6 次之多。一般母乳喂养的孩子，比牛奶喂养的孩子大便次数多，而且也比较稀些。有一部分母奶喂养的孩子大便次数多，甚至达 7～8 次，但是一般情况好，就不算是病，也不需要治疗，等大点，神经系发育完善，也就好了。

◎ 新生儿发热不宜滥用药

新生儿发热时随便喂服退热片，会造成不良后果。

退热片需要中枢神经系的调节，才能发挥作用。而新生儿的神经系统发育不完善，体温调节机能差，对退热药物也是不敏感的。如果给新生儿服用退热药物，用药的剂量很难掌握，往往不能达到满意的退热效果，并容易引起新生儿黄疸和发生酸中毒。新生儿血液和红细胞里有一种酶，叫作高铁血红蛋白还原酶，它的活性比较低。如果服大量的退热药物，会使血液中的血红蛋白变成高铁血红蛋白，发生高铁血红蛋白症，使新生儿出现全身青紫等不良反应。新生儿发热时要先查明原因，千万不要随便服用退热药片。

◎ 新生儿不宜用酒精擦浴

人体生病发热时，酒精擦浴是常用的有效降温方法，但对新生儿发热却不宜应用。

新生儿皮肤薄嫩，皮下血管丰富，发热时全身毛细血管处于扩张状态，如果用 30%～50%酒精擦浴，酒精的成分主要是乙醇，乙醇极易被机体吸收，它在体内靠肝脏代谢，而新生儿的肝脏发育尚未完善，各种酶的活性均低，所以，乙醇成分很容易在体内造成积蓄中毒。患儿可表现为多睡、呼吸加深加快，常出现抽搐，严重者可波及延脑和脊髓,导致呼吸和循环功能衰竭,这是致死的主要原因。因此,新生儿发热时不要用酒精擦浴,可打开包盖的被子散热,若体温持续不退时,应尽快到医院就医。

◎ 新生儿胎斑不宜搓揉

有的新生儿出生后,可在背部、腰部、臀部出现紫红色或灰色胎斑,俗称胎记,边缘清楚,不高出皮面,按压时不褪色。有的家长说,胎记是送子娘娘打的胎记,经常搓揉可使其消失。实际上,纯属无稽之谈。

胎斑是色素细胞在皮肤内的堆积,不痛不痒,毫无症状,也不影响婴儿的发育。一般出生后一两年内大部分可以自然消失,慢者数年内可以烟消云散,不遗留任何痕迹。因此,新生儿胎斑不宜搓揉。

◎ 新生儿脐部肉芽肿不宜处治

大多数新生儿脐带脱落后,局部无红肿、无分泌物。但有个别新生儿脐带脱落后,脐部残存有慢性感染创面,经常有少许分泌物,局部皮肤可红,也可不红。或者有的新生儿因痱子粉等异物刺激,使得脐部形成息肉样鲜红色小肉芽,没有通道及孔,这就是脐部肉芽肿。

通常可用1%硝酸银腐蚀或保持局部清洁即可痊愈。不宜带新生儿到医院诊治,以避免不必要的交叉感染。

◎ 新生儿不宜使用外用药

婴儿应用外用药过量常会发生中毒事故。

因为新生儿的皮肤发育尚不健全,许多外用药容易穿透,特别是皮肤黏膜有创伤或发生炎症时,婴儿皮肤吸收药物更加迅速。婴儿应用外用药物过量而发生中毒事故并不少见。如用新霉素软膏引起耳聋;用皮质激素软膏发生全身浮肿;用硫酸阿托品滴眼引起超高热血蛋白症;用硼酸软膏引起呕吐、红斑、惊厥、肾损害;用水杨酸软膏引起呕吐、呼吸急促、嗜睡;用薄荷脑擦剂引起呼吸困难、紫绀；用红汞引起汞中毒；用 0.1% 高锰酸钾溶液冲洗剂引起严重的全身性皮炎等。因此，小儿的皮肤、耳、鼻、眼、口腔、肛门等部位需要使用外用药时，不论应用水剂、软膏、乳膏或粉剂，都要格外小心。必需应用时，应控制药物的浓度与剂量，使用的面积和次数等。在用药过程中还应该严密观察，以防由于皮肤或黏膜吸收了过多的药物而发生中毒。

◎ 新生儿生理性黄疸不宜治

有的年轻母亲看到小婴儿皮肤发黄，便惊慌失措，常为此求医，其实，这大可不必。

因为多数新生儿出生 2 ~ 3 天，可见皮肤逐渐发黄，重的可见巩膜发黄，尿布明显发黄，不易洗净，这就是医学上称之为新生儿生理性黄疸。一般经过 5 ~ 7 天则基本消退，早产儿消退晚些，最迟也不超过 2 ~ 3 周。形成黄疸的原因主要是体内胆红素产生过多及新生儿肝脏内酶发育不完善，影响了胆红素排泄的缘故。既然不是病态，当然无须服药治疗，只需供给充足的热量、糖及保暖即可。如果黄疸消退时间延长，超过 3 周，或黄疸逐渐加深，应及时到医院诊治。

◎ 新生儿阴道出血不宜怕

有一些女婴儿，在生后一周内，可出现大阴唇肿胀，或阴道流出少量黏液及血性分泌物，有假月经之称。这是新生儿早期出现的一种特殊表现，所以家长不必担心害怕。

这种现象，主要是胎儿受母体内雌激素的影响，使胎儿阴道上皮及子宫内膜处于妇女排卵前期状态。当胎儿娩出后，母体雌激素影响突然中断，使新生儿子宫内膜发生崩溃出血，造成类似月经一样的出血，这属于生理性阴道出血，无须治疗，只要注意外阴清洁，若血性分泌物较多，可用棉花蘸高锰酸钾水清洗外阴，不久即能自然消失。

◎ 新生儿产瘤血肿不宜治

有的妈妈，特别是第一次做妈妈的，看到新生儿头顶有一个圆圆的软软的瘤样隆起，便焦急不安，其实，这是不必要的。

因为不少新生儿通过狭窄的产道时，胎头受压部分的血液循环受到阻碍，时间一长，在受压较小的中央部分，也就是胎头的最先露出部分，会发生头皮下浆液渗出，形成局部水肿。早期破水，产程延长的情况下，容易发生。一般生后 1 ~ 2 天，就可以自行消失，不需治疗。头颅血肿是在头盖骨和包着头盖骨的骨膜之间出血，血液积存所致，出生后两三天左右可明显的见到，血肿吸收较慢，一般 1 ~ 3 个月左右就可消失，不需治疗，更不应用针刺，抽出血液，以免发生感染。

◎ 新生儿生理性体重下降不宜担心

如果小儿出生后每天过磅，就会发现第二、三天时体重反而要比生下来时少几两或半斤。有不少年轻母亲因此而惊慌失措，担心害怕，其实，这是大可不必的。

因为新生儿出生头两天吃的奶和水，比通过呼吸、出汗、小便、大便等排泄的水分及其他物质的重量要少而引起的。所以在生后 2 ~ 4 天有暂时性体重下降的现象，医学上称之"生理性体重下降"。一般体重下降最多不超过 300 克，生后第 4 ~ 5 天开始回升，7 ~ 10 天就能恢复到出生时的体重。当体重恢复后，随着日龄和吃奶量的增加，体重迅速增长，一般每天可增长 25 ~ 30 克，1 个月时能长 600 ~ 800 克，最多以不超过 1000 克为适宜。如果体重下降过多，或恢复过慢，就应查找原因。

◎ "沙袋育儿"法不宜取

在我国部分地区的农村，有一种用沙袋养育孩子的方法，就是当孩子出生后就光身放在沙土袋里，以沙代布，以袋代衣孩子吃、睡以及大小便都在沙袋里，每天更换沙袋里的衣服。有的孩子 2 ~ 3

岁仍在沙土里生活。其实,这种方法对婴儿的生长发育有严重的影响。

因为孩子的下身浸在沙土里,容易引起脐部和尿道感染,严重的还可导致败血症和破伤风。不仅如此,近年来,心理学家对此进行了调查分析,发现沙袋笨重,孩子活动受限,影响与外界环境及周围人的接触和交往,这些孩子的智力明显落后于非沙袋成长的同龄儿。专家们认为,这种"沙袋育儿"法对孩子体格发育和智力发育都不利,而且在沙袋生活越长、对孩子的身心发育的影响越大。因此,为了孩子的健康,应该让他们从沙袋中解脱出来,废弃这种育儿方法。

◎ 给新生儿不宜大办"满月"

在我国城市和农村有一个传统的习俗,为新生儿办"满月"。这是民间红白喜事中的一喜,人们将孩子生后 30 天作为"满月",这一天亲朋好友前来祝贺、道喜,宾客们都要到母婴房间里慰问,探望,聊家常,吸烟,喝茶,说说笑笑,很是热闹,主人则要大摆宴席招待嘉宾。殊不知,在这喜庆之余会给母子带来不利因素。

因为新生儿免疫功能差,抵抗力弱,家中聚集众人,尤其是母子房间里人多,加上吸烟,容易使室内空气污浊,使新生儿患呼吸道疾病如肺炎等;如果宾客中有病人或是处于潜伏期的病人,都会增加交叉感染的机会,对新生儿的健康是极不利的。此外,家里人忙于接待客人,对母子照料也会不周,这也是孩子容易发病的诱因。所以无论从节约和孩子健康考虑,都应改变这一传统习惯。

第四章　喂养与营养宜忌

◎ 喂奶的母亲宜注意什么

乳母的饮食起居及个人卫生，对哺喂婴儿的健康生长发育起着重要的作用。因此，应注意以下几个方面。

（1）"按需喂给"→基本原则：一般来说，第一二个月不需定时喂哺，此后按照婴儿睡眠规律可每2～3小时逐步延长至3～4小时1次，夜间逐渐停1次，一般2个月内每3小时喂1次，昼夜6～7次，3～4个月6次，每次哺乳时间15～20分钟。

（2）饮食内脂肪太多，则奶量少且浓，易引起婴儿消化不良；青菜及肉、蛋等吃得少时，奶汁的叶酸、维生素 B_{12}，含量极低，哺乳的婴儿易患大细胞性贫血；钙供给不足可导致母亲的牙齿、骨骼脱钙；辛辣食物及酒等皆不宜用。

（3）要多晒太阳，呼吸新鲜空气，保持精神愉快，生活规律，每日有充足的睡眠与适量的活动，这些是保证乳汁充足的重要因素。

（4）要经常洗澡，勤换内衣。每日要清洗乳房，防乳汁漏出而垫用的小毛巾每日应清洁更换数次，每日煮沸消毒1次。

（5）哺乳完毕将婴儿抱直、头靠母肩，轻拍其背，使吸乳时吸入胃中的空气排出，可减少溢乳。

◎ 婴儿啥时宜断奶

随着婴儿月龄的增长，母乳的量与成分已不能满足小儿生长发育的需要。适当增加一些辅助食品，并逐渐断奶是必要的。

一般地说月龄10～12个月是断奶最适当的时期，若母乳量多者也可适当延期。牛奶或代乳品缺乏的地方，可考虑在增加辅助食品的条件下，每日仍保留 1 ~ 2 次母乳喂养，直至一岁半至两岁，若遇炎夏，不妨延至秋季凉爽的时候再行断奶。

母亲在哺乳期来月经并非断奶的重要理由。产妇有时在产后 2 ~ 3 个月即来月经，经期内往往乳汁减少，且可发生婴儿消化不良等症状。但经期后哺乳的婴儿体重若能增长如常，不妨继续哺乳。如母亲患重病或怀孕，必须立即停止哺乳，因为继续哺乳母子都受损害。

断奶应该逐渐进行，婴儿从 4 个月开始可添加食品，从 6 ~ 8 个月起，哺乳次数可以先减去一次，而以其他食品替代，以后逐渐减去母乳至 2 岁再停止母乳。一定不要突然断奶，那样做不但影响孩子的生长发育，而且还可能使母亲乳汁滞留引起乳腺炎。

在断奶过程中，要注意保持婴儿的正常生活规律，按时吃东西，按时睡觉、活动等，千万不要一哭就给东西吃，以免引起消化不良。

刚断奶小儿的饮食，也不能完全和成人一样，因为小儿胃肠道消化能力较弱，选择的食物宜细软，易消化，味美清淡，富于营养。忌放刺激性调料，也不要多吃糕点、糖果等，进餐次数应比成人多 1 ~ 2 次，一般 4 岁以后饮食就可以和成人一样了。

◎ 婴儿断奶后宜吃的食品

1. 粥　由于粥的水分较多，所以把米煮软成粥。7 个月的乳儿即可吃软粥。

2. 面粥　把面粉放在牛乳和汤里，轻轻地煮而成面粥。

3. 蛋　离乳初期，可食蛋黄，过 8 个月可食整蛋。考虑到过敏，不要吃半熟蛋，必须使它融合在汤里，完全煮熟再吃。

4. 鱼　离乳初期，应食鲽鱼和比目鱼。但白身鱼和赤身鱼在脂肪多寡上有一定差异，因而对脂肪少的幼儿，最好多吃赤身鱼。还应吃晒干的小沙丁鱼，在将它下到开水里以前要把它剁成碎末。

5. 肉　7 ~ 8 个月的幼儿可食鸡胸脯的嫩肉，吃法也是要把它剁成碎末。罐头中的牛肉糊，离乳初期的幼儿可用。

6. 肝　肝的营养丰寅。可食罐头中的肝糊。

7. 豆 大豆制品的豆腐和蒸后发酵的大豆适于作离乳食。

8. 海螺 其营养丰富，适于炖食或烤食。

9. 麸子 它是由麸素多的小麦粉做成的含有优异蛋白质的食品。

10. 野菜 野菜除提供维生素和矿物营养素外，还有利于通便和肠内细菌的繁殖。多用叶菜和根菜，但青芋、马铃薯具有与谷类同样价值，町作为能源食用。

11. 水果 如果汁、果浆或未加工的鲜果等。香蕉助消化，糖分和能量多。

12. 牛乳 离乳后半期，它可代替粉乳使用，可增加蛋白质和钙，但几乎不含维生素 C，铁质也很少。乳糖含量低，故每 100 毫升牛奶中可加蔗糖 5 ~ 8 克。

13. 酸乳酪 其蛋白质易于消化。因带酸味，吃起来很舒服。乳酪在整个离乳期均可食用。

◎ 人工喂养婴儿宜注意什久

人工喂养是指没有母乳，用牛奶、羊奶、奶粉、豆浆或其他代乳品喂孩子。这虽不如母乳喂养好，但只要注意选择优质乳品及代乳品，并搭配合适，仍能满足婴儿生长发育的需要。

（1）选择乳品和代乳品时，应首选鲜牛奶，其次选择母乳化奶粉，或全脂淡奶粉。如果婴儿对奶类过敏，可用豆浆或含大豆类其他代乳品代替乳类。

（2）新生儿吃的鲜牛奶要加水稀释，即生后前 2 周，奶、水比例为 3 : 1，2 ~ 4 周为 4 : 1，满月后可吃不加水的全奶。

（3）喂奶次数和奶量根据个体差异适当增减。一般生后 1 周，每天喂 7 次，每次 40 ~ 60 毫升；生后 8 ~ 14 天，每天喂 7 次，每次 60 ~ 90 毫升；生后 15 ~ 28 天，每天喂 6 次，每次 90 ~ 120 毫升；生后 1 ~ 2 个月，每天喂 5 ~ 6 次，每次 120 ~ 150 毫升，开始喂全奶；生后 3 ~ 6 个月，每天喂 5 次，每次 150 ~ 200 毫升。

（4）鲜牛奶因含蛋白质较人乳高，但以酪蛋白为主，在胃内形成凝块较大，不易消化，因此要用文火煮开，既消毒又使蛋白质变性，易于消化。不要把奶煮得时间过长，因为牛奶中的蛋白质和磷酸盐长时间加热，会不同程度产生沉淀，还会使乳酸分解。

◎ 给婴儿宜添加什么食品

母乳是婴儿最完善的食品。但随着婴儿的生长发育，尤其从 5 ~ 6 个月以后，母乳无论在质和量方面已不能满足婴儿的需要，一般情况下婴儿可按以下方法添加辅助食品。

1 个月的婴儿需增加鱼肝油，最初每日服浓鱼肝油 1 ~ 2 滴，以后逐渐增加至每日 4 ~ 5 滴。

2 个月的婴儿可喂些青菜水、胡萝卜水、番茄水、钙粉水以及果汁等。每次 1 ~ 2 汤匙，每天 1 ~ 2 次。

3 个月的婴儿及时添加含铁量高的食物，如鸡蛋黄。

4 ~ 5 个月时可吃稀粥、烂面条、藕粉和少量鱼肉。

5 ~ 6 个月有的婴儿已开始出牙，可以加吃饼干、面包或烤馒头片等。

6 ~ 9 个月后则可以从流质到半流质再转到软食。食品种类也可以多样化，如蒸蛋羹、土豆泥、胡萝卜泥、菜末、豆腐、肉末、猪肝泥等都可以和粥一起吃。此外，小馄饨、烂饭等也可以逐步试喂，为断奶作准备。

1 岁时，一般容易消化的食物都可以吃，但要切得碎点，烧得软点，油少放些。

添加辅助食品还要注意，因人而异，除了按需要按月龄添加食品外，还要根据婴儿胃口大小而决定添加的量；食品种类应适宜一种后再加一种；密切观察饮食情况和大便消化程度，来决定增减。要注意饮食卫生。给孩子选择食用糖果糕点宜科学合理

科学合理地食用糕点、糖果，会促进孩子的生长发育，反之，则易造成不良后果。那么，怎样给孩子选择食用糕点、糖果呢？

首先应考虑到糕点、糖果的营养性。这要根据孩子的身体状况来选择。如孩子偏瘦，需重在补充蛋白质和热量，故可选择蛋卷、牛奶饼干、火腿、月饼、奶糖等；如孩子缺钙或患佝偻病，则最好

选择骨粉维生素饼干、鱼肝油饼干、蛋黄酥、钙质酥糖等；孩子消化不良，可选择消化饼干、山药粉饼干和话梅、山楂糖等。

其次，应注意糕点、糖果的清洁度。糕点、糖果多是由蛋类、牛奶、饴糖、麦芽糖、淀粉等制成，适于细菌生长繁殖，易发酵、腐败。购买时应注意产品出厂日期，挑选新近的及色味正常、包装完整的产品。发霉、变质一定不能给孩子食用。

另外，糕点、糖果亦有被污染上有毒化学物质的可能，购买时也应注意。如：对于用饴糖为原料的点心，最好选择麦芽饴糖制品，化学饴糖的不宜儿童食用。有些糕点、糖果常使用糖精、色素、香料等，这些物质无营养价值，含量过多的也不宜给儿童食用。

◎ 选购儿童食品宜注意什么

我国于 1990 年颁布实施了婴幼儿食品的强制性国家标准，大致有以下 4 类：①婴儿配方食品，作为婴儿的主食以代替母乳，其各种营养成分接近母乳。②断奶期婴儿食品，为断奶阶段母乳或婴儿配方食品不能满足婴儿营养需要而设计生产的。③婴幼儿强化食品，包括钙强化饼干、铁强化糖果和固体饮料，以及维生素 D 强化含乳固体饮料等。④婴幼儿辅助食品，包括苹果泥、胡萝卜泥、肉泥、骨泥、鸡肉菜糊、番茄汁等，一般适合 4 ~ 5 个月以上婴幼儿食用，以补充营养或与幼儿主食配合使用。

我们在挑选儿童食品时应注意些什么呢？①要注意厂家是否按国家标准生产，上述 4 类食品的国际代号为 GD1076510780 ~ 89，可以从包装标签上识别，同时还要注意生产日期、保质期限。②母乳是婴儿最理想的食物，没有特殊的情况，尽量不用代乳品。③了解断奶期食品的特点。④选用婴幼儿强化食品时，一定要掌握好食用量。过多食用强化食品，造成这些营养素的超量摄入是无益的，甚至还有害。

◎ 给宝宝宜做水果食品

大家都知道，水果中含有宝宝正常生长发育所需要的维生素 C，且酸甜可口,小儿都爱吃。孩子到 4 ~ 6 个月以后,除了给饮用果汁外,还可将水果进行加工,做成糊状制品,更适合婴儿食用。介绍以下几种水果食品制作方法。

1. 苹果泥　取新鲜苹果洗净去皮核,切成薄片,与适量白糖或蜂蜜同入锅煮,稍加点水,先强火煮沸后,中火熬成糊状,用勺子研成泥。煮 1 次应为食 3 天的量,开始每次 1/2 汤匙,以后逐增。小儿腹泻时吃点苹果泥有止泻作用。

2. 香蕉粥　取香蕉、牛奶各适量,放入锅内煮,边煮边搅,成为香蕉粥,关火后加入少许蜂蜜。这对小儿便秘尤为适用。

3. 西瓜糊　将西瓜去籽,用小勺在容器中研碎。对于夏天的孩子有消暑利尿作用。

4. 山楂酱　取山楂适量,洗净去核,与白糖、水共煮,煮至糊状,用勺研成泥,放凉后每天服用少许,有消食助消化的功用。

5. 梨酱　将梨洗净去核,切成薄片,与适量冰糖、水共煮,煮成糊状,研成泥。对咳嗽的小儿有一定功效。

6. 橘子糊　将橘子瓣去内皮及核,放入容器中,加入少许蜂蜜进行搅拌。其中维生素 C 的含量较高。

◎ 婴儿宜添加鸡蛋黄

婴儿 4 个月后,体内贮存的铁(是从母体经胎盘吸收的)已基本耗尽,单纯喂母乳或牛奶已经满足不了婴儿生长发育的需要。因此,需要添加其他含铁量较高的食物。鸡蛋黄是比较理想的食品之一。它不仅含铁量较高,还含有其他的营养物质;而且制作及添加也比较方便,下面介绍几种简单的家庭制作蛋黄的方法。

1. 牛奶蛋黄羹　取 1/4 ~ 1/2 个生鸡蛋黄,加入牛奶及肉汤各 1 大匙,混合均匀后,用小火蒸至凝固,用小匙喂给婴儿。

2. 牛奶蛋黄糊　取煮熟鸡蛋黄 1/4 ~ 1/2 个,热牛奶 1 大匙,少量食盐研碎,搅拌成糊状,用小匙喂给婴儿。

3. 豆腐鸡蛋羹　取 1/4 ~ 1/2 生鸡蛋黄,南豆腐及肉汤各 1 匙,盐少许,用小火边煮边搅拌至糊状,食前加入几滴香油。

⊙ 儿童进食宜定时定量

古人说："饮食适时,饥饱得中,一切疾病无认足"及"早餐吃好,午餐吃饱,晚餐吃少"。意思是三餐要定时,饥饱要适中一切疾病便难产生。这对正在生长发育的儿童尤为重要。

1. 定时 如果有固定的饮食时间,消化液的分泌和消化道的蠕动就会形成一种规律性的运动,每到固定饮食时间以前,消化液就开始分泌,胃就收缩,产生饥饿感而想吃,并已作好消化食物的准备。这时吃进去的食物就容易被消化吸收。与此相反,若经常给孩子吃零食,使孩子的消化道整天忙碌,得不到休息,等到正式吃饭时,反而不想吃了。久之,容易形成消化功能紊乱甚至引起疾病。

2. 定量 俗话说:"要想小儿安,三分饥和寒"。意思是说不能吃得太饱,吃七、八成就可以了。因为胃是肌肉组成的囊状物,有收缩性,有一定的容量,不仅胃中食物难与消化液充分搅匀接触,影响消化,而且食物亦难以推进排空,延长了食物在胃中停留的时间,有利细菌的繁殖、产毒,容易引起胃炎等疾病,还可引起胃病。

⊙ 小儿每日宜给多少水

小儿为适应生长发育的需要,每日对水的需要量要比大人多。3个月以内婴儿肾脏浓缩尿的能力不足,摄入蛋白质和盐过多,则由尿中排出,需水量就多;母乳中含盐量低,牛奶中含盐量高,故牛乳喂养的孩子需要量较多。

一般来说,年龄越小,需水量相对较多。每天应给婴儿喂 3 ~ 4 次水,每次喂水量随气候不同而适当增减。新生儿第一周每次喂 30 毫升;第二周 45 毫升;1 个月时每次喂 50 ~ 60 毫升;3 个月时 60 ~ 75 毫升;4 个月时 75 ~ 90 毫升;6 个月时 90 ~ 100 毫升;8 个月时 100 ~ 120 毫升。1 ~ 3 岁的孩子每日每公斤体重约需 120 ~ 150 毫升水,3 ~ 7 岁约需 90 ~ 110 毫升。

◎ 幼儿每天宜摄入多少蛋白质

除主食所供给的蛋白质之外，1 ~ 3 岁小儿每天需要 20 ~ 25 克蛋白质类食物，一个鸡蛋相当于 7 克蛋白质，20 ~ 25 克蛋白质相当于 3 ~ 3.5 个鸡蛋；4 ~ 7 岁小儿每天需 23 ~ 28 克蛋白质类食物，相当于 4 个鸡蛋。

当然不能给小儿每天吃 3 ~ 4 个鸡蛋。212 克鲜牛奶相当于一个鸡蛋，40 克瘦猪肉相当于一个鸡蛋，35 克肥瘦牛肉、64 克羊肉、33 克猪肝、40 克鲤鱼、159 克豆浆、95 克豆腐、27 克花生仁等都相当于一个鸡蛋所含的蛋白质。只要您的宝宝每天吃上相当于 3 个鸡蛋所含的蛋白质量的各种蛋白质类食物，这样的饮食就比较合理。

◎ 婴幼儿宜吃哪种脂肪

脂肪是人体的重要组成部分，是提供热能的最主要来源，婴儿每日需要脂肪约 4 克 / 千克，婴幼儿 35% 的热量是脂肪提供的，大豆油含丰富的亚油酸和亚麻酸，是比较理想的平衡的必需脂肪酸来源。此外，脂肪可以促进脂溶性维生素 A、维生素 D、维生素 E、维生素 K 的吸收和利用。那么小儿吃哪种脂肪合适呢？

脂肪分固体和液体两大类。固体脂肪多是动物脂肪类，如猪油等。它们之中所含的多为饱和脂肪酸，如亚油酸、亚麻油酸等。这是人体必需的脂肪酸，小儿易于消化吸收。故而在给婴幼儿配膳时，应使用植物油，以满足婴幼儿身体发育的需要。切不可用动物脂肪，尤其是牛、羊脂肪。

◎ 儿童宜多吃蔬菜

近年来，随着人们生活的提高，儿童饮食出现了一种错误倾向，那就是主食过于精细，辅食又以鱼、肉、蛋、奶为主，不能合理地做好精粗、荤素搭配。其中有相当一部分儿童少吃甚至不吃蔬菜，导致营养不平衡，食欲减退，影响儿童健康成长。

据调查 1000 个少儿厌食病例，其中不吃或基本不吃蔬菜的就有

723 个。这么多孩子不吃蔬菜其原因，与家长的喂养有关。小儿一天吃喝；全由大人安排，有的家长认为：孩子的健康和成长发育，只需精米白面加鱼、肉、蛋、奶就够了，至于蔬菜，吃不吃都无关紧要，日久天长，就在不自觉中形成一种不吃或少吃蔬菜的不良习惯。

其不知，蔬菜除含丰富的维生素和多种微量元素是人体发育不可缺少的营养物质外，丰富的纤维素还能通便利胃，促进胆固醇和脂肪排泄，保护肠黏膜，防止肠癌、肠炎、糖尿、肥胖、便秘、胆结石等多种疾病的发生，并有利于消化系统功能的发挥。从某种意义上说，蔬菜还有增进食欲、预防现代文明病之一"小儿厌食症"的作用。

中医认为"膏粱厚味有损于体，粗茶淡饭延年益寿"。这里说的"膏粱厚味"即当前有些家庭在对小儿喂养中片面追求的肥甘滋腻的一些高蛋白、高脂肪、高热量的食品；而"粗茶淡饭"意即粗粮蔬菜之类。可见"蔬菜"对正在成长发育旺盛时期的儿童，是不能不吃的！

◎ "鱼生火，肉生痰，萝卜白菜保平安"

胡萝卜是营养丰富，物美价廉的上乘蔬菜，我国人民常常称它为"小人参"，日本人则直接称它为"人参"。

胡萝卜最大的特点是营养成分中含有较多的胡萝卜素，胡萝卜素进入人体可以转化为维生素 A，而维生素 A 则是人体发育和维持生命不可缺少的营养素，对于发育中的儿童尤其重要。

维生素 A 主要功能一是维持上皮细胞组织的健康，如果缺乏它将引起皮肤干燥、毛囊角化；二是它能维持视功能，缺乏它将会引起雀盲眼，天一黑就看不清东西，并且还可能引起干眼病。

此外胡萝卜还含有蛋白质、糖类、钙、磷、铁、维生素 C、多种氨基酸和几十种酶，对人体都有大补益。

但是胡萝卜有股异味，有的孩子不喜欢，家长在让孩子吃胡萝卜前，应事先采取点办法：一是平时多对孩子讲解吃胡萝卜的好处，二是在孩子饿的时候给他吃，三是要做到多样化。这样孩子慢慢会喜欢吃它的。

胡萝卜有多种多样吃法，生、熟、煎、炒、烹、炸都可以，少用一点肉和土豆，胡萝卜一起炖是很好的一道菜；切丝、切碎拌凉菜、做馅也可以；和水果一道煮熟吃也会受孩子欢迎；用苹果、橘皮、胡萝卜煮烂（少加水）熬制果酱更是桌上常备菜，只是因胡萝卜素易溶于油脂中，所以吃胡萝卜时，应伴吃些脂肪才好。

◎ 儿童宜常吃猪血

猪血含有丰富的儿童生长所需要的营养物质。据测定，猪血的蛋白含量是猪肉蛋白含量的 4 倍，鸡蛋蛋白含量的 5 倍。每 0.5 公斤猪血蛋白质的营养价值相当于 2.5 公斤瘦猪肉。此外，猪血还含有丰富的铁、钾、钙、磷、镁、锌、铜等十余种微量元素。

缺铁性贫血是我国儿童的常见病，发病率高达 50% ~ 60%，贫血原因是膳食中铁主要来源于植物性食品，血红素型铁占的比重不足 10%，故膳食铁的吸收率较低。猪血中含有容易吸收的血红素型铁，因此，儿童多吃猪血能防治缺铁性贫血。

儿童处于生长旺盛时期，需要充足的营养物。儿童多食用猪血，能补充儿童生长所需的优质蛋白质，和新陈代谢所需的多种微量元素，还能防治微量元素缺乏症，使儿童健康成长。

我国猪、牛、羊、鸡、鸭、鹅等动物血源丰富，价廉且食用中毫无副作用，是儿童医食皆宜的优良食品。

◎ 孩子宜吃点粗粮

家长总希望让孩子吃到最好的营养品，在吃粮方面也是选择精米精面，殊不知，吃点粗粮会摄入较多的营养。

各种粮食中的营养成分各不相同，人体所需的 8 种氨基酸（婴儿需要 9 种），在各种粮食中所含的种类及数量各有不同。所以，粗粮细粮混合食用，可利用蛋白质的互补作用，提高蛋白质的营养价值，使孩子得到较多的氨基酸，粗粮中维生素和矿物质的含量较多，可增加其摄入量。

孩子可以吃些玉米面、小米，如玉米面粥、小米粥、两样面馒头、发糕、金银卷、二米粥、二米饭等。由于孩子的食量小，粗粮不宜多吃，以免引起消化不良。

除粗粮以外，还可以多吃些按标准加工的米、面。因为谷粒中所含的蛋白质、维生素、矿物质、脂肪等大部在谷粒周围部分和谷胚中，而谷体中则是淀粉，经过加工，谷皮及部分糊粉层被去掉，损失了其中一部分营养。越是加工精细的米面，虽然又白又细，但损失的营养成分就越多。因此，还是多吃点粗米粗面为好。

◎ 婴儿饮食咸味宜适度

许多父母在婴儿烹调食物时，都习惯以自己的口味来掌握咸与淡，这是很不科学的。婴幼儿饮食的咸淡不能以成人的标准来衡量，因为成人感到有咸味时，食盐的浓度需达到0.9%，而婴儿食盐的每日生理需要量为1克，新生儿仅需要0.25克。婴儿的主食人奶或牛奶，每500毫升分别含食盐0.15克或0.5克，已能满足婴儿的需要，不需要再额外添加。出生8～10个月后的婴儿，每天可喂1～2次稍有咸味的食物作为补充。不可过量，以免影响婴儿健康。

◎ 少年儿童宜多吃点碱性食品

一般讲来，是酸性食物还是碱性食物要根据食物中所含的元素来定。食物中含有各种元素，若食物中含有氯、硫、磷等元素，这种食物就是酸性食物，比如：肉类、鱼贝类、蛋黄等。如果食物中含有钾、钠、钙、镁等元素，这种食物就是碱性食物，比如：蔬菜、牛奶、水果等。

少儿时期正处于发育成长期，要特别注意酸性食品和碱性食品的调配。因为碱性食品所含的重要成分钙、钠、钾、镁是人体运动和脑活动所必需的四种元素，缺乏这些元素，就会直接影响脑和神经功能，引起记忆力和思维能力的衰退，严重的还会导致神经衰弱等疾病。因此，为了提高少儿的智力与健康水平，在保证摄入足量的蛋白质、结构脂肪等主要营养要素的前提下，可多吃些碱性食品。

◎ 孩子宜多嚼硬食

随着食品科学的不断发展，饮食也逐渐转为软食化，而硬食逐渐减少。这样一来，孩子在吃食物时也就不需充分地进行咀嚼运动，使得孩子的牙齿得不到食物的摩擦，造成牙垢积存，很容易引起龋齿和牙周病。此外，因咀嚼运动的减少，孩子的咀嚼肌得不到经常的锻炼，颌面部的肌肉群及下颌发育欠佳，牙齿也不牢固，久之，势必影响孩子的消化功能和正常的生长发育。据日本有关报道指出，吃软食过多的孩子，下颌不够发达，牙齿也不好，随之而来的是机能障碍性发育不良，长大成人后，易患胃病、偏头痛、肩膀发板等病症。

总之，孩子多咀嚼硬质食物是有好处的，它可以锻炼牙齿的韧性，摩擦和清洁牙面，从而促进牙齿的坚固度和预防龋齿及牙周病的发生，而且还可以促进下颌和面部咀嚼肌的正常发育，对孩子消化功能的完善及面部的美观都是有裨益的。

◎ 儿童健脑宜吃哪些食物

孩子长到七至八岁时，其脑的重量大概是成年人的百分之九十左右。在这个阶段，如给孩子多吃些健脑食物，对孩子大脑的正常发育是极为有利的。

那么，儿童吃哪些食物能健脑呢？

1. 鲜鱼　鱼特别是鲜鱼含有丰富的钙、蛋白质和不饱和脂肪酸，可分解胆固醇，使脑血管通畅，是最佳儿童健脑食物。

2. 蛋黄　蛋黄含有蛋碱和卵磷脂等脑细胞所必需的营养物质，儿童多吃些蛋黄能给大脑带来活力。

3. 牛奶　牛奶含有钙和蛋白质，可给大脑提供所需的各种氨基酸，儿童适量饮用些牛奶，也能增强大脑的活力。

4. 木耳　木耳含有脂肪、蛋白质、多糖类以及矿物质和维生素等营养成分，也是儿童补脑健脑的佳品。

5. 大豆　大豆含有卵磷脂和丰富的蛋白质等营养物质，儿童每天吃上一定数量的大豆或大豆制品，能很好地增强大脑的记忆力。

6.香蕉 香蕉含有丰富的矿物质，并含有数量很高的钾离子，儿童常吃些香蕉也有一定的健脑作用。

7.核桃 核桃含有钙、蛋白质和胡萝卜素等多种营养物质，儿童常吃些核桃有益智健脑的作用。

8.杏子 杏子含有丰富的维生素 A 和维生素 C，儿童多吃些杏子，可以改善血液循环，保证大脑供血充分，从而增强大脑的记忆力。

9.卷心菜 卷心菜含有丰富的维生素 B，儿童常吃些卷心菜，能够很好地预防大脑疲劳。

此外，小米、玉米、胡萝卜、金针菜、马铃薯、香菇、海带、栗子、黑芝麻、苹果、花生、洋葱以及动物的脑和内脏等也是较理想的儿童健脑食物。

◎ 儿童偏食宜综合治理

偏食是少年儿童的一种不良饮食习惯，是精神卫生偏异的一种表现。长期偏食可引起营养比例失调，造成肥胖、营养不良、贫血、抵抗力下降、智力低下，易患各种疾病。

对偏食孩子，有的只要稍加说服教育，即可纠正，但大多数偏食者较顽固，仅靠一般说服教育不起作用，应采取以下综合治理方法。

1.父母不要有偏食习惯 小儿模仿力很强，父母偏食而造成子女偏食的比例很大，尤其以母亲偏食所受影响最大。父母的饮食习惯影响着子女，这一点应引起偏食家长的重视，应言教身教，不偏食、不挑食。

2.经常说服教育 有些孩子不很任性，偏食又较轻，只要通过劝说、讲道理，即可收效。但劝说无效时，仍应避免采取强硬手段。

3.消除心理障碍 有的孩子对不喜欢的食物不肯吃，而大人硬要让其吃。这样做，久而久之会产生恐惧和逆反心理，即见到不喜欢的食物会有恶心、反胃的感觉。对这样的情况，大人无妨先让孩子任其自然一段时间，即不吃就不吃，顺乎自然，往往能获得意想不到的心理和生理调节作用。

4. 在烹调上下功夫　制作上使色、香、味、形方面来一些变化，往往具有令人鼓舞的效果。

◎ 儿童营养易受哪些因素影响

影响儿童营养有以下几种因素。

1. 文化因素　由于文化素质的影响，不少家长不能科学地喂养儿童，更有甚者不听儿童保健人员的科学指导，凭传统习惯行事，盲目购买补品，需要补充时又不及时购买，不知不觉地限制了营养素的摄入。

2. 经济因素　在贫困地区，儿童的食物往往较单调。有些人长年以大米和面糊喂孩子，这样势必满足不了儿童对营养的需求。

3. 环境因素　儿童进餐的环境以安静、愉快为好，心情不能紧张也不能兴奋，这样才能促进儿童的食欲。

4. 感情因素　拒绝进食常常是小孩用来表示气愤、不满等感情变化的一种方式（疾病因素例外）。对周岁以上的儿童，在吃饭时，家长态度应亲切，不要训斥孩子，以免造成儿童的感情波动。

5. 习惯因素　要培养儿童建立良好的饮食习惯。有的孩子吃饭时喜欢边吃边玩，左顾右盼；有的狼吞虎咽，或吃吃停停等，这些习惯都不利于儿童健康。

6. 体质因素　儿童体质的好坏，影响着他们的食欲。据研究认为，儿童精力旺盛的时候，其消化能力也加强，因此，要经常带儿童到户外活动和锻炼，这样有利于正常代谢，保证食物的摄取和营养的吸收。

◎ 初乳不宜丢弃

有些人受旧观点的影响，认为分娩后最初分泌的乳汁是"脏"的，或认为初乳很稀、没有营养价值而挤掉丢弃了，这是很可惜的。

初乳是指产妇在产后 5 天内分泌的乳汁。初乳不仅不"脏"，而且最富有营养，其中所含的免疫成分是以后的乳汁所无法比拟的。据测定，发现初乳中含有中性白细胞占 52.3%，单核巨噬细胞占

39.7%，初乳小体占 5.86%，淋巴细胞占 2.14%。这些细胞都具有一定的免疫功能，适合于新生儿迅速生长发育的需要。尤其是初乳中免疫球蛋白和微量元素锌的含量最高（产后第一天含量为成人血液中含量的 13.5 倍），免疫球蛋白对新生儿消化道和呼吸道黏膜有保护作用，能阻止病原体浸入，防止新生儿腹泻、感冒和肺炎；初乳中的生长因子，可促进未成熟的胃肠发育，并能防止致过敏的外源性物质的吸收。初乳还能促进胎粪排出，黄疸消退，可避免腹胀和致病的核黄疸。

由此可见，母亲的初乳虽数量少，但质量高，做母亲的一定要重视用初乳喂孩子。

◉ 母亲不宜轻易放弃母乳喂养

有的年轻妈妈能分泌乳汁，因为这样那样的原因，不愿给孩子哺乳，这是很可惜的。

我们应该知道，母乳在免疫学、营养学、生殖生理及心理学方面，都有着特殊的功能。母乳营养全面，所含的蛋白质、脂肪、糖的比例适当，且易于吸收和利用。母奶还含有帮助消化的酶和多量抵抗疾病的抗体。母乳含有大量的维生素如维生素 D、维生素 E 等，能促进婴儿各器官功能的发育。母乳中的矿物质以钙为主，还有少量的钾、钠、氯、磷、铁，可以调节小儿的生理功能。母乳能结合肠内过敏源，所以有抗过敏作用。母乳无菌，温度适宜，喂养方便。哺乳可通过神经内分泌反射，帮助子宫收缩，减少产后出血和并发疾病的机会，从而促进母亲健康。婴儿也可因哺乳得到母亲更多的照料和抚爱，这有利于婴儿智力开发，且可促进婴儿的生长发育。母乳喂养在心理教育上，也能起到良好的作用。母乳喂养，应该提倡。

◉ 有的母亲不宜哺乳婴儿

母乳喂养应大力提倡，但有些母亲是不宜给孩子喂奶。

（1）母亲患活动性肺结核、病毒性肝炎、痢疾、伤寒、HIV 感染时、CMV 感染等疾病时不宜喂奶。

（2）母亲患严重的心脏病、慢性肾炎、糖尿病和慢性消耗性疾病，如恶性肿瘤等情况时。

（3）母亲患癫痫症、严重性精神分裂症时，不宜喂奶。

（4）母亲患乳腺炎、甲状腺功能亢进和各种急性感染时，治疗期间不宜喂奶。以中奶或配方乳代替，并定时用吸奶器吸出母乳以防回乳，病愈后再继续母乳喂养。

（5）生下患半乳糖血症或苯丙酮尿症婴儿的母亲，应立即停止喂养婴儿。

◉ 有的婴儿不宜母乳喂养

母乳虽然是婴儿最理想的食物，但是有的婴儿却不适宜母乳喂养。

婴儿有母乳过敏症，哺母乳后发生过敏症状，多见者有黄疸、便稀，食欲不振，消瘦乏力，吸收不良综合征等，这种情况不宜母乳喂养。另外，婴儿患有先天性唇腭裂，不能吸吮奶头，当然也不能母乳喂养了。

◉ 乳母服药期间不宜喂奶

在哺乳期，母亲生病服药，这期间不宜母乳喂养。

因为有些药物进入母亲血液循环而从乳汁中排出的。由于婴儿对药物敏感，还能在其体内积蓄，所以对婴儿会造成很大影响。如乳母服用环磷酰胺，会抑制婴儿骨髓功能，引起白细胞减低；乳母口服甲硫氧嘧啶，婴儿可能产生皮疹或白细胞减少；乳母口服少量阿司匹林，容易抑制婴儿血小板功能，诱发出血；乳母口服四环素后可影响乳儿的牙齿发育；乳母口服氯霉素可影响乳儿骨髓造血功能；乳母口服异戊巴比妥、苯巴比妥等药，引起婴儿嗜睡、虚脱、出现全身瘀血等不良反应；乳母口服碘剂、甲巯咪唑、硫氧嘧啶等，会抑制婴儿的甲状腺功能；乳母服用泻药容易引起婴儿胃肠功能紊乱；乳母口服利舍平可引起婴儿嗜睡、鼻塞或腹泻。

因此，乳母生病时不可随便服药，必须请医生指导。若需长期或大量用药尤其是对哺乳或孩子健康有较大影响时，应停止哺乳。

◎ 牛乳不宜代替母乳

有的年轻妈妈本来能分泌乳汁，可却用牛奶代替哺乳。殊不知，牛乳虽然营养丰富，但所含的蛋白质难消化，含糖量低，对新生儿来说并不完全合适。

牛乳中蛋白含量虽然比人乳多 3 倍，但有 4/5 的蛋白质是酪蛋白，只有 1/5 是比较容易利用的乳白蛋白，而人乳中乳白蛋白占 2/3。酪蛋白所含的必需氨基酸较乳白蛋白少得多，且在胃中所结成凝块很大，且所含胱氨酸很小，不易消化吸收。牛乳脂肪含量和人乳基本一样，但挥发性脂酸为人乳的 7 ~ 8 倍，且脂肪滴大，缺乏脂肪酶难以消化，而必需的脂肪酸的含量却较人乳少，其营养价值不如人乳。牛奶中乳糖的含量比人乳少得多，只有 4.5%（人乳含 7.5%）以早型乳米餐为主，可促进大肠杆菌生长，这不符合婴儿的需要。牛乳中的矿物质比人乳高 3 倍，它在胃中起着缓冲作用，使胃酸度降低，妨碍蛋白质在胃中消化。并且增加肾脏的溶质负荷，牛乳矿物质中钙、磷比例不适当，含磷多，磷易与酪蛋白结合而影响钙的吸收，所以喂牛奶的婴儿易得佝偻病。由此可见，牛奶喂养不如母乳喂养。

◎ 婴儿不宜单用羊奶喂养

羊奶虽然也是喂养婴儿的良好食品，但长期单纯喂养羊奶，羊奶含钠少、氯多、维生素 D、铁、叶酸和维生素 B_{12} 含量较牛奶低，可造成贫血。

羊奶含维生素 B_1 比牛奶少，叶酸含量更低，如果长期单喂羊奶，孩子就会因叶酸及维生素 B_{12} 缺乏，引起细胞核内脱氧核糖核酸合成减少，使红细胞的增殖及分裂时间延长，红细胞的生成发育缓慢，而造成贫血。此外维生素 B_{12} 缺乏，还可使婴儿出现神经和精神症状，表现为智力落后。长期用羊奶喂养孩子，要注意添加含有维生素 B_{12} 及叶酸的辅食，如新鲜绿色蔬菜汤、果汁、动物肝、肾等。

◎ 婴儿不宜单喂牛奶

婴儿单喂牛奶会出现贫血。

婴儿出生 6 个月后，迅速生长发育过程中，需要大量的钙质。这就需要从食物中摄取，而牛奶虽含有多种营养成分，但所含的铁质却很少。据测定，市售的牛奶每千毫升中仅含 0.15 毫克的铁，而 1 周岁的幼儿每天须从食物中获取约 6 毫克的铁，才能满足机体发育生长的需要。显然，婴儿单喂牛奶，很容易引起缺铁性贫血。单用牛奶喂养婴儿，要注意补充其他营养品，才有利于婴儿健康发育。

◎ 牛奶不宜加入米汤喂孩子

有的家长想给孩子多增加些营养，常常将牛奶掺入米汤、米粥中给婴儿吃。这种做法不科学。

国外有人做过试验，将牛奶与米汤混掺后，分别置于各种温度下，结果大量的维生素 A 损失。食品学记载：维生素 A 不宜与淀粉混合就是这个道理。如果婴儿长期摄取维生素 A 不足，会造成孩子发育迟缓，体弱多病。所以，喂养婴儿时，最好把牛奶与米汤分开吃。

◎ 小儿不宜空腹喝牛奶

有的父母每天让小儿空腹喝上一杯牛奶，认为这对孩子增加营养大有好处，其实并非如此。

小儿空腹喝了牛奶，胃肠蠕动就快，在胃肠内停留时间短暂，不能与胃液发生充分的酶介作用，牛奶中的营养成分还未来得及消化就进入大肠，不能被充分吸收，反而失去了它的营养价值。而且牛奶中的氨基酸在大肠内被腐成有害物质，还会危害健康。因此，孩子喝牛奶前，最好先吃些淀粉类食物，如面包、饼干、馒头等，这样可以使牛奶在胃内停留时间延长，有利于发挥其营养作用。

◎ 儿童不宜长期喝牛奶

牛奶虽然含蛋白质、脂肪很高，放出的热量也多，但对儿童来说，缺点也不少。如前面所说牛奶酪蛋白多，易在胃中形成大凝块，难以消化；牛奶含挥发性脂肪酸比较多，刺激胃肠。另外，牛奶容易受细菌污染。

儿童长期喝牛奶，最易患皮炎，一到冬天皮肤变得粗糙，瘙痒得睡不安宁，引起食欲减退。牛奶中还含有大量供牛骨骼生长与肌肉发育的无机盐和蛋白质，这可造成儿童代谢紊乱。同时，经常喝牛奶会使儿童减少其他食物摄入量，造成铁质不足，虚胖，贫血。长期食用过量的蛋白质，能使儿童体内由于维生素 B 族的减少，导致缺钙、铬，使儿童发生近视。牛奶喝得太多，还会使体内钙磷比例失调、降低牙齿的抗酸能力，容易患龋齿。

因此，儿童喝牛奶的同时，要注意及时合理地添加其他食物及多种维生素，以促进消化吸收。

◎ 牛奶不宜用保温瓶存放

有的妈妈把煮沸的牛奶存放于保温瓶内，准备随时喂随时取，但往往存放时间过长，并不知道婴儿喝了放置时间过久的牛奶对身体不利。

牛奶是含蛋白质丰富的食品，随着时间延长，瓶温度逐渐下降，在温度适宜时，保温瓶上部空气里的细菌，或开盖后进入的细菌就会大量繁殖使牛奶腐败变质。若婴儿喝这种腐败变质的奶后，会引起腹痛、腹泻，甚至中毒。因此，牛奶长时间保温是不适宜的，最好是随吃随煮，以防发生中毒。

◎ 甜炼乳不宜作婴儿主食

有些母亲在自己奶少或无奶时，常用甜炼乳作为婴儿的主食，这不利于婴儿的生长发育。

甜炼乳是鲜牛奶浓缩至原容量 2／5 后，加入 40％的白糖配制而成的一种乳制品。饮用时，将炼乳加水一倍稀释即成一般鲜牛乳浓度，由于炼乳含糖量太高，婴儿因太甜往往难以接受，且易发生腹胀和腹泻，并导致婴儿早期心血管硬化及视力减退等病症。若用

5 倍水稀释，使糖浓度达到正常标准，则炼乳中的蛋白质和脂肪含量同时被冲淡了 5 倍，大大降低了营养价值，不能满足婴儿的需要，长期以此为主食喂养，势必造成婴儿体重不增加，甚至消瘦。

◎ 奶粉不宜用滚开水冲调

有的父母给婴儿冲调奶粉，习惯用滚开水，以为这样"化得快"，其实，这样营养成分会遭到破坏。

奶粉的主要成分是麦精、油脂、蛋白质、葡萄糖等，这些不少营养素很容易在高温作用下发生分解、变质而遭到破坏。这样，婴儿就难以从中获得较为全面的营养了。实验证明，当奶粉加热到 60℃ ~ 80℃ 的时候，其中某些营养成分已经变质。为了保存更多的有效营养成分，一般只需温热（约 40℃ 左右）开水调匀，即可饮用。

◎ 奶粉冲调不宜过稀或过浓

有奶粉喂养婴儿时，需加一定比例的水分，奶粉冲调过稀或过浓，对婴儿健康有一定影响。

因为奶粉冲调过于稀薄，会使婴儿摄入的实际奶量不足，造成婴儿的营养不良，严重时还会导致饥饿性腹泻。如果过于浓稠，长期食用会造成婴儿消化不良，而且过浓的鲜牛奶中含较多的无机盐，婴儿的肾功能尚未完全成熟，摄入过多的无机盐会加重肾脏的负担。所以，用奶粉喂养婴儿时，加水比例要恰当。若以重量计算，则奶粉与水的比例为 1：8；以容量计算，两者的比例为 1：4。

◎ 麦乳精不宜代替奶粉

有些父母常用麦乳精代替奶粉，从医学观点看，这种做法是错误的。

奶粉的主要成分是蛋白质，它是婴儿生长发育的必要物质；而麦乳精的主要成分是麦芽糖、糊糖、蔗糖、少量的乳制品等，其中所含的蛋白质和脂肪，大约只有奶粉的一半。如果要冲成与奶粉一样的甜度，就比奶粉多加一倍的水，蛋白质就更少了。食用麦乳精只能增加热量，不能供给婴儿机体足够的营养。

◎ 母亲不宜躺着给婴儿喂奶

除分娩后最初几天乳母可采取半卧位哺喂外，一般宜采用坐位。有的母亲喜欢躺着给婴儿喂奶，这种习惯弊病很多。

母亲躺着给婴儿喂奶时，母子均须侧卧，容易使乳房堵住孩子的口鼻而发生危险。躺着喂奶更易发生吐奶，且呕吐的奶多从鼻腔漾奶，若将漾出的奶吸入呼吸道，可引起呛咳和呼吸道炎症。由于躺着喂奶和吸吮动作，鼻腔中的分泌物可通过咽鼓管进入中耳，易引起中耳炎，重者可造成听力障碍，影响婴儿的语言学习。婴儿在躺着吃奶时，吸吮动作不平衡，下颌骨向前运动，上颌骨得不到正常吸吮动作刺激，久之，会影响孩子的面部发育。

所以，当给婴儿喂奶时，最好是坐在单背椅上，哺乳一侧脚稍放高，把婴儿斜座位，其头、肩枕于哺乳侧的肘弯，让孩子头高脚低呈"斜坡位"，一手抱孩子，另一手的食指和中指夹着奶头手掌托住乳房，上面的食指向下稍压，这可避免乳房堵住鼻孔和奶水喷出过猛，也可减轻母亲的疲劳。喂后再把孩子抱起头部紧靠在母亲肩上，用手轻轻拍打背部，待孩子打嗝后，再把孩子放在床上，易右侧卧位，以利胃排空，防止反流式吸入造成窒息。

◎ 奶嘴眼不宜过大或过小

有的母亲在新的奶嘴上用剪刀开孔，也有的用小针扎眼，这样奶眼大或小，妨碍婴儿吸吮。

奶嘴上的孔洞太大太多，奶汁极易吮出，会造成小儿吸力不足，容易引起呛咳，而且奶汁流到胃里积成大块，不易消化；奶眼过小，奶汁不易吮出，会造成过度用力吸吮。不论是奶眼过大或过小，时间长了，都能造成婴儿脸部畸形。因此，人工喂养，应根据奶嘴的奶眼大小或奶的稀稠来适当调整。加水稀的奶，奶眼宜小；纯奶或奶粉等奶眼宜大。一般是将奶瓶倒置，瓶内乳汁能经奶眼自然地间断滴出，这时的奶眼最为合适。开奶头孔时，可以用锐利的尖剪刀，在奶头中央剪一个"十"字形，横直各 5 毫米。这样开孔有利于在吮吸时随力量大小而伸缩，自动调节奶流量，不致引起呛咳，不吮吸时，孔自然封闭，灰尘不会进入瓶内。

◉ 母乳喂养时间不宜过长

尽管母乳是婴儿最理想的天然营养晶，但并不是喂奶时间越长越好。每次哺乳时间刚出生时 15 分钟左右，1 个月后 10 分钟左右即可。

各阶段母乳的成分在不断变化，产后 12 天内初乳汁含脂肪较少，含蛋白质多且以球蛋白为主，还含有大量的抗体和维生素 E、维生素 D。产后 13 天到满月的过渡乳汁中，含脂肪较多，含蛋白质和矿物质渐少。产后 2 ～ 9 个月的成熟乳汁中蛋白质、脂肪、糖、矿物质和微量元素的含量均比牛奶多，且有利于吸收。母乳这些成分的改变，是符合婴儿生长需要的。但产后 10 ～ 20 个月的晚乳汁的量和营养成分都有减少，远不能满足孩子的需要，而且还缺乏一定的营养素。例如晚乳中含铁、钙、磷及维生素 D 都很少，如果人乳喂养太久，又不能及时添加辅食，可造成小儿食欲减退，体重减轻，发生各种营养缺乏症及贫血。小儿吃奶时间不宜过长，一般认为 10 ～ 12 个月时断奶较为合适。

◉ 什么季节不宜断奶

婴儿按时断奶是必要的，但在天气过冷、过热或婴儿患病期，不宜断奶。

炎热的夏季和寒冷的冬天，婴儿的消化能力比较弱，抵抗力差，若一断奶会改变饮食习惯，容易发生消化功能紊乱，引起拉肚子。如果婴儿正在生病期间，断奶后改换其他食物，容易造成消化不良，使病情加重。因此，遇气候炎热须延至秋季凉爽的时候断奶，婴儿患病应待病愈后再断奶。

◉ 哺乳期来月经不宜断奶

有些人认为，妇女在哺乳期来月经后，乳汁有毒和缺乏营养，不宜再喂孩子，这种说法没有科学根据。

大家知道，母乳是婴儿的最理想的天然食品。在正常情况下，产后 11 天至 4 个月为母乳质量最高期。哺乳妇女来月经后，只是乳汁比平时浓缩，乳汁内脂肪减少，而蛋白质增多。这种乳汁对婴儿并无害处。月经过后，乳汁又恢复正常。为避免乳汁浓缩和成分改变，哺乳妇女只要在月经期多喝点开水、多吃些鱼类、牛奶、禽类和菜汤即可。因此，产后哺乳期来月经后不必为孩子断奶。

◎ 断奶不宜过猛

有的母亲平时不做断奶的准备，想断奶时，在乳头上涂点苦的、辣的东西来恐吓婴儿，引起婴儿哭闹不安，这种突然断奶的办法是不可取的。

常见的是婴儿一下断奶，突然改变饮食习惯，容易引起腹泻。所以，给孩子断奶必须逐渐进行，慢慢地用辅食代替母乳。从婴儿 3 ~ 4 个月开始，可加米汤、菜汤；5 ~ 6 个月加米汤、面糊、蛋黄；7 ~ 9 个月加米粥、烩面、肉末、豆腐、饼干，10 ~ 12 个月加米饭、面条、肉末、蔬菜、豆腐等。随着饭食逐渐增加，喂母乳次数也就逐渐减少，至 1 岁左右亦可完全断奶，吃儿童饭食。在断奶期间、乳母可能有乳胀现象，此时应少喝水，并将乳汁挤掉，或煎中药炒麦芽 60 克每日服 1 次，连用数日后即可回乳；或陈皮（约 1 个）水一碗煎服也可。

◎ 哺乳妇女不宜喝麦乳精

有的人为了给产妇增加营养，用麦乳精作为补品服用，结果抑制了乳汁的分泌，影响对婴儿的喂养。

麦乳精是以麦乳糖、乳制品及糊精为主要原料制成的。麦芽虽然营养丰富，但它是一味中药，有退乳作用，使乳汁渐少而回乳。所以哺乳妇女不宜饮用。哺乳期妇女可以吃些鲫鱼、鸡、蹄膀等炖汤，既有营养又增加乳汁。

⊙ 大人不宜嚼食喂孩子

常见有的妈妈把食物放到自己嘴里，仔细嚼烂后用舌头递到婴幼儿口中，这种做法对小儿的生长发育极为不利。

食物在大人嘴里咀嚼的过程中，所含的蛋白质、脂肪、淀粉等营养物质，无形中大部分已被大人咽下肚里，剩下的多是一些残渣，远满足不了小儿生长发育需要的营养。如果孩子只靠咀嚼过的食物，会使口中的唾液分泌物逐渐减少，日久引起消化功能减退，降低食欲。另外，这种做法也很不卫生，如果妈妈患有某种疾病，通过口嚼喂食物，病菌或牙垢上的杂菌就会直接进入孩子体内，就成为传染疾病的直接原因。

⊙ 给婴儿喂奶不宜无时

有的母亲给婴儿喂奶从来不论时间，或者一哭就喂，这种习惯应该改变，给婴儿无时的喂奶，虽每天吃奶的次数不少，但没有哪一次吃饱，时间久了，会造成婴儿消化功能紊乱，损害健康。所以，为了有利于婴儿的消化和吸收，按照生理调节机制，婴儿胃肠道每3小时分泌一次消化液，故日间喂奶时间以隔3小时为宜，每日喂奶5～7次，婴儿每次15～20分钟，1个月后10分钟左右即可，一次吃饱。夜间6～7小时喂一次，4～5个月的婴儿夜间也不必喂奶，有利母婴的睡眠和休息。母亲应该注意从一开始就要养成定时喂奶的好习惯，千万不要无时间的喂，以免引起婴儿的消化不良。

⊙ 婴儿吃奶不宜代替饮水

有人认为母奶或牛奶都是液体，婴儿吃了奶就不必再喂水了。要知道吃奶不能代替喂水。

奶中虽然有水，由于婴儿肾脏发育尚未成熟，功能较弱，远远不及成人，单靠奶中那一点水分，是不可能帮助婴儿把奶中蛋白质和无机盐代谢的废物，完全排泄出体外的。另外，婴儿体内的体温调节和新陈代谢，需要大量的水。因此，婴儿除吃奶以外，每天必须给婴儿适量的白开水或菜汤水，时间最好在两次喂奶的中间喂水，牛乳含蛋白质和电解质较多，人工喂养儿所需水量较人乳喂养儿多。

◎ 婴儿喂食不宜过饱

有的家长在给婴儿喂饭时，不顾孩子反抗，如填鸭似的直往嘴里塞。认为吃下去就好，结果损伤脾胃而招致疾患。

婴幼儿消化器官功能发育尚不完善，胃酸分泌较少，肠蠕动缓慢，消化机能弱。如果给婴幼儿喂食过饱，大量的食物停滞在胃肠道，产生胸闷腹胀，吞酸噫腐等异常刺激，引起消化紊乱和消化不良，严重者，还可发生消化系统失用性萎缩。因此，要想孩子身体好，不在于吃得多，而在于吃得合理，即吃下可满足身体成长所需要的食品，吃得均衡。

◎ 婴幼儿不宜单吃素

婴幼儿长期吃素会影响生长发育。

婴幼儿正处在身体全面发育的关键时期，体内需要的各种营养，也必须从食物中全面摄取。如果小儿长期不吃荤食，体内的维生素B_{12}就不足，这样会影响体内血红细胞的产生。不喝牛奶的儿童，一般都缺钙，容易发生佝偻病。调查资料表明：吃素食的人比吃杂食的人长得矮，特别是5岁以内的儿童更为明显。因此，在婴幼儿中不仅不能提倡吃素食，相反，还应特别注意让孩子多吃一些鱼肉荤腥。

◎ 哪些食品婴幼儿不宜吃

婴幼儿处于生长发育较快的阶段，为婴儿提供的食品要从易于消化吸收，有利于身体生长发育及安全等方面考虑。

婴幼儿不宜吃以下食品。

（1）含脂肪和糖太多的食品，如巧克力、麦乳精等。

（2）多油，煎炒，油炸食品及糯米制品，如元宵、粽子、年糕等，这些都是不易消化的食品，吃后容易造成胃肠功能紊乱。

（3）刺激性较大的食品，如辣椒、胡椒、大葱、大蒜、生姜、酒、浓茶、咖啡等。婴幼儿吃了这些食品，容易损伤娇嫩的口腔、食道和胃黏膜。

（4）含粗纤维多的食品，如芹菜、韭菜、黄豆芽等，这类食品会增加粪便体积，缩短通过时间增加粪便量及排便次数。

（5）小贩出售的自制食品，如糖葫芦、棉花糖、爆米花等，这些食品中加有不符合食品卫生的色素和糖精等，吃后对婴幼儿的身体有害。

（6）小粒食品，如花生米、炒豆、瓜子、葵花子等，当婴幼儿哭笑时，这些小粒食品易误入气管而发生意外。

◉ 婴儿喂食不宜过甜

糖是不含钙的酸性物质，经常多吃甜食，除酸可侵蚀牙质容易引起龋齿外，更严重的是消耗孩子生长所必需的钙。大家知道，人体内的体液呈弱碱性，由于甜食是酸性食物，过多地摄入人体，体液就会发生相应的改变，而机体调节机能会想方设法迅速恢复体液原来的弱碱性，否则，新陈代谢就会发生紊乱。然而这一恢复过程需要消耗体内大量碱性物质——钙才能完成。据分析，摄入 6 克糖需消耗相当于 1500 克牛奶的含钙量。若大量的钙被消耗，就严重影响孩子骨骼的生长发育。此外，多吃甜食还可以影响机体对食物中其他营养素的摄入和吸收，是造成婴儿营养不良的因素之一。为使孩子健康成长，平时不宜过多的吃甜食。

◉ 婴儿的食物不宜太咸

有些家长在喂辅助食品时，往往以自己的味觉为标准来调剂食物的咸度，这样会导致婴儿吃入盐分过多，损害健康。

盐是人体维持生命所必需的，由钠和氯等元素构成，这些成分在人乳、牛乳中都含有，已足够婴儿生长发育的需要。如果婴儿辅助食物过咸，就会使体内钠离子增多，婴幼儿的肾脏发育尚未成熟，没有能力排除血液中过多的钠，钠使水液储留于体内，导致血液"膨胀"，从而使血液内压增加，易发生血管疾病。另外，钠离子有驱逐钾离子的作用，使钾离子从尿中丧失，从而体内钾离子也相对减少。钾离子对心肌有张弛作用，它的减少能引起心脏肌肉衰弱，甚至发生猝死。美国女营养学家阿德尔·戴维丝认为，所谓"婴儿摇篮死亡"，可能就是由于给婴儿过多的钠所致。

◎ 婴幼儿不宜多吃菠菜

有人认为菠菜中含铁多，是补"血"的，就鼓励孩子多吃。其实，菠菜中的铁不但利用率很低，而且多吃后，还会影响孩子骨骼及牙齿的发育。

菠菜里含有大量的草酸，草酸在体内遇到钙时，极易生成不溶解的物质——草酸钙。钙质变成草酸钙后，人体便无法吸收利用了。婴幼儿正处在生长发育阶段，骨骼和牙齿主要靠钙生长，所以特别需要钙。如果经常给婴幼儿吃菠菜，便会造成钙质缺乏，引起佝偻病、手足抽搐或牙齿生长不好等。

◎ 给婴儿不宜盲目食用强化食品

婴儿出生后的食品，主要是母乳或乳类制品。随着年龄的增大，将逐渐以米、面等粮食制品为辅食品。于是，把一种或几种营养素加工合成某一种食品，这种方法称为"强化"，生产的食品称之为"强化食品"。

婴儿需要强化的食品，如食赖氨酸和钙强化的面包、饼干；强化铁的食品，除给婴儿添加含铁的辅食外，还可吃强化铁的糖、饼干、藕粉；还有强化维生素 D 的食品。

婴儿食品如不加选择地强化或强化过多，其结果恰恰适得其反。如果食用强化了过多铁的食品，就会妨碍食欲，并可出现腹泻，肝和胰的机能发生障碍等。如果食用强化了过多维生素 D 的食品，也会发生中毒，出现无力、恶心、呕吐、腹泻，严重者可有肾脏或血管钙化等，后果甚为严重。强化食品虽好，但不能盲目食用。

◎ 婴幼儿不宜吃鸡蛋清

半岁以前的婴幼儿吃鸡蛋清，易发生过敏反应。

婴幼儿消化系统发育尚未成熟，肠壁的通透性较高，而鸡蛋清的分子很小，可透过肠壁直接进入血液中，容易导致对异体蛋白分子发生过敏反应，出现荨麻疹、湿疹等疾病。所以，不足半岁的小儿不宜吃鸡蛋清。

◎ 婴幼儿不宜多吃鸡蛋

有些家长为了让孩子长得健壮，就千方百计地顿顿给婴儿吃鸡蛋，要知道，吃之过多，会给婴儿带来不良后果。

由于婴儿胃肠道消化功能发育尚未成熟，各种消化酶分泌较少，过多的吃鸡蛋，会增加孩子的胃肠负担，引起消化不良性腹泻，或胃肠功能紊乱。婴儿吃鸡蛋过多时，还会使体内含氮物质堆积，引起氮的负平衡，加重肾脏负担，导致肾脏疾病。

营养专家认为，1～1.5岁的婴儿，最好只吃蛋黄，而且每天不能超过一个，1～2岁，可以隔日吃一个蛋（包括蛋黄和蛋白），年龄稍大一些后，才可以每天吃一个蛋。对肠胃不好的婴孩，可以把蛋黄煮成流质，拌粥拌面条一起喂食。婴孩出现消化不良时，最好暂时不吃鸡蛋。

◎ 婴幼儿不宜饮茶

饮茶能提神明目，帮助消化，大有裨益。然而婴幼儿饮茶，却没有好处。

茶叶含有咖啡因、单宁酸、茶碱等成分。这些物质对孩子的生长发育有一定的影响。单宁酸能刺激胃肠道黏膜、阻碍肠道吸收营养物质，日久就会造成营养障碍和贫血。小儿生理睡眠时间较长，3岁以下13～15小时，饮茶使小儿兴奋性增高，影响正常睡眠。咖啡因等物质，能促使心跳加快，会使心脏受到损害。同时，小儿饮茶后，排尿量增多，增加肾脏的负担。还会刺激胃酸分泌而引起腹胀，减慢肠蠕动，引起便秘。因此，不要给婴幼儿饮茶，以喝开水为好。

◎ 婴幼儿不宜吃果子露

婴幼儿常吃果子露，会妨碍身体健康和智力发育。

果子露是人工合成的一种饮料，主要是白糖和水，再加入少量人工合成色素、香精、糖精、柠檬酸等。有些果子露中，甚至含有酒精。这些成分中除了糖能供人体部分热能以外，其他几乎没有营养价值，某些成分对人体还有害。如合成色素大多是用煤焦油为基本原料制成的，它不仅有毒，而且还有致癌作用。我国食品添加剂卫生管理办法中明确规定，婴幼儿食品中不得使用色素和酒精。因为婴幼儿的身体发育尚不完善，肝脏的解毒功能和肾脏的排泄功能较低，对这些物质不能像成人一样尽快排出，食后很容易发生毒物积蓄现象，影响婴幼儿体内的新陈代谢，妨碍健康和智力的发育。

◎ 婴幼儿不宜吃刺激性食物

古人说，过多食用厚味，会生湿、生热、生痰。因此，甜、酸、辣、咸等刺激性食品，吃了都会影响胃口，妨碍消化，导致疾病。

娇嫩的婴幼儿，由于胃的发育尚未完善，消化能力较弱，如果吃了刺激性较大的食品，如辣椒、胡椒、大葱、大蒜、生姜等，很容易损伤口腔、食道和胃黏膜而引起疾患。孩子的饮食宜清淡、宜软、宜碎。

◎ 婴幼儿不宜吃有根茎的食物

婴幼儿过多的吃带有根茎的食物，容易引起腹泻。

婴幼儿一般不像成人那样，对食物咀嚼的很细，有时形象咀嚼，其实是囫囵吞食，若让孩子吃进肚里有根茎的食物。如芹菜、韭菜、黄豆芽、苋菜、咸菜等，这些菜都含有许多粗纤维，会增强婴儿的胃肠蠕动，常常引起腹泻。

◎ 孩子不宜偏食

偏食是一种不良的摄食习惯，对孩子的健康危害甚大。

孩子的生长发育，必须有各种营养物质（蛋白质、脂肪、碳水化合物、维生素和矿物质）参加机体代谢。而这些营养物质是靠多种食物有不同的营养供给。如果孩子因偏食而造成某些营养成分缺少，则会直接影响孩子的发育成长，又容易患各种疾病。比如缺少蛋白质的摄入，会直接影响人体的发育成长，特别是大脑和智能的发育；缺乏脂肪，皮肤会变得粗糙，易患干眼病和佝偻病；缺乏碳水化合物，血糖会降低，影响其他营养素的消化吸收和作用；缺少维生素会得各种疾病，维生素 A 的缺乏会得夜盲症，维生素 C 缺乏易得坏血症，维生素 D 的缺少就会得软骨病等。缺乏维生素和矿物质水，对身体的危害就更严重了。

纠正孩子偏食要耐心，把孩子不爱吃的食物，做成不同颜色、式样的食品，以引起孩子兴趣。对懂事的孩子，通过讲道理的形式，切不可训斥、打骂，每个孩子偏食的原因都是不一样的，需明确原因才能有效纠正孩子的偏食习惯，有些孩子要到医院的儿童门诊就诊，进行详细的体检和辅助检查，如肝肾功、微量元素及免疫功能。明确有无营养性缺铁性贫血、缺锌、铅中毒等，也可选用一些健脾开胃的中成药，适当运动等。

◎ 孩子早餐不宜凑合

有些家长以为，孩子早餐凑合一下，中午吃得好一些就补上了，其实，这不合孩子的生理要求。

在学校一般上午课程多，孩子的身体尤其是大脑需要能量特别多，能量提供靠近入体内的食物提供的。如果早餐不足，一、二节课后就没有食物可继续提供热能了，这时，身体为了维持一定血中葡萄糖水平，只有开始动用肝细胞中的肝糖原，把它分解成葡萄糖以供应大脑等器官生理活动的需要；动用肌肉组织中的肌糖原，来满足肌肉本身的能量需要。这就是说身体在消耗自己的脂肪和蛋白质了，对正在长身体的孩子来讲很有害处。长期下去，孩子会越来越瘦，注意力容易不集中，智力也会下降。

◎ 课间餐不宜取代正餐

有些家长认为，孩子有了课间餐，早餐可以少吃点，甚至午餐也叫少吃，这样也不合孩子的生理要求。

实行课间加餐，是由于儿童正在长身体的阶段，平时活泼好动，需要的能量相对要多些。但肌肉及肝脏中糖原储备又比大人少，而且容易饥饿。一般情况下，即使吃饱了早餐，到上午三、四节课时，也会产生饥饿感。课间餐起着辅助和补充正餐不足的作用，而不能用课间餐去代替正餐。当然，课间餐的数量不宜过多，一般在500克左右，而且应为容易消化吸收的食物，如以含碳水化合物为主的饼干、面包或含蛋白质较多的牛奶、酸奶或豆浆等。只要合理安排，是不会影响正餐的。

◎ 儿童不宜吃汤泡饭

有些家长有时来不及做饭，常给孩子用开水泡饭吃。如果经常让孩子吃汤泡饭或菜泡饭，食物得不到咀嚼，连汤带水吞咽进肚里，食物中缺少唾液，水又冲淡了胃液，影响肠胃的消化和吸收，加重胃的负担而引起胃病。而且，小儿吃汤泡饭，光汤水就差不多喝饱了，饭菜当然也不会多吃，时间一长，会患营养不良症，发育也会比正常小儿差。父母应该在平时就给孩子喝足开水，吃饭时把汤放在饭后喝，这样有利于胃肠消化液的分泌，能增进食欲，帮助消化吸收。

◎ 儿童不宜过多吃软食

儿童长时间过多地吃软食，易造成错牙和畸形。

孩子在吃软食时，进入口中也就不需充分地进行咀嚼运动，这样使得孩子的牙齿得不到食物的摩擦，造成牙垢积存，很容易引起龋齿和牙周病。由于咀嚼运动减少，孩子的咀嚼肌得不到经常的锻炼，颌面部的肌肉群及下颏发育欠佳。易发生错殆畸形。小儿长期过多吃软食，还会影响消化功能和正常的生长发育。据日本有关报道指出，吃软食过多的孩子，牙齿不好，随之而来的是机能障碍性发育不良。

这里要求家长们认识到，当孩子在乳牙萌出后，逐渐要增加粗糙食物。在咀嚼过程中，咀嚼力通过牙齿传到颌骨，促进颌骨发育，乳牙期颌骨发育得好，换出的恒牙就有足够的位置，避免错牙和畸形的发生。

"吃软怕硬"不健脑。咀嚼食物时大脑刺激，吃软食过多，头脑变得痴呆，咀嚼运动可使注向大脑的血液明显增多，促进大脑发育。

◎ 儿童不宜多吃动物性脂肪

孩子以五谷杂粮、蔬菜加鱼、肉、蛋组成的食谱，就能完全满足婴幼儿生长发育的需要了。

动物性脂肪（动物油）主要含有饱和脂肪酸，倘若小儿经常大量食用饱和脂肪酸，会影响钙质的吸收，引起身体缺钙，对孩子的发育是不利的。另一方面，过多的吃动物油，还可以造成血脂和血中的胆固醇增高，使孩子较早地发生心血管疾病。特别是对于父母有高血压、冠状动脉粥样硬化性心脏病的子女来说，从小他们多食动物脂肪，往往会发生青少年高血压、冠状动脉粥样硬化性心脏病。小儿尤其是婴幼儿宜吃植物油，而不宜多吃动物油。

◎ 儿童吃动物肝肾不宜过量

不少年轻父母把动物肝肾视为孩子的可口营养佳品。然而国外医学家研究发现，动物肝肾中有毒物及其他化学物的含量比肌肉要多好几倍。

据分析，肝脏具有细胞膜通透性高，内皮细胞不完整等生理解剖特点，故血中大部分有毒物都能进入肝脏。此外，肾和肝组织细胞内还含有特殊的结合蛋白，与毒物亲和力较高，能把血中已和蛋白的结合的毒物夺过来。因此，动物肝肾小儿要适量吃，不能过多。

◎ 小孩不宜过量吃荤菜

荤菜是指动物性食物，包括畜肉类、蛋类、鱼虾贝类等。荤菜虽然含有丰富的蛋白质和脂肪，小儿过量食用，则容易倒胃口。

孩子吃进胃里大量的荤菜，一时难以消化，只有滞留在胃内，这些食物，待排入十二指肠的过程延长，这就改变了胃的消化功能，使胃液分泌量和消化能力降低。小儿消化功能尚未健全，更容易被过量的食物所伤，常引起食欲不佳、倒胃口的现象。家长不仅要重视孩子饮食中的质，也要注意适当的量，以利孩子的消化吸收。

◎ 儿童不宜多吃彩色食品

目前，我国有关部门只允许使用五种合成色素，即胭脂红、苋菜红、柠檬黄、日落黄、靛蓝。并且在使用量上严格控制。现代医学认为，儿童摄入少量允许使用的食用染料，虽然不会立即引起临床可见的反应，但对机体能产生一系列的影响。小儿若经常吃彩色食品，就会消耗体内的解毒物质，干扰正常的代谢，可出现腹胀、腹痛、消化不良等。常吃彩色食品，还能使合成色素积蓄在体内，导致慢性中毒，当附着胃壁时，可产生病变；附着泌尿系统器官，容易诱发尿路结石。过多的食用色素，会干扰神经传递信息的作用，使神经冲动频繁，引起儿童好动或多动症的发生。彩色食品儿童以少吃为好。

◎ 维生素不宜代替蔬菜

孩子会因不爱吃蔬菜而造成维生素缺乏，有些家长常用补充维生素的办法，让孩子代替吃蔬菜，这是不妥当的。

蔬菜含有各种维生素，若只从补充维生素的角度讲，只要给孩子足量的各种维生素，是可以起到蔬菜的作用的。但是，蔬菜中还含有蛋白质、某些矿物质和微量元素，尤其重要的是蔬菜含有大量纤维素，这是不能被药物和其他食品代替的。孩子多吃蔬菜，蔬菜中的纤维素可刺激肠管，增加肠蠕动，使大便及时排出，减少有害毒素在肠内的存留。相反，若用维生素代替蔬菜，那就会缺乏纤维素，从而大便排出时间延长，且粪便少，增加了犬氧菌的繁殖，使胆固醇产生盐类物质，久而久之，易发生高血压、冠心病。由此看来，家长应想办法让孩子多吃蔬菜，尤其是白菜、豆角、玉米、芹菜等含纤维素较多的蔬菜，切不可用维生素来代替蔬菜。

◎ 儿童不宜滥用赖氨酸

赖氨酸虽然对儿童的生长、发育有良好的作用，但并非多多益善。

现代医学认为，赖氨酸可以调节人体的代谢平衡，不断参与构成新的细胞和组织，合成酶与激素，促进生长发育。赖氨酸的需要量，按每日每公斤体重计算，成人为 12 毫克，1 岁以下婴儿为 10.3 毫克。若小儿缺乏赖氨酸时，则会出现生长发育迟缓，食欲减退，智力迟钝，骨骼发育和造血功能障碍等表现，抗病能力会降低，如果赖氨酸补充过多，同样会造成体内各种氨基酸比例的失调，影响机体内蛋白质的合成利用，小儿会有与赖氨酸缺乏同样的症状出现。因此，给孩子补充赖氨酸并非多多益善，一般来说，药用、食用只选用一种就足够了。近年来，赖氨酸强化食品和药物应运而生，如赖氨酸饼干、赖氨酸 B_{12}、糖浆等。许多动物食品和豆类食品中赖氨酸的含量较高，如肉类、鸡蛋、大豆、豌豆、绿豆、赤豆等。只要合理配合膳食，就可以满足小儿正常生长发育的需要了。

◎ 幼儿不宜多吃油条

油条，几乎成了许多家庭早餐的主食，殊不知，幼儿多吃油条，要影响生长发育的。

油条以面粉、油脂为主料，加入适量的白糖、明矾等添加剂，本身对人体无害。但由于加工时温度过高，一般油温达摄氏 230 度（精炼植物油的发烟点）以上，使油条营养遭到破坏，营养价值降低，而且还产生一些有害物质。据研究分析，以标准粉为标本，用硫胺素的保存率作指标衡量营养素的损失，油条在油炸前，硫胺素为 0.49 毫克，油炸后为零。更重要的是不饱和脂肪酸经加热而产生一些不易被吸收或有毒聚合物，如三聚体不易被机体吸收，二聚体毒性较强，可使动物生长停滞，肝脏肿大，生育功能和肝功能受损，甚至可能有致癌作用。因此，无论是从营养角度，还是所产生的有毒物质可能对机体的不良作用来看，正处于生长发育的幼儿，不宜多吃油条或其他油炸食品。②油条中添加了含有铝成分的膨松剂，它是两性元素与酸碱都能发生反应，反应的化合物易被人体吸收，积蓄在脑组织中，使人出现早老性痴呆症。此外，铝在人体中影响磷的吸收，磷减少影响幼儿大脑发育，使智力下降，磷减少使骨组织中的钙转移至血浆中，致孩子骨骼软化造成软骨病。

◎ 儿童不宜吃皮蛋

皮蛋是许多人都爱吃的食品，但儿童不宜多吃。因为腌制皮蛋的材料中，有的含有氧化铝和盐铝。据分析，腌制好的皮蛋含铝比新鲜鸡蛋和咸鸭蛋高出许多。而铝是对人体有害金属之一，特别是儿童对铝更为敏感，如成人对吃进体内铝质品的吸收率可高达50%。另外，由于儿童大脑和神经系统还未发育成熟，极易受铝的损害，影响智力发育。

◎ 孩子不宜食爆米花

爆米花作为儿童的零食，在我国民间流传甚久。然而近年来发现，这种零食对儿童的健康不利。

据有关部门取样化验，爆米花中含铅量很高，超过国家食品卫生标准的20倍。爆米花之所以含铅量高，是因为爆米机的铁罐内有一层铅或锡合金，当加热到400℃时，它会以铝蒸汽和铅烟的形式直接污染了食品。特别是在迅速减压"爆米"时，铅更容易被疏松的"米花"所吸附，小儿正处于生长发育时期，身体各器官还不健全，如经常食用含铅量过高的爆米花，就会累及全身各系统和器官，尤其是神经、造血和消化系统等。中毒者可表现出烦躁不安或食欲减退，腹泻或便秘，也会出现牙根周围呈青黑色，贫血，铅中毒性肝炎和自主神经衰弱等。

◎ 小儿不宜吃糖过多

孩子过多的吃糖有害健康。

吃糖过多能使胃产生饱满感，不容易感到饥饿。特别是饭前吃糖，更会影响食欲，这样时间一长，孩子就不能从饮食中得到身体发育所需要的其他各种营养；吃糖多了会妨碍骨钙化，严重的还会影响生长发育，大量的糖还会给口腔内某些乳酸菌提供良好的生活条件，使孩子易得牙病；过多的糖会转化成脂肪，如果孩子再贪吃油脂食物，就易过分肥胖，长大之后，易患高脂血症、动脉粥样硬化和冠心病。

据测定，3～6岁儿童每天需要糖约240～280克。如果每天让孩子吃饱吃好，一般情况下，从进食的主食（米饭、馒头、粥等）中得到的糖，差不多就够了。若为了调味，每天给少量白糖或块糖，还是可以的，但数量以限制在10克左右为好。总之，首先是要合理安排孩子的膳食，在质量和数量方面满足儿童发育的需要，另外，要教育孩子吃糖有节制。

◎ 幼儿不宜多吃奶糖

前面提到孩子不能过多吃糖，也不能过多吃奶糖。

奶糖大都是发软且粘的，孩子在吃奶糖的时候，往往在牙齿间隙或勾缝内存留一部残糖，这些残糖在口腔内细菌的作用下，很快发酵产生酸性化学物质，在牙齿表面滞留留易引起硬组织破坏。奶糖本身还含有酸性物质，这种糖在牙齿上黏附多了，时间一长，就会使乳牙组织疏松、脱钙、溶解，重者可形成龋齿，凡属糖类吃得过多，往往使孩子厌食，导致正餐食量减少，身体必需的蛋白质、维生素等得不到补充，造成营养不良，抵抗力下降，容易生病。吃过奶糖，要刷牙漱口。

◎ 儿童不宜多吃泡泡糖

泡泡糖除含糖外，还含有橡胶和增塑剂。制作泡泡糖时增塑剂要加入7%，才能吹起来，虽然它的毒性低，但每块也含有350毫克增塑剂。①如果孩子每天吃、经常吃，这种增塑剂进入体内过多，就会影响健康。②有的儿童在吃泡泡糖时，常常是边吃边吹，把一块泡泡糖吹数遍，吃一会儿，吐出来用手拉薄再吹泡，这种极不卫生的吃法，会染上寄生虫或传染病。③若孩子自制能力差，易把胶基咽下去卡住气管或食管，给孩子造成痛苦，家长也麻烦。由此可见，泡泡糖是不宜让孩子多吃的。

◎ 儿童不宜多吃巧克力

孩子多吃巧克力不好。

大家都知道，巧克力所含的成分是以可可豆为主要原料富含脂肪，高达 30％～35％，糖分比例竟约达 50％～60％，能提供大量的热能。如果小儿多吃巧克力后，使小儿有饱滞的感觉，不想吃饭，影响一日三餐的正常饮食，造成偏食。这样一来，巧克力含量较少的蛋白质、维生素、无机盐等营养便更为缺乏，有碍孩子健康和生长发育。小儿由于大量摄入脂肪和糖分，容易成一个外强中干、体质虚弱的胖子。此外，巧克力的提神作用，对孩子格外明显，常表现为吵闹，多动，不肯睡觉等，使孩子睡眠不足，对健康极为不利。

◎ 小儿不宜喝啤酒

有人认为，啤酒是"液体面包"，所以，每逢节假日家中欢宴时，让孩子大喝啤酒，这对孩子健康是毫无益处的。

（1）酒精对肝、胃刺激大，会使肝功能受损，胃部消化不良。

（2）喝酒会降低自身免疫力。

（3）智商下降，影响工作和学习，还可影响大脑发育。

（4）还可影响孩子生殖系统，喝酒精对发育期的睾丸有很大损害。轻的发育迟缓者不育，影响性脉发育，使内分泌紊乱。

据研究分析，通常啤酒含 3％～5％的乙醇，即相当于每 50 克啤酒含乙醇 1.5～2.5 克。如果让孩子常喝啤酒，就会影响身心健康。而且从小养成饮酒的习惯，也于心理卫生不利，会促使成年后酗酒。所以，一家人欢宴时，可以先讲清饮酒对小儿不利的道理，或是让孩子喝一些果汁类饮料，聊以助兴。

◎ 小儿不宜过多吃冷饮

夏天，孩子对冰糕、雪糕、冰淇淋、冰汽水、冰牛奶、酸梅汤等，格外喜爱，因而有些家长不加限制地让孩子多吃冷饮，甚至代替了饮食，这种做法是很错误的。

要知道冷饮里虽然含有牛奶、砂糖、奶油等，但毕竟是少量的，远满足不了小儿身体的营养需要。如果在一个夏季常常让孩子进过量的冷饮、饮料，正常饮食量明显减少，时间久了，就会使孩子发生营养不良，影响正常生长发育。另外，由于小儿神经系统尚未发育完全，若一下子吃大量的冷饮，会冲淡胃液，刺激胃黏膜，影响胃液的分泌，降低杀菌作用，引起胃肠功能紊乱，甚至出现腹痛、腹泻或诱发肠套叠、肠梗阻等胃肠道疾病。所以说，夏季小儿不宜过多吃冷饮。

◎ 儿童不宜多饮可乐

近年来，市场上出现了可乐型饮料，如可口可乐、百事可乐、天府可乐等。由于可乐型饮料在生产过程中，加入了一定的咖啡因，所以，这种新型饮料是不适宜小儿饮用的。

据美国科学家分析，一瓶可口可乐大约含咖啡因 50～80 毫克，而咖啡因是一种兴奋中枢神经的药物。成人对咖啡因排泄较快，所以适量饮用含有咖啡因的可口可乐，不至于发生不良后果和中毒，而婴幼儿对咖啡因特别敏感，会给健康带来危害。

研究证明，一个体重 12 公斤的儿童，一次饮用两瓶可口可乐，即可达到大白鼠试验中影响记忆的有效剂量。另外，咖啡因对中枢神经系统有较强的兴奋作用。因此有的学者认为，儿童多动症产生的原因之一与过多饮用含咖啡因饮料有关。国内外医学专家还报道，咖啡因对人体有潜在的危害，体外试验证明，它还可抑制脱氧核糖核酸（DNA）的修复，使细胞突变率增加。由此可见，儿童饮用可乐型饮料弊多而利少。

◎ 饮料不宜让孩子当水喝

不少的家长喜欢用各种饮料，让孩子代替开水喝。这种做法是不可取的。

因为煮沸后自然冷却的凉开水，具有特异的生物活性，容易透过细胞膜，能促进新陈代谢，增加血液中血红蛋白的含量和改善免疫机能。而各种果汁、汽水及其他饮料，大都含有较多糖、糖精、电解质及合成色素等，有的饮料（蛋白饮料）含防腐剂。这些物质长期吸入，会对胃产生不良刺激，影响消化和食欲，同时还会加重肾脏的负担，同时饮料中含有大量的热量，本来现代人的主食能量普遍超标加上饮料易致发胖。可见，饮料让孩子当开水喝，不仅无益反而有害。

◎ 小儿不宜过多吃橘子

橘子甜酸可口，富含营养，许多孩子都喜欢吃，然而若过量的吃橘子，会引起"上火"。

橘子味甘，性温，容易引起燥热。营养学家分析测定，每500克鲜橘子产生的热量大约为695千卡，相当于250克大米饭或150克猪肉产生的热量。如果孩子吃了大量的橘子，在体内产生的热量，既不能很快地消耗掉，也不能转化为脂肪贮存起来，这样积聚到一定数量时，就会引起"上火"，降低抵抗力，引起口腔炎、鼻炎、扁桃体炎、牙龈肿疼、口唇起泡及大便干燥等症状。因此，家长一定要控制小儿吃橘子的数量，最好每次吃1个，切不可吃得过多，以免伤害身体。

◎ 果汁不宜代替水果

有些家长为了图个方便，于是就给孩子喂瓶装果汁，以代替水果，这对孩子健康不利。

一般来讲，市售的各类果汁，都是从水果中提取出来的液体，经加工制成的。在加工过程中，不但要损失一部分营养素，而且还要添加糖精和色素。这些虽然对健康人体影响不大,可对婴幼儿来说,长期过多地饮用果汁,对健康生长是不利的。因为婴幼儿的身体发育不完善,肝脏的解毒功能和肾脏的排泄功能都比较低,这些有刺激性的物质不能尽快排出,食后蓄积在身体内,影响婴幼儿的新陈代谢,妨碍体力和智力发育。婴幼儿还是多吃新鲜水果为好。

◉ 水果不宜代替蔬菜

有的家长认为,蔬菜营养价值没有水果高,让孩子多吃水果就可以不吃蔬菜了,这是看法上的错误。

营养知识告诉我们,蔬菜中所含的维生素和矿物质是小儿生长发育不可缺少的营养。据分析测定,每500克西红柿就含有52毫克维生素和丰富的钙、磷、铁;有色蔬菜如胡萝卜、小青菜中,含有丰富的维生素和胡萝卜素;绿叶菜是钙的很好来源;多数蔬菜中还含有挥发油、芳香物质、有机酸等调味物质,能提味、杀菌、刺激食欲。同时蔬菜中的纤维素能促进肠蠕动,帮助消化和保持大便通畅。水果与蔬菜相比,维生素和矿物质都比较少。而蔬菜还能调制出色、香、味俱全的各种美味佳肴,这也是水果所不能比拟的。小儿膳食中如能提供一定量的各种蔬菜,一般是可以满足他对维生素和矿物质的需要的。由此看来,水果并不能代替蔬菜的。

◉ 儿童吃水果不宜过量

水果虽然营养丰富,但也并非吃得越多越好。

儿童的胃肠功能较差,若食入水果过多,就会加重消化器官的负担,导致消化和吸收功能障碍。由于水果中大量糖分从肾脏排出,常引起"水果尿",如仍不加节制地多食水果,还可出现肾脏的病理性变化。另外,因水果品种不同,其特性各异,所以有些水果儿童更不宜多食。如桃子吃多了,会引起发热、腹胀、食欲下降;梨吃多了,会伤脾胃,引起腹泻;柿子吃多了,大便郁结,尤其是空腹吃的时候,易导致"胃柿石"症。水果大都含有较多的酸类或发酵糖类,对牙齿的腐蚀性强,易造成龋齿。平时让孩子吃水果要适量,特别是在水果成熟季节，更应注意。

◎ 小儿营养不宜过剩

有不少的父母总喜欢让孩子吃得多些，吃得好些，其实，吃得多了，导致营养过剩，并不是好事。

如果儿童过多摄取营养物质，超出正常的生理需要，就会带来不良影响。若摄取过多的高热能食物，会使过量的难以消耗的能量，转化为脂肪蓄积于皮下而成胖子，不仅容易造成弓形腿、扁平足等体质畸形，而且肥胖症是诱发心血管病的主要原因之一。儿童长期过量摄食牛奶、肉类、蛋类、动物脂肪以及油腻的食品，会加重消化系统的负担，促使胰液、肠液、胆汁加速分泌，肝脏无休止地分解、贮存、解毒。久而久之，可引起消化系统及内分泌系统功能失调。合理调配饮食，营养补充要适度，对正餐及零食加以控制，才是正确的做法。

◎ 让孩子长高不宜单靠营养

每个家长都希望孩子长高个子，所以，平时就大量地给孩子增加营养。事实上恰恰事与愿违，结果不但没有使孩子长高，反而成了一个小胖子。

众所周知，人的身高虽然与遗传有一定关系，但是主要受脑垂体分泌的生长激素调节的，而生长激素的分泌与营养、运动、睡眠及胰岛素分泌等多种因素有关。如果盲目地单靠增加营养，孩子就不一定长个高大健壮的身材。

人的一生中有两个生长高峰期，出生1个月到1年内生长最快，青春期次之。人在运动及睡眠时生长素分泌最高。因此，家长要注意在孩子生长期，保证孩子的营养、运动及充足的睡眠，尤其是钙、磷的摄入量，使促骨骼的发育生长。

◎ 哪些婴儿不宜喂奶类

有的婴儿患有先天代谢性疾病，如果食用乳类往往会产生不良影响。

因为患有先天代谢性疾病的患儿，身体内缺乏某种酶，对牛奶类含有的某些氨基酸、乳糖类不能进行代谢吸收利用，相反地产生一些有毒害的代谢产物，在体内可造成脑以及其他器官的损害，多能影响智力发育。例如，苯酮尿症、半乳糖血症、糖尿病等。还有一些婴儿对牛奶过敏，喝牛奶后上吐下泻或起皮疹，应及时到医院检查，确诊后可改用其他人工喂养法。

◎ 婴儿辅食食谱不宜更改

婴儿辅食食谱是指辅食添加程序。这个顺序是取决于婴儿胃肠道的发育，各种消化酶的发育，应按照循序渐进原则：由少到多，由稀到稠，由一种到多种，由细到粗。这样才能适应某种辅食品的性质，选择了食谱中的食物品种，因此不宜更改。如不按这个食谱则有可能消化不良或消化功能紊乱。介绍婴儿辅食食谱如下：1～2周5%葡萄糖或多维葡萄糖水。3～4周鱼肝油、钙片。2个月菜汤、稀米汤、果汁水。3个月蛋黄、鱼泥、稠米汤、含铁饮料。4个月菜泥、奶糕。5个月烂米粥、虾肉泥、土豆泥、苹果泥、鱼松。6个月蛋、饼干、馒头干、豆浆。7～8个月烂面片、菜末、肝末、豆腐、肉糜。9～10个月软龙须面、烂饭、肉末。11～12个月碎肉、碎菜、带馅食品。

混合喂养与人工喂养九不宜。

一忌忘记选好奶瓶、扎好奶头。奶瓶以玻璃、直立式、有刻度的奶瓶为好。橡皮奶头用粗针烧红于奶头顶部扎3～4个洞，使水渐渐滴出即可。

二忌忘记奶具消毒。奶具放沸蒸锅或沸水中，15～20分钟即可。奶头放入沸水中3～5分钟即可。

三忌忘记配奶前洗手。

四忌忘记配奶的质与量的原则。由于婴儿个体差异大，按照人工喂养配奶标准的质、量与喂奶次数试行。

五忌忘记试奶温。一般牛奶的温度40℃～42℃较为适宜。太热易烫伤，太凉不利于消化。

六忌"一刀切"。婴儿吃多吃少差异悬殊，以生长发育不断前进为标准。

七忌忘记喂水。一般每日 3 ~ 4 次，喂水量根据气候以及小儿的需求，灵活掌握。

八忌忘记加糖。牛奶中含糖少，一般加糖 5%，既增加了热量又调了味道，但不得超过 8%，渗透压增高对婴儿不利。

九忌忘记加辅食。

◎ 婴儿辅食制作四不宜

一忌太咸。婴儿辅食中食盐的浓度要低于 1%。过咸的食品使血液中电解质代谢紊乱，对肌肉活动，心脏收缩都会产生影响。有人调查，自小嗜食咸的人，成人后易患高血压病，甚至中风。

二忌太油腻。适量的动、植物油都是婴儿不可缺少的营养物质。过多的油脂可致肠道功能紊乱，如腹泻、消化不良。还可影响食欲，如因辅食添加不当而致食欲不佳。

三忌太多。婴儿对辅食感兴趣时，不宜多给辅食。开始时，只要加 2 ~ 3 勺，次日仍以这样的量，持续 2 ~ 3 天后，婴儿的食欲，大便情况没有不良的变化，再加量，避免消化不良。

四忌不精心。婴儿好奇地看辅食，应当给予色、香、味、美齐全的感受，产生对辅食的兴趣。如让婴儿感到辅食不好吃的印象，会影响对辅食的需求，不感兴趣，则给辅食的添加带来困难。

◎ 乳母不宜忌食青菜

有些人认为，婴儿拉青屎是因为乳母吃青菜引起的。实际上这是一种误解。乳母忌食青菜是有害无益的。

因为青菜中含有帮助消化和通便的纤维素，同时青菜营养丰富，维生素含量较多。乳母不吃青菜，乳汁中就会缺乏钙、磷、铁等营养物质。这样，不仅导致乳母的营养不良和消化不良，而且还会影响婴儿的正常发育。因此，乳母不宜忌食青菜。婴儿拉青屎，是因为肠道内细菌在偏酸性条件下产生气体，使肠道内的胆红素氧化变为胆绿质的缘故，并非乳母吃青菜所致。

◎ 儿童不宜进食蛋白质太多

大家都知道，蛋白质能够促使儿童的生长发育，但进食蛋白质过多也是有害的。

因为蛋白质在人体内分解的代谢产物许多是含氮的物质，如尿素、氨、肌酐等。氨对人体有毒。如果进食蛋白质过多，不仅会增加肝脏的负担，而且也会增加肠胃的负担，导致消化不良和营养不良。此外，进食蛋白质过多，碳水化合物及脂肪进食量相对减少，以致饮食搭配失调，也会影响儿童的正常发育。因此，儿童不宜进食蛋白质过多。

◎ 新生儿不宜加喂米粉

新生儿加喂米粉，不仅难以消化吸收，而且可引起腹胀、腹泻、腹痛等不适症状，不利小儿生长发育。

因为新生婴儿的消化功能适合消化利用蛋白质，母乳或牛、羊乳充足，身长与体重迅速增长。新生儿时期消化酶发育尚不完善，缺乏淀粉酶，此期不适合加喂米粉。出生后 3 ～ 4 个月淀粉酶刚发育，才好加谷类食品。米粉、糕干粉、健儿粉等皆以大米为主料，主要成分为淀粉。新生儿食用不易消化吸收，淀粉在肠道中发酵、分解，可引起腹胀、腹泻、腹痛、屁多、睡不安稳等症状。米奶使奶液变稠，不利于胃的发育，胃容量不能得到应有的增加，给以后的喂养造成麻烦。因此，新生儿不宜加喂米粉。

◎ 牛奶中不宜加钙粉钙片

有的年轻母亲为给孩子加强营养，便把钙粉钙片加入牛奶中喂孩子，殊不知这种做法却事与愿违，结果钙没有得到补充，反而影响了其他营养素的吸收。

因为牛奶中的蛋白质遇到钙，可凝结成块，蛋白质与钙的吸收均会受到影响。牛奶单用，钙粉在奶间喂水时用为宜。钙粉中含糖量高，钙质相对较少，如佝偻病补钙时用钙粉欠妥。以多种钙片，内含钙、磷，比例为宜，同时加用维生素 D 促进钙的吸收，取得较好效果。钙片也不宜加入牛奶之中。

◎ 煮牛奶时间不宜过长

有的父母认为给婴儿煮牛奶的时间越长越好，这样可以消毒得更彻底，更容易消化吸收。其实，这样做并不好。

因为牛奶含有丰富的蛋白质，加热时，呈液态的蛋白质微粒会发生很大变化。当牛奶温度达 60℃ ～ 62℃ 时，就会出现轻微的脱水现象，蛋白微粒由溶液状态变凝胶状态，并出现沉淀。另外，牛奶中还含有一种不稳定的磷酸盐，加热时也会以不溶物质形成沉淀。当牛奶加热至 100℃ 左右时，牛奶中的乳糖开始分解，使牛奶带有褐色，同时还会生成少量的甲酸，使牛奶带有酸味。因此，给婴儿煮牛奶的时间不宜过长。最好的煮沸方法是把牛奶加温至 61.1℃ ～ 62.8℃ 之间半小时，或加温至 71.7℃ 煮半小时，这样就可以把细菌杀死。如无法控制以上温度，也可以将牛奶烧开煮 1 ～ 2 分钟即可。

◎ 婴儿喝水不宜过多

婴儿需水量较成人多，如果过多地给婴儿喂水会造成水中毒。

因为婴儿肾功能发育不全，水进入体内过多可引起细胞外液渗透压低，结果导致细胞内水分过多而致中枢神经系统症状，如行为异常、神志混乱、凝视、嗜睡、肌肉软弱，甚至昏迷等。一般来说，婴儿每天每公斤体重约需水 100 ～ 150 毫升，例如婴儿体重 5 公斤，每日需水总量则为 750 毫升左右，牛奶喂养的婴儿，除去牛奶中所提供的水外，每天还应补充 150 毫升左右的水，这些水应在每两次喂奶的间歇期间补充，切忌婴儿喝水过多而引起中毒。

◎ 儿童不宜过多食用酸性食物

儿童过多的食用酸性食物，对孩子的生长发育是不利的。

实验证明，对智力有益的食品大多偏于碱性，它们所含的蛋白质、脂肪、生物碱、维生素等都是偏碱性的。中医很早就提出"食酸损智"，是很有道理的。从中医医理来看，酸有收敛固涩作用，会约束功能活动，对智力发展不利。此外，酸性食物过多食用后，人体由于消化器官的兴奋而使乳酸增高，还会增加体内钙、镁离子的消耗，造成营养成分不足，从而使孩子患龋齿。

◎ 儿童不宜多食鱼松

有些家长认为鱼松是营养佳品，所以让孩子经常吃鱼松。实际上，长期大量吃鱼松是有害的。

鱼松是海鱼加工制成，鱼松中含氟量较多，长期食用易发生氟中毒。氟虽然是人体必需的微量元素之一，但人体每日需要量仅为 1～1.5 毫克，如果超过 3～4.5 毫克就会发生氟中毒，儿童长期服用过量的氟，牙齿的珐琅质会受到破坏，失去表面光泽，出现氟斑，严重者牙齿会出现大块缺损，甚至牙齿脱落。氟中毒如果持续下去还会影响骨骼的结构，形成氟骨病。因此，儿童不宜长期吃鱼松。

◎ 儿童不宜多吃罐头

为了使罐头色味俱佳，并便于长时间保存，不论何种罐头，都要加入一定的添加剂，如香精、色素、防腐剂等。这些人工合成物，对儿童健康都有一定的危害。

因为儿童的发育尚未成熟，肝脏的解毒功能尚不完善，如果食用罐头过多，人工合成物在体内积累，不但影响儿童的健康和发育，而且还会引起慢性中毒。因此，儿童不宜多吃罐头。此外，因罐头内维生素在加热处理和贮存期遭到破坏，故儿童以食用新鲜水果为宜。

◎ 婴儿不宜吃味精过多

味精是营养性调味品，适量食用是有益处的，若过多食用味精，对婴幼儿生长发育会产生不良影响。

味精的主要成分——谷氨酸，在肝脏的代谢作用下可转化成营养物质——氨基酸，而婴幼儿，特别是 12 周以内的婴儿，以母乳为主食，如果母乳内含有过量的味精，就会使谷氨酸钠进入婴儿体内。谷氨酸钠对婴幼儿生长发育有不良影响，它能与婴幼儿血液中的锌发生特异结合，生成不能被机体吸收的谷氨酸锌，随尿排出体外，导致婴儿缺锌，进而造成婴儿味觉变差，智力减退，厌食，生长发育迟缓及性晚熟等。

因此，科学家告诫分娩 3 个月内的母亲及婴幼儿所食的菜肴内，不宜有过量的味精。

◎ 小儿不宜常吃果冻

果冻类食品，虽冠以果字头，却并非来源于水果，而是人工制造物，若吃得过多对孩子的生长发育有害无益。

果冻其主要成分是海藻酸钠。虽然来源于海藻与其他植物，但在提取过程中，经过酸、碱、漂白等处理，许多维生素、矿物质等成分几乎完全丧失，而海藻酸钠、琼脂等都属于膳食纤维，不易被消化吸收，如果吃得过多，会影响人体对蛋白质、脂肪的消化吸收，也会降低铁、锌等无机盐成分的吸收率。此外，果冻中还要加入人工合成色素、食用香精、甜味剂、酸味剂等，对孩子的生长发育与健康没有益处。

◎ 小儿吃西瓜不宜过量

中医学认为，西瓜能消暑解渴，可以防病治病。但是若食用过多也会影响健康。

如果小儿在短时间内进食较多的西瓜，常会造成胃液稀释，再加上消化功能发育不完善，可出现严重的胃肠功能紊乱，引起呕吐、腹泻，以致脱水、酸中毒等危及生命。此外，小儿吃西瓜如不把西瓜籽弄净，一旦误入气管，会造成气管阻塞，发生窒息而危及生命。瓜子咽进肚子里后达直肠，聚集在肛门附近，容易引起婴儿便秘。因此，婴儿吃西瓜时，一定要将西瓜籽全部去掉再给婴儿吃，吃西瓜也要节制，千万不要过量。

⊙ 小儿不宜吃过多黑枣和柿子

小儿如果过多食用黑枣或柿子，往往会引起病症，有害健康。

小儿若在空腹情况下吞食大量黑枣或柿子，因其中所含果胶和鞣酸与胃酸凝固沉淀而结块，称之为胃结块症，也有称之为胃结石症或肺石症。一般在食后半小时至半天出现胃肠道功能紊乱。小儿常诉食大量黑枣或柿子后胃部不适，上腹持续性轻度疼痛，并在吃东西后加重。常伴有恶心、呕吐，吐出物为清水和食物残渣。此后，食欲逐渐减退，由于进食不足而日渐消瘦、无力。有时用手可在小儿上中腹摸到坚硬的块状物，并有轻度压痛。因此，小儿不宜过多地吃黑枣或柿子，若过多量食用后，出现不适症状者，应及时送医院检查治疗。

⊙ 孩子不宜多食鲜杏

杏是入夏后最先上市的鲜果，鲜杏酸甜可口，营养丰富。杏的含糖量在 5% ~ 15%，蛋白质、钙、磷、铁含量也较高，此外还含有丰富的维生素 A、维生素 B_1、维生素 B_2、维生素 C 等，尤其是维生素 A 的含量比苹果高 20 倍。但是，孩子过多地吃鲜杏，就会有害健康。

因为孩子一次食入过多杏，可使胃肠里的酸液大大增加，产生刺激，引起胃痛，发生腹泻，甚至可能出现消化不良等症。此外，大量吃杏对牙齿也不利，特别是对牙齿发育尚未健全的儿童，若吃杏过多，易发生龋齿。在中医学书籍中，早有"杏性热，食多对人有损"的记载，民间也有"桃保人，杏伤人"的谚语流传。因此，杏虽味美，切不可让孩子多食。

第五章　生活卫生宜忌

◎ 乳母给婴儿喂奶宜取正确姿势

最近有关专家介绍：母乳喂养婴儿成功重要因素还取决于喂奶姿势是否正确。

（1）母亲喂奶姿势可以是座位或躺位，①哺喂时母亲采取舒适座位，哺乳一侧脚稍垫高，让婴儿头枕母亲臂弯，全身侧向母胸，头略高，脚稍低，嘴正对乳头；②也可以躺在床上，让婴儿的脸朝向母亲，将婴儿的头枕在臂弯上，使他的嘴和母亲的乳头保持水平，用枕头支撑住后背。

（2）以往习惯于剪刀式手夹着乳房，即中指与食指夹着乳晕部位，这是错误的，影响乳腺导管分泌乳汁。正确方法是用拇指和食指（虎口处）托着乳房。如果出现呛奶可稍夹一下。

（3）乳头应放在婴儿上嘴唇与鼻子之间，让婴儿把嘴充分张大，当婴儿一闭嘴时正好把乳晕包住。有些母亲习惯把乳头放在婴儿嘴下方，婴儿只是把乳头吸进口中，结果形成婴儿吃完奶就哭，母亲喂奶疼痛。

（4）将乳头放进婴儿上牙膛位置，让婴儿用舌头与上牙膛蠕动挤奶，而不是用婴儿齿龈咬乳头，这样母亲就不会产生喂奶疼痛感。如听到婴儿一口一口吞咽，小腮帮鼓起来时，说明姿势是正确的，母亲喂奶感觉也是舒服的。如听到婴儿吧嗒嘴声音，说明吃奶姿势不正确，这时母亲应纠正姿势。

◎ 孩子宜用什么筷子

目前市场上出售的筷子有木制的、塑料的、金属的、竹制的和骨制的等等。给孩子选购哪一种筷子好呢?

一般来说,孩子用骨筷比较好。因为骨筷不会损害孩子的身体健康,而其他几种筷子多多少少对孩子的身体有不利影响。塑料筷较脆,受热后易变形,而且人们对塑料餐具总怀戒备。金属筷子导热性强,容易烫嘴。木筷子和竹筷子容易长毛发霉,使用时间久了,筷子的表面变得不光滑,不易洗净,造成细菌繁殖。漆筷虽然光滑,但油漆里含有一些化学物质,特别是硝基在人体内可与蛋白质的代谢产物结合成亚硝酸胺类物质,具有较强的致癌作用。

◎ 儿童宜注意保护乳牙

人的一生有两副牙齿:第一副是乳牙,第二副是恒牙。有人认为乳牙几年以后要脱落,不需要保护,这种看法是不正确的,因为乳牙有病,会影响咀嚼,妨碍食物的消化和吸收,同时易引起牙髓牙根周围炎和危害在颌骨内尚未长出的恒牙胚,如果乳牙患了龋齿或其他原因,过早缺牙,或过晚或排列错乱,既影响咀嚼食物,且又不美观。因此,应注意保护乳牙,保护乳牙的关键是搞好口腔卫生,3岁以后就应教孩子学会刷牙、漱口,还要让小儿吃一些较硬的食物,使牙齿、颌骨和参加咀嚼运动的肌肉能活动,促进牙齿周围血液循环,从而提高预防牙病的能力。同时还要预防龋齿的发生,一旦患了龋齿应及时到医院诊治。

◎ 儿童刷牙宜从何时开始

由于儿童乳牙钙化程度低,抗酸性差,又喜食饼干,糖果等甜食,因此蛀牙在儿童中的发病率极高。其主要原因是黏附在牙齿表面的细菌(链球菌)将食物中的糖分吸收,产生有机酸逐渐破坏牙齿的珐琅质,引起蛀牙。蛀牙严重会影响儿童的消化和食欲,不利于以后的恒牙正常萌出。因此,儿童一般在2~3岁,也就是全口乳牙萌出之后,家长就应该指导他们学会自己刷牙。儿童牙膏和牙刷的选择很重要,牙刷应防止过大,刷毛过硬而造牙龈出血和溃烂,儿童牙膏要选择含氟以及能保护儿童乳牙上的釉质。

此外，刷牙的方法也很重要，家长应该教会孩子掌握上下刷牙的正确方法，指导他们充分将牙膏刷开，形成很多泡沫，并保留一定时间，这样既能清洁牙齿，又能使牙膏内的药物充分发挥作用，从而使您孩子的口腔更健康。

◉ 儿童换牙期宜注意什么

6～7岁正是儿童换牙时期。这一时期有下面几件事，应引起家长的注意。

1. 不要轻易拔除乳牙（俗称奶牙） 换牙期，乳牙龋坏了也要认真对待，酌情做治疗和填充，以免因过早拔除造成恒牙的错位畸形，即使是残根也要尽量保留到换牙的年龄。但如遇牙齿长期发炎、肿胀，影响咀嚼和身体健康时，也可拔除。

2. 注意饮食营养 恒牙出完后，应防止儿童偏食、吃零食、要定时就餐，多吃富有纤维素性食物，如蔬菜、水果等。

3. 养成正确的刷牙习惯 刷牙时应注意刷牙的咬切面；选择毛软、小的牙刷，纠正啃指、咬物等不良习惯。在儿童的换牙时期，应注意避免服用四环素类药物，以免出恒牙后质色变黄。

4. 定期进行口腔检查 发现龋洞及时填补，换牙时期对迟滞不退的奶牙应及时拔除。

5. 有恒牙拥挤错位时，应去医院矫正，**越早越好**，因牙列不齐可引起牙齿畸形。

◉ 婴儿头皮乳痂宜除去

有些婴儿头上有一种黄褐色鳞状物，称为乳痂。这主要是由于婴儿弱小，有的母亲不敢给孩子洗头，更不敢洗囟门处，久之头皮的分泌物与灰尘、头皮积聚在一起，形成一个厚痂，很不卫生。

其实，婴儿囟门处并非一点不能碰，只要动作轻柔，囟门处是可以洗的，经常洗头，也就不会结痂了。已经结痂，可用植物油涂在结痂处，过一天再用细齿小梳子轻轻一梳痂皮就掉了，然后再用洗发液和温水洗净就行了。千万不要用梳子硬刮，更不要用手抠，弄破了头皮容易引起感染。较厚的痂一次可能洗不掉，可用油多涂几次，多洗几次。洗头后要注意别让婴儿着凉，戴上帽子或用丝绢遮盖一下等头发干了就可以了。

◎ 给婴儿洗澡宜做哪些准备

新生儿长大一些时，就可以开始用海绵擦身。幼小的婴儿最好在早晨喂奶前洗澡。孩子长大一些并变得比以前活跃后，可将沐浴时间改在下午。确定洗澡的地方宜是温暖无风的。开始洗澡前应先彻底洗干净自己的手和指甲。然后准备婴儿洗澡时需用的下列物品。

（1）温水（不可太热）1盆。

（2）大浴巾1条。

（3）洗脸用软毛巾1条。

（4）温和的婴儿肥皂。

（5）婴儿洗发精。

（6）消毒过的棉花球或棉花棒。

（7）婴儿乳液或油。

（8）婴儿爽身粉。

（9）干净的尿布和衣服。

◎ 婴幼儿肚脐宜常洗

每当夏天，大人给孩子洗澡，很多人并不注意孩子肚脐的清洗。虽然，小儿肚脐皮肤娇嫩，不宜按压搔抓，但是，如不时常清洗，也会生出病来。

一般肚脐呈自然凹陷，如不经常清洗，人体分泌的皮脂液、汗液以及灰尘就会聚集在这里，与薄薄的皮肤黏结在一起，形成一块灰黑色的痂块，这场所变成了病原菌的栖身之地，一旦因污染刺激皮肤而瘙痒，幼儿则会不自觉的搔抓损伤，引起病菌感染。所以在炎热的夏季，小儿肚脐长疖疮、化脓感染的特别多。因此，婴幼儿肚脐宜常清洗，保持其清洁卫生是十分重要的。

当然，在清洗肚脐时，要注意保暖，预防感冒，宜用温热水洗，以免肚子受凉；清洗时不能用肥皂、洗衣粉等刺激性的去污剂。可用清洁纱布浸上温水，先将肚脐处发湿，然后再轻轻地反复擦拭，注意千万不要边洗边用手指甲掏挖，谨防挖破皮肤而化脓感染。若肚脐较深，污垢不易清除掉，可用消毒棉签蘸上芝麻油，浸于肚脐，稍候片刻再用消毒棉签轻轻擦拭。清洗干净后，用柔软的最好是消过毒的纱布将整个腹部擦干，扑上爽身粉即可。若遇孩子患病，待病愈后再洗为宜。

◎ 婴儿宜选择的洗护用品

婴幼儿洗护用品针对婴儿皮肤、头发的特点，具有保护和清洁皮肤、头发及杀菌、止痒、消炎作用，可减少婴幼儿皮肤炎症的发生。

1. 婴儿浴液 通常选用性能温和、无毒的两性咪唑啉表面活性剂、甘油、柠檬酸、护肤剂等配制，pH 值为弱酸性，对皮肤、眼睛无刺激。

2. 婴儿香波 多采用咪唑啉型两性表面活性剂配制，脱脂作用小，对眼睛、头发无刺激。

3. 婴儿香皂 皂体中添加富脂剂、护肤剂、羊毛脂、硬脂酸、甘油等。富脂剂可中和皂体中的过剩游离碱。使香皂性质温和，无刺激性。

4. 婴儿护肤霜 搽用后，可在皮肤上形成透气性薄膜保护素，防止水分浸渍，护肤霜中大多添加适量的杀菌剂、维生素及珍珠粉、蛋白质等营养保健添加剂，且产品多为中性或微酸性，与婴儿的 pH 值一致，有健肤、洁肤功效，可预防婴儿臀红、湿疹等。

5. 婴儿爽身粉 主要成分有硼酸、水杨酸、薄荷脑、滑石粉等，其基本作用是保持皮肤干燥、清洁，防止和减少内衣或尿布对皮肤的摩擦。尤其是夏日洗浴后扑搽，能吸收浴后皮肤上过多的水分和汗液，增加水分蒸发，使孩子皮肤滑爽、舒适。

◎ 父母宜做好小儿衣着保健

衣着是否适宜，在小儿保健中占有重要的位置，所以必须注意以下几个问题。

（1）小儿衣着用料要光滑柔软，清洁干燥，易洗干净，以纯棉制品为佳。不要用粗糙、发硬的衣料以及化纤、羊毛、兔毛织物。而且衣着要宽松，不可宽大到卷折起来，也不可过于紧束。

（2）小儿穿着衣服冬衣要暖，夏衣要凉，并且随气候的变化而适当增减，季节交替之时，增减衣着宜循序渐进，不可骤增骤减。要经常注意两足的冷暖，以稍凉为宜。

（3）小儿背部、腹部宜暖，冬春季节的衣着，背部宜加厚，腹部宜戴"肚兜"，即便炎热夏季，晚上睡觉，腹部也宜盖适宜的衣着，不要露腹而睡。另外，小儿戴帽不宜过厚，以免引起头部出汗。

◎ 家长宜注意女婴外阴清洁

女婴幼儿外阴感染是一种较常见的多发病。其临床表现及经过各异，轻者仅有外阴渐红、少量分泌物、瘙痒、灼热，经坐浴或用药后数日即愈。重者可发生外阴红肿、溃烂、奇痒、灼痛、惧尿、反复搔抓、哭闹不安，甚至影响食欲和睡眠。如果治疗不及时、不合理，可致感染反复发作和蔓延，逐渐加重，严重可导致阴道口及阴道黏连、尿道口黏连及尿道炎、膀胱炎、肾盂肾炎等。

女婴幼儿外阴感染原因较多，主要原因是，婴幼儿尿道短、直、粗又易扩张等特点，易于感染及炎症扩散。此外，女婴幼儿还有特殊的生理特点，即身体发育快，而生殖器官几乎处于静止状态，阴道黏膜薄，上皮细胞含糖元少，阴道菌群尚未建立，阴道杆菌少，且活力低，所以阴道的自净能力差，抗病能力低下，因此极易发生感染。

再者，婴幼儿期多穿开裆裤，坐地玩耍、再加上不注意婴幼卫生，如常和母亲一盆、一池洗澡、浴具合用等，也会将致病菌（常见有链球菌、葡萄球菌、大肠杆菌、滴虫霉菌等）感染给她们。因此，家长要注意保持女婴外阴清洁。每天清洗外阴包括臀部，即是通常所说的"洗屁股"，一般情况下用温水即可，可以使用肥皂。清洗时应注意先洗外阴、后洗肛门。清洗时应从前往后洗，并应将阴唇分开进行充分清洗。

◎ 家长宜培养小儿自己大小便的习惯

训练小儿大便可从半岁开始，用坐便盆的方法训练。小儿大便前，总有一些特殊表情，如瞪眼、用劲、脸红等，这时可以让他坐盆，大人应在旁边扶持，并发"嗯、嗯"的声音，促使小儿排便，每次坐盆一般不要超过 10 分钟，多次训练，便可成功。

训练解小便应从 10 个月左右开始，婴儿平时需排尿时会面红、动作停顿、发呆，或用一只脚摩擦另一只脚，这时应立即给他"把"尿，大人在旁边发出"嘘嘘"的声音，以便使小儿养成习惯。并且，每天在一定的时间，如睡前、醒后、饭前、外出前、回家后教他坐盆排尿或大人"把"尿。逐渐可养成自己定时大小便的习惯。

◎ 婴儿宜睡什么样的床

一个新生的小婴儿也只需要一个很小的床，所以大多数父母喜欢用摇篮或摇车。高度到臀部就可以，这样你弯腰抱起婴儿很方便，也便于把婴儿从育儿室推到另一个房间睡觉或推到室外呼吸新鲜空气。最有用的样式是分作两部分：一个带轮子的、可以折叠的立架和一个可以拿下来的篮子。两部分可以分开携带。

标准尺寸的摇篮是 40 厘米宽，81 厘米长。新生婴儿一般身长为53 厘米，所以摇篮不能用很长时间。大约 3 个月以后，婴儿就长得很大了，又踢又滚。摇篮的另一个缺点是太沉，大孩子总想看看婴儿，可能会把摇篮扒翻。

如果你买不起摇篮，或者你不想在一件只能用很短时间的东西上花钱，可以自己临时做一个。用完全解决问题的婴儿床，或者用一个抽屉或纸板箱，装上衬里，铺上被子。

你可能需要一个有栏杆的小儿床——你的孩子可以用三四年，要很好地选择。新床必须符合安全规则，要有标准的尺寸，要有温暖舒适的床垫，板条间隔不能超过 6 厘米。这样就不至于夹住婴儿的头，关闭装置一定要牢靠，所有小床上的部件一定要安全。

此外，小床的油漆一定要是无毒的油漆。

⊙ 孩子宜睡午觉

幼儿的高级神经还不够完善，大脑皮层的兴奋不易持久，容易疲劳。所以，婴幼儿的生活安排要注意动静交替，还要注意照顾好他们的睡眠。除了每晚应该有足够的睡眠时间外，中午还应该睡2个小时。

1. 要养成幼儿每天午睡的习惯　对尚未养成午睡习惯的幼儿，开始几天家长可以在旁边陪着孩子午睡。吃午饭前要稳定孩子的情绪，不要让他们做剧烈的游戏。午饭不要吃得过饱，午饭后过十几分钟再让孩子睡觉，睡前提醒他们解小便，不要让孩子把玩具带到床上去。

2. 卧室环境要适宜　幼儿睡觉的环境应该安静，光线不要太亮，空气应新鲜。对于不好好午睡的孩子应及时提醒，态度应和蔼，声音要轻且肯定。如果说话太多，孩子兴奋起来，就更难入睡。

3. 纠正睡姿　午睡时，最好让孩子右侧卧，肚子上盖条毛巾被。如果孩子做梦，出现哭闹或坐起，应该及时叫醒他，告诉他是在做梦。

4. 午睡不要拖延时间　孩子午睡醒来后应该立即起床，对于醒来后闹脾气的孩子要问清原因，并转移其注意力。遇上午睡后不愿起床的孩子，也不宜用很多玩具哄他，或者迁就让其接着睡。起床后，可让孩子用凉水洗洗脸，活动活动身体，他的精神就会焕发起来。

⊙ 让孩子宜做些家务劳动

现代社会，独生子女的家庭渐渐多起来，有些做父母的往往把孩子视为掌上明珠，生怕孩子吃苦受累而代替孩子做每一件事，不给孩子干活的机会，这是十分有害的。

其实，让孩子做些家务不但能教会孩子干活的方法，而且能培养、发展孩子的责任心、独立性和生活能力。美国精神病医生从20世纪40年代起开始了一项多年的研究，他跟踪了456名波士顿的男孩，许多是生长在贫困和破裂的家庭中。当他们到达中年后，逐个进行比较，显露出一个明显的事实，略去其智力、家庭收入、种族背景和受教育程度等因素，那些在儿提时常做家务活的，比起那些不做家务活的，享受着更幸福、更丰富的生活。范伦特在这些人长到25岁、31岁、47岁时，对他们进行了跟踪访问，并采取评分的方式进行比较，结果表明，那些在儿童时代干活多、活动性程度高的人，比一般人与他人相处关系融洽的程度要高2倍，工资报酬高5倍，被解雇的可能性低16倍。范伦特解释说："那些干活的孩子获得了生活能力，感到自己是社会中有价值的成员，他们懂得怎样生活"。

◎ 孩子外出宜穿鹅黄色衣服

每逢佳节或暑、寒假期间，年轻的父母常常带着孩子外出旅游，这对孩子了解祖国的山山水水，了解各地的风土人情，陶冶孩子的高尚情操都是有利的。然而，孩子年幼好动，一旦走失，或发生意外，岂不令人扫兴。为了避免这类事情发生，外出旅游时，给孩子穿鹅黄色的衣服，也许会有所帮助。

科学家研究发现，人们的眼睛白天对鹅黄色最敏感，夜间则对红色最敏感。白天黄色波长570～590纳米，而且穿透能力和远视感很强，人的视神经对其颇敏感。目前，公路、铁路、机场等处的各种路标都以黄色为底色，汽车的防雾灯也采用黄色，就是这个道理。在日本，交叉路口的人行道上，放有一些用鹅黄色纸做的小旗，小学生过马路时顺手拿一面小旗，这样汽车司机很远就能看见他们，可避免事故的发生。

孩子外出游玩，让他穿鹅黄色的衣服，戴鹅黄色的衣服，或穿上其他颜色鲜艳的衣服，戴鹅黄色的帽子，或背黄色的小书包不无好处。

◎ 父母宜防孩子"星期一"综合征

据报载，幼儿园、小学的"星期一综合征"较为严重：在星期一幼儿的入园率约低平时的10%；许多幼儿迟到，情绪低落、疲倦、对游戏也不感兴趣；午饭时，大多数幼儿食欲不振，进食慢，剩饭，撒饭多，有的干脆不动勺子。资料统计，幼儿园星期一的发病率比同星期的其他几天要高 3 倍。

这是什么原因呢？是由孩子的生活规律被打乱造成的。周末，父母把孩子接回家，许多家长爱子心切，让孩子尽情地吃好的食物、玩好玩的玩具，晚上看电视熬夜。有的家长第二天还要带孩子探亲访友，或外出游玩。孩子的生活规律完全被打乱了，体力消耗过大，睡眠不足，导致身心疲惫，抵抗力降低，星期一入园，自然会出现上述综合征。这正如教育家马卡连柯所说：父母过分的爱也会使孩子受到伤害。

解铃还须系铃人，防治"星期一综合征"完全靠孩子的父母。首先，要充分认识此症的危害，影响孩子的健康成长。其次，要明白过分的爱会使孩子受到伤害的道理。第三，周末、假日要让孩子基本保持科学的生活规律。在进食、活动、游戏等方面加以适度控制，保证孩子的休息时间，让他们养精蓄锐，精神愉快地走向星期一。

◎ 婴儿不宜含乳头入睡

有的婴儿夜晚哭闹不睡，做妈妈的习惯于把奶头伸到孩子嘴里，让婴儿含乳头入睡，这种做法有害健康。

首先这对婴儿牙齿的正常发育有不良影响，会使上下颌骨变形，导致上下牙不能正常咬合；另外妈妈的乳房容易堵住婴儿的鼻，容易使婴儿发生窒息，这些对宝宝的生长发育不利。

◎ 婴儿不宜吸空奶头

有些年轻的母亲，为了哄孩子，常用空奶头让孩子吮着，这是一种错误的作法。

婴儿时期正是各个器官生长发育阶段，如果经常让孩子吸空奶头，可造成牙齿生长不齐；小孩在吸奶头时，口腔和胃通过神经反射，不断分泌出消化液，等到真正吃奶时，就会影响食欲和食物消化和吸收，长期下去、会引起孩子营养不良。另外，吸空奶头，会把大量的空气吸进胃肠道，往往容易引起吐奶和腹痛；若把空气中的病菌吸入口腔或胃里，容易引起口疮和胃肠道传染病。应该改掉婴儿吸空奶头的不良习惯。

◎ 婴儿一哭不宜就喂奶

有些年轻的妈妈一听见婴儿哭，就认为孩子饿了，忙着喂奶，这样会影响婴儿消化功能的。

婴儿的主要饮食是母乳或代乳品，这些饮食一般在小儿胃里可停2小时30分到3小时，吃奶后3～4小时就会饥饿，这时啼哭应及时喂奶。但婴儿并不是饿了才哭，当尿布潮湿、过冷过热、打包过紧、蚊虫叮咬、身体有病甚至睡醒后要人抱，都用啼哭来表示。如果婴儿每哭一次就喂一次奶，不仅影响母亲休息，而且会引起奶水不足，婴儿常因吃不饱而不断啼哭。频频地让婴儿吃奶，乳头容易发生皲裂，或继发急性乳腺炎，以至不得中断母乳喂养。若在母乳充足的情况下，婴儿一哭就喂奶，这样不规律地喂奶，会影响婴儿的消化功能，对生长发育不利。

婴儿食量不尽相同。喂养次数当然不必拘于某个时间，但间隔不应少于2小时，不要婴儿一哭就喂奶。

◎ 婴儿内衣不宜用化纤布

成品化纤布用作婴儿内衣，会给皮肤娇嫩的幼儿带来皮肤疾患。

因为化纤布经过树脂整理后，残存的游离甲醛（又称福尔马林），虽然残量极微，对健康成人并无多大妨害，但要用作婴儿内衣，可能使婴儿罹患皮炎（或接触性变态反应），如果有害物质进入婴儿体内，更可能直接影响其肝、肾功能。日本"主妇联合会"曾做过大量调查，都证明了甲醛的危害性。日本厚生省制定并公布了"关于限制有害物质在家庭用品中的法律"条文规定在婴儿衣料用品中，严禁使用含甲醛的树脂整理，违者处1年以下徒刑或罚款30万日元以下。可见，婴幼儿内衣不宜用化纤布料。

◎ 有些布料不宜做尿布

婴儿不能自控屎尿，所以，选择合适的尿布，是丝毫不能马虎的。

在制作尿布时，一忌用合成纤维及其混纺布料。因这些布料吸水性，透气性都差、易引起新生儿红臀。二是忌用印染、易褪色的新布料。因为有些化学染料布品，刺激小儿皮肤后，可发生小儿尿布性皮炎。甚至染料被人体吸收后可引起中毒反应。三忌用质地硬的布料。新生儿皮肤娇嫩，组织紧密厚实的硬布会磨伤皮肤，加上小儿机体抵抗力较差，皮肤破损后极易发生感染，甚至有可能导致败血症。

一般说来，平纹的白色浅色旧棉布、棉针织品、人造棉等织物，柔软吸湿，透风良好，是制作尿布的好材料。合适的尿布应为长40厘米，宽30厘米，纵向折叠后使用。

◎ 婴儿裤腰带不宜用橡皮筋

婴幼儿身体组织很娇嫩，胸腰部发育速度是很快的。如果长期穿的衣裤腰部用橡皮筋，呼吸时由于横膈肌的升降牵引，胸腰部很容易向里凹陷，整个胸部呈桶状。严重的肋骨缘外翻上翘，形成"小儿束胸症"，直接影响胸廓和肺脏的正常发育，使肺活量减小，肺功能降低，容易患呼吸道传染病。夏季幼儿穿腰部带橡皮筋的衣裤，还容易引起湿疹。

◎ 婴儿指甲不宜过长

婴儿大脑发育尚未完善，还不能有意识、有目的协调动作。孩子乱抓乱搔很容易抓破皮肤，甚至划伤眼睛；指甲过长容易藏垢纳污，带有多种病菌，婴儿吸吮手指会把病菌带入体内，引起各种疾病；指甲过长容易引起劈裂、破损，常因钩住衣物等织品的纤维而伤痛手指，有的婴儿指甲两角深嵌指肉，疼痛难忍，啼哭不停，家长不知原因，也往往引起惊恐和忧虑。

一般情况下，婴儿修剪指甲应待满月后开始，每10天修剪1次，指甲不宜剪得太短，最好在婴儿洗涤后，熟睡时剪，以免孩子爱动误伤。

◎ 婴儿睡觉的枕头不宜太高

婴儿枕头的高低或随意相互通用，这对孩子健康都会构成一定潜在威胁。

孩子枕头过高时，容易加大颈胸椎弧度，第5、6胸椎的承受面小，压强变大。时间久了，孩子还未成熟的脊柱会变形，出现驼背、斜背及肌萎缩等。由于枕头过高，造成孩子颈椎张力增高，胸椎曲度变小，从而引起呼吸不协调，破坏了正常的睡眠时间，出现不适感、头晕、呛咳及惊醒等。此外，较高或软硬不均的枕头，也可促使颈部肌肉疲乏，甚至造成常见的落枕现象。

刚出生的小婴儿，头比较大，平躺时，背和后脑部可以在一个平面上，颈部的肌肉不会绷紧。所以，婴儿睡觉可以不用枕头，待婴儿满3个月时，便开始垫1寸左右的枕头，以后可随着孩子长大，枕头适当加高，一般枕头为3厘米高，15厘米宽，30厘米长较合适，枕芯以松软不变形的物品为好。用谷子、饮后晒干的茶叶、蚕屎、鸭绒、干柏树叶等做枕芯。枕芯用棉布缝制，外罩布料枕套，经常换洗。

◎ 婴儿不宜趴着睡觉

婴儿脸朝下趴着睡觉的习惯是不好的。

因为趴着睡觉时,胸部、腹部都会受到压迫,影响呼吸、血液循环。口鼻又常常蒙在被窝里，影响新鲜的氧气吸入，特别是新生儿颈肌还未发育，趴着睡觉头抬不起，所以，万一呕吐或有毛巾、枕头阻挡口鼻的呼吸，将因不能立即自行移开而造成呼吸障碍，甚至导致窒息死亡的意外。周岁内的婴儿，脑壳还是一种软骨，如果长期趴着睡，脸蛋较长时间承受外部压力，会使面部软骨变形，造成颌骨发育异常。婴儿趴着睡觉时，头和颈部弯曲着，既吃力又难受。如果婴儿采用这种姿势睡上一整夜，小儿就会感到十分疲乏，很不好受。专家认为，婴儿以仰睡为最佳姿势。新生儿从早到晚几乎都处于睡眠状态，自己不会翻身，要经常留意孩子更换睡觉姿势。一般 4 小时调换 1 次较为适宜。侧睡时要注意婴儿的耳郭，不要挤压。

◎ 婴儿睡后不宜开灯

有的父母为了夜间给婴儿喂奶、把尿，常将室内灯光亮至通宵。生理学家认为，长时间在灯光下睡眠，会扰乱人体的生理节奏规律，特别是婴儿受害更大。由于灯光的照射，会使孩子睡眠不踏实，易醒、易疲劳。婴儿处于生长发育时期，若长时间开灯睡觉，会导致婴儿体内对钙吸收的减弱，造成婴儿生长发育迟缓。另外，婴儿晚上躺在床上，长时间地看着灯光，极易造成婴儿眼球斜视或直视。所以，为了养成婴儿睡眠的好习惯，千万不要昼夜灯光不息。

◎ 婴儿不宜每天洗澡

天天给婴儿洗澡，完全没有必要。

因为每天给婴儿洗澡，会使婴儿筋疲力尽，擦洗肥皂则会除掉皮肤表面的油脂，而这层油脂对于婴儿是有保暖、防止感染和外部刺激的重要作用，是任何其他精制的油脂所不能代替的。所以，婴儿没有每天洗澡的必要。一般来说，婴儿冬天每周洗 2 次，夏季每周洗 3 次就正常了。最好在饭前进行，水温为 36 摄氏度左右，室温不可低于 20 摄氏度，婴儿在水中的时间不宜超过 5 分钟。当然，婴儿排大便后，应立即用清水将其下身擦洗干净，就不要再给孩子全身洗澡了。

◎ 婴儿不宜嘬指头

有人说："小孩指头上四两蜜"，所以认为嘬指头无关紧要。这是个坏习惯，医学上称为吮拇癖。

吮拇癖是婴儿最初几个月内心理上不良习惯，多见于小儿心情不愉快，或疲劳、疾病的时候，这种习惯形成后，孩子长到几岁还改不过来。孩子的两只手常东抓西摸，会沾上许多脏东西或病菌，如不洗手就嘬指头，易引起拉肚子、肚子里长蛔虫等疾病。此外，孩子经常嘬指头，会使牙床外突有时乳牙也被推出来一些，牙齿长的参差不齐，影响消化和孩子的外貌美观。

纠正的方法是以各种各样的玩具来吸引孩子的注意力，调整孩子的精神功能。大的孩子可早些送入幼儿园，过集体生活，多与别的孩子玩耍、游戏、唱歌，分散他对吮拇习惯的注意，慢慢也就改过来了。

◎ 大人不宜乱摇摆婴儿

我国农村盛行一种落地摇篮，每当婴儿啼哭或为了催眠，总是习惯地把摇篮摇个不停，婴儿在摇篮里就被动摇得左右晃荡。殊不知，这种做法会给婴儿大脑来损害。

因为婴儿头部较重，头大身小，颈部肌肉嫩而软，对头部支撑力很弱。如果不停地摇晃婴儿，易使婴儿的脑髓不断撞击较硬脑壳，可造成大脑小血管破裂，还可能引起视网膜毛细血管充血，甚至视网膜分裂导致永久性失明。有人把这种病称为"婴儿摇晃综合征"，一般发生6个月以内的婴儿。在当婴儿哭闹时，要注意寻找原因，而不要使劲摇晃。

◎ 婴儿不宜久坐

有些家长喜欢让孩子坐车上或床上，只要孩子不哭不闹，一坐就是老半天。长时间坐对婴儿的生长发育有害。

婴儿的肌体发育还不成熟，骨骼较软，韧性大，富有弹性，不易骨折，但压迫受力时易弯曲变形。加上起固定关节作用的韧带、肌肉比较薄弱，骨骼得不到肌肉的有效支持，身体的形态就容易发生各种变化。如果让婴儿过早的学坐或长时间的坐，就可能导致脊柱弯曲，肌肉疲劳，前胸、腹部受压迫，引起小儿吐奶，口水增多等。

◎ 婴儿不宜常看电视

大家都知道，看电视要注意室内光线、收看距离及角度，为的是保护视力。大人根据电视机屏幕大小，保持一定距离，适合成人眼睛的调节功能。而婴儿眼肌调节能力较成人差，对于光线时强时弱、快速的、跳跃式变化的电视节目眼肌难以调节适应，易疲劳。时间长了，可引起近视、远视、视力减退及斜视等现象。

⊙ 孩子饭前不宜大量饮水

有的家长常在饭前给孩子喂水，以为水稀释食物助消化。孩子大量喝水后，马上进食，会使胃中有胀满感，同时冲淡胃液，影响食欲和消化，由于胃酸稀释，使杀菌能力下降，很容易感染肠道疾病。

⊙ 儿童吃饭不宜狼吞虎咽

孩子狼吞虎咽的饮食习惯，确实对健康很不利。

大家知道，人将食物的大分子结构分解成小分子结构，是靠消化液中的消化酶来完成的。而咀嚼食物能通过神经反射引起胃液分泌，胃液分泌又进而诱发其他消化液分泌，这些都是消化食物所必需的。如果孩子在短时间内，大量吞进未经充分咀嚼的食物，就会使消化液分泌减少，进而影响对食物的消化和吸收。由于食物没有与消化液充分接触，这样孩子从食物中吸收的营养也就大大减少，长此以往，健康就必然受到影响。孩子吃东西切不可狼吞虎咽，要细嚼慢咽，让食物得到充分咀嚼。

⊙ 孩子不宜暴饮暴食

在节假日改善生活时或宴席上，有的孩子遇到特别喜爱吃的食物，就不加节制地猛吃一顿，这样对健康是十分有害的。

所谓暴食，就是指一次吃的量太多，超过了正常胃容易。这样，在短时间内有大量食物进入胃肠，使消化液供不应求，就会造成消化不良，由于胃容过大，使胃失去了蠕动能力，机械性膨胀，产生胃部胀痛感，可造成胃下垂或急性胃扩张，也可因胃肠血液大量集中，而脑、心脏等重要脏器缺血、缺氧，使孩子感到困倦无力，还可使胰腺的负担过重，而发生胰腺炎。孩子若在短时间内饮大量水，可致急性胃扩张，大量水分进入血液及组织内而致水肿。若引起脑水肿，则是相当危险的。要时时注意，不能让小儿暴饮暴食，要定时定量进食，否则不利于孩子的生长发育。

◎ 孩子不宜偏嚼

偏嚼是一种不良习惯，可引起下颌形态异常和位置改变，所以医学上统称为"双侧颜面不对称畸形"。

孩子可因某一侧患有蛀牙未予治疗，而仅用对侧咀嚼食物，久而久之，则会使一侧废用而形成习惯性偏嚼。由于长期偏嚼，咀嚼侧受功能刺激生长较快，而另一侧则因不常使用而发生萎缩，容易形成面部发育不对称。严重的还能引起歪鼻。长期单侧咀嚼，也能引起该侧的下颌关节负担过重，容易造成牙齿排列和下颌关节功能紊乱，不但咀嚼时关节发生疼痛，而且有时张口也不免受到影响。此外，不大使用的另一侧牙齿周围，容易使大量的口腔内污垢沉积成为牙结石，这是造成牙龈炎的重要原因之一。

发现孩子有偏嚼的习惯后，应及时祛除病因，治疗牙病一旦病因除去，只要对孩子稍加纠正，就可以改变这一习惯。纠正及时，颜面的不对称是可以改变的。

◎ 孩子不宜边跑边吃

有些孩子贪玩，甚至一边玩一边吃，有的妈妈常常端着饭碗跟在孩子后边，孩子跑到那里就喂到那里。这样害处是很多的。

孩子边跑动边吃饭，往往把食物含在口中或匆匆嚼几下就吞下去，加上吃饭时间长，饭菜变凉，增加胃肠的负担。由于进食思想不集中，大脑皮层不能很好起到调节作用，影响了胃肠的活动能力及消化液的分泌，减弱了食物的消化吸收，时间久了，可引起消化不良和营养不良。孩子边吃边玩，易把饭粒等小块食物呛入气管内，或把夹在食物中硬渣、骨头吞入食道，造成气管、食道损伤。此外，孩子在室外边跑动边吃饭，还易使饭菜受到尘土，病菌和寄生虫卵的污染。孩子吃了这种被污染的饭菜后，会引起腹痛、腹泻等胃肠道疾病。家长要耐心纠正孩子边吃边玩的习惯。正确的做法是吃饭要定时，饭前不要让孩子玩得太兴奋，可以让孩子做些安静的活动或游戏，并让孩子参加饭前准备工作，象洗手、拿小椅子等，使孩子注意集中到吃饭上来。吃饭时大人不要说与吃饭无关的话，并要指导帮助孩子自己用勺吃，使他养成专心吃饭的好习惯。

◎ 孩子吃饭时不宜打闹说笑

孩子吃饭时打闹说笑，易使食物误入气管，引起呛咳及呼吸系统炎症。

因为人吃的食物吞咽到食道里去，是由舌头卷向硬腭，软腭推送到咽；同时软腭和悬雍垂高举，咽门肌肉收缩，鼻腔通咽处暂时关闭，使食物不会进入鼻腔和喉头。如果吃饭时大说大笑，在吞咽食物时，呼吸和咽食动作同时进行，易使食物误入气管或鼻腔内，引起呛咳、喷嚏、流泪等现象，甚至发生肺炎。若鱼刺碎骨进入呼吸道里去，那危害就更大了。因此，孩子在吃饭时思想要集中，不要大说大笑。

◎ 孩子吃饭时不宜看书

有些孩子经常是边吃饭边看书，这是一种很不好的习惯。

人在吃饭时，大脑的主要工作是支配好胃肠，如果边吃饭边看书，就打乱了大脑对消化系统的指挥，使消化液分泌减少，胃肠蠕动减弱，影响胃肠对食物的消化和营养吸收。由于进食时看书，主要学习记忆区便会兴奋起来，需要充足的氧气和营养来供应，这样流入到胃肠道的血流量减少，而大脑得到的血液也不足，结果看书记不住，还影响胃肠道的功能和大脑的休息，时间久了，记忆力也会减退。所以，平时不能让孩子养成边吃东西边看书的坏习惯。

◎ 幼儿不宜坐矮桌进餐

幼儿经常蹲着坐矮桌进餐，易患胃病。

因为蹲着或在矮饭桌吃饭时，身体前倾，造成腹部受压，影响消化道的血液循环、消化液的分泌及胃肠的蠕动，久而久之就容易发生胃病。此外，腹部受压时，腹腔内压力增高，引起膈肌上抬，还影响心肺的活动。据某市调查，发现幼儿患有不同程度的胃病竟达58%以上，且发病年龄大多数在6～9岁之间，这与一些幼儿进餐姿势不正有一定关系。奉劝家长和幼儿园老师，要注意改变幼儿在矮桌前或蹲着吃饭的这种不良习惯，以防发生疾病。

◎ 孩子饭后不宜做剧烈活动

不少孩子放下饭碗就去踢球或做其他较剧烈的活动。有些家长认为，这样有助于孩子的消化，这不符合生理卫生。

饭后消化系要分泌大量的消化液，以对吃下的食物进行消化吸收。此时在大脑的指挥下，胃肠道血管扩张，其他部位血管收缩，让更多的血液流经胃肠道。如果饭后马上做剧烈活动时，由于运动器官进入活动状态，就使大脑不得不重新分配血液供应，这样胃肠的血液供应便得不到充分保证，使消化吸收功能受到严重影响。若急于参加踢球的孩子吃饭狼吞虎咽，那么胃肠道负担会进一步加重。时间长了，不仅影响消化功能，还会使胃肠得病。所以应教育孩子饭后不要活动，半小时以后可以开始做轻微活动，两小时以后才能进行剧烈活动。

◎ 孩子不宜含着食物睡觉

有的妈妈为了让孩子早点睡觉，就拿给孩子食物吃，甚至让孩子含着食物睡觉。显然，这是一种不良的卫生习惯。

食物滞留口腔中，口腔的乳酸杆菌、蛋白溶解菌和链球菌，尤以乳酸杆菌作用于口腔食物残屑的碳水化合物而产生酸，酸使牙齿的釉质脱钙，随后牙齿中的有机物又被蛋白溶解酶作用，使有机物分解，造成牙齿龋坏变性，从而产生龋齿。一旦发生龋齿，很容易穿通牙髓，引起牙髓炎和根尖周围组织的感染，还可诱发颌骨骨髓炎或颌周围组织炎等严重疾患。因此，保护小儿乳牙，纠正不良卫生习惯，就显得格外重要。

◎ 孩子睡前不宜吃东西

有的人说睡觉前给孩子再加顿饭，就能长得胖，长得高，这话不对。如果这样做反而打乱了小儿的生活规律，妨碍睡眠，有碍健康。

临睡前，人的大脑神经处于疲劳状态，胃肠的消化液分泌减少，这时吃东西，会增加胃肠的负担，刺激消化液分泌，从而打乱消化液的正常分泌，使胃不停地蠕动，加上孩子消化系统的发育还很不完善，所以常常感到肚子胀，"撑"得难受，使孩子睡不踏实，影响睡眠质量。另外，经常睡前吃东西，还会使胃压迫横膈膜，从而加重了心脏的负担。

为了让孩子养成饮食有规律的良好习惯，家长除保证 1～2 岁小儿一日三餐两点（上、中、下晚三餐，上、下午两次点心）外，就不要随意给小儿增减食物了。

◎ 孩子乘车不宜吃食品

有些家长外出带孩子乘车时，总爱给孩子买糖、水果、豆类等零食，这样做害处是很多的。

乘坐汽车、火车的人非常多，乘客人次往来频繁，其中难免有传染病患者或健康带菌者，他们手上及物品往往带有病菌、病毒，污染车坐、扶手等处。孩子在车上边吃边摸，很容易感染上病毒性肝炎、痢疾、蛔虫等疾病。尤其是幼小的儿童，乘坐车吃东西，由于车辆上、下坡和转弯的颠簸，还容易将食物呛到孩子气管内，造成不良后果。另外，孩子在车上乱扔果皮、糖纸等，也会影响公共卫生。

◎ 孩子不宜吃零食

有些家长过分娇养孩子，看到啥吃的，就买给孩子吃，平时孩子不吃饭，就用糖果、饼干哄着吃。

众所周知，吃食物的目的是为了供给身体生长发育所必需的营养素，1 日 3 餐能使胃肠有节律的工作与休息，促进食物的消化和吸收。如果孩子零食不离嘴，正餐不好好吃，这就破坏了正常的饮食制度。经常吃零食，胃肠道要随时分泌消化液，加重胃肠道的负担，引起消化不良症。孩子吃的零食多是甜食、奶糖和巧克力，这些零食只能提供能量，不能提供营养，吃这些零食后，身体内的热量供应已满足，每顿正餐食量就相对减少，由于缺乏多种营养素，结果可能造成营养物质比例失调故易于出现厌食、消瘦、体质下降等。另外，对于经常咳嗽或咽部发炎的孩子而言，小食品由于太甜，或有食物添加剂，可能会诱发咳嗽或咽炎等。因此，孩子不要养成乱吃零食的坏习惯，特别是饭前不要吃零食。给孩子吃零食也要严格地定时定量，养成按顿吃饭的习惯，以利正常发育。

◎ 母亲不宜穿工作服喂孩子

日常生活中，经常可以看到母亲穿着工作服，给孩子喂饭或喂奶，这是一种不卫生的习惯。

孩子的母亲都分别在不同岗位上，难免工作服上沾染有细菌、病毒、毒物及油垢、尘土等。母亲喂奶时，孩子往往是边吃奶边用小手在工作服上乱摸，把弄脏的手常习惯的放在嘴里吸吮，这样就很容易使赃物、病菌及毒物带进体内，引起各种疾病。建议喂奶的母亲，在喂奶前，务必把工作服脱下来，洗手后再给孩子喂奶。

◎ 母亲不宜让小儿自己抱奶瓶喝奶

有些父母把奶瓶递给小儿，让其躺在床上自己抱着奶瓶喝，自己却忙于家务。这种做法会给孩子造成脸形不正。

因为小儿躺着抱着奶瓶喝奶，装有奶汁的奶瓶就压迫着小儿的口腔，尤其是上唇鼻庭部最易受压，随着斗转星移，小儿的面中部即向内凹陷，容易造成凹面畸形。由于上下颌骨发育不平衡，萌出的牙齿就会排列紊乱，不但影响面容，还会影响到视力的发育。因此，在给小儿喂奶时，最好取半卧位，并由大人扶住奶瓶，避免奶瓶靠压奶嘴唇，以防造成不良后果。

◎ 试奶温不宜用嘴吸吮奶头

不少母亲在喂奶试温时，总是自己先用嘴吸吮几下，这对孩子健康是无益的。

配好奶后，先用嘴吮吸几口再去喂小儿，很容易污染奶头，使细菌传给婴儿，引起生病。一般测试奶温的方法是：把奶瓶贴在脸上以感到不烫为宜。也可以把奶汁滴几滴在手背上，以不烫手为宜。

◎ 小儿奶具不宜乱放乱用

有的家长喂奶后，随便把奶具放在桌上，下次拿起来就可喂奶，这很不卫生。

奶具包括奶头、奶瓶、调乳用的小勺等。因为奶具直接与小儿嘴巴接触，若是奶具不干净，就容易使小儿得病。一般要求奶具洗刷干净后，每天再煮沸消毒 1 次，煮沸 15 分钟以上，橡皮奶头可以煮沸 3 分钟。保存奶具要加盖，避免让蚂蚁、蚊蝇等叮爬，防止灰尘落入。在每次使用前后，应该用水烫洗，喂奶后将剩的奶汁倒出，用冷水反复洗净后保存。

◎ 小儿衣料不宜用纯合成纤维

小儿的衣着，怎样选择衣料，与他们的生长发育和健康成长有着密切的关系。

一般说来，棉布类纺织品要比合成纤维织物好。因为棉布容易吸水，透气性强，而合成维织物，如纯涤纶、纯腈纶、纯锦纶织物，虽然颜色鲜艳，也很结实，易洗快干，但吸湿性差，易产生静电，易吸尘，反而更易脏。小儿的神经系统发育尚未完善，自主神经较兴奋，易激动，出汗多。对气候变化（忽冷忽热）不能适应，夏秋季穿了合成纤维衣服因不易散热，容易生痱子或热疖。还有极少数小儿对某种合成纤维织物有过敏反应，例如戴了腈纶帽子或穿腈纶衫会诱发湿疹，有的还会加重原有的皮肤病。女孩用腈纶布做内裤，容易引起外阴皮疮及尿道炎。由此可见，选择衣料是有讲究的，否则往往会给孩子带来麻烦。

◎ 婴幼儿的衣服不宜束缚过紧

婴幼儿穿过小过紧的衣裤不但妨碍活动，而且不利于生长发育。

婴幼儿正处在生长发育的旺盛时期，身体容易受到衣着的影响。在炎热的夏季，婴幼儿衣服束缚太紧，会影响汗液的排出和蒸发。腰带长期捆扎幼儿的胸肋，会使肋骨外翻，胸部变成畸形。瘦小的裤紧裹着幼儿的大腿，影响孩子血液循环，长长的裤脚影响幼儿的行走，浅裆裤包臀，不仅蹲起不便，跑跳都受限制，抽紧的裤裆会经常摩擦刺激幼儿生殖器，易使幼儿因瘙痒而抚弄生殖器，养成玩弄生殖器的坏习惯。

因此，婴幼儿的衣服要宽大，式样要合适。新生儿的衣服样式宜简单舒适便于穿脱，样式以斜襟衣为好，最好前面稍长些，后面稍短些。衣服上不宜用扣子或按扣，以免擦伤皮肤，可用较宽的带子系在身侧。幼儿最好穿背带裤，不宜穿拉锁裤，更不要穿束缚过紧的衣服，以免影响孩子的发育。

◎ 孩子的衣服不宜穿得过多

不少家长唯恐孩子着凉。气温刚转凉，就给孩子添好多衣服，气温转暖了，又舍不得给孩子脱掉。这种做法对孩子并不好。

孩子好动，处在不停地活动中，衣服穿得多，稍一活动，哪怕是哭上几声就是一身大汗。汗水浸湿内衣，衣服湿了不及时换，很容易着凉感冒以至引起气管炎、肺炎等。另外，从小穿衣过多，使孩子只能适应暖和的环境，对外界冷暖变化适应性差，容易得病。

育儿专家认为，孩子穿衣的原则是适当地少穿些，只要在气温变化下，能保持体温就可以了。多数小儿穿戴舒适时，手是清凉的；穿得过多时，手脚会发起热来。若小儿能保持正常脸色，就说明穿得合适，这样，小儿从小惯于不穿过多的衣服能够增强抵抗力，少患感冒。

◎ 幼儿不宜穿开裆裤

幼儿穿开裆裤有损健康。

幼儿穿了开裆裤,会阴部、外生殖器、尿道口、肛门等暴露在外面。由于幼儿体内雌激素水平低,外阴部皮肤抵抗力弱,同时,阴道上皮薄,酸度低。当幼儿常坐在地上或椅子游戏时,外界的病菌很容易侵入外生殖器,而引起局部红肿,分泌物增多,可导致外阴部痛痒。小阴唇可因分泌物浸渍而溃烂,发生黏连,细菌上行感染尿道时,可出现尿频、尿急、尿痛的现象。由于幼儿无知,容易放异物入阴道内,难以取出,以至造成发炎和局部溃烂。另外,幼儿冬季穿开裆裤不保暖,上下身温差大,容易着凉,而引起呼吸道感染和腹泻。

◎ 幼儿不宜穿喇叭裤

喇叭裤立裆浅,紧围臀,紧裹着幼儿的大腿,不仅幼儿蹲、起不便,而且影响血液循环,过分紧窄的裤裆经常摩擦刺激生殖器,引起会阴部瘙痒,幼儿因瘙痒而乱抓乱挠,时间长了,会使幼儿养成玩弄生殖器的坏习惯,也有损伤生殖器的危险。另外,幼儿时期,正是"走来跑去"的时代,每天喜欢奔跑、跳跃、跨越小障碍等活动,如果穿上裤脚又长又肥的喇叭裤,势必会影响幼儿的活动,且易拌跤,很不安全。因此,最好不要给幼儿穿喇叭裤。

◎ 婴幼儿衣物不宜与樟脑丸接触

人们习惯在存放衣物的箱柜里放上几粒樟脑丸,以驱虫防蛀。然而,婴幼儿的衣物与樟脑丸接触是十分有害的。

樟脑丸中含有挥发性强,而又具有毒性,含量较高的萘。小儿穿着充满樟脑丸气味的衣服,萘就能透过婴儿稚嫩的皮肤和黏膜渗入血液中,使红细胞破裂、溶解,导致血液中胆红素超过人体的正常值。这些过量的胆红素会透过脑膜与脑细胞结合,不但能将脑细胞染成黄色,并且能使脑功能受到损坏。这时,病儿会出现瘙痒、恶心、嗜睡,甚至出现惊跳或抽风等症状;婴儿的皮肤和眼白呈橘黄色，尿液也呈黄色。患了这种病，如不及时抢救，往往危及生命，即使经过治疗而得救者，多数也会留下智力差的后遗症。

因此，婴幼儿的衣服不宜存放在置有樟脑丸的箱柜内，已经沾有樟脑丸气味的衣服，必须清洗晒干后方能穿用；一些不便洗涤的毛绒衣裤、棉衣等，须放在太阳下反复吹晒，让樟脑丸的气味完全散发掉再穿。

◎ 洗婴幼儿衣物三不宜

婴幼儿的单位体表面积热量大，出汗多，所以，应经常洗换衣服。但给婴幼儿洗衣服或尿布时，应忌以下三点。

（1）忌含增白剂的肥皂，最好也不要用洗衣粉，以免刺激婴幼儿的皮肤。

（2）忌用农药。不要为了驱杀蚊虫或虱子等用美曲磷脂之类的农药洒在衣服上。孩子可能会吸吮衣服而引起中毒。

（3）忌用汽油揩擦婴儿衣服。因为汽油中含有四乙基铅，对婴儿大脑发育有危害，有可能造成痴呆儿。

◎ 婴幼儿衣物卫生十不宜

1. 忌选择化纤类布料　由于吸湿性、吸水性和通风性差，小儿皮肤细嫩易受刺激致病。

2. 忌紧身衣裤　小儿衣服式样宜简单，宽松。不宜选用衣身、两肩、袖口过紧的款式。

3. 忌穿衣过厚　多穿几件薄衣比只穿一件厚衣要好得多。而且过度保温，会使小儿体温升高。

4. 忌用纽扣、拉锁　可用柔软的布带代替，不宜用纽扣、拉锁，以免损伤皮肤或发生意外。

5. 忌脏　小儿出汗多、易脏，宜勤洗澡，一般每周洗澡 1～2 次，且更换衣服。

6. 忌穿后高跟鞋　最适宜穿布鞋，鞋带不宜系得太紧，否则影响其活动或发生跌伤。

7. 忌戴帽过紧　户外活动时，冬天戴毛线帽，夏天戴宽帽沿的帽子，戴帽不宜过紧过小。

8. 忌包被扎得太紧　小儿四肢末端不宜扎得过紧，以免影响血液循环而导致指、趾坏死。

9. 忌用质硬褪色尿布　宜选用吸水性良好的浅色或白色的棉织品，也可用针织品类。

10. 忌被褥久不拆、晒　小儿被褥勤拆洗勤晒，不仅可杀灭病菌，且使被褥松软，睡眠舒适。

◎ 儿童不宜留长发

现代医学和化学测试表明：人的头发中含有几十种人体必需的营养成分，这说明了头发是吸收人体各种营养的。儿童时期正处于迅速发育阶段，需要各种营养就多，如果孩子体内供给头部的营养过多地被头发吸收了，脑部的营养相对地减少了，长年累月就会使脑部缺乏营养，影响孩子智力的发展，甚至直接导致头晕的现象。曾有人观察，一般情况下，女孩比男孩患头晕病的多，留长发的女孩比留短发的女孩又多。因此，儿童时期最好留短发，一则便于梳理，顺其自然；二则有利智力发育。

◎ 小孩不宜烫发

有些年轻父母单纯为了孩子漂亮，喜欢给孩子烫发，这样做对孩子健康是不利的。

因为烫发需要较高的温度，一般儿童的头皮娇嫩，头发细密而柔软，往往经不起电夹、火烫或化学冷烫过程中的种种刺激。加热后头发的角质受到损伤，会使乌黑发亮的头发发黄变脆，油脂分泌减少，甚至失去光泽而脱落，缩短头发的寿命。烫过的头发不易梳洗，会影响汗液的正常蒸发，易繁殖细菌。特别是夏季容易生痱子，头皮发痒，如用手搔痒抓破头发，可造成感染。因此，小孩的发式应自然、流畅，简洁易梳，切不宜烫发。

◎ 孩子束发不宜过紧

年轻的母亲在给女孩梳理头发时，总喜欢扎个又高系得又紧的小独辫，虽然看来起显得精神活泼，但对孩子的健康却有害。

辫子的作用，每根头发和毛囊都受到一定的拉力，这种拉力在辫子圆锥体底部的边缘最大。如果把孩子的辫子扎得高，系得过紧，会使发根受压，影响头发血液循环，长年累月，就会出现机械性脱发或拉断现象，使孩子的前额发际线开始消失，鬓角头发渐渐变稀。女孩在青春期前本来头发就少，在这种情况下，头发的稀少就突出了。因此，要注意孩子头发的护养，女孩头宜剪成短发，任其自然，梳辫子时不要拉得太紧，经常改变发辫的部位和样式，而且在夜晚睡觉时，将辫子解开放松，也不要戴过紧的帽子，以免影响头发的呼吸。

◎ 孩子洗发不宜过勤

孩子过勤洗发并不好。

因为孩子洗发过勤，会洗去过多的皮脂，从而失去润泽头发的作用。而且还会增多皮屑，引起头发瘙痒。孩子洗发不宜过勤，一般以每周1次为宜，洗头水温度不宜过冷或过热，洗时不要用手指甲在头发上乱抓，使用幼儿洗发剂一定要冲洗干净，切忌用洗衣粉去洗头，以防对头发造成过多的损害。

◎ 给孩子梳头不宜过于用力

幼小的孩子喜欢玩弄泥土和尘物，往往弄得浑身沾尘，头发卷团。有的母亲由于人手少，家务重，在给孩子梳理头发时，就随手拿硬木梳，用力猛梳，这样常会折断许多头发甚至损伤头皮，有害于孩子的健康。

给孩子梳理头发时，梳子不宜用硬齿，应用软齿，最适宜的是橡胶梳子。梳发一定从前向后轻轻梳顺，短发应从发根往外梳，长发则应先梳通发梢，再一段段地往上梳。洗发后最好不要马上用梳子梳理头发，否则头发会拉断很多，而且应把头发上的水挤出，先用宽齿梳发，待其自然干燥后再梳理。及时去掉头皮屑和灰尘，促进血液循环，使孩子的头发健康生长。

◎ 小儿不宜穿什么样的鞋

多数家长在给孩子选购鞋时，对鞋的美观程度注意较多，而是否合适却考虑得较少，这是不对的。

孩子从小学站、学走的时候起，一直到发育完全的阶段，鞋子的选择对脚的发育关系很大。因此，家长选购童鞋时，应注意以下几点：一是不宜选购无弹性的塑料底鞋，因为它对增强儿童足弓的弹力不利，易形成平足症。此外，塑料底较滑，儿童易摔跤，透风性也差，儿童跑跳多，脚汗出得多，再加上穿上尼龙袜，这样极易患足癣。二是不宜选购拖鞋，因为孩子穿拖鞋需脚趾用力，这样极易造成八字脚，而且走路也不安全。

◎ 婴幼儿穿鞋不宜过大或过小

对于正在生长发育的幼儿来说，穿一双美观而又合适的鞋是非常重要的，鞋过大或小都不好。

如果给孩子穿小鞋，不仅感觉难受，还会妨碍脚部的血液循环，使脚发胀，并拢太紧，限制脚掌和脚趾发育。冬天，鞋子窄小，脚周围的空气层薄不保温，容易发生冻疮；夏天，鞋子窄小，脚趾之间多汗潮湿，摩擦破损皮肤后，易招致霉菌感染，患上脚癣。鞋子过大，不合脚，行动不便，容易把脚扭伤。

因此，家长给孩子选购鞋时，除注意颜色、款式外，重要的是大小要合适。一般来说，布鞋以大半号为宜，也符合生理卫生要求。

◎ 女孩不宜穿高跟鞋

女孩穿高跟鞋害处很多。

因为儿童时期骨骼正在发育，骨盆骨质柔软，弹性强，容易变形。当穿高跟鞋时，脚后跟提高，上身前倾，臀部凸出，膝关节被动僵直，全身重量负荷不在全足而在前脚掌，破坏了正常重力传递负荷线，骨盆侧壁被迫内收。长期穿高跟鞋的女孩，有可能造成骨盆口狭窄，或骨盆倾斜畸形，导致成年期分娩困难。由于穿高跟鞋，足骨受力大，重力角也会发生改变，影响足趾、趾骨和关节的发育，还会造成脚痛症和趾骨骨折。另外，穿高跟鞋还容易造成踝部扭伤，腱鞘囊肿，脚掌鸡眼或胼胝。

◎ 幼儿不宜过早穿皮鞋

幼儿过早穿皮鞋是有害的。

幼儿正处在成长发育时期，孩子的双脚长宽比例和成人是不同的，骨骼生长非常迅速，但矿物质含量少，肌纤维较细，韧带也柔软。若幼儿过早穿皮鞋，极易导致脚畸形。再说，皮鞋一般都有弹力差，伸缩性小，硬度大的缺点，易直接压迫足部的皮肤血管和神经，使脚的局部血液流通不畅，引起脚趾麻木、脚面疼痛。久而久之，就会影响脚掌和脚趾的生长发育。如果皮鞋太长，会使脚部韧带过于伸展，从而破坏足弓的稳定，造成足弓下陷或消失，使缓冲震荡的作用大大减弱，形成扁平足。

一般而言，幼儿最适宜穿布鞋，布鞋具有柔软、舒适、轻便、通风的特点，利于孩子的健康。

◎ 儿童平日不宜穿运动鞋

儿童平日总是穿着透气性能不良的运动鞋，这对健康有害。

较大的孩子活泼好动，双脚因经常着力行走，容易散发热量。但是长久穿运动鞋，如果热量不能及时散出，则会容易产生并集结越来越多的脚汗，脚汗的淤积，使孩子感到闷、热、湿、滑，周身不适。还会引起双脚发红或脱皮，甚至染上皮肤病。另外，运动鞋是平底的，身体负荷在脚部的分配不均，因而影响步伐、姿势和内脏的位置。因此，除运动和远足旅行外，平日最好不要总穿运动鞋。

◎ 儿童不宜睡沙发床

儿童长时间地睡沙发床，对健康是非常有害的。

儿童时期，孩子正处于生长发育阶段，骨骼未完成骨化，骨质较软，脊柱很容易变形。沙发床比较柔软，当孩子仰卧睡在沙发床后，重量最大的臀部，将过软的沙发压成凹陷，使脊柱都是处于不正常的弯曲状态，长期下去，就会形成胸廓下陷或罗锅畸形。又因臀部过分下陷，腰背部脊柱两侧的肌肉、韧带受力不均匀，容易引起腰背部肌肉的慢性劳损。如习惯侧卧的，脊柱则向侧弯曲，如此长期睡下去，同样可以形成脊柱的侧弯畸形。一旦脊柱发生病理弯曲，不但脊柱的活动范围受到限制，影响健康和体形美，而且有碍内脏器官功能的正常发育。

因此，小儿理想的睡床，一般说来，家庭中木板床、竹床、棕棚床或砖炕都可以在床面铺上 1 ～ 2 层垫子，其厚度以卧床时身体不超过正常的变化程度为宜。睡这类床，小儿就完全可避免脊柱畸形，骨骼变形等情况，有利于儿童的健康成长。

◎ 孩子床上不宜垫塑料薄膜

有些家长习惯给孩子在褥下面垫上一块塑料薄膜，想以此避免棕板对棉絮的黏损和损坏。其实，这样做是有害的。

小儿在睡觉时皮肤和呼吸器官要散发出大量水分，棉絮吸水后，随着温度的上升而不断向外散发。这时，如果在棉絮下面垫了塑料薄膜，水蒸气就无法散发出去。时间一长，棉絮就会因潮湿而霉烂。孩子若长期睡在这种潮湿的环境中，不仅会感到不舒服，影响睡眠，而且还容易出现皮肤湿疹、瘙痒等症。另外，棉絮受潮后，还可导致微生物大量繁殖，小儿皮肤柔嫩，有害病菌很容易侵入体内，引起多种疾病。小儿床上不能垫塑料薄膜，宜垫草席或旧床单布，并要经常晒褥子。

◎ 孩子不宜蒙头睡觉

冬天有的孩子怕冷或因胆小，喜欢蒙头睡觉，这是一种不良习惯。

因为人每时每刻都要呼吸新鲜空气，吸进氧气呼出二氧化碳。孩子用被子蒙头睡觉，新鲜的空气不易进入被窝，而人体呼出的二氧化碳又不断增多，氧气逐渐减少，时间长了，会引起胸闷、头痛、眩晕、精神不振的现象，影响睡眠的深度。有的还因此做噩梦，大声喊叫，日久，势必对孩子身体健康和智力发展有所影响。

◎ 大人不宜搂抱孩子睡觉

有些年轻的妈妈，晚上睡觉时，常搂住孩子的脖子，亲着孩子的脸睡，这是很不好的习惯。

大人在社会上活动范围广泛，感染各种病菌、病毒的机会比孩子多，大人抵抗力强，有时不一定发病。但孩子各个器官都比较娇嫩，抵抗弱，如果大人搂抱孩子睡觉，很容易把病菌或病毒传染给孩子，使孩子发生这样或那样的疾病。此外，大人身体热量多，搂抱孩子睡，容易使孩子出汗，被窝一旦漏了风，又会使孩子着凉感冒。还有，孩子和大人一起睡觉，还不利于培养独立生活能力。从卫生学的角度要求，孩子应从婴儿期就和大人分床睡觉。

◎ 孩子不宜睡在大人中间

不少年轻父母在晚上睡觉时，总喜欢把孩子放在中间，殊不知，这种睡眠法对孩子健康是有害的。

因为人体中脑组织耗氧量最大，小孩又比成人耗氧要高，孩子睡在父母中间，父母不断排出的废气，就会出现在孩子头面部，处于供氧不足而二氧化碳弥留的小环境里，小儿可因吸氧不足而睡不稳，哭闹等现象。日久，还会使脑组织的新陈代谢受影响，影响孩子的发育。

婴幼儿最好是单纯睡在小床上，如果和父母同睡，孩子应睡一头或睡在一边，并要避免对孩子呼气。

◎ 孩子不宜睡懒觉

有些孩子，由于冬天怕冷，春天困倦，到天明后总是不愿起床。作为父母则认为孩子睡眠时间越长越长"肉"。睡懒觉好不好呢？

要知道，人在睡眠时，大脑的睡眠中枢是处于兴奋状态，而其他中枢则受到抑制。如果睡眠时间过长，就会影响正常活动和休息的规律，所以起床后，总是昏昏沉沉，无精打采。尤其是儿童，大脑发育还不够健全，这就可能引起某种程度的"大脑功能障碍症"，使理解力、记忆力减退。卧床太久了，对肌肉、关节和泌尿系统也有影响，由于活动少，肌肉、关节的代谢产物不能及时排出，尿液有可能在肾盂和输尿管中滞留，有害毒物可损害机体健康。另外，卧室空气未能流通交换，空气中含有大量细菌、二氧化碳水气和灰尘等，经常遭受这些毒害，记忆力和听力都有可能会下降。爱睡懒觉的孩子因为不吃早饭或迟吃早饭，易引起慢性胃炎、溃疡病等，也容易造成消化不良。看来睡懒觉是一种不卫生的生活习惯。

◎ 孩子睡觉时不宜以衣代被

冬夜，有的家长怕小儿受冷，往往让孩子穿着毛衣、棉被心睡觉，不符合卫生要求。

孩子的充足睡眠，可以保证高级神经系统和身体各部分的正常发育。如果小儿睡觉时多穿衣服，甚至以衣代被，这些衣服裹紧身体，妨碍了全身肌肉的松弛，影响血液循环和呼吸功能，同时，还会使身体感到发冷，尤其是裤腰部、领口和袖口等处，这都可以成为一种刺激，影响皮层抑制过程的扩散。另外，以衣代被，孩子除了头部外，颈部、四肢尚有不少部暴露于外界，极易着凉而感冒。所以小儿在睡觉时，衣服尽量少穿，一般穿件内衣和一条短裤，条件许可的也可穿睡衣。

◎ 儿童睡前不宜看小人书

孩子睡前看小人书，是一种坏习惯。

孩子在睡前看小人书，书中的内容、画画的形象都给孩子留下印象。如果小人书是新的，故事有武打惊险情节、凶恶可怕的形象、悲惨的结局等，由于大脑皮层还有兴奋区段的缘故，这些都可能会在梦中出现，从而因害怕而出现冷汗，惊叫，影响睡眠。长时间的睡眠不足，当然后果是不好的了。

◎ 孩子睡眠不宜过晚

孩子的生长发育除了必要的营养外，保证孩子充足，良好的睡眠，才会有良好的发育。

据国内外医学专家研究证实，人的智力发育所必不可少的微量元素——锌，通过饮食进入消化系统转变为体内物质的吸收转化过程，绝大部分是在睡眠中进行的。如果孩子每天晚上看电视、电影，很晚都没睡觉，这就会影响体内细胞的摄锌作用。时间长了，儿童缺锌，不但影响智力发育，而且还导致生长停滞，个儿矮小，贫血，肝脾肿大，生殖器官发育不良，更为严重者，可能发生白血病。

因此，家长要注意不要让孩子睡得太迟，养成早睡、早起和午睡的良好睡眠习惯。按孩子的不同年龄，最合适的每天平均睡眠时间是：2～3个月18～20小时，4～6个月16～18小时，7～12个月14～15小时，1～4岁12～13小时，5～7岁12小时，8～11岁10小时，12～14岁8～9小时。

◎ 盛夏小儿不宜露宿

酷热的季节，许多人喜欢带孩子在室外或凉台等处露宿，这很容易着凉生病。

众所周知，当人熟睡后，大脑皮层进入抑制状态，机体的各种防御机能减低，特别是体温调节中枢的作用不够稳定，而且在自主神经系统的优势下，皮肤的汗毛孔扩张，就会有较多的热量散发掉。由于前后夜室外气温波动较大，易遭昆虫叮咬以及露水的浸湿等，使机体抵抗力下降。如果小儿经常露宿，病菌很容易侵入体内而造成疾病。日久还可能因受冷和潮湿的侵袭患各种结缔组织病，如风湿性关节炎。因此，家长要教育孩子不要露宿，更不要带着孩子养成露宿的习惯。

◎ 夏天儿童不宜光身

夏天，经常可以看到有些孩子光着身子睡觉和玩耍，其实这样并不好。

因为孩子光着身子玩耍，汗水很容易与空气中尘土结成污垢，堵住汗孔而生痱子，发痒时在身上乱抓，还容易被细菌感染，变成痱毒和疖子。光着身子睡，肚子受了凉，也会引起腹泻。再说，夏天光着身子不见得凉快，穿上一件没袖、没领子的棉布衫也不是很热。有的家长让孩子夏天穿着尼龙纱的透明衣裙，实际上，这样的衣服不但不吸汗，不凉快，也不舒服。特别是一旦不留意，碰上烟火，尼龙很容易熔化，引起烫伤。另外，从幼儿培养文明观点来说，也不应让孩子光着身子。

◎ 给小儿洗澡水温不宜过高

小儿洗澡时，水的温度过高或洗澡时间过长，都不相宜。

因为水浴温度过高或洗澡时间过长，会使婴幼儿皮肤血管大量扩张，血液大量集中在体表，内脏（特别是大脑）相对贫血。如果经常这样给孩子洗澡，就会影响小儿的生长发育，并造成智力下降。小儿洗澡时，常常大量出汗，引起口渴，易吃奶过多，加重肠胃负担，容易诱发肠胃病。出汗过多还使尿液浓缩，血液黏稠度增加，血量减少，对原患有肾脏疾病、心脏疾病等婴幼儿影响更大。

因此，小儿洗澡的水温最好以 30℃ ~ 33℃ 为宜，太冷太热对小儿都有不良刺激。每次洗澡时间不宜超过 20 分钟，以防小儿疲劳、受凉。

◎ 父母不宜带孩子上公共浴池洗澡

秋冬，初春季节，家长常带孩子上公共浴池洗澡，这对孩子的健康有影响。

因为公共浴室温度高、湿度大，通风差。婴幼儿体温调节中枢发育不够完善，在这种环境里，不能维持体内产热和散热的平衡，造成大量余热积蓄，引起中暑。婴幼儿皮肤娇嫩，接触不洁的浴水，易受病菌感染，严重者可造成败血症。女婴在浴水中受细菌感染，可发生阴道炎；如接触带有阴道滴虫的浴水、浴巾，易发生滴虫性阴道炎。由于浴室与浴池温差较大，就容易使孩子受凉、感冒，甚至发生肺炎。而且浴室人群拥挤、空气污浊，孩子还易染上呼吸道传染病。

◎ 幼儿不宜滥用化妆品

有些父母总喜欢给孩子涂口红，搽胭脂，染指甲。要知道，儿童的皮肤娇嫩；承受不了化妆品的刺激，容易发生过敏反应。比如口红中的二溴荧光素、四溴荧光素和香料会使口唇发干，发痒，起泡；指甲油会使指甲变质，变脆，甚至引起甲沟炎、裂甲病。如将成人用的化妆品给孩子使用，更易损伤儿童的肌肤。因此，除了节假日外，最好不要给孩子使用化妆品。

◎ 孩子脸部不宜涂厚油粉

有的年轻妈妈，为给自己独生女打扮得美丽、漂亮些，常常用香粉、面露往孩子脸上涂抹。这不但不美，还有害健康。

孩子的脸蛋在太阳的照射下，可使脸色变得柔润，富有光泽和弹性。若脸上涂厚油粉，妨碍了皮肤对紫外线的正常吸收，往往容易引起皮肤过敏，尤其有害的是影响维生素 D 的合成。因为孩子体内维生素 D 原，存在于表皮内，主要靠紫外线照射作用而转化为维生素 D，并输送至血液中。如果脸上经常涂抹油粉，会减少体内维生素 D 的产生，影响骨骼对磷、钙等的吸收，而有碍孩子的生长发育。此外，脸上涂厚油粉会阻塞汗液和皮脂的出路，如遇细菌感染就会生痱子。

◎ 幼儿不宜戴塑料有色BB镜

夏天，有些孩子戴上塑料有色眼镜，好像显得更漂亮些，实则害了孩子。

因为这种用胶片做的五颜六色的眼镜，质量粗糙，没有一定轴位，镜平置无弯度，屈光不正，颜色深浅不一，透明度差。给孩子戴上这样的有色眼镜，势必会加重眼睛的调节负担，引起视神经疲劳，很容易导致近视。倘若一天到晚戴这种有色眼镜，时间久了，还会出现畏光，见光流泪，看东西不清楚。

◎ 幼儿不宜戴首饰

有些父母喜欢在孩子的脖子上挂一个长命锁，或给孩子戴手镯、项圈和戒指。其实打扮得越华丽，越对健康不利。

孩子的皮肤很娇嫩，戴上项链、耳环、手镯等饰物，活动时易擦伤皮肤，可引起局部发炎化脓。若小儿皮肤对饰物过敏，还会引起过敏性皮炎。孩子不懂事，戴项链往往会缠颈。戴耳环需扎针眼，如消毒不严，常引起局部红、肿、热、痛的现象。戴上戒指、手镯和脚镯，还会影响局部血液循环，造成营养供应障碍。特别需要指出的是，戒指戴的过紧，会使手指发育畸形。此外，小孩相互打闹时，脖子上的锁片和项圈容易导致意外事故。有的儿童喜欢将首饰无意放在口中，一旦误食，可造成呼吸道窒息。

◎ 小儿不宜咬指、咬物

有的儿童不仅咬手指甲，而且还经常咬脚趾甲。还有的儿童咬手上各小关节旁边的皮肤，咬得皮肤角化过度而变厚变硬。此外，还有的儿童咬衣袖、衣角、手帕等。这些都是坏毛病。

因为指甲缝里和上述物品上，沾污有大量的病毒、细菌等病原微生物，如果经常咬指甲和其他物品，免不了病从口入，影响小儿营养和发育，同时造成指甲局部感染化脓，引起甲沟炎、指甲脱落等不良并发症。

纠正孩子这种毛病，要从心理卫生做起，父母对患儿以鼓励为主耐心说服教育，调动患儿克服不良习惯的积极性，多让小儿参加娱乐活动，转移其注意力，养成良好的习惯，经常修剪指甲。

◎ 婴幼儿不宜玩噪声玩具

近年来，国内外市场上出现种类繁多的噪声玩具，颇受消费者欢迎。然而，国外学者认为，用声音挤压式玩具，贴近小婴儿玩逗，有损听觉功能。

据测定，声音刺耳的挤压式玩具所发出的噪音，在 10 厘米范围，可高达 108 分贝。在正常的距离范围内，这样的声压级看来是在安全限度内。但是，如果把能发出噪音的玩具（包括婴儿用的声音刺耳的橡皮胶玩具）贴近婴儿或小儿耳朵，可能会造成听觉丧失的危险。还有人测定结果发现，由于噪音的作用，通过极为复杂的神经反射，可使视觉器官发生功能异常。

◎ 小儿不宜吮吸玩具

玩具是儿童不可缺少的物品，有利于开发智力，如果孩子边玩玩具边吸吮，则会损害健康和发育。

很多玩具的外面，涂有漆或颜色，而油漆之中含有大量的铅。如果孩子经常吸吮玩具或食入脱落漆片、漆屑，由于小儿体内肝脏等解毒功能尚不健全，肾脏排泄毒物能力也差，所以，摄入的铅会逐渐在身体内积聚起来，引起铅中毒，甚至导致贫血。玩具表面涂的各种颜色，多为化学物质染成，这些化学物质进入人体后也可引起种种危害。此外，玩具还可能沾有多种病菌、病毒和寄生虫卵。吸吮玩具时，病菌就乘机侵入体内，使孩子感染疾病。孩子常吸吮玩具，很容易将玩具破损掉下来的小零件，误入气管内而发生意外。家长们应该时时注意。

◎ 小儿不宜久坐便盆

孩子久坐便盆，容易发生脱肛。

幼儿正处在生长发育时期，各组织器官的功能还未发育成熟，婴幼儿骶骨的弯度尚未形成，骶骨和尾几乎是平的，此时直肠和肛门处于一条直线，缺乏骶骨的支撑，排便施加腹压时，力量就直接由直肠传至肛管，形成一个较大的向外推出力。婴幼儿的肛门括约肌和提肛肌的肌张力不足，直肠肛管周围的支持组织又比较松弛。若长期任其松弛脱垂，则不利于返纳而造成脱肛。因此，父母要让孩子从小养成有便即排、排空即起的良好排便习惯。时间一般每次不宜超过 5 分钟，不可让小儿长时间坐于便盆上。

◎ 幼儿不宜常坐沙发

有的小儿总喜欢坐在沙发上吃饭、玩耍或看小人书，这种习惯对脊柱的正常发育会带来不良后果。

在幼儿脊柱的正常发育过程中，逐渐形成三个月生理性的自然弯曲，以保持身体的平衡。如果幼儿经常坐沙发，因沙发有坡度，坐着时，身体常前倾后仰，脊柱很容易受坐姿不正而发生后凸或侧弯，造成脊柱发育畸形。所以幼儿常坐沙发不好。

◎ 孩子扇电扇不宜过久

常开着电风扇对着孩子直吹，甚至长时间地吹，对孩子有害。

电扇风量大，风源集中，受凉部分局限，身体吹不到的部位汗液散发得慢，出汗的均衡状态受到干扰，以致影响了全身的血液循环及体温调节中枢的功能而容易发生疾病。如孩子睡觉后仍然开着电扇，吹时间久了，常会出现头痛、肩背部痛，还会感到懒散无力。当孩子出汗或刚洗完热水澡时，不宜立即吹电风扇。因为此时皮肤毛孔张开，凉风容易吹入体内。刚睡醒，机体处于相对抑制状态，突然吹上凉风不易适应，所以不吹为好。另外，在使用电扇时，风力宜小些，距离稍远些，更不要直吹，或长时间吹。

◎ 大人不宜常背着孩子

我国一些城乡地区有背孩子的习惯，甚至背着孩子上街下集，上山打柴，田间劳动。这个习惯，应该改过。

孩子伏在大人的背上，由于双手双腿分叉过大，用力方向不当，日久肢体不能正常发育，容易造成骨骼畸形。这样，孩子胸部受压，肺部的呼吸受到一定的限制，时间长了，就会削弱肺的呼吸功能，全身器官特别是大脑得不到足够的氧气供应，影响孩子的智力发育。此外，孩子还会不断吸到大人汗液蒸发的气味和衣服的尘埃、病菌，容易得病。所以，常背孩子的习惯应该纠正。

◎ 婴幼儿不宜常抱着

人们疼爱孩子，总爱把孩子抱在怀里，舍不得放下。要知道，婴儿的胃肠功能尚未健全，消化功能比较弱，一般情况下，吃奶后要两三小时才能消化。如果经常抱着孩子，使孩子身体活动减少，胃肠受到挤压，会直接影响到消化吸收。再说经常抱孩子，可使小儿肢体活动量减少，血液流通受阻而影响各种营养物质输送和吸收，妨碍了孩子的骨骼和肌肉的生长发育，最常见的是，孩子的爬、坐、翻身、站、走等动作就比较迟缓。

◎ 吸烟时不宜抱婴幼儿

在日常生活中，经常可见到有的人一边抽烟，一边抱着婴幼儿玩，甚至用烟雾来戏弄孩子，这种做法会损害婴幼儿健康。

因为每吸一支香烟，除本人吸入各种毒物外，其他的烟都飘逸在空气中，嫁祸旁人。小婴儿娇嫩，大脑屏障功能和肝脏解毒功能尚未完善，对外界有害物的抵抗力十分薄弱，婴幼儿吸入这样高浓度的有害物，且距离越近浓度越高，吸入越多，将会影响肺脏和心脏的正常发育，甚至可能导致大脑发育障碍和智力发育。

◎ 家长不宜把电视机当保姆

有的年轻父母，想早点开发孩子智力，常让幼儿看电视，或以看电视好让孩子安静下来。这一做法很不适宜。

电视有所谓"非响应性"特点，即电视里的一切镜头对于观众的一切反应，感受是毫无相干的。而幼儿总以为电视屏幕上，有些观众的人物在同自己说话，所以会做出种种反应。可是电视中的人物始终不理睬他，时间久了，孩子就会对人的声音、语言和动作不再关心，这对孩子以后学说话、模拟动作和智力开发都是很不利的。

◎ 儿童看电视十不宜

1. 忌时间过长 看电视时间过长，会影响孩子健康和学习，学龄前儿童以 1 小时内为宜。

2. 忌位置太近　最好把座椅安放在离电视机 2 ~ 4 米远的地方。

3. 忌光线太暗　最好在电视的后方安上一盏小红灯，可起到保护视力的作用。

4. 忌无选择地看　谈情说爱的爱情片，离奇惊险的武打片，都不适宜儿童观看。

5. 忌饭后立即看　最好饭后先休息一会儿，然后再收看，有助于肠胃肠道的消化和吸收。

6. 忌每晚必看　每晚必看电视，影响睡眠，还会致病。儿童可在周末或假期收看。

7. 忌坐姿不正　看电视歪歪斜斜就座，易使儿童尚未定型的脊柱发生异常弯曲。

8. 忌缺乏营养　经常看电视，要适当补充富含维生素 A 的食物，以增强眼睛的适应力。

9. 忌看后就睡　看完电视后，应让孩子做做眼保健操，使兴奋的脑细胞逐渐平静下来。

10. 忌大声喧闹　遇到这种情况，要及时教育，使儿童从小养成遵守公共秩序的好品德。

◎ 儿童不宜躺着看书

有些孩子常躺在床上看书，这是一种不良习惯。

因为躺着看书时，大脑里的血液流量增多，眼睛里血管容易充血，心跳减慢，全身血流迟缓。时间长了，会发生头晕、眼胀，容易疲劳，对记忆力也有影响。躺着看书时，不论是伏着、仰着、侧着身体，不久就会出现胳膊因疲劳难耐，即便频频换手也不可避免，导致书和眼不能保持一定的距离，忽远忽近，光线又不充足，很快会出现过度视力疲劳，日复一日就会导致近视。从姿势来说，手拿书比较吃力，更容易引起疲劳。因此说，躺着看书是一种不良习惯。

◉ 儿童不宜单肩背书包

儿童时期骨骼中所含的钙质少，无机质多，骨柔软而富有弹性，可弯不易断。儿童单肩背书包，书包的全部重量压向一侧，使脊柱的一侧受压，另一侧被牵拉，可造成两侧肌肉紧张力不等，平衡失调。随之受压侧肩部血液循环也受到一定的影响，时间久了，不仅会产生不适感和不良体态，甚至可导致斜肩和脊柱弯曲。

孩子应该使用双背式书包。西德政府规定，双背带书包带的宽度不得少于 5 厘米，整个书包重量不得超过儿童体重的 1/10。书包背部及两侧敷有荧光粉标志，雨中或夜间在灯光反射下能发出亮光，可引起来往驾车辆的注意。这个规定是很科学的。

◉ 儿童不宜穿健美裤

健美裤是非棉织品织物，紧包臀部，紧贴皮肤，儿童穿着有害无益。

因为小儿处于生长发育阶段，健美裤束缚了臀部和下肢，妨碍生长发育；小儿代谢旺盛，产热量多，健美裤有碍散热，影响体温调节；儿童皮肤娇嫩，与化纤织品接触易发生过敏性皮炎或皮疹样荨麻疹；健美裤裆短，臀围小，会阴部不透气，同时裤裆与外阴部摩擦多，容易引起局部损伤或湿疹。所以，儿童不宜穿健美裤。

◉ 家长不宜只给婴儿穿上衣

新生儿期为了保暖，家长往往把孩子从上到下包裹得很严实。由于孩子小便次数多，尿布也换得勤，大多数家长只给孩子穿上衣，裤子则被厚厚的尿布所代替。实际上，这种做法不利于孩子的生长发育。

因为婴儿随着年龄的增长，运动能力逐渐扩大，1 ~ 2 个月的婴儿手脚的活动就较新生儿有力、要灵活了，小腿三下两下就把被子踢开了，如果孩子没穿裤子，很容易着凉。还有些家长虽然注意给小儿穿裤子，但穿的连衣裤，在一定程度上也限制了孩子的正常活动。

由此可见，孩子的穿衣与整个身心健康的发育有着密切的关系。正确的做法是：应该给孩子穿上衣和裤子分开的衣服，同时注意不宜太厚，避免孩子活动起来吃力，活动受限。

◎ 婴儿居室不宜养殖夹竹桃

花卉除了花粉致病之外，花的某些部位也含有毒素。例如，仙人掌的汁有毒，被仙人掌刺扎破，会引起皮肤发炎。夹竹桃的枝叶、皮中含有夹竹甙，误食几克能引起中毒。因此，婴儿居室内不宜放置夹竹桃，也不要玩弄有毒性的花枝花叶，更不能让婴儿咬着花枝玩。丁香、米兰、茉莉花有强烈的香味，为防止引起过敏反应，夜间不应放在卧室里。

◎ 儿童不宜使用含氟牙膏

儿童使用含氟牙膏对发育和健康有不良影响。

实验证实，局部使用氟化物可以预防龋齿，但效率仅有 20%。含氟牙膏含氟化物 100ppm，用含氟牙膏刷牙，每日氟的总摄入量将远远超过儿童的正常需要量。体内含氟量增加，发生骨折的可能性也随之增加。目前认为，局部应用氟化物及摄入氟化物，对儿童发育和健康均有一定的潜在危险性。因此，儿童不宜使用含氟牙膏。

◎ 婴儿洗澡不宜用药皂

婴儿洗澡，使用药皂是有害的。

因为婴儿皮肤柔嫩，角质层薄，血管丰富，吸收和渗透能力强。药皂中含有硼酸类物质，容易经皮肤吸收而引起中毒，从而出现皮疹、过敏性皮炎、呕吐、腹泻等。因此，婴儿洗澡不宜用药皂，而使用护肤皂或刺激性小的香皂为宜。

◎ 婴儿不宜直接睡凉席

夏天，气候炎热，在凉席上睡觉既舒适又凉爽，如果小婴儿直接睡在凉席上，往往会影响健康。

因为刚出生不久的小婴儿，对外界环境的适应能力较弱，凉席使用不当，易引起腹泻、感冒。因此，小婴儿睡凉席应选择合适的凉席。常用凉席有三种，一种是竹皮凉席，光滑耐用极凉爽；另一种是高粱秸皮凉席，也较凉、稍粗糙；还有一种麦秸凉席，其特点是质地松软，吸水性较好，凉爽程度适中，是比较理想的婴儿凉席。其次，不要让婴儿直接睡在凉席上，可铺上毛巾或床单，可防止过凉。另外，使用凉席之前，一定要进行消毒处理，新买来的凉席用温水擦洗后在阳光下曝晒；旧凉席可先用沸水浇烫，再曝晒，以防止婴儿皮肤过敏。特别要注意，尿湿后应及时刷洗，保持清洁、干燥。

◎ 儿童不宜用硬毛牙刷

目前，市面上出售的牙刷多是高分子材料制成的硬质牙刷。这种牙刷毛韧性大，而且较硬，不适宜儿童使用。

因为儿童的牙龈脆弱、柔软，使用硬毛刷常因硬质毛束的碰撞，造成不同程度的创伤性牙龈破损，从而引起牙周病。因此，儿童不宜用硬毛牙刷，应使用柔软的软毛牙刷或中间硬四周软的多用牙刷。

◎ 婴儿不宜通宵使用电热毯

有的年轻父母怕婴儿冬季冷，睡床被窝凉，通宵使用电热毯。这样做既不安全又不利健康。

因为婴儿正处在生长发育时期，每天需要的能量较成人高，水的摄入量按体重计算高于成人。年龄越小，所需水量越多。电热毯易过热，使用不当会使婴儿不显性失水量增大而导致喉黏膜干燥，出现声嘶、烦躁不安等。此外，夜间电热毯发生短路等事故，不易发现，很不安全。正确使用电热毯的方法是，睡前通电加热，待婴儿上床时，切断电源，切勿通宵使用电热毯。

◎ 婴儿食品不宜用微波炉加热

婴儿的食品用微波电炉加热不好。

因为经过微波炉处理的牛奶已经很烫，而瓶子表面只是很温的。

因此，喂婴儿食用微波炉处理的食物和流质食物前，必须先试温度，以防烫伤。更要紧的是，在微波炉里加热牛奶会造成其成分的轻微改变。

◎ 幼儿用筷不宜过晚

幼儿用筷进食过晚，不利于幼儿的智力开发。

因为早用筷进食的幼儿大多数心灵手巧，手指与手腕灵活，握笔画图形比较准确。早日学会用筷进食，有助于幼儿智力开发，手指尖的触觉灵敏度最高，管理手指的神经中枢在大脑皮层占的区域面积最广泛，大拇指的运动区是其他区的几倍。手和手指的动作精细灵巧，就能促进大脑皮层相应区域的生理活动，从而提高人的思维活动能力。

◎ 沙土袋不宜代替婴儿尿布

在农村里，常有人用沙土袋代替婴儿尿布。沙土袋虽然可以渗水，一天更换一次即可，十分省事，但是可以引起很多疾病。

因沙土袋内装沙土，沙土里含有大量细菌，而且不宜清洗。婴儿皮肤细嫩，外阴皮肤及黏膜易发生感染，甚至引起膀胱炎、腹膜炎、败血症等危险疾病。因此，沙土袋不宜代替婴儿尿布。

◎ 婴儿睡醒后不宜马上抱出室外

有的婴儿醒后常常哭闹，父母为了哄孩子便立即把孩子抱到室外，以便使孩子不再哭，其实，这种做法对孩子健康不利。

因为孩子醒后马上抱到室外，往往容易引起感冒或受风。如果想把孩子抱到室外玩，要先把婴儿抱起来，在室内待一会儿或走几趟，然后戴好帽子，摸摸头上和身上没有汗再抱到室外。到室外也不要到风道口，可在背风处或朝阳处游玩。总之，从室内到室外，要逐步进行，以使婴儿适应环境变化。

第六章　心灵沟通宜忌

◎ 为人父母宜有的素质

父母是孩子的第一任老师，言行举止对孩子都有潜移默化的影响。因此，自身应具有教子的素质。

（1）要懂得孩子的内心世界，要了解孩子的心理活动和特点。有些父母往往不从孩子的实际出发，加以种种不合理的教育。如急于用系统、抽象，难懂的知识灌给孩子，给孩子造成了沉重的精神负担。有的父母不了解孩子心理上的依附性和行动上独立性的矛盾，总认为孩子年幼无知，对孩子时时处处加以管教，从而引起孩子的不满，甚至产生对立情绪，这样就无法因势利导地教育好孩子。

（2）要有正确的教子动机。有的父母把孩子当作私有财产，按自己的愿望来塑造孩子；有的父母只重视孩子的智商，轻视孩子的德育；有的父母认为孩子长大有个工作就可以了。在这种错误或消极的动机支配下，很难有较好的家庭教育。

（3）教育过程中要有理智。父母在教育孩子时，要能控制自己的感情，克制无益的激情和冲动。但是，有些父母在教育中常失去理智，感情用事。爱起来爱得过分，溺爱娇惯，甚至放任。管起来管得过严苛刻。在教育孩子遇到问题时，好发火，不注意场合，不选择方法，训斥、打骂，致使家教失败。父母教育孩子只要是有耐心的、持久的意志力，定能取得成功。

（4）树立良好的榜样。父母的言行是孩子学习和模仿的榜样，是一种无声的教诲。对孩子指出应当怎样做，不应当怎样做，固然是教育；但是，父母以身作则，言传身教，是一种更重要的教育。如自己言行不一，出尔反尔，对人严对己宽又如何教育子女。

◎ 教子宜择时

教育孩子，若时选得巧妙，往往能达到事半功倍的效果。

1. 生日 对少儿来说，生日是最难忘而又愉快的日子。父母为孩子准备生日礼物和美味饭菜的同时，不要忘记了生日赠言。生日赠言，既可是书面的，也是口头的。如给孩子的生日礼物是一本或一套好的书籍，可在书的扉页上写上警句、名人名言。无论是书面赠言，还是口头企盼，均可使孩子明白一些道理的。

2. 旅游 节假日或休闲时，与孩子外出旅游，给孩子讲解名胜古迹的来历或故事的同时，有意识地教育孩子热爱祖国大好河山，培养爱国意识，但不要让孩子攀折花枝、乱涂乱写，用石块或赃物投掷动物、乱丢瓜皮果壳等等。此外还应教育孩子掌握购车船机票以及安全乘坐车船飞机的常识。

3. 家务劳动 培养孩子爱劳动的良好习惯，可从三四岁时，教其干诸如洗手绢、铺床、叠被、扫地等"简单劳动"，然后视孩子年龄增长而逐渐加码。这样不仅可以避免家长处处包办代替，还可防止孩子长大后缺乏生活自立能力的弊端，有利于儿童的身心健康发育。

4. 成绩或过错 好的方法是，孩子有了成绩，在鼓励的同时，还要让他看到自己的不足，从而懂得"虚心使人进步，骄傲使人落后"的道理。孩子有了过错时，帮助找出原因，分析危害并"约法三章，不可再犯"，使孩子养成知错即改得好习惯。

◎ 婴幼儿宜早期教育

小儿的大脑发育很快，记忆力强，进行正确的早期教育，这是非常必要的。

科学家们认为，小儿从出生3个月开始教育最佳。这是因为小儿从3个月起，神经系统发育日益迅速，在1周岁时达到高峰，然后逐渐放慢，到3岁左右就发育完成了。以后神经细胞便不再分裂增殖，而仅仅是体积增大，重量增加，突触接通更灵敏而已。有资料证明：一个人的智力50%在4岁前完成，30%是在4～8岁以前完成的，20%是在8～17岁以前完成的。以上数字表明，对婴幼儿进行早期教育是完全正确的。3个月左右是智力发育的关键时刻。曾有人通过研究证明，出生后就受到适当锻炼和学习的婴儿幼儿，3个月以后，与未受过训练和学习的婴幼儿比较，智力几乎高出1倍，反之，此期间的不良影响和教育也将有损于孩子的一生，做父母的必须引起足够的重视。

◉ 早期教育训练方法宜多样得当

早期教育只有根据幼儿认识事物及思维发展的特点和规律进行方能收到实效，所以教育的内容要选择好，训练方法宜多样得当。

须知，幼儿的思维主要是依靠具体形象的事物来进行联想，越小的孩子，思维的直观性就越强。对1～2个月的婴儿，多给以听、看、摸的机会，要通过音乐、形态、颜色的刺激训练孩子的视听能力。因为视听功能是接受外界知识的主要渠道，视听功能提高，认识世界的能力也就相应提高。触摸知觉也十分重要，触觉信息不断地传递到大脑，使大脑的反应灵敏。训练手的功能是直接训练神经系统的主要措施。平时可用颜色鲜艳的玩具逗引婴儿不断的触觉与触接，这样既锻炼孩子手的功能，又训练大脑反应的灵活性。经常变化不同的颜色给孩子看，并且移动其位置，既可训练孩子的辨色能力，同时也使眼球转动灵活。每天给孩子听几分钟轻音乐，并随着乐曲的节奏轻轻摇动孩子的双手，手的活动与脑的活动有直接关系，手的训练可以促进婴儿脑的发育。6～12个月手的训练关键是根据手指运动的情况逐步提高手的动作难度，通过明了的示范，教婴儿模仿。其方式如下：①6～7个月，提供有声响的玩具，通过多次示范，让婴儿摇摆或敲击。②8～9个月，提供玩具娃娃让婴儿抢；提供瓶子让婴儿拿瓶盖往瓶口上盖；提供小环和小棍，让婴儿把小环套在小棍上。③9～10个月，教婴儿摆放、叠搭积木；让婴儿自己从盒中取出玩具，然后放回。④11～12个月，提供一些细小的玩具让婴儿拿、捏和摆放。

◎ 三岁前幼儿教育五宜

最近日本有关专家谈了三岁前幼儿教育的五宜。

1. 宜靠幼儿自身的力量发展智力 为发展幼儿的智力，家长应积极创造增长知识的环境。智力不是教会的，只有靠幼儿自己的力量去发展它。

2. 宜培养最基本的能力——语言能力 幼儿需要发展的能力包罗万象，如语言、知觉、思考，数字、运动能力、情绪、社会性等。其中最基本的是语言能力。语言能力得到充分挖掘，其他方面就会随之得到发展。

3. 宜培养幼儿的好奇心 家长不能只拿幼儿的学习"成绩"同其他幼儿比较而时喜时忧。要把培养健康、刚毅的孩子作为主要目的。最重要的在于培养幼儿对事物的好奇心。

4. 宜眼、耳、手的协调训练 在幼儿期，要抓紧对眼、耳、手的训练，使之运用自如。让幼儿多听、多看，多用手，可以刺激他们的大脑，使智力得到迅速发展。

5. 宜教育应使幼儿产生兴趣 幼儿教育不可强制，要使其产生兴趣，经过反复训练才可取得成果，为此必须有幼儿喜闻乐见的教材。

◎ 父母启发孩子说话宜得法

有些孩子看上去乖巧、伶俐，可就是不愿说话。这可能与孩子说话时，大人的做法不当有关，常见以下几种情况。

（1）当孩子发出某种音时，大人不仔细倾听，领会意思，而是一味地抱怨孩子说不清楚，导致孩子不愿再说话了。

（2）需要孩子自己说的话，大人包办代替，使孩子失去锻炼说话的良好机会。

（3）孩子处于闭塞的环境中，没有小朋友玩，无法进行语言的交流。

（4）孩子还不懂得回答与呼应。在听大人讲话时，他不知他也应讲出自己的想法。而家长也没有加以适当引导和鼓励。

（5）孩子喜欢用手比画表达意思，家长若迁就这种习惯，孩子开口说话就会相对较晚。

为了更好地启发孩子说话，不妨试试如下做法：①多与孩子玩一些需要语言表达的游戏，进行语言沟通。②培养孩子主动适应新事物，主动接受新事物的能力。③培养孩子的独立性，独自干力所能及的事，独立表达清楚自己的心意。④创造优美的语言环境，能对孩子的身心产生好的影响。

◎ 学习外语宜从小起步

培养大量外语人才，要从小做起。儿童时期是学习外语的黄金时代。在正常情况下，四岁左右的孩子已学会说话，发音器官也日趋完善，记忆力发展异常迅速，很适合学习外语。

1. 要有意识地帮助孩子学习外语　您可以先教孩子背诵外语字母，然后制作一些外语画片，正面是各种动、植物，日常用具等图画，背面注明外文。各种生动的画面给人以直观感，这样便于孩子学习和记忆。还可以给孩子准备一些幼儿外语磁带，如"看图识字学英语"等。

2. 给孩子提供学习外语的语言环境　不管学哪种语言都有一个共性，即经过无数次的重复才能掌握它。因此，教孩子学外语也要努力为他们创造语言环境，使他们不断重复所学过的外语词句，达到记忆目的。

3. 丰富孩子的生活与学习外语有密切关系　学习外语不能只停留在口头练习和画片上，要让孩子多接触一些实物，如买一些孩子在画片上看到的蔬菜、水果，让他们亲口尝一尝；经常带孩子到街上散散步，让他们亲眼看一看花草、树木和其他植物；星期日休息，带孩子到动物园玩一玩。这样孩子在画片上看到的动物就动起来了，能给孩子留下深刻印象。让孩子通过自己的眼、耳、鼻、舌、身获得丰富的感性认识，这对学习外语有很大好处。

总之，教孩子学外语，要根据孩子的特点加以引导，切忌死记硬背，更不能强迫，否则会适得其反。

◎ 宜从小培养姿势美

一个人的姿势形成与长期的动作习惯有关。有些人写字时两肩高低不平，走路时拱肩弓背，这大多是由于从小不注意坐、立、行的正确姿势造成的。

幼儿时骨骼还没有完全骨化，比较柔软、弹性大、可塑性强；胸骨尚未完全愈合，脊柱尚未定型；肌肉柔嫩，易疲劳。稍不注意，孩子就会产生骨骼变形和肌肉劳损等现象。不正确的姿势不单会使人驼背、斜肩，还会影响视力及心、肺功能，给孩子身心健康和生活带来不良影响。

家长要教育孩子坐时姿势自然；看书、写字要腰背挺直，两肩放平，两脚自然分开下垂，挺胸略收腹；行走时要抬头挺胸，迈步均匀，两眼平视，双臂自然摆动。孩子的睡眠、说话、唱歌、执笔等姿势也是应该注意的。

家长在日常生活中应对孩子的各种动作、姿势给予示范，并且尽可能给孩子提供良好的生活环境，如台椅的设置尽量适合孩子身高，注意光线与照明等，以利孩子良好姿势的形成。

◎ 儿童智力发展宜家庭和睦

和睦的家庭气氛，不但对大人的健康有益，而且也助于提高儿童的智商。

心理学家认为，家庭成员和睦相处，父母和孩子平等相待，经常说笑，可以使孩子在不受清规戒律束缚的环境中，毫无顾虑地提出自己的见解，对儿童思想的成熟、智力的发展、知识的巩固，有相当深远影响。有关科学研究认为，生活环境和后天的教育在儿童智力发展中起着决定的作用。提高儿童智商的因素是多方面的，家庭气氛活跃，会使儿童性格开朗，求知欲盛，从而促使脑细胞发育。

此外，家庭气氛宽松，家长就有充沛的精力来培养孩子的兴趣，这对提高孩子语言能力和社会活动能力是很有帮助的。

◎ 父婴宜常交往

心理学家发现，父亲与婴儿的交往数量越多，则婴儿的智商越高。有许多研究表明，父亲对男孩的智力发展的影响要比女孩大。男孩早期失去父亲会使他智商较低，认知模式趋向女性化。一个追踪研究发现，凡与父亲在一起交往机会多的儿童，尤其是男孩，其智力较发达，智商也高。在对四组男孩子的比较中发现，A、B 两组是没有父亲、父亲极少或基本上不参与教养的；C 组男孩的父亲每周陪伴孩子的时间少于 6 小时；D 组中，父亲每周陪伴孩子的时间超过 14 小时。测验结果表明：D、C 两组孩子的智商均高于 A、B 两组，其中 D 组又高于 C 组。

另外，与父亲交往的缺乏，会使婴儿数学能力发展受到的有害影响要大于语言能力发展所受的影响。对哈佛大学学生的调查证实，早年失去父亲是对子女的数学成绩而不是口头表达能力产生影响。父亲离开儿童越早，离开时间越多，儿童将来数学能力发展所受的影响就越大。

◎ 家长宜注重培养孩子快乐的性格

美国儿童心理学家经数年研究发现。注重培养孩子快乐的性格，有利于孩子健康成长。如何培养具有快乐性格的孩子？

1.密切同孩子沟通感情　在快乐的性格培养中，友谊起着重要作用。加深同孩子的感情来密切彼此之间的关系。此外，还要让孩子经常同其他小朋友一起玩耍，让他在愉快的外部环境中接受熏陶。

2.给孩子提供决策的权力　快乐性格的养成与指导和控制孩子的生活有着密切的联系。父母要设法给孩子提供机会，使其从小就知道怎样使用自己的决策权力。如允许 6 岁的孩子选择自己喜欢的电视节目。事情虽小，但对其快乐性格的养成将产生一定的影响。

3.教孩子调整心理状态　父母应使孩子明白，有的之所以一生快乐，并不是他们性格的正常发展，反而能起到推动作用，因为给孩子东西太多会使其产生这样的感觉：获得就是得到幸福的源泉，不能让他们觉得人生的快乐就是建立在对物质财富占有上的。

4. 培养孩子的广泛兴趣　当幸福只建立在一样东西上时，它就缺乏稳定的基础。例如一个孩子可能会因其最喜欢的电视节目被占而整个晚上都不高兴。作为父母，应为孩子提供多样选择，并注意培养，引导。使之拥有广泛的兴趣。

5. 保持家庭生活的美满和谐　在幸福的家庭成长出来的孩子。由于具有快乐的性格，成年后能幸福生活的比不幸家庭出来的孩子要多 10% ~ 20%。

◎ 给孩子讲故事宜有方法

怎样讲故事才好呢？这里介绍几种方法。

1. 复述　一个故事多讲几遍，给孩子分析故事情节和人物，教孩子学故事中的对话，在大人的启发帮助下，逐渐过渡到孩子自己复述故事。

2. 交换　我讲一个，你讲一个，看谁讲得生动，这样可以训练孩子的表达能力。

3. 接叙　大人先讲一段故事，让孩子根据故事的发展接着讲一下；也可以假设几种结局，引导孩子打开思路，发展想象力。

4. 评议　给孩子讲完一个故事后，让孩子讲出故事的内容，评价人物行动、品质的好坏，从而达到自己教育自己的目的。

5. 设问　在故事过程中，如遇到问题，可设一个特定的条件，让孩子想想解决的办法。如上学时下雨了，没带雨伞怎么办；皮球掉到树洞里怎样拿出来等等，调动和锻炼孩子的扩散性思维。

6. 游戏　在孩子熟悉故事后，引导孩子将故事的形象、场面等动手画画，或剪贴，或用胶泥捏成各种形象，在桌面上做表演游戏，将听、看、想、说、做结合起来，就会收到很好的效果。

7. 表演　大人可引导孩子一起通过对话、动作和表情来再现故事，如小兔乖乖，拔萝卜等。在游戏中学习，孩子兴趣高，收益也大。

◎ 宜培养儿童竞争意识

在现代社会里，竞争无所不在。能适应竞争、勇于竞争并对成功与失败有充分心理准备，这是一个合格的现代人所必须具备的素质。为此，家长要及早抓好孩子竞争意识的培养。

培养儿童竞争意识的主要方法有三点：①对孩子在幼儿园、学校所进行的评比活动及所受到的奖励，家长切不可随意贬低轻视。不要以小红星、小橡皮的物质价值的尺度来估价它们的意义，而应将其看成一种荣誉的象征和激发孩子成功的手段。特别是当孩子评比中没有获得先进时，家长应鼓励孩子勿灰心丧气，急取在下一次评比中获胜，不能说些诸如"红色有啥意思"，"等妈妈给你剪"一类的"安慰话"。②有意识地给孩子设立一些竞争的目标和竞争伙伴，让孩子与这些对手展开竞赛。但竞争对手应不要与孩子差距太大，最好是和孩子水平相当或略高一点的，这样容易激发起孩子赶超的兴趣。还应注意不可故意扬对手的"威风"，灭自己孩子的志气，以免孩子产生敌对情绪和逆反心理。③经常和孩子开展一些具有竞赛性质的游戏和体育比赛，以激发他们的竞争意识，掌握竞争的技巧。如孩子学了加法后，可和孩子各拿一幅牌，玩玩累加速算的游戏；孩子刚学会了查字典，可同孩子一起搞个"比谁查字查得快"的游戏等等。

◎ 儿童右脑宜尽早开发

右脑半球在非言语高级智能活动中具有特殊的功能，例如控制情感、形象思维、识别文字和音乐旋律、绘画、模仿等，特别具有创造性思维之功能。要培养高智能的儿童，有意识地调动其右脑半球的潜能非常必要。

1. 经常练习使用左手 3岁以前的儿童左右手的使用率基本相同。但有些家长害怕孩子成为左撇子，就强迫儿童使用右手。这种做法不利于孩子尽早开发右脑。聪明的做法应是有意识地教孩子学会双手并用。

2. 尽早接受音乐刺激　胎儿期进行音乐胎教，能刺激右脑发育。胎儿出生后再给孩子音乐刺激，孩子一听到音乐就表现出兴奋的神态，对开发儿童的音乐智能有重要促进作用。

3. 外语学习　外语学习与右脑活动密切相关，因此，早期对孩子进行外语训练，有开发右脑功能的作用。

4. 培养儿童形象思维的能力　右脑是处理形象性事物的中枢，所以要教孩子指物画画、指物说词，以利孩子的形象思维和左右脑的协调。

5. 右侧分头　可使右侧头皮经常受梳理，有利于右脑的发育。

◎ 父母教婴儿学说话宜注意什么

婴儿学说话，是父母特别关心的事情，那么，幼儿言语期应该注意以下几点。

1. 加强与孩子之间的对话交流　1岁前幼儿不会说话，自然以父母对孩子说话为主，1岁以后应该渐渐转向相互一问一答，这样可以增加孩子说话的机会和兴趣，也有利于孩子模仿。开始孩子回答简单，甚至只有一个词或一个动作，但在家长鼓励下会越说越多，两岁以后还可以试着让孩子问父母答。这样可以达到交流感情、丰富知识、训练说话等多重目的。

2. 注意掌握对孩子说话的时候句子的难易程度　一般说来，父母都不会像对成人那样长篇大论地对孩子讲话。但同时也要注意不要把自己的口语降低到孩子眼下能达到的水平上去。例如1岁多一点的孩子说一个词的时候往往单词重叠，有的家长觉得这样的话孩子能懂，就对孩子说："宝宝戴戴帽帽，上街街，买糖糖"等等。这是不可取的，因为这样久而久之会无形中使孩子的口语停留在这种低水平上。正确的做法是不完全迁就孩子、又用孩子能听得懂的话与孩子对答。

3. 与孩子讲话不要拉长声　有的家长怕说话快了孩子听不懂，就把每个字的声音拉长，以便讲得慢些让孩子听清。这是不对的。与孩子说话速度是要慢一点，但这主要是靠适当的停顿和必要的重复实现的。适当的停顿可以给孩子留出理解的时间，必要的重复可以使小孩听清听准。而拉长声音达不到上述两个目的，反而使语音发生改变，孩子就更不容易听清了。

4. 要及时纠正孩子说话的毛病 有的孩子开始说话的时候发音不够准确，这是由于他还不能很好地控制自己的发音器官造成的。也有些孩子到了两三岁发发音不清，特别是有的孩子发音发不准，这就要引起家长注意了。解决的办法是随时发现，找准原因，随时纠正，耐心引导，反复练习，多样练习，巩固效果。

◉ 家长宜给婴儿选择什么样玩具

玩具是孩子生活中不可缺少的伴侣，是进行早期教育的"教科书"。好的玩具，是启迪孩子智力发展的良师益友。那么，怎样给孩子选择玩具呢？

（1）选择具有乐声且能转动的和形象简单的玩具装置，可以发展新生儿听觉及眼的追随物体动作，培养其对外界环境的兴趣。如床挂音盒玩具、奔跑的小马、色彩缤纷的充气球、婴儿画册。

（2）促进婴儿手动作和发展触觉的玩具，有各种手摇铃、塑料动物玩具、松紧串挂铃等，可以培养婴儿摸、捏、抓、拉的动手能力。

（3）促进婴儿爬行的玩具：如八音转车鸭子。家长上紧发条后，让鸭子在乐声中徐徐向前，其上方的装饰挂件旋转打开呈伞状，五光十色，十分吸引孩子，婴儿便会跟随鸭子向前慢慢地学习爬行。

（4）促进婴儿行走的玩具：如学步车。四周的轮子可以自由地滑动，车内有座位，当婴儿走累了，可以坐下来休息。还有一种帮助婴儿扶着迈步的手扶推车，婴儿自己扶着车子的扶手，推着车子向前走，既锻炼了步行动作，又安全有趣。

当婴儿玩这些玩具时，为了安全起见，一定要在家长的监护下进行；某些涂有油漆的玩具，要防止婴儿啃啃而发生铅中毒；某些有棱角或尖锐的玩具，应注意避免对婴儿眼部和皮肤的损伤。

◎ 父母宜学会尊重孩子

日常生活中，儿童处处受父母的约束，支配的现象在我们身边时有发生。例如，邻居拿东西给孩子吃，还没等孩子做出选择，做父母的便率先为孩子做了选定，发出"不想吃"、"不要"的命令式回答。又如，父母疼爱自己的孩子，为孩子做某种营养食品，孩子不吃，父母却强迫孩子吃。儿童的衣食住行全都操纵在父母手里，孩子完全无主动的选择权。儿童虽然年幼无知，但同样有自己的思维，这种压制，使儿童失去了选择的主动权，没有独立思考的机会，其思维能力、自尊心都将受到挫伤。久而久之会出现儿童逆反心理或导致儿童不爱动脑子，处处依赖父母，对发展儿童的思维能力和健康的心理贻害无穷。

其实，儿童更需要父母及养育者的尊重，心理学家认为：尊重儿童，实际上也是对儿童的鼓励。一项研究表明，受父母尊重的儿童往往健康活泼，对新生事物反应及其灵敏，而长期受压制、体罚的儿童则表现出行为呆板、胆小、反应迟钝，而极易发生儿童精神性疾病。

在美国的一些家庭，父母充分发挥孩子的主动性，不论遇到什么事，都先鼓励孩子去思索，让孩子自己选择吃什么穿什么，到哪儿去玩，什么时间学习，父母再根据孩子的选择做出相应的商量，讲明为什么这样做，这样做的目的是什么，使孩子既明白了道理，又了解了利弊。

◎ 宜让孩子学会倾诉

倾诉的习惯不是与生俱来的，需要有环境和气氛来培养。中国人受着传统文化的制约，不轻易以真面目示人，更不习惯向人吐露心声。对于下一代的教育，也不会注意去培养他们自由表达自己的感受。

孩子不能顺畅地表达自己的想法，并不等于他没有想法，而孩子又不能像大人那般深藏心事，他们会以别的方式来宣泄，如无端发脾气，无理取闹，故意做出一些明知是不对的行为……凡此种种都是他们表达自己想法的方式。如任其发展，这个孩子有可能成为一个粗蛮、不讲理、暴戾的人。这种性格的人，将来在社会生活中是会吃苦头的。因此，从小就要注意培养孩子倾诉的习惯，使他们善于表达自己真实的心声。即使孩子想法幼稚，或是错的，也要鼓励他们把话先说出来，孩子在这种氛围中成长，就会懂得尊重自己和别人，感情丰富而健康，易融进社会。

◎ 孩子受挫折宜正确引导

孩子在学习和生活中碰到困难，其愿望不能实现或需要得不到满足时，心理可能会失去平衡，行为上也可能发生变化（好的或坏的方向），这种现象叫挫折反应。孩子遭受挫折不外乎由个人因素（主观）或环境因素（客观）所致。从积极的一面看，挫折可以增强孩子认识和解决问题的能力，启迪孩子以更佳的方法去实现需求；从消极方面看，孩子遭受的挫折若过多过大，则会产生抵触情绪，甚至会出现反常行为。

怎样帮助受挫折的孩子向积极的方面转化呢？家长首先要深入细致地了解孩子受挫折的原因，再针对孩子的不同心理特点来进行引导。倔强的孩子受了挫折，心理上往往不服气，要坚持下去。做父母的就要维护他的自尊心，同时指导他提出切合实际的目标，并使通过主观努力去实现；能力稍差的孩子受了挫折，往往意志消沉，妥协退让，此时家长则要通过鼓励，培养其乐观的性格，重整旗鼓；好面子的孩子受了挫折，内心极度痛苦，情绪低落，此时父母应鼓励和安慰，切忌埋怨、斥责。

父母都希望自己的孩子少受挫折，但完全不受挫折是不切合实际的。平时父母应同孩子讲清人生不会总一帆风顺的道理，使他们有应付挫折的心理准备。

◎ 独生子女教育宜注意什么

一对夫妇只生一个孩子，使父母有更多的精力去教育和培养孩子。家庭能够给孩子提供身体发育和智力发育的必要营养品、玩具、图书等。由此，独生子女往往比较聪明，富于创造性，知识面广，有教养，更成熟等。但是，独生子女由于缺乏儿童伙伴，所以经常离群独居，容易形成不合群、自私、胆怯、不关心同伴等不良心理特点；再说一个孩子容易受到父母的过分溺爱，使孩子在幼小心灵开始具有优越感和特殊感的心理，从而养成了生活上挑吃挑穿、不尊敬长辈、懒惰等不良行为；另由于家庭教育不一致，包括认识上和方法上的不一致，使孩子无所适从，从而养成说谎、投机取巧等坏习惯。例如孩子犯了错误后，爸爸打孩子，奶奶护孩子。

因此，对独生子女的教育应做到以下几点：①创造条件，让他多与小伙伴一起玩，鼓励他把玩具、书籍借给小伙伴一起玩、一起看。②必须"爱"与"严格要求"相结合。爱孩子是父母的一种本能，但不能无原则地爱。对不良的行为习惯要坚决地给以纠正。③教育一致性：年轻父母与老一辈、家庭与学校的教育要一致。

◎ 性别教育宜从小开始

性心理学家认为：性别教育和其他教育一样，要从婴儿刚出生时就开始。有资料证明，婴幼儿时期的错误性别观念可导致成年后的性生理或性心理障碍，从而毁掉一生的美满性生活。

刚出生的婴儿什么都不懂，这时，只有通过形形色色的事物，给予婴儿一些影响，如您生的是男孩，就取一个男孩的名字，买些适合男孩特点的玩具；诸如枪啦、火车轮船啦；是女孩，就取个女孩名字，买些女孩服装，布娃娃玩具等。这样做，可以使婴儿及早认识自己的性别。随着婴儿年龄的增长，父母还要注意言语和其他潜移默化的影响，如对男孩，就要常常提出这样的要求："宝宝是男孩，所以，要勇敢、坚强、不怕吃苦……"是女孩，就要通过游戏、言谈话语，培养她温柔、文静的性格等等。这样做的目的，是不断形成与其生理性别相一致的性别心理特征。

有的父母不了解儿童期性别教育的重要性，随意地把女孩当作男孩养育，让她穿着与自己性别不一致的男孩服装等。也有的父母喜欢女孩却生了男孩，于是把男孩当作女孩养育，结果导致了性心理变态，长大后有的要求通过手术进行置换自己的性别，有的发生同性恋等其他性心理障碍，严重影响其一生的择偶、恋爱、组织家庭等美满的人生性活动。

◎ 孩子打针前宜做好心理准备

根据不同月（年）龄患儿的生理、心理特点，打针前需分别进行一些心理准备，以取得配合，顺利完成治疗。

五个月前的婴儿，认人的意识较差，对穿白制服的医护人员没有防御性反应，而且不大会翻身。所以打针前可让患儿俯卧，手持玩具逗引，使其肌肉放松，神态自如，此时能顺利进针。如若挣扎，患儿一般以摆动双手，摇头动作为主，对进针影响不大。五个月到周岁的患儿，如果过去打过针的，对针已形成惧怕的条件反射，所以打针前应分散患儿注意力，由配合者逗引患儿，同时暴露注射部位，以最快的速度消毒、进针。幼儿期儿童的注意意识开始萌芽，已懂得成人语言且能服从。为满足自己的兴趣，会以自己的方式完成成人的要求。如对他说："我们打好针就去看火车"（可按患儿意愿），此时患儿一般能按成人的要求作相应的配合，不再大声哭叫和全身扭动，而以低声的哭泣表示内心的恐惧，直至完成治疗。学龄前儿童在自觉性、持恒性、自制力等方面都开始有所表现，注射前需鼓励患儿，以消除或减轻恐惧心理，如注射前表现得勇敢的，应及时给予表扬，让周围的孩子向他学习，从而得到意志品质的锻炼。

◎ 父母宜给孩子建立生活档案

家庭建立儿童生活档案很有必要，可以按时记录、保存孩子出生、成长历程中的许多重要事情，有益于培养、教育好下一代。

儿童生活档案大致可包括以下一些内容。

1. 保健方面 逐年记录儿童健康状况，如身高、体重、预防接种疫苗、体检等。并保存出生卡、体检表、病历册等。

2. 教育方面 记录入托、入学的基本情况，如时间、地点、园名、校名以及入队、受奖等。可逐年保存成绩单、奖状、日记等。

3. 生活方面 记录孩子各个年龄阶段的生活特点、情趣、爱好等，可保存生活照片、录音带、录像带等。

记录的方式时间不拘一格，可自行选定，可以每月记一次，也可以搞大事记，最好记在一个专用的精美日记本上。照片保存在影集里，注明时间、地点、附记。

家庭建立儿童生活档案，寄寓着父母的希望，也是儿童生活历程的缩影。当孩子长大成人时，有助于他们回顾过去，撰写自传。这份档案可以由父母转给孩子自行保管。

◎ 孕妇宜 "心理营养"

妻子怀孕后，虽然绝大部分丈夫会千方百计为其增添营养，以保证母亲、胎儿的健康，但却很少有人想到，孕妇更需要有愉快的心情和稳定的情绪，即 "心理营养"。

怀孕期间，孕妇随着躯体的变化容易引起情绪波动，如妊娠早期常因妊娠反应导致恶心、呕吐、疲乏、心烦意乱，不少孕妇越临近产期，越惧怕分娩时产生剧痛，或担心未来孩子的性别不理想遭家人歧视而忐忑不安等等。这时，孕妇非常渴望得到丈夫、亲人的体贴、关怀和理解。因此，丈夫应经常抽空陪其散步、听音乐、闲聊或欣赏精美的图片，或一起想象未来的孩子，设计美好的未来等。尽量减少家庭琐事对孕妇的劣性刺激。

作为孕妇，亦应了解焦虑情绪对自身及胎儿的极大危害，学会克服这种不良情绪，首先要树立自信，既然自己在妊娠期营养良好，不涉烟酒，没有病毒感染，又没有滥用药物，就不易出现难产和胎儿畸形，杞人忧天只会给自己增添烦恼。其次要在思想上保持深度松弛。要知道，任何喜悦的收获都是来之不易的，分娩要经过短暂的产痛是自然现象，如果害怕，在分娩时情绪焦虑紧张，给自己带来的痛苦反而会更大，生男生女是自然选择，不以人的意志为转移，因渴望生某一性别的婴儿而满腹焦虑，不仅不起作用，还易导致流产。对家庭生活方面的琐事，也要胸襟开阔，不要计较家人的态度，避免生闷气和发怒，同时，孕妇还要尽量少看有恶性刺激的电影与电视，以免引起过度的情绪波动。

◉ 父母不宜过分溺爱孩子

有的父母视孩子为"掌上明珠"，对孩子百依百顺，无理迁就。这种爱得过分，不懂管教，将会带来无可挽回的损失。

家长对孩子过分溺爱，孩子到了自己能吃饭、穿衣、走路时，理应培养孩子的自理能力，但又怕孩子累着，什么事情都由父母包办代替，结果使孩子变得既笨又懒，长大了生活不能自理；还有的家长对孩子提出的一切要求都千方百计给予满足，可使孩子养成了任性、不讲道理的坏毛病；也有的家长怕孩子与小朋友一起玩受委屈，而让孩子自己一个人玩，结果使孩子变得孤独、自私，不会与人友好相处；更有的家长为哄孩子不哭，就在孩子面前诉说爸爸（或妈妈）不好，打爸爸（妈妈）等，结果使孩子养成了不尊重大人的不良习惯。

由此可见，父母过分的溺爱孩子，会使孩子逐渐变得任性、自私，不尊重长辈，不爱护同伴，不爱劳动，生活不规律，这样就会严重地影响孩子的身心健康。

◉ 教育孩子不宜过分

有的人误认为早期教育越早越好，让自己 3 岁的孩子学完小学一年级的功课，让 2 岁的孩子学写字、学外语等。把早期教育片面的理解为识字、算算术、背诗歌等，这些做法都是不对的。

早期教育要根据每个孩子成熟的程度及个体差异来进行。如果过分地教育，任意加大码，或以强迫命令的方式，都会影响孩子智力和心理的发展。例如有的孩子 3、4 岁就会背唐诗，说唱许多儿歌、故事，但自己不会穿衣、穿鞋，不会用杯子喝水，上厕所也要大人帮助。这种畸形的发展，对孩子十分有害。若孩子形成了片面发展的心理，会加重对学习的厌烦。一句话，不适当的过分教育，也会影响孩子智力的全面发展。

◎ 家长不宜骂孩子

美国《读者文摘》曾走访了一千多名孩子，了解他们的苦恼和要求。孩子们的要求中有一条：希望他们的父母早晨不要开口就骂孩子。这是因为在上学前父母就对孩子大声痛骂，那么骂声就会整天在孩子头脑中回响，可使其情绪低落，学习注意力不集中，天长日久，孩子的智力开发大受影响。著名幼儿教育专家陈鹤琴指出："拣在早晨骂孩子，做父母的一腔闷气固然发泄了，但是孩子身心上精神损失可就大了"。

◎ 教育孩子不宜吓唬

有的家长在孩子哭闹或不听话时，常用"打针"、"让老虎来吃你"等，吓唬孩子。这样一来，孩子的精神就要受到刺激了。

孩子是最天真无邪的，他对父母的话最信任，当听了被吓唬的话后，心理便产生了恐惧感，有时被吓得不敢吭声，心惊胆战，精神高度紧张，以致梦中惊悸喊叫。如果家长经常编造一些"妖魔鬼怪"的事吓唬孩子，就会使孩子情感受到压抑，损伤神经系统，在大脑皮层下留下恶性刺激的痕迹，压制脑细胞的生长发育，造成孩子胆小、孤僻、忧郁、懦弱、神经质，损害健康。做父母的都应引以为戒，让孩子们生活愉快，心胸开朗，才有利于健康成长。

◎ 管束孩子不宜过严

"棒打出孝子"，有些家长认为严厉管束，才能使孩子有出息。对不对呢？

父母对孩子应该严格要求，但绝不是越严越好。对儿童的要求，应该从他们实际出发，因人而异，因年龄而异，扬长避短，因材施教，才能使孩子身心健康成长。如果过分严厉管束，只让他们整天埋头读书，就会限制各方面的发展，并有可能形成他们对学习的厌恶，畏惧情绪。就像一个人长期只吃一种他原来喜欢的食品，久之也会厌食一样。或者在父母管束不到的范围内，可能形成"逆反"行为。

或对父母产生反感，变得脾气暴戾、执拗。有的家长对孩子整天没有一点笑脸，或者以训斥为主，结果使孩子失去了儿童应有的天真活泼的性格特征，性格变得孤僻，不能团结人。这样孩子的心理活动和智力发展就受到很大影响。

◎ 父母不宜阻止孩子交往小伙伴

有的父母担心孩子和同学或其他同龄伙伴交往，会发生争吵、打架等意外事端，或染上不良习惯，所以严禁孩子与小伙伴一起玩，这是教育上的一个不小失误。

儿童和同龄伙伴的嬉戏交往，可以使他们通过了解小伙伴，通过把自己与同龄伙伴的比较，来了解自己，比较正确地评价自己。这种交往可以培养孩子尊重别人，善于与同伙伴相处，助人为乐的好品质，培养适应环境及别人交往的能力。如果让孩子在封闭式的家庭中长大，就会闭目塞听，可能胆小、孤僻，不善于与他们交往。而且父母如果拒绝孩子的小朋友来家作客，或者孩子的朋友来家作客时父母表现冷淡无礼，也会伤了孩子的自尊心，在伙伴面前感到羞愧的。

儿童随着年龄的增长和活动范围的日渐扩大，不仅需要和父母、老师交往，更需要和同龄伙伴交往，父母应该满足孩子的这种需要。以免孩子发生精神方面的营养失调，妨碍智力的发展。

◎ 孩子的好动天性不宜压制

孩子的性格是天真活泼，对周围事物十分感兴趣，特别喜欢在户外活动。可有的家长怕孩子碰着，整天把孩子关在屋里，限制孩子手脚活动，认为这样"保险"。其实，这会使孩子失去激活大脑、发育智力的机会。

根据大脑机能定位理论，人体手、足等各器官的每块肌肉，在大脑皮层上都有相通相应的"驻脑点"和"驻脑机关"。手、足等器官上肌肉活动越多、越丰富，就越能激发各自相应的"点"，扩大"点"在大脑皮层中的面积，也就越能开发大脑潜力，发展人的智力。人们常说"心灵手巧"就是这个道理。

孩子到了一定的年龄，随着思维和动作的发展，产生了"自己动手"的要求，不满足什么事情都由大人代理，这时，父母还是什么事情不让孩子做，使孩子失去锻炼双手的机会。久之，不仅影响孩子的智力发育，而且也不利于培养孩子的独立生活能力。因此，家长不要压制孩子的好动好摸的天性，让他自由地发展智力。

◎ 对调皮的孩子不宜处罚

"严师出高徒，不打不成器"这是颇为流行的一句话。不少人教育孩子不得法，见孩子调皮，只知道着急生气，急躁之下，有时便采用了体罚或变相体罚的手段。

幼儿正处在生长发育阶段，身体各部都比较脆弱，神经系统发育还不完善。如果成人对孩子态度生硬，并施以体罚或变相体罚，使孩子精神紧张，心情不愉快，损害健康，形成不良的个性和行为习惯。有的孩子经常挨罚，就逐渐产生自卑心理，失去进取心，变得自暴自弃，孤僻胆怯。也有的孩子与家长对立，性格任性倔强，行为粗暴无礼。还有的孩子，为了不挨罚就撒谎骗人，养成了不诚实的习惯。

因此，家长对调皮孩子应坚持耐心说服，积极诱导，以正面教育为主，惩罚只是辅助的教育手段。即使对特别调皮的孩子，也不要使用体罚或变相体罚，要从小重视培养孩子的自觉精神。

◎ 教育孩子不宜重提过去的错事

在教育孩子时，家长喜欢旧账重提，这种做法会使孩子产生逆反心理。

孩子做过错事，甚至于偶然犯过偷窃行为，经老师和家长的教育帮助，他已改正了，也不想再记起这件自己感到羞愧的事。如果父母在平日教育孩子时，经常有意无意地用过去那些不光彩事来刺激他，这样会使孩子的自尊心受到严重损害，对父母产生反感，甚至会造成旧病重犯。当然，父母旧账重提是为了提醒孩子不要再犯类似错误，可是孩子却认为这是揭他的短，从而产生逆反心理，再次犯错误。此外，如果父母习惯于旧账重提，那么孩子以后就会不忠实，什么事情也不会再告诉父母了。父母怎样教育孩子？以正面教育、现实教育为主，切忌翻旧账，伤害他的自尊心。

◎ 吃饭时不宜训斥孩子

正常的消化功能，不仅要有健全的消化器官，也有赖于高级神经中枢的正常活动。如果在吃饭时训斥孩子，使孩子大脑和神经受到刺激，就会造成神经功能紊乱，抑制消化液及消化酶的分泌，吃进的食物也得不到很好的消化和吸收，容易引起消化道疾病。此外，孩子正吃着饭，因受到训斥边哭边吃，很可能在抽泣时将食物吞进气管里去，引起剧烈呛咳，还可能发生吸入性肺炎，甚至因吸入异物阻塞呼吸道而窒息死亡。父母们管教孩子，要选择适当的机会，吃饭时训斥孩子是不可取的。

◎ 孩子左撇子不宜纠正

左撇子儿童的智力，可能比起一般儿童毫不逊色。相对地说，人的大脑左半球的工作量要比右半球大，而多用左手对发挥大脑右半球的功能是有好处的。研究发现，两手并用可使记忆力显著改善并持续地加强。日本学者编制的锻炼记忆力的单侧体操中，就有一节是用左手拿筷子夹黄豆。实践证明，左撇子对于一个人的前途、事业并没有什么影响。法国绘画大师毕加索，美国电影艺术家卓别林都左撇子；世界上一些乒乓球的优秀运动员中左撇子更是屡见不鲜。

然而，有些儿童因为父母强行改正用左手拿筷子的习惯、竟造成口吃或其他方面的精神心理障碍。儿童惯用哪只手应顺其自然，左撇子是有益无害的，多锻炼左手也是非常必要的。

◎ 父母不宜在孩子面前吵架

子女在发育、成长期，需要有个良好的家庭环境。如果夫妻之间整天为一些鸡毛蒜皮的小事争吵不休，就会使正常的家庭秩序遭到破坏，孩子在心理上会产生忧虑、恐惧。邻居的讥笑和议论，会使孩子羞辱。特别是当孩子看到自己同学的父母和睦、家庭幸福时，更会产生一种自卑感，对父母、家庭、社会失去信心，甚至离家逃避，轻生厌世。有的父母吵架拿孩子出气，动手打孩子，有的砸锅摔碗。在这种情况下，常会使孩子吃不好，睡不宁，作业完不成，上课思想分散，学习成绩下降，影响孩子身心健康。还有的父母在吵架时，骂出粗劣的语言及种种横蛮行为，孩子耳濡目染，受到极大污染。据心理学家调查，大多数吵架的父母，他们孩子的性格多半有怪癖、固执，缺少礼貌和同情心。愿夫妻之间真诚相待，有事好好商量，切不可因为小事而吵架，给小孩心灵上予以创伤。

◎ 孩子与父母分床不宜过晚

有不少独生子女，长到五六岁时，还与父母同床睡觉，这不利于孩子身心健康成长。

孩子长到三四岁时，已能较敏锐的感知事物了，五六岁则更懂事，孩子挤在父母身边总是不大方便，既影响父母的思想感情交流，也容易给孩子造成某种错觉。孩子与父母同床睡觉，还会使孩子弄成依赖性，难以形成良好的生活习惯和自理能力。比如叠被等全由父母代劳，其实这些事情完全可以由孩子自己干。孩子长期睡在父母身边，还会变得胆小怕事，缺乏胆量。应该尽可能让孩子早些与父母分床，以利培养孩子的独立性和勇气，以及生活的自理能力。

◎ 家庭不宜过早向孩子输入职业信息

不少家长由于"望子成龙"心切，在家庭教育过程中，往往不顾孩子的意愿、兴趣，从小就强行向孩子输入职业信息。这是有百害而无一益的。

儿童时期，孩子各方面的知识及其社会生活的了解都十分贫乏，在心理发展方面离成熟的阶段也还有很大距离，对事物和社会的感性知觉比较简单、幼稚，且心理不稳定。如果父母不顾孩子的心理特点和未来发展的自我需要和社会需要，而把主观愿望强加给他，则会使他背上包袱，在一条极其狭窄的道路上发展，丢掉了或学不好儿童时期应该和必须掌握的基本知识和技能。某些父母在强行向孩子输入职业信息的时候，选择的专业或职业是受社会影响，什么职业吃香，就向孩子输入什么职业信息。可是，父母选择的职业，孩子并没有浓厚的兴趣，结果伤害了孩子的情感，扭曲了他们的心理发展，并进而形成对家庭、对父母的逆反心理。

◎ 孩子不宜过分保护

儿童，尤其是婴幼儿，像一棵娇嫩的小苗，需要大人的精心培育和保护，才能正常生长发育。但过分地保护，却会得到适得其反的结果。

有些父母从孩子降生那天起，就怕风吹日晒，整天关在屋里搂抱怀中；还有的父母，让孩子吃各种各样的高级食品，恨不得一下子喂成个"大胖子"；还有的父母，让孩子经常吃健身丹，以药滋补……这些过分的保护孩子，反而削弱了孩子的机体免疫力，一旦受到各种致病因子的侵袭，很容易发生各种疾病。从心理学角度来讲，过多用身体接触孩子，婴儿化时期延长，不利培养孩子的独立性，长大后会不适应生活、学习和工作，还有可能出现精神变态，到头来会变成过分保护下的心理畸形和牺牲品。

◎ 给小儿的玩具不宜太多

玩具对小儿具有教育作用，它可以促进孩子的智力和动作的发展。但是，有些家长为了哄着小儿不闹，却把很多玩具一起堆在小儿面前，让他任意玩，这种做法并不好。

小儿玩玩具，应该按其身心特点，给提供适宜的、适当数量的玩具，才会发展小儿的注意力和兴趣性。并有利于小儿主动探索、发现、发展手和全身动作，发展认识能力和创造力。如果一次给予玩具太多，小儿容易分心，东摸摸，西动动，结果哪样也玩不好，不能培养起较持久的兴趣和注意力。若一次给小儿一件或两件玩具，让他玩。可使小儿尽量玩，开动脑筋，想方设法地玩这个玩具，会玩出不同的玩法；玩够了再换其他玩具。例如，先给小儿小鸭车玩具，他可能拉着小车东奔西跑，或是转圈，也可能装上点物体在车厢里，以启发他的想象力。当小儿玩够了，可以让小儿到室外玩球。玩累了再变换其他活动。对于较小的孩子，可以让他反复地玩几样玩具，这有助于小儿对之产生兴趣。

◉ 父母不宜让幼儿挑选衣服商品

不少年轻的父母出于疼爱孩子，让"呀呀学语"或"蹒跚行走"的幼儿，挑选自己的衣物，像是一个小大人。

孩子过早地对商品和货币发生兴趣，会助长他讲究衣着，爱慕虚荣，不断提出物质需求。久之，还会使他放纵任性，唯我独尊，不尊重、不关心长辈和他人。事情虽小，危害可很大。

◉ 有些情况下不宜逗孩子大笑

笑能促进健康，但逗孩子笑得过分反而有害健康。

在下列几种情况下不宜逗孩子大笑。

（1）口腔内含有食物和其他东西（如小玩具、塑料笔套等）；这时逗孩子大笑，容易将这些东西吸入气管而引起呛咳，严重者还会造成吸入性肺炎。

（2）临睡前逗孩子大笑，会引起神经兴奋，难以入睡或睡眠不安宁。

（3）洗澡或游泳时，逗孩子大笑易将水呛入气管，引起咳嗽。

（4）天气寒冷和大风中，逗孩子大笑会急骤吸入冷空气，刺激气管，引起感冒。或冷气吸入食道，刺激胃肠道，引起腹痛。

（5）年幼的孩子张口大笑，易引起下颌关节脱臼，若反复多次就成了习惯性脱臼，每当大笑时，下巴就掉了下来。

◉ 孩子不宜憋尿

孩子憋尿是一种不卫生、对身体有害的动作。

人能抑制尿的排放，主要是靠膀胱内括约肌和逼尿肌的协调作用。经常憋尿就会在一定程度上，损伤膀胱内的感觉神经功能，干扰神经系统的正常调节作用，久之就会产生排尿困难、不畅，或漏尿、尿失禁等。正常排尿对泌尿系统起到自然清理的作用。如果经常憋尿，小便次数减少，起不到清理作用，细菌就会迅速繁殖起来，尤其是女孩尿道较短，更容易储存细菌，往往引起尿路感染，甚至导致肾炎、泌尿系结石、膀胱肌过度扩张麻痹等。憋尿的害处很多，家长和教师要教育孩子不要养成憋尿的不良习惯。

◎ 睡觉前不宜打孩子

孩子在白天一般都喜欢好动，晚上已经疲倦不堪，十分需要安静休息。此时，如果父母对孩子进行打骂，就会刺激孩子的神经，造成精神上的高度紧张，使孩子长时间不能入睡。一些胆怯的孩子，就会在抽泣中蒙眬睡去。由于神经紧张的程度得不到缓解，夜间就做噩梦，甚至惊呼哭叫，每每冷汗淋漓。这样，孩子的身体就会受到损伤，重的还会患病。

◎ 小儿遗尿不宜打骂

小儿遗尿，大人打骂，会加重遗尿。

学者巴甫洛夫的学说，尿意感有个警戒点，这个尿意警戒点，大约在 2 岁时已在大脑皮质形成。若小儿遗尿，家长采取粗暴打骂手段，反而会加重遗尿。因为打骂会使小儿精神受到创伤，大脑皮质内过度抑制排尿的警戒功能而遗尿。不过，对小儿遗尿也不能不管不问，听其任之，这样也会影响小儿生长发育及智力发育。应该在治疗引起遗尿疾病的同时，夜间唤醒小儿起床撒尿，给小儿养成自觉撒尿的条件反射。对于尿量多的小儿，可在晚餐时限制吃过稀食物及饮水量。

◎ 父母不宜用恐吓催小儿入睡

有些父母在哄孩子睡觉时，常用打针吃药、妖魔鬼怪等来恐吓孩子，想以此使小儿入睡。这种做法，对小儿的健康发育是十分有害的。

幼小儿神经系统尚未发育成熟，当听了这些可怕的东西和事情，神经系统会受到强烈刺激，这样，不仅使孩子难以入睡，或睡眠不安，而且在睡眠中易做噩梦，有时甚至在梦里惊叫，哭醒，神情紧张，使小儿大脑得不到很好的休息。如果以吃药打针来恐吓小儿，以后孩子就会对治疗形成恐惧心理，还会形成恶性条件反射，使小儿在今后的成长过程中，害怕猫、狗、老鼠等小动物，不敢走进黑暗的屋里，或者在闪电、打雷的时候，也不敢独居一室。有人曾对畏惧的夜间值班的成人进行调查，发现有80%在幼时受过不同程度的惊吓。因此，家长用恐吓的方法催小儿入睡，不是个好办法。

◎ 孩子的发音不宜过早纠正

大部分满周岁的孩子都能够说几个词，在1～2岁间，就开始学会把词组合起来，进入"双词语"阶段。但在这一过程中，孩子对许多词发音都不准确。如把"饼"发成"beng"，糖发成"dang"，喝发成"ge"等。

多数心理学家认为，此阶段不宜纠正孩子发音。因为过早地纠正发音，会使孩子因不能正确发音而苦恼，并会挫伤说话的勇气和积极性。孩子往往会怕成人责怪自己，而宁肯用动作去表达自己的意思，这样反而会使孩子的语言发展受到阻碍。孩子发音不准，有些是生理不够成熟造成的；有些则来自他们未能对成人发音的口形认真观察。因此，父母在与孩子说话时，口形、发音要准确，且速度要放慢，切不可嘲笑或去重复孩子错误的发音，以免影响孩子语言和智力的发展。

◎ 打扮孩子不宜过分

常言道："人配衣服，马配鞍"。美的打扮会给人添色增姿，对几岁的孩子也不例外。但过分的打扮孩子，对孩子各方面都有不良影响的。

有的父母喜欢赶"时髦"，把孩子打扮得奇形怪状，给小女孩烫发，涂口红，挂项链，戴戒指，给小男孩留长头发，戴领带等，把一个天真活泼的孩子打扮成"小大人"，不但没有增添美感，反而弄得不伦不类。同时，这样也使孩子自己觉得和别人不同，有特殊感，而小朋友会把他们称作"小妈妈"、"小爸爸"，不愿与他们接近，而造成孤立。过分打扮孩子，还会造成孩子心理的不正常，使他从小喜欢炫耀自己，形成一种优越感，滋长虚荣心，甚至还会因自己要求得不到满足而大哭大闹，摔东西，打人，不愿上幼儿园等等。另外，过分打扮孩子，还会把他的兴趣引导到只关心穿衣戴帽上去，不关心周围事物，不爱学习，不爱锻炼，因而影响了孩子智力的发展和身心健康。家长千万不要过分打扮孩子，而应在注意外形美的同时，努力培养孩子的内在美，使孩子能够健康成长。

◎ 父母不宜迁就和哄骗孩子

有些父母把孩子当作掌上明珠，孩子要什么就给什么。虽然有时明明知道孩子的要求不合理，甚至是无理取闹，应该拒绝他，但是看到孩子一哭一闹，家长心又软了，怕孩子哭闹而对他让步，这就是迁就。迁就会使孩子养成任性的习惯，迁就次数愈多，孩子任性固执的缺点就会愈严重，以致长大难以纠正。

还有些家长为了让孩子听话，常随口答应孩子提出的一些要求，但事后又不兑现，如此哄骗一阵就算完事。这种方法会使孩子不仅不相信你，使你的威信在孩子心目中降低，同时还会让孩子从你身上学到说谎和欺骗的恶习。大家都知道，父母是孩子的第一任教师，父母的言行直接影响孩子的品德。所以，无论在什么情况下，家长都不应该迁就孩子，也不能用哄骗的方法去对待孩子。

◎ 父母不宜当众羞辱孩子

有的父母在管教孩子时不注意方式方法，常常当众指责孩子，羞辱他的错误、缺点或不足之处，以为这样做可以刺激孩子进步。恰好相反，这样做会伤害孩子的自尊心而激起对抗情绪，使他反感，没有丝毫教育的效果。

父母对孩子的错误、缺点要加以分析，看看哪些属于正常范围内的淘气、贪玩，哪些是超越了正常范围的坏毛病。一般地说，应以尊重孩子的人格、爱护孩子的自尊心、激发和鼓励他上进为前提，采取说服教育的方法，从孩子的长处入手，肯定优点，鼓励他勇于克服不足之处。最好是选择时机和孩子个别谈心，这样才能使他有比较深刻的认识，感到痛悔而要求改正。所以，父母应当善于发现孩子的长处，诱发他们的上进心。

◎ 家长不宜强制孩子服从命令

有些家长怒气冲冲对着孩子吆喝，甚至挥动拳头威胁孩子，强制他们按大人的命令去做。由于幼儿缺乏经验，又无能力反抗大人的强制与威胁，只好顺从命令去做。实际上孩子的内心却受到深深的压抑而处于紧张、恐惧与不愉快的情绪之中，表现出无精打采、缺乏朝气，久而久之，就会形成性格上的弱点。这是因为强制与威胁破坏了孩子对世界、对人的美好想象，引起他内心的紊乱或失去正确的方向，使心理状态不平衡，还会出现顶嘴、耍脾气等坏毛病。

因此，我们做父母的，对孩子的要求应该是合理的，最好做到尽量严格要求和尽量尊重孩子。不仅要给孩子创造良好的物质生活条件，极大地关心他们健康成长，更需要以慈爱与耐心来培养孩子良好的精神品质。父母不必总是牵着孩子的手走路，而要教给他自己走，教给他分辨是非、美丑，只有通过各种独立性行动的尝试，孩子才会逐渐成熟起来，逐渐获得生活中各种知识和能力。

◎ 父母不宜限制小儿爬楼梯

有的母亲见到孩子爬楼梯就大惊小怪："乖乖，太危险了，楼梯怎么能爬上去？"殊不知，这个年龄的小儿爬楼梯方面有着特殊的"天赋"，他不仅能手脚并用爬楼梯，而且还会爬下楼梯。孩子自己爬着上下楼梯，进一步锻炼了全身运动的协调性，同时也锻炼了他的独立性和自信心。如果一味地限制这个年龄的孩子去做他能做的事，只会使孩子对自己的环境产生不必要的恐惧心理，无形中妨碍孩子独立性和信心的发展。

因此说，父母不宜限制小儿爬楼梯，若你不放心，可在一旁边鼓励边悄悄地保护。当小儿有扶栏杆上楼梯的能力时，爬楼梯的行为就自然消失了。

◎ 父母不宜限制孩子活动

有的家长怕孩子冻着、热着、摔着、碰着，很少让孩子到户外活动，整天把孩子关在屋里，限制孩子的活动，认为这样"保险"，孩子可以少生病，少发生意外。实际不然，限制孩子活动利少弊多。

孩子的性格是天真活泼，对周围事物十分感兴趣，特别喜欢户外活动。几个月的小孩，只要在户外玩过一两次，那么一开门就想到外边玩，2～3岁的孩子更是渴望到外面去玩耍、去游戏，实际上这也是孩子求知欲的一种表现。如果整天把孩子关在家中，势必影响孩子的身体健康，其表现是食欲不振，面色苍白，易疲乏，并且容易伤风感冒，时间久了，孩子便变得体弱多病，不爱活动，不爱说话，性情不开朗，缺乏对事物的认识，有碍于孩子的智力发展。孩子活动时，只要家长多加小心，意外事故是完全可以避免的。因此，应大胆让孩子多活动，尤其是多参加户外活动，以开阔眼界，强化感觉器官，促进孩子的智力发展。

◎ 父母不宜当面夸奖孩子

有些父母认为自己的孩子不错，禁不住要把心里的得意对别人讲出来，家里来了客人，也要当着孩子的面对客人夸奖起来，客人自然随声附和，也对孩子赞扬一番。其实，这样做并没有什么好处。

因为过分的夸奖会使孩子爱虚荣，骄傲自满，自以为是。个别孩子不仅追求虚荣，甚至还会弄虚作假来骗取表扬夸奖，养成虚伪的品格。父母对孩子最好是"严在面上，爱在心里"。如果孩子真正是各方面都表现得挺好，适当的表扬是必要的，在表扬的同时要对他说明，取得成绩是老师们辛勤教育的结果，要保持谦虚好学的精神。若父母只是夸奖而不教育，就会使孩子看不到自己的不足，总觉得自己优于别人。有一些被夸惯了的孩子，做了好事没有被注意到或者没有受到赞扬就会觉得委屈，不表扬就再不做好事了。所以，父母不要当面夸奖自己的孩子，当孩子受到别人的夸奖时，最好喜在心上而不要挂在嘴上，这样才有利于孩子争取进步。

◎ 父母在孩子面前说话六不宜

一忌使用低级词句和下流的玩笑或漫骂逗趣，如果父母亲常常使用污言秽语，会影响孩子语言能力的健康发展。

二忌指责和贬低别人，尤其是孩子应尊重的人，如老师、长辈，以免造成孩子目中无人。

三忌议论别人是非，让孩子知道成人之间的纠葛、生活上的纠纷与工作上的意见分歧，而要向孩子教育人与人之间的正常关系，使孩子能与别人友好相处。

四忌面对客人谈论孩子的缺点，以免伤害其自尊心，产生自卑和怨恨的不正常生理。也不要夸耀孩子的优点，那会使他产生骄傲而增长虚荣心。

五忌在孩子面前说假话。如果虚情假意，言不由衷，无异于教育孩子撒谎，不诚实，也会丧失父母在孩子心目中的威信。

六忌当着孩子的面和别人吵架，不要让孩子看到你暴怒之下那可怕的表情；尽量不要当着孩子讲一些令人不安和恐怖的事情，以免刺激孩子的心灵，造成精神紧张，影响情绪和健康。

◎ 对口吃小儿不宜训斥

口吃，俗称结巴，是一种非器质性语言障碍。这种不良的习惯，是难以用药物治疗的。如果训斥口吃小儿，不但不会使口吃好转，相反会使口吃加重而难以纠正。

因为口吃患儿受训斥、讥笑，自尊心受到损害，从而产生恐惧心理，结果口吃更严重，形成恶性循环。因此，对口吃小儿不宜训斥，应给予耐心的教育、安慰和鼓励，让孩子放下包袱，轻松自然，保持情绪愉快，仿效正常发音有节律地逐渐纠正。

◉ 家长不宜强迫小儿进食

强迫小儿进食，不仅使小儿产生抗拒心理，还会引起严重的神经性厌食症。若不及时诊断并合理治疗，就会造成小儿营养不良，影响身心的健康发育。

因为根据小儿的生长发育规律，孩子饮食上不是总想吃下满满一碗饭或家长规定的食品。有些家长总把儿子、女儿当婴儿，坚持让孩子继续喝大量的牛奶，吃过多的婴儿食品，而没有意识到孩子对食品的爱好也是在变化的。随着年龄的增长，孩子开始注意选择自己最喜爱的食品，胃口也开始阶段性变化。因此，家长应细心观察了解孩子的饮食变化，根据具体情况，合理安排吃饭时间，拟定食品种类，让孩子自己选择。

◉ "夜哭郎"不宜求神拜佛

婴儿的夜间啼哭，俗话称"夜哭郎"，使很多家长心烦意乱，束手无策，甚至有的家长求神拜佛，渴望孩子入睡平安。其实，这毫无意义。

实际上，对于尚无语言表达能力的孩子来讲，哭便成了小儿的"固有语言"，也成了他们表达要求或痛苦的主要方式。常遇到小儿夜啼原因有：生下不久，还未形成白天黑夜的条件反射，不分白天黑夜，或白天睡的时间长，夜里就会哭闹不停，出现日夜颠倒现象；环境不舒服，室内温度过热或太冷；衣着不适，尿布湿了不及时更换；母乳不足，孩子未吃饱，或喂奶太多，引起消化不良，肚子痛；周围的噪音或受了惊吓也会使孩子夜啼。如果遇到孩子哭闹的时候，做父母的先自己找找是不是这些原因，若找不到原因，孩子哭得特别厉害，还伴有发热、不吃奶等其他症状，应当及时地去医院请医生诊治。

◎ 儿童不宜听哪些乐曲

儿童常听靡靡之音、不和谐声、怪诞之音等，不仅会使道德沦丧，对身心发育也是不利的。

具体地说，不同年龄阶段的孩子，所禁忌的音乐也各有不同。在胎儿时期，无论是胎教音乐还是孕妇听乐，都应禁止欣赏"淫声"，不宜听节奏强烈，音色单调的乐曲，也不宜对充满激情的音乐作品产生太大的兴趣，更不能听噪音音乐。因为这类音乐会使孕妇和胎儿产生烦躁和疲惫，影响孕妇的自主神经系统和内分泌的功能，会使胎儿的身体、大脑发育均受干扰，影响智力的正常发育，尤其对注意力、理解力的发展会产生阻隔作用。实践证明，长期听"狂歌劲曲"的孩子，智力比正常儿童低下。充满尖声怪叫、声嘶力竭、寻死觅活般的所谓"流行音乐"，还会造成孩子的心理恐惧，诱使儿童产生变态心理。摇篮中的婴儿对此更为敏感，剧烈的声响，如爆竹声、打雷声等，都会使婴儿产生惊吓。进入少年时期后，最忌靡靡之音，像"何日君再来"一类的乐曲，只能使人沉醉和萎靡，消减奋斗的意识，而智力也会在"痴迷"中退化。

◎ "周岁试儿"法不宜取

"周岁试儿"是我国最早对婴儿发展方向的一种测验方法。当孩子满周岁时，家里的长辈就准备一大盘物品，有毛笔、砚台、算盘、铜钱、衣物、食品、化妆品等等，让孩子从盘抓出一件。如果孩子抓了支笔，就认为孩子将来准是一位文人；若抓到算盘，就说孩子将来会理财；抓的是化妆品，就觉得孩子长大没出息等等。实际上，这种测验方法是没有科学道理的。

大家知道，小婴儿对物品的认识这时只处于表象，他往往把所有的物品都当作玩具。哪个物品颜色鲜艳、形状独特，或是平常未曾见过的，或者平素最喜欢的，他都可能首先产生兴趣而去抓那件物品，这当然不能代表婴儿的发展方向。婴儿满周岁，确实应该做一下测试——智能发育测验。这种测验最好是请保健医生来做，对孩子 1 岁时的发育状况做一评估，以利孩子的生长发育。

◎ 电子计算器不宜替代算盘

目前，有不少中学生用袖珍电子计算器代替珠算，其实，这种做法不利于儿童的健脑益智。

因为拨动算盘是一种复杂的手指运动，尤其在快速运算时，手指运动的速度要超过所有的其他手指作业。同时，拨动算盘是为了计算，计算时大脑要有快速的反应能力和思维活动。所以，珠算是一种手、脑并用的活动过程。手指的运动快了，大脑的反应也必须加快，而大脑的思维敏捷了，也要求手指必须更加灵巧。以脑促手，以手健脑，对大脑的促进作用是双重的。因此，算盘的健脑作用非常明显：实践证明，在幼儿时期学习珠算，此时，孩子的大脑以及思维习惯等尚不固定，健脑益智作用更加奇特。算盘的这一功能，是电子计算器所不具备的。

◎ 儿童学习不宜开夜车

"开夜车"是一种靠延长学习时间来提高学习效率的笨方法，非但不会增加孩子的智力，反而会损伤孩子的大脑，降低孩子的思维功能。

大脑是体内最精细的组织，也是最容易疲劳的组织，少年儿童的大脑细胞发育不完全，更加容易疲劳。经常开夜车，长时间的用脑学习，增加大脑的工作强度，会引起大脑皮层神经细胞的倦怠，这时候学的东西不但记不住，反而会增加大脑的负担，影响大脑的正常功能。脑组织是人体消耗能量最多的组织，脑细胞的主要活动过程是兴奋和抑制，开夜车过久，大脑消耗的能量得不到补充，兴奋和抑制的规律被打破，时间长了，脑细胞就会变得反应迟钝，即便记住一些书本知识也是不牢固的。长期开夜车，睡眠得不到充分保证，生长激素分泌不足，也会影响孩子正常的生长发育，甚至招致疾病，从长远的观点看，开夜车的方法百害而无一利。因此，孩子学习不宜开夜车。

◎ 幼儿入托不宜过晚

婴儿已经断奶，而且也学会了吃饭和走路，可有些父母却心疼孩子，继续抱在怀里，迟迟不予入托，这对孩子的智力发育是不利的。

因为 1.5 ~ 4 岁是幼儿智力发育的重要阶段。在这个阶段，幼儿好奇心强，乐于探索新鲜环境；暂时与母亲分离所产生恋母情绪尚可克服；置身于陌生环境，能够迅速适应；所有这些，都有利于幼儿的智力发育。因此，幼儿入托不宜太晚，应在 1.5 岁以后入托为宜。

第七章　防病治病宜忌

◉ 小儿宜定期进行健康检查

小儿处于不断的生长发育阶段，年龄越小，生长越快，对营养的需求量越多。同时，孩子的消化功能还没有发育成熟，因此，吃得少或食品质量差的孩子会出现营养不足，而饮食过量则易出现消化不良。无论营养不足还是消化不良，都会造成营养缺乏，而使孩子生长减慢，这往往又不容易引起家长的注意，时间久了则会错过早期治疗的好时机，给孩子造成终身不幸。而通过定期健康检查，则可以系统地了解小儿各个时期的生长发育情况和营养状况。

定期检查身体，还可以发现一些症状不明显的生理缺陷和疾病，以便及时矫正和治疗。如与学习生活有关的近视眼、脊柱弯曲异常、结核病等；与清洁卫生有关的沙眼、蛔虫等；与年龄有关的扁桃体肥大等；与遗传有关的色盲、弱视、先天性心脏病等；以及龋齿、慢性鼻炎、肺炎、肾炎等疾病和语不清、口吃等缺陷。定期检查除了体格检查外，还对一些智能发育迟缓和心理发育偏离的孩子采取相应措施，以帮助其尽快达到正常水平。在定期检查时，家长还能接受医生的指导，了解到许多关于孩子喂养、护理、保健方面的知识，使孩子健康发育。

一般来说，6个月以内的婴儿每隔2个月检查1次，半岁到1岁期间每3个月检查1次，1～3岁每半年检查1次，4～6岁每年检查1次。

◉ 儿童宜打哪些预防针

新生儿：出生后立即接种卡介苗，用来预防结核病。

2个月：口服小儿麻痹三价糖丸活疫苗（白色）预防脊髓灰质炎。

2个月：百白破三联混合疫苗接种，预防百日咳、白喉和破伤风，出生后2～3个月注射第一针。并口服小儿麻痹三价糖丸活疫苗（白色服第二次）。

4个月：接种百白破三联混合疫苗（第二次）。口服小儿麻痹三价糖丸活疫苗（白色第三次）。

5个月：接种百白破三联混合疫苗（第三次）全程三针完。这三次注射每次间隔6～8周。

8个月：注射麻疹疫苗。出生后8～12个月注射第一针。

三岁：百白破三联混合疫苗加强一次。

四岁：小儿麻痹三价糖丸活疫苗（白色）加强一次。

七岁：麻疹疫苗加强一次。卡介苗加强一次。同时加强注射一针吸附精白喉和破伤风类毒素。

十二岁：在农村卡介苗再接种一次。

◉ 家长宜了解预防接种效果

家长都想知道孩子打了预防针后是不是发挥了作用，是不是能抵抗传染病的侵袭了。有关这个问题，专家们的回答是这样的。

1. 观察患病情况　儿童打了预防针，一般2周左右即可产生抗体（中和或消灭细菌与病毒的特异性物质）。如果2周后，儿童在流行区域内不再患有该种疾病，说明接种发挥了作用。

2. 观察接种后的反应情况　有些接种会产生特定的反应，如接种卡介苗后，二、三天内接种局部会产生轻微红肿，以后还会产生硬结、表浅溃疡、结痂等，如无此征象，可能是接种失败。

3. 皮肤试验　接种后就会产生相应的抗体，如果再把少量的毒素注射到皮内，会被抗体中和，不发生任何反应。比如锡克氏试验，把白喉毒素注射到前臂屈侧皮内，48小时内出现直径1厘米以上的红肿斑块，96小时内最明显，7天后消失，为阳性反应，说明体内没有中和白喉毒素的抗体，接种效果不佳。若该试验阴性，说明体内已产生特异性抗体，预防接种有效。

一般来讲，只要疫苗按要求保管，按说明注射，被接种者一般都会获得免疫力，达到预防疾病的目的。

◎ 预防接种后宜做好护理

目前，我国对所有儿童实行计划免疫。作为生物制品的免疫疫苗，对人体来说是异性物质，儿童接种后，往往会出现一些生理或病理反应。家长和保教人员对此类反应如能正确掌握和护理，就能保证疫苗产生最佳的免疫效果。预防接种后的护理主要应注意以下几个方面。

（1）注射疫苗后3天内，应避免洗浴时注射部位被污染，以防止继发感染，同时避免受凉和剧烈活动。

（2）口服脊髓灰质炎减毒活疫苗要用凉开水送服和直接吞服，忌用开水，并且服药前后1小时内避免过热饮食，以保证疫苗的免疫效果。

（3）接种卡介苗后的2～3周，局部可逐渐出现红肿、脓胞或溃疡，3～4周后结痂，形成小疤痕，反应较重的，可形成脓肿，这时应去医院处理，但禁忌切开排脓，否则切口不易愈合。

（4）注射疫苗后，个别孩子在24小时内体温会有所升高，可给孩子多喝些开水，以促进体内代谢产物的排泄和降温。切莫随意使用抗生素类药物，若有高热或其他异常反应，则应及时去医院诊治。

◎ 预防支气管哮喘宜从胎儿开始

支气管哮喘是小儿常见的变态反应性疾病，治疗的方法较多，但缺乏根治的办法。因此预防哮喘的形成就显得更为重要。

哮喘是有遗传倾向的疾病，患有哮喘的儿童，近亲中很多是有过敏性疾病的，所以首先可以从遗传方面降低哮喘的患病率。若男女双方都是过敏性体质或患有哮喘症的不宜结婚；如父母一方（尤其是母亲）有哮喘或其他过敏性疾病者，双方应预先计划好婴儿出生的月份，最好不要在鲜花盛开的季节内生育，这样可以减少对花粉过敏而导致哮喘；孕妇若是过敏体质，则不宜食有致敏性的蛋白类食物，牛奶也必须煮沸 10 分钟后再吃。婴儿出生后应尽量用母奶喂养 6 个月（哺乳的母亲应避免食用致敏食物而使乳儿过敏），无母乳者可用羊乳等代乳品。蛋类也宜在 6 ~ 9 个月后食用，最好忌牛奶。

小儿的卧室内应保持清洁，无家禽、家畜等。这类小儿预防接种时也应注意，因大多数疫苗由组织培养制成，可能含有致敏成分，注射前应征求医生的意见。过敏体质的婴幼儿易反复呼吸道感染，以致诱发哮喘，故应重视体格锻炼，常服用增强体质的中药如黄芪 12 克、太子参 9 克、防风 6 克、白术 9 克，对预防哮喘的形成颇有益处。

◎ 防近视宜从婴儿做起

遗传不是造成近视眼的直接原因。在怀孕的头 3 个月内，胎盘功能低下，各种病毒能够通过胎盘屏障影响胎儿的生长发育，例如风疹病毒、吸烟、酒精中毒、不恰当的用药等，均可影响胎儿各个器官的发育，当然包括眼的发育。另外，妊娠中毒症（即高度浮肿、高血压、高度蛋白尿）对胎儿的眼睛发育也有影响。所以，从受孕时起就应该格外小心，以保护孩子的视力。

小宝宝出生后，应注意婴儿的用眼卫生。为他们悬挂玩具时，距离不能太近，一般挂在距宝宝 40 厘米左右的距离比较合适，而且要挂在正前方，挂在旁边易引起斜视。一个月后的小宝宝可能要到外边晒太阳或是做其他户外活动，这时就要为他们遮盖双眼。即使阳光不足或是没有阳光，天空的光亮度也非常刺激。因为新生儿的眼睛没有发育完善，大约一年后才能逐渐获得正常的视觉能力。总之，孩子视近物能力和视远物能力应同时培养。

如果孩子有斜视、弱视或其他的视物不正常，应早期发现，早期治疗，年龄越小疗效越高。

◎ 预防中耳炎宜从幼儿开始

婴幼儿为什么容易发生中耳炎呢？小儿的咽鼓管较短，峡部较宽，管腔相对较大，不成弓形曲线而似一条直线，近于水平。如婴幼儿平卧吸吮奶瓶，或横抱哺乳，小儿溢奶、呛咳等，乳汁等易经咽鼓管进入中耳。小儿的免疫力一般较低。所以，小儿就容易得中耳炎。

预防中耳炎，应从婴幼儿开始，首先养成正确的哺乳习惯，不让小儿平卧吸奶或饮水，不横抱哺乳，乳汁过多时适当控制流出速度，哺乳后为婴儿拍拍背，排出吸吮进胃内的空气；积极治疗上呼吸道的炎症；对儿童要经常注意他听力变化或进行听力普查。得了急性中耳炎后要积极治疗，以防转为慢性中耳炎。

◎ 孩子肥胖宜当心

儿童肥胖，是指小孩的体重，超出同龄、同身高、同性别孩子正常平均体重的 20% ~ 25% 以上。这些肥胖症患儿，除少数是由于代谢机能紊乱或神经系统疾病所引起外，绝大多数是由于进食过量，吸收营养物质过剩，促进脂肪细胞数量增多和体积增大而引起的。

孩子过胖，常因双足负荷过重，足弓消失，造成平板脚或者腿部受压变弯。医学调查表明，10 个肥胖婴儿中，日后会有 8 个发展为成年大胖子。而肥胖的人又容易患高血压、中风、血管硬化等心血管疾病。因此，小儿长得过胖不但影响孩子健康成长，还将带来后顾之忧。

如果孩子已经形成肥胖症，绝不能采取饥饿之类的减肥方法。主要是改变膳食的搭配，减少淀粉之类的米、面粉主食、脂肪和糖类食物，而增加蛋白质和维生素含量丰富的食物，如蛋类、蔬菜、水果等，同时还教育孩子加强体育锻炼。

◎ 冬季宜防婴幼儿肺炎

每年寒冬季节来临，6 个月 ~ 3 岁的婴幼儿易患肺炎。此病对小儿的健康威胁很大，常常起病急，是引起婴幼儿死亡的主要呼吸道传染性疾病。为了减少婴幼儿肺炎发生和避免不良后果，家长宜做好以下几点。

首先，应当了解小儿肺炎多数从感冒和支气管炎发展而来的。

因此，若发现孩子出现咳嗽、流鼻涕和鼻塞，就应抓紧时间尽早治疗。尤其是咳嗽的孩子体温突然升高，呼吸急促，一喝水或奶就呛，表明病情加重，应马上到医院检查治疗。家庭护理咳嗽、感冒的儿童，必须注意：①鼓励和帮助病儿多喝水、进流质、少食多餐；②患儿衣着尽可能宽松，这样有利于呼吸；③及时清除鼻腔内的分泌物，经常保持鼻腔通畅，有助于小儿吸吮和呼吸；④轻咳时不必用止咳药，如止咳糖浆等。同时应经常改变病儿体位，或轻轻拍打背部，促进黏痰排出，这对小婴儿尤为重要；⑤室内空气要新鲜流通，注意保持适当的室温（18℃～20℃）和一定湿度，例如在室内放一盆清水，或用浸湿水的小毛巾（以挤不出水为宜），放在小儿鼻孔旁。

俗话说：防患于未然。第一，我们尽可能用母乳喂自己的孩子4～6个月，因为母乳不仅可以供给小儿较全面、丰富的营养物质，还有预防感染的作用。牛乳喂养，要注意添加辅食，合理搭配，以保证儿童营养。第二，麻疹、百日咳和结核病常可并发肺炎，因此，小孩1岁前要保证完成这些疫苗的预防接种。

◎ 宜当心儿童溃疡病

近年来发现儿童溃疡病患者非但屡见不鲜，而且还有增多的趋势，尤其多见于3～8岁儿童。

儿童溃疡病的内因为：小儿胃黏膜屏障发育不健全，神经功能调节低下；外因为：饮食不节，饥饱不均，暴饮暴食，吃零食，挑食等，且有家庭遗传倾向，即患者的家庭成员（尤其是父母）常是溃疡病患者。临床观察发现，儿童溃疡病与成人溃疡病显著不同，其表现为：①腹痛：脐周或上腹反复疼痛，与进餐时间无关。②夜间腹痛，周期性发作。③常伴呕吐或黑便。除此以外，患儿常有食欲差、发育不良、消瘦等现象。儿童溃疡病以腹痛为主，而腹痛又是多种疾病的一种表现，故易被误诊为饮食不当、肠蛔虫、肠痉挛、胆道蛔虫等小儿多发病、常见病，结果屡治无效，反复发作，而延误病情。

因此，当发现儿童常发生腹痛，尤其是夜间也频繁发作，发作时喜蹲跪，或有消化道溃疡的家族史时，应进一步检查，以利早发现溃疡病，及时治疗。另外，家长若能注意从小就培养孩子良好的饮食习惯，使孩子做到定时进食，不挑食、不偏食、细嚼慢咽，避免暴饮暴食，饭后不做剧烈运动等，将有助于预防溃疡病的发生。

◎ 预防风湿性心脏病宜从儿童时期抓起

风湿性心脏病（简称风心病）在心脏病之中居首位。过去认为这是中老年人易患的疾病。现在看来，风心病在少年儿童中也颇为多见。据统计，以 5 ~ 15 岁的少儿发病率为高。引起风心病主要原因是风湿热。由于儿童机体发育未完善，抵抗疾病的能力较差，很容易患扁桃体炎、鼻咽炎、中耳炎、猩红热等，因病初症状不明显往往被人们忽视，因而不彻底医治，久而久之可导致风湿热。风湿热多因溶血性链球菌侵袭心脏瓣膜而引起发炎、肿胀，然后变形、增厚、增粗，从而影响心脏的正常生理功能，有 50% ~ 70% 的患儿可因心瓣膜充血引起心衰而致死。

因此，预防风心病，必须从少年时代开始，关键是预防风湿热，如儿童有呼吸道感染时应及时治疗，以减少风湿热的发病机会，从而有效地预防风心病。

◎ 小儿宜防高血压

不少人以为儿童不会得高血压，其实不然。据医学界一项抽样调查，全国约有 3000 万人患高血压病，临近高血压 2000 万人，其中相当一部分的高血压是从儿童时期起源的。有人曾对 500 多名在校小学生检查，高血压患儿占总数的近 10%，以小儿肥胖超重者或有高血压病家族史居多。小儿期患高血压使脂质在血管内膜沉积，促进动脉硬化的形成，进入成年期后方出现临床症状。

导致儿童血压升高的因素很多。除了遗传因素之外，主要有以下几种：一是饮食无度，身体肥胖。二是饮食失调。在调查中发现 60% ~ 70% 的儿童长期摄食高盐、高糖、高脂肪、低钙、低镁、低维生素。这种"三高三低"的食谱，是儿童患高血压病的危险因素之一；

三是缺少运动；四是学习紧张、作业繁多。用脑过度容易引起内分泌功能失调，视力障碍，从而导致血压增高。

对于小儿高血压的预防，首先应重视遗传因素，对有高血压家族史的儿童，要不定期地测定血清胆固醇及甘油三酯的水平，第二要合理调节儿童饮食，不要过多摄入脂肪和糖。营养专家建议，从2岁开始，儿童每日胆固醇摄入量不超过300毫克，脂肪提供的热量不宜超过总量的30%。

◉ 婴儿也宜患"脑溢血"

"脑溢血"常发生于患有动脉硬化、高血压的中老年人。近年来发现，婴儿也会发生"脑溢血"。不过，婴儿"脑溢血"是由于缺乏维生素 K，致使血液中某些依赖性维生素 K 合成的凝血因子缺乏，导致凝血障碍而发生的。

婴儿维生素 K 缺乏，常见有以下原因：①孕期滥用抗生素类药物，抑制了肠道正常菌株的生长，使维生素 K 合成减少；或孕妇长期服用泻药，造成胎儿维生素 K 的贮备不足。②母乳喂养而未及时添加辅食者。由于母乳中维生素 K 含量低，加之母乳喂养儿肠道内乳酸杆菌不能制造成维生素 K，使维生素 K 依赖的凝血因子出现合成障碍。③婴儿患有消化不良，腹泻等疾病，或肝功能损害，或不适当服用抗生素，而使本身维生素 K 的合成、吸收、利用、储存发生障碍。

婴儿发生了"脑溢血"，表现为躁动不安，高声尖叫、双眼凝视或上翻、频繁呕吐、肢体抽搐，最后出现呼吸不规则、意识障碍、昏迷而死亡。本病来势凶险，预后不佳，尤其是晚发生维生素 K 缺乏（一般发生在婴儿出生后 1～2 个月内）会导致硬脑膜下、蛛网膜等部位出血，直接损伤婴儿的中枢神经系统，导致脑瘫、智力低下等。

研究表明，早产儿、难产儿及常腹泻的婴儿最易发生婴儿"脑溢血"。因此，在婴儿一出生便应注射维生素 K_1 1 毫克。对于母乳喂养的婴儿，母亲每周 1 次，每次 20 毫克口服维生素 K_1，婴儿可通过哺乳补充维生素 K。对消化不良，常腹泻的婴儿每月 1 次注射维生

素 K_1 1 毫克或每天口服 50 ~ 100 微克维生素 K_1，都能起到有效的预防作用。

◎ 儿童乳房肿块宜辨因

儿童乳房出现肿块的主要原因有以下几个方面。

1. 女孩乳房早发育 女孩乳房开始发育的年龄是 8 ~ 15 岁，平均为 11.5 岁。此时乳房可摸到肿块，属正常现象。有些 8 岁前的女孩因种种原因也出现了乳房发育，亦可摸到肿块，但无其他青春期女性体征。家长可带孩子去医院检查一下，但应避免做乳房活检。

2. 男性乳房发育症 男性婴儿出现乳房肿块是因为母亲雌性激素对婴儿的影响，随着婴儿体内雌激素水平恢复正常，乳房肿块会自然消失。单纯性青春期男性乳房发育症发生在青春期后 1 年，亦可摸到肿块，持续 1 ~ 2 年便消失。

3. 乳房血管瘤或淋巴管瘤 乳房血管瘤有自然消失的可能性。小的血管瘤或淋巴瘤可局部注射药物进行治疗；大的、有并发症的血管瘤或淋巴管瘤需手术切除。

4. 乳房纤维腺瘤 乳房纤维腺瘤是青春期前女孩最常见的乳房疾病，肿块位于乳房外上 1/4 区，边界清楚，质地硬，伴有疼痛。10% 的小肿块可自行消除；大的肿块，特别是重量超过 500 克或大小超过 5 厘米的巨大纤维瘤需手术切除。

◎ 夏季宜防小儿皮肤感染

小儿皮肤的防御功能差，对外界刺激抵抗力低，往往容易引起皮肤感染。夏季常见的小儿皮肤感染主要有痱子和擦烂两种。

痱子是由于汗腺的周围炎造成的。其预防方法有以下几点。

（1）注意室内通风，努力降低室内的温度。

（2）带孩子进行户外活动时，一定要选择在一天内不太热的时间。

（3）多洗澡。天热的时候要每天给孩子洗澡，有条件的话，一天可以洗两三次澡。注意不要用碱性肥皂，可用婴儿皂或儿童浴液等洗浴剂。较小的婴儿可以把香皂先涂在妈妈手上，然后再往婴儿身上擦，并且一定要水冲干净。洗澡以后撒些爽身粉、痱子粉，可以吸去汗水，保持孩子皮肤干燥。

（4）多给孩子喝水，但饭前一小时内最好不给孩子喝水；不要喝太甜的水。

（5）小儿的衣服应当选择容易吸汗、透气性好、轻薄些的料子。

擦烂是指由于皮肤不清洁、夏季炎热、积汗及擦伤而引起的红斑。擦烂经常发生在两个皮肤面接触的地方，如果不注意，就容易出现渗出液体、水肿及表皮剥脱的现象，甚至形成微小的溃疡及脓疮。其预防办法和痱子的预防基本相同。关键在于保护皮肤清洁、干燥，要勤洗、扑粉，勤给孩子换衣服。

⊙ 酸乳酪宜防婴儿腹泻

科学家们最近证实：母乳和酸乳酪中含有两种有益的细菌，可防婴儿腹泻。

美国约翰霍普金斯儿童中心在研究中提出：母乳中通常可查出一种细菌叫作"双裂分叉杆菌"，而酸乳酪之类的乳制品中可找到一种嗜热链球菌，这两种细菌能防止或减少可传播腹泻的枪状病毒的分泌。研究人员曾对一组 29 个患有慢性疾病的患儿喂以含有上述两种细菌的婴儿喂养奶，而对照组的儿童则用不含这两种细菌的婴儿喂养奶喂养。在 17 个月过程中，经过 447 个住院日的观察，前一组儿童只有 7％患腹泻，而后一组（对照组）则有 31％儿童患了腹泻。又经过长时间的观察，研究人员发现：凡食用含有这两种细菌的喂养奶的儿童，患腹泻的危险性降低了 80％。

研究人员认为，婴儿从第四、五月开始就吃些酸乳酪之类的奶制品，这是安全的；其次，在学校和日托幼儿园中，也可在牛奶或其他食品中加进这两类细菌，以预防腹泻。

⊙ 小儿鸡胸宜早治为佳

鸡胸因外观像鸡的胸脯而得名。病因可分先天性和后天性。临床多见为佝偻病所致，即缺乏维生素 D 和钙质。少数为先天性的，与遗传因素有关。

鸡胸多发生在幼儿，严重者可对心肺造成一定压迫，胸廓失去了正常的形态美，可伴有肋缘外翻、腹部膨隆，对较大儿童亦产生心理影响，由于心肺受到挤压，肺活量减少，每活动量稍大，病儿便感到胸闷气急，平素也易发生上呼吸道感染。

鸡胸的治疗，原则上在学龄前期均采取保守治疗：经常补充足量的鱼肝油、钙质、多晒太阳、加强营养和身体锻炼。必要时穿矫形背心，对突出部位适度加压，均有效果。畸形较重的较大儿童，应考虑手术纠正。视其病因、畸形程度、保守治疗有无效果等，适时手术。一般认为：对先天性鸡胸应于学龄前进行矫正；后天性鸡胸宜于学龄期以后矫正。矫正手术本身对患儿身体损伤不大，无危险性，效果也好。

◉ 小儿斜视宜早治

斜视常发生于儿童时期，发病率约为 1%。这是因为人类的双眼单视功能一般在半岁后开始逐渐形成和完善，大约 5 岁左右便可接近到成人的程度。若此时发生屈光不正、双眼屈光不等、集合与外展功能失衡或中枢神经机能障碍，就有可能引起斜视。

儿童斜视以内斜居多，其次为外斜。由于斜视以其特殊的眼斜表现而引人注意，从而影响了儿童的心理发育，也给家长带来了极大的烦恼。此外，斜视患儿多无双眼单视，因此易形成弱视。从眼的视觉功能角度来说，弱视的严重性远大于外观上的斜视本身。

斜视治疗的目的不仅是矫正斜视、改善外观，更主要的是治疗弱视，恢复双眼单视的功能，只有这样，才能获得理想的功能性治愈。为此，必须对患儿进行散瞳验光，佩戴眼镜，纠正屈光不正，才能提高视力。同时，针对弱视，还应做遮盖健眼的疗法，即强迫使用弱眼，促进立体视觉的改善，这对 7 岁以下的儿童尤为有效。不少早期及轻度斜视患儿，就可以用此法矫正斜视。如果经检查并无屈光不正，或戴镜后未完全矫正，应及早行斜视矫正手术，使眼轴恢复平行。术后还应继续戴镜和坚持遮盖疗法或其他视力刺激疗法。

◎ 先天性心脏病宜早期手术

先天性心脏病是由于人在胎儿时期心脏发育有缺陷或部分发育停顿造成的。其原因很多，如遗传因素，母亲孕期患病毒感染、用了某些药物或接触了有害物质，母亲孕时年龄过大等均可影响胎儿心脏发育，先天性心脏病一般分为无紫绀型和紫绀型两大类。常见的无紫绀型先天性心脏病为心房间隔缺损、心室间隔缺损、动脉导管未闭和肺动脉瓣狭窄；紫绀型为法洛四联症。上述先天性心脏病均可手术治疗，且效果良好。

先天性心脏病可以通过观察有无口唇发绀、心脏听诊、拍 X 线片、心电图、超声心动图，必要时可进行心导管检查、心血管造影、磁共振等特殊检查加以确诊。先天性心脏病和其他疾病一样，随着时间的推移，病情常会逐渐发展、恶化，所以怀疑有先天性心脏病时应尽早到医院检查，一旦确诊，立即手术，若能在幼儿时期得到治疗，效果最为理想。倘若已出现轻度肺高压症，手术效果仍然较好，但应当机立断，尽早手术。若已合并中度肺高压，术后出现并发症的概率较高，但仍未失去手术机会。如果已有重度肺高压症，术前及术后还应服药治疗和防治并发症。

◎ 婴幼儿阑尾炎宜早治

据临床资料统计，急性阑尾炎在 1 岁以下穿孔率高达 100%，2 岁以下为 70%～80%，5 岁时为 50%～60%。由于婴幼儿阑尾炎穿孔率高，引起腹膜炎严重，导致死亡率也高（一般在 10% 左右），因此，家长应特别注意婴幼儿急性阑尾炎。

为什么婴幼儿患急性阑尾炎会更危险呢？主要有以下几个原因：其一，婴幼儿容易发生上呼吸道感染和急性扁桃体炎等，病菌可以从这些病灶经血液和淋巴液循环带到阑尾使之发炎。其二，婴幼儿没有语言表达能力，不能将病痛明确告诉家长，家长一般仅能发现婴幼儿发热、腹痛、呕吐、吵闹等症状，多认为急性胃肠炎，待确诊为急性阑尾炎时，已延误了早期治疗的机会。其三，炎症多为蜂窝组织炎，病变累及阑尾整个管壁，早期就有许多渗出物引起腹腔感染。其四，小儿大网膜发育不全，又短又薄，缺乏脂肪组织，难以限制炎症的扩散蔓延，使病情迅速发展。

◎ 小儿隐睾宜早治

隐睾，是指出生后睾丸未下降至阴囊内，而停留在腹腔、腹股沟管或其他部位，包括睾丸下降不全和睾丸异位的一种异常情况。隐睾发病主要是因内分泌障碍及睾丸下降过程中受阻，或容纳睾丸的阴囊发育异常所致。隐睾是儿童颇为常见的先天性疾病，其发病率新生儿为 10%；1 岁时为 2%；青春期为 1%。

隐睾对儿童危害很大，但往往被家长或医务工作者忽视。睾丸长期存在于腹腔、腹股沟管或其他部位，有障精原细胞的生成，这不仅可使精原细胞减少、退化，甚至可使睾丸发生萎缩，出现男性内分泌功能障碍。单侧隐睾虽不至于影响生育能力，但容易发生睾丸肿瘤，这已被大量临床资料所证明。

传统认为婴儿隐睾有自行下降痊愈的可能，故不宜过早手术；过晚又会影响睾丸发育，不能恢复产生精子的功能，故多主张 5 ~ 9 岁时做手术为宜。

目前国外一些学者通过睾丸活检证明，隐睾患者的精原细胞减少从 6 个月起明显，一年内精原细胞结构发生变化。基于此种理论，有人提出抛弃隐睾"不宜过早手术"的消极观点，而倾向于主张 2 岁即行隐睾手术的积极措施。

◎ 儿童扁平足宜早防

孩子的扁平足大多数是后天因素促使足弓韧带肌肉松弛造成的。研究中发现，脚缺乏锻炼能造成扁平足。如从小不爱参加体育活动、长期穿高筒皮鞋、鞋太小、儿童时期长时间走路或站立、搬抬过重的物体及运动过大等。此外长期卧床的病儿、足弓肌肉萎缩，也会形成扁平足。

那么如何防治扁平足呢？首先，家长要支持和鼓励孩子经常参加各种体育活动，在孩子参加体育锻炼和进行户外活动时，要尽量让他们穿软底鞋，穿运动鞋更好。对 9 个月以内的婴儿，不要让他下地走路和长时间站立。跳皮筋、跳绳、跳高、跳远以练跑都能使足弓受到很好的锻炼，可以预防扁平足的发生。同时这些活动对轻度扁平足有治疗作用。

有扁平足的孩子，在矫治期间，每次做完"跳"一类的运动后，再把一根直径为 4 厘米左右的圆形木棍放在地面上，让木棍在脚心处来回滚动。同时还要加强小腿和脚的按摩，促进血液循环和肌肉松弛。每晚最好用热水洗脚，以解除疲劳。如果孩子的扁平足已比较明显，可以练习用足尖或足外侧走路；在座位时也可用足底滚动体操棒等方法进行矫正。重者应在医生指导下，定做特殊的矫形鞋，长期穿用，以利足弓的形成和发育。

◎ 儿童遗尿症宜预防

正常小儿在 2 ～ 3 岁时，基本上已具有自主排尿的能力。若 5 岁以后仍有尿床，则称为遗尿症。引起遗尿的原因很多，大多是精神因素造成的。如孩子受到惊吓，或功课负担过重，也有的父母对孩子的溺爱，从小未养成自动控制排尿的习惯；部分精神疾患的孩子也可伴有遗尿症状。少数遗尿症是由器质性疾患所致，如隐性脊椎裂、尿道狭窄、糖尿病、慢性肾功能衰竭、癫痫以及病后体弱和智能发育不全等均可引起遗尿症。得了遗尿症，天长日久，会影响儿童的性格，导致身体虚弱，甚至引起智力迟钝。

儿童遗尿症是可以预防的。首先要查明病因，器质性疾患引起者，应治疗原发病；因精神因素所致的，家长要帮助和鼓励孩子树立克服遗尿的信心，消除不良的精神刺激因素；习惯性遗尿的，家长应每晚叫醒孩子排尿两三次；孩子睡觉的姿势也与遗尿有关，让孩子侧卧可减少尿床。

目前，治疗遗尿症的方法较多。据国内报道，有腕踝针疗法、封闭疗法和药物疗法。腕踝针和封闭疗法虽有一定的治疗效果，但因儿童害怕疼痛拒绝针刺和封闭治疗，常不能治疗彻底。药物治疗，可服金樱子膏，每次 1 ~ 2 汤匙，每天服 2 次；或者取桑螵蛸 3 克炒焦磨成粉末加一些白糖，每天下午用温水调服，连服 10 天为一疗程；还可用猪的膀胱；灌满糯米、仁枣、桂圆放在肉汤里炖熟，每天吃 1 个，连服 7 天。

◎ 儿童语言障碍宜早治

在日常生活中，有些家长往往忽略孩子在生长发育过程中的各种语言障碍而延误了康复的最佳时期。轻症的语言障碍会因口齿不清等难以与他人交流，重症者会因错过了语言康复的最佳时期而造成终生不能说话。

1. 语言发育迟缓　这是指处于发育过程中儿童的语言发音没有达到发育年龄相应的水平。大多数正常儿童在 1 岁以前开始学说单字，两岁前可以将字连成词。如果在两岁以前仍不能说第一个字，4 岁还不能说词组，或将字连成词，应视为明显的语言发育迟缓。

2. 发育性构音障碍　由于未成熟的神经系统损害而造成的言语障碍，其主要病因为脑性瘫痪、脑炎后遗症等。轻者说话含糊不清，重症表现为发声困难或哑症，部分儿童还存在语言发育迟滞和智力低下。

3. 儿童获得性失语症　语言发育正常的儿童，由于脑外伤或感染等原因损害了语言中枢而导致语言障碍。年幼儿童早期多表现为缄默，如及早开始康复治疗，效果很好。

4. 机能性构音障碍　患者表现为发音错误呈固定状态，并且不存在器质性病变的构音障碍，原因多为幼儿学发音过程中，学会了错误的构音动作并习惯化。此外，还与语言的听觉接受、辨别、认识因素有关，这类构音障碍通过训练可以完全治愈。

5. 儿童口吃　儿童发育过程中所出现的非流畅性言语障碍，多由于学习语言过程中学来的，也有因心理障碍所致。部分儿童可以自愈，其他需进行训练。

总之，儿童期的语言障碍多种多样，非常复杂，家长应高度重视，做到早期诊治，以免错过儿童语言康复的最佳时期。

◎ 小儿盗汗宜查明原因

有些孩子经常在睡眠时出汗，汗水浸湿了衣衫、枕巾，这种现象医学称之盗汗。许多家长为此担忧不已，虽到处求医，但见效不大。

其实，小儿盗汗并不一定是病态，大多数是生理性盗汗。因为小儿皮肤内水分较多，毛细血管丰富，新陈代谢旺盛，自主神经调节功能尚不健全，活动时容易出汗。倘若小儿入睡前活动过多，可使机体产热增加，或者饭后不久，胃肠蠕动增强，胃液分泌增多，汗腺分泌也随之增加，这些均可造成小儿入睡后出汗较多，尤其是在入睡 2 小时内。病理性盗汗多见于佝偻病，常见于 2 岁半以下的小儿，主要表现上半夜出汗，这是由于血钙偏低引起的。结核病患儿的盗汗以整夜出汗为特点，患儿还有低热消瘦，食欲不振，情绪改变等症状。

一旦发现小儿盗汗，首先要及时查明原因，并给予适当的处理。对于生理性盗汗一般不主张药物治疗，而是调整生活规律，祛除生活中的致热诱因。例如入睡前适当限制小儿活动，尤其是剧烈活动；睡前不宜吃得过饱，或食大量热食物和热饮料；小儿卧室温度要适宜，不要穿衣睡，或被子盖得过厚。对于病理性盗汗的小儿，应针对病因治疗。缺钙引起的盗汗，应适当补充钙、磷、维生素 D 等。结核病引起的盗汗，应进行抗结核治疗。

◎ 给小儿看病前家长宜做什么准备

给小儿就医前宜做好以下准备。

（1）孩子发热时，家长应备一个体温计，及时测温。如发热时间超过 1 周，每日早晚应在相近时间测温 1 次，作一书面记录。

（2）孩子咳嗽时，要注意是一声声，还是一阵阵咳嗽，咳时有无音哑（常提示喉炎），有无回声，有无痰液、痰色、痰量、痰味、痰中带血不。

（3）孩子腹泻时，要注意每日大便次数，每次便量，水分多少，便中有无脓血、黏液及乳瓣，看病要带少许新鲜大便备检。

（4）孩子呕吐时，要注意每日呕吐次数、呕吐量、呕吐物是什么样的，有无喷射性呕吐。

（5）孩子抽风时，要注意抽风持续时间，抽前有无不适，抽时有无不省人事。抽前有无用药、药名及剂量。看病时要带上已作过的脑电图、颅脑 X 光片及其他有关资料。

孩子如有尿急、尿频、尿痛时，一定要留晨起新鲜尿备检。年长儿有心跳气短症状时要注意测安静时、活动后脉搏数，并作一记录。如怀疑药物中毒切勿忘了带上药瓶、药袋，了解服药的数量，以便抢救更有效。

◎ 儿童养病宜讲科学

俗话说：人得病要三分治，七分养。尤其是儿童，应如何养病，恐怕就不是每个做家长的都很明白的。

某儿童医院曾收治过一个孩子，他患的是单纯性肾病，本来按医嘱服药、定期复查，正常生活是没有问题的。可家长却让孩子绝对卧床，就连吃饭、大小便都在床上解决。而且因为怕走动影响肾脏，长时间不来医院复查。由于没有得到医生的指导，不但肾脏功能没有恢复，反而造成体重由原来的 30 公斤猛增到 76 公斤，因极重度肥胖又得了糖尿病。这样因不讲科学旧病未除又添新病的例子，在儿童医院屡见不鲜。

孩子天生好动，即使得病初期也是如此，这时确实要注意让他们休息。但疾病恢复期可让其适当活动，以利身体尽快恢复，定期到医院检查以得到医生的指导。根据不同疾病合理调配饮食，如糖尿病人忌糖、肾脏病人要少盐，甲亢病人在病情稳定前要少吃海味等。还应注意不要过量摄食。孩子得病后心理会有压力，尤其慢性病儿考虑地更多，需要家长注意引导。否则病儿对自己的病没有正确的理解和认识，对身体康复是不利的。

◎ 护理发热病孩六宜

一宜卧床休息。因为发热的小儿呼吸、心跳等都加快，使体内的氧和其他营养物质消耗过大，充分的休息可以减少消耗，特别是减少体内氧的消耗量。

二宜增加营养。小儿发热时身体消耗很大，同时消化功能又差，胃酸分泌减少，食欲不好，吃的也少，这就需要比平时多吃几次，吃些清淡易消化的东西，如稀粥、烂面条汤等。

三宜定时测体温。每天测体温 3 ~ 5 次，及时掌握体温变化，以便医生诊断治疗。

四宜注意保持口腔清洁。病孩嘴里常有不好的气味，让孩子坚持早晚漱口。若嘴唇干裂，可以涂点花生油或香油。婴儿喂奶后，要喂点水，冲干净嘴里残留的奶汁。

五宜让病孩多喝水。发热的小儿，水的消耗量比平时大，所以要多给水喝。另外，疾病恢复过程中，要借助发汗散发体温来退热。如果水分供应不足，汗出不透，热也不容易退。小儿体内的废物和毒素是通过肾脏由尿里排出的，若水分供应不足，会影响肾脏的排泄功能。

六宜室内安静、清洁和通风，经常往地面上洒点水，保持一定的湿度，以免空气过分干燥。

◉ 小儿发热宜温水擦浴

除药物医治外，单纯性发热常用物理降温法，即采用酒精擦浴、冰块冷敷以及温水擦浴等，但对小儿的发热降温最佳方法是温水擦浴。

酒精擦浴足利用酒精在皮肤上迅速挥发带走热量而达到降温的目的。此法对小儿不宜，特别是婴儿。因为婴儿大脑皮层发育尚不完善，神经髓鞘未完全形成，用酒精擦浴时，婴儿会因突然的冷刺激而过度兴奋，容易诱发惊厥。另外，新生儿用酒精擦浴易引起肺出血。这是因为经冷刺激后，新生儿外周血管收缩，毛细血管压力增加，使肺循环阻力增大，加重低氧血症，从而导致肺出血。此外，婴幼儿体表面积相对大，皮肤薄嫩，毛细血管丰富，易于吸收酒精而中毒。因此用酒精擦浴降温对婴幼儿弊多利少，不应提倡。

冰块冷敷，即用冰袋敷额头，或置于大血管处。或用冰水湿擦。这些方法也会因突然降温诱发幼儿惊厥及新生儿肺出血，并有冻伤的危险，故亦不宜用于婴幼儿。

温水擦浴对小儿既安全又有效。温水擦浴的水温以 35℃ ~ 40℃为宜，室内温度保持在 25℃ ~ 27℃。避免空气过度对流。擦浴以头颈部、腋窝、腹股沟等大血管处为主进行，同时洗擦全身，半小时后测量体温，体温如降至 38.5℃ 以下即可停止。

◎ 孩子拔牙后宜怎样护理

孩子的龋齿拔除后，有的家长不知怎样护理才好，现介绍一些孩子拔牙后的护理方法。

（1）拔牙后，要紧紧咬住放在伤口上的纱球，使出血得到控制。20 分钟后吐出纱球，如果仍有少量出血，就在取一个纱球咬住。在拔牙后一天内，吐出的口水混有一些淡红色血水是正常的，如果不断地吐出血块、血丝，应去医院诊治。

（2）拔牙 8 小时后，可用温盐水或温开水漱口，漱口动作要轻，速度不要太快，以免伤口处已凝结的血块脱落而再出血。第二天可以用牙刷刷牙，但要十分小心，牙刷不要触及伤口。

（3）为了使拔牙处的伤口愈合良好，一般在拔牙后 2 小时可以进食。食物要细软，最好吃一些流质或半流质。食物不宜过热或坚硬，不吃有刺、骨的食物。吃东西时，尽量避免用拔牙同侧的牙齿去咀嚼食物。

（4）教育孩子不要因好奇而用舌头不断地去舔触伤口或用手去触摸伤口，以免引起继发感染。更不要反复地用力做吸吮动作，吸吮动作可增加口腔局部压力，不利于伤口的愈合。

（5）在拔牙后的两天内，不要做剧烈的体育活动。

◎ 小儿跌倒后宜细察有无内伤

一般来说，小儿从距地面高处跌落，内伤的可能性较大；腹部先着地者，内脏内出血的可能性大；头部先着地者脑震荡或颅内伤可能性大。然后再严密观察以下的情况进行判断。

1.颅脑内伤 跌落后有短暂性的意识模糊，但清醒以后无异常者，内伤情况可能小。若跌落后 10 ~ 30 分钟内神志模糊，清醒后记不清当时的情况，但过去的事情能回忆，常伴有头痛头晕、想吐者，应视为脑震荡。若跌落后神志不清 30 分钟乃至数小时，清醒后又反复出现昏迷，伴有呕吐，瞳孔两侧大小不等，说出话或语言不清，口眼歪斜，甚至四肢抽筋或瘫痪者，预示有颅脑内伤。

2.胸部内伤 跌仆后短期内即出现咳嗽胸痛，呼吸急促，甚至呼吸困难，口唇青紫者，说明胸部有内伤，出现气胸或血胸。

3.腹部内伤 最常见的是肝、脾破裂，多由于从较高处坠落，腹部着地引起。跌落后神志模糊，醒后有持续性腹部剧烈疼痛，呕吐，面色苍白，出冷汗，甚至四肢厥冷，腹部拒按，吐血，便血，尿血，休克等。

◎ 急性肾炎患儿饮食宜注意什么

急性肾炎是小儿时期一个常见的疾病。健康的肾脏有排尿、排泄代谢废物、调节人体内水和无机盐的代谢，维持钾、钠等电解质和酸碱平衡。小儿一旦得了急性肾炎，这些功能就会发生障碍。如果不及时控制盐和水的摄入，钠和水进入体内，就会增加心脏和肾脏的负担，加重浮肿。因此，患有急性肾炎的小儿饮食一般宜清淡，但也不是无限期地限制水和盐的摄入，应视小儿病情而定。

（1）肾炎急性期，患儿有心力衰竭、高血压、浮肿、尿少时应忌盐。烹调时不加食盐和酱油，用糖醋和番茄类作调味品，也可用人造盐水或无盐酱油代替调味品。同时忌含碱的食品，如碱馒头、油条、挂面、菠菜、胡萝卜、油菜、芹菜、皮蛋、豆腐干等。饮食以低蛋白、高糖为主，为减轻肾脏负担，保证热量的供给。脂肪的摄入可不必限制。同时注意补充各种维生素，尤其是维生素 C。口渴时喝白开水或菜汤。

（2）病儿浮肿消退，尿量正常，血压基本恢复正常后，可进行低盐饮食。即每日用食盐不超过 2 克。忌用酱菜、咸菜、咸蛋等。

逐渐过渡到普通饮食。

◎ 苯丙酮尿症宜用饮食控制治疗

苯丙酮尿症是一种先天性遗传代谢疾病。因体内苯丙氨酸蓄积过多，影响了大脑与神经系统的发育，导致智能发育落后。

苯丙酮尿症患儿的肝细胞内缺乏一种苯丙氨酸羟化酶，使体内苯丙氨酸代谢紊乱，影响脑组织的发育，致使患儿智能障碍。然而人体不能缺少苯丙氨酸，各种天然食物中几乎都含有苯丙氨酸。为了供给患儿生长发育所需要的蛋白质，又不摄入更多的苯丙氨酸，所以患儿必须用低或无苯丙氨酸的奶粉喂养，可辅以少量的人奶或牛奶、藕粉、麦淀粉、鸡蛋等。本病主要依靠饮食控制治疗。治疗中要监测血苯丙氨酸浓度，定期检查智力情况，做脑电图等，关于饮食控制终止的年龄问题，国际上还没有定论，一般认为至少需到 4 岁。近年美国、日本的学者们研究认为，尽可能将治疗时间延长一些，如到 12 岁。

◎ 小儿厌食宜家庭调理

中医认为，引起小儿厌食的主要原因是食积停滞、滞热内生、脾胃虚弱。根据临床经验资料，介绍辨证分型精选食疗良方三则。

1. 消食导滞饼 炒二丑 40 克，炒莱菔子、焦山楂、焦麦芽、焦神曲、鸡内金各 60 克，将上药共研细末，加芝麻、白糖适量，面粉 500 克，和匀烙成焦饼 20 个。让患儿嚼食，1～3 岁小儿吃 1 个，4～6 岁吃 2 个，7～10 岁吃 3 个。每日早晚各 1 次。此方用于食积停滞型患儿服食，症见不思饮食，食而不化，腹部胀满，嗳腐吞酸，恶心呕吐，大便或泻或干结，小便黄浊或如米泔水样，烦躁爱哭，舌苔白而厚腻。

2. 莲栀梨汁粥 莲子 15 克，栀子 6 克，陈皮 6 克，鸡内金 10 克，梨 3 个，大米 50 克，砂糖 5 克。将鸡内金研为细末，梨捣烂挤汁，去渣，然后入大米、鸡内金、砂糖、梨汁煮粥，代早餐食用。连用 5～7 天。此方适于滞热内生型患儿服用，症见食欲不振，面颊发幻，午后尤甚，手足心热，口渴喜饮，尿黄便干，腹部胀满，舌苔黄腻。

3. 扁豆枣肉糕　白扁豆、薏米、山药、芡实、莲子各 100 克，大枣肉 200 克，糯米粉 1000 克，白糖 250 克。将各味药焙干研成细末，与糯米粉、白糖和匀，蒸糕或做饼食。每次 30 ~ 60 克，1 日 3 次，空腹做点心食。此方适于脾胃虚弱型患儿服食，症见食欲不振，形体消瘦，好卧懒动，大便溏泻，少苔或无苔。

◎ 改善儿童行为宜调整饮食

性格十分孤僻、情感抑郁、表情淡漠、反应迟钝、感觉异常的儿童，应考虑为体内维生素 C 缺乏所致。在饮食中添加富含维生素 C 的食品，是较好的医治方法。因此，番茄、橘子、苹果、白菜和莴笋应是这类儿童常见的桌菜。它们所富含的维生素 C 和甲基水杨酸盐，可增加神经信息的传递功能，从而使上述症状缓解和消除。

排除所有可诊性疾病因素后，儿童较长时期出现疲倦、烦躁、焦虑、健忘或恐惧等现象，是体内 B 族维生素物质缺乏的征兆。及时调整食谱，多吃大豆、糙米、蛋黄、动物肝脏、牛奶、核桃和芝麻，很有必要。因为这些食物富含 B 族维生素物质和卵磷脂，能调节营养神经，使功能恢复正常而诸症消除。其中，卵磷脂在体内释放出乙酰胆碱后，能帮助感觉和记忆形成，使儿童伶俐、活泼。如果儿童的智力与年龄不同步增长，较之同龄者，在精神和行为上均显幼稚可笑，是体内氨基酸不足的表现；夜睡磨牙、易惊，甚至抽动手足与缺钙有关；反应迟钝，喜欢睡觉，是食盐过量，导致体内钾钠失衡所致；体内锌、锰等微量元素缺乏，可造成儿童的异食癖；精神涣散、贫血、头晕，常为缺铁引起。

值得重视的是，儿童吃糖过多，可引起情绪反复无常、激动、爱啼哭和摔书、毁物等"脾气"特别大的现象。

既然饮食偏颇可导致儿童行为异常，那么，调整饮食结构，则是改善其不良行为的有效方法。但应注意，因这些儿童已形成一定的饮食习惯，在改变饮食结构之初，他们会有一些厌恶情绪，拒绝或减少进食。此时，诱导进食很重要。

◎ 佝偻病小儿宜多吃虾米皮

虾米皮含营养素较丰富，尤其是含钙。据分析，每100克一般的虾米皮中含有100毫克的钙，又由于虾米产生于海中，所以它还富含碘，并且虾米皮的味道鲜美，适合小儿食用。

在儿童生长过程中，钙的需求量很大。而人体中的钙主要来自于食物。儿童缺钙会导致鸡胸、O形腿和X形腿。这些症状即说明儿童已患佝偻病。为了防止佝偻病，儿童每日应摄入0.8～1.2克钙。

但是一般的食品并满足不了这个要求。只有虾皮可以起到有益的补助作用，每日吃10克虾米皮，即可增加0.2克钙。另外虾米皮中的钙易于吸收，这是一般食品所达不到的。

◎ 小儿腹泻宜饮食调理

腹泻是小儿的常见病、多发病。一旦发生小儿腹泻，除了吃药打针之外，适当的饮食调理，从某种意义上讲，更具有治疗作用。

中医认为，小儿腹泻可分为湿热泻、伤食泻、虚寒泻三种。湿热泻一般指肠道内感染类病症，表现为暴注下迫，倾泻而出，其气臭秽，并见发热、口渴等。此时，饮食应忌乳食（包括牛奶及奶制品）、生冷瓜果、瓜子、果仁、巧克力及油腻之品，特别要禁食不易消化和不洁食物，蔬菜类也最好榨汁饮用，可食些稀粥，待疾病好转再逐渐增食。

伤食泻，一般指饮食不节，暴饮暴食，过多食入不易消化之品引发。表现肚腹胀痛，痛则欲泻，泻后痛减，大便如蛋花，或如豆渣，气味酸腐，舌苔厚腻。此时，如油煎食品、油腻刺激性食物，可以食半流质的粥汤或葡萄糖水等，也可加喂些促消化的食物如山楂水等，等病好后再慢慢恢复正常饮食。

虚寒泻，多因脾胃虚弱，消化不良，再感受风寒所致，表现为大便溏薄，完谷不化，食后即泻，便色白而不臭或有腥味，并伴欲不佳，面色不华，精神疲怠，手脚欠温等。调治之法为禁食生冷及难消化之物，粗硬食物也尽量少吃。各种寒性食物如冬瓜、西瓜、海味、鳖、龟等少吃为佳。即使平时腹泻未发作，上述食物也最好不吃，以养胃气。

◎ 小儿腹泻脱水症宜口服补液盐治疗

有的小儿一连几天腹泻，每天大便 6 ~ 7 次，小便少，常会出现脱水状态，这时宜用口服补液盐来纠正。

"口服补液盐"目前市上可以买到，一塑料袋含有葡萄糖 20 克，氯化钠（食盐）3.5 克，碳酸氢钠 2.5 克，另外两只胶囊内含氯化钾 1.5 克。使用非常方便，对 3 个月以下的婴儿，将塑料袋内的药倒在杯子内加温开水 750 毫升（6 个月以上的小儿可冲 500 毫升），待溶化后，一口一口地喂，喂 2 ~ 3 分钟，休息几分钟。脱水不严重，在 4 小时内喂 50 毫升 / 千克体重；中度脱水，在 6 小时内喂 100 毫升 / 千克体重。这种咸中带甜的液体既能补充水分又能纠正因腹泻而失去的盐分及因脱水而造成身体内代谢的紊乱。如果一时买这种"口服补液盐"，可以用白糖二平汤匙，二平牙膏盖的食盐冲成 500 ~ 750 毫升的水。也可用炒熟的米粉加少量的食盐加水冲成糊状，慢慢喂孩子吃。

如果认为有脱水而只给白开水（或糖水）口服而不加盐分，其结果适得其反。因为水分进入体内，血液进一步稀释，血中的盐分更低，症状更加明显。

◎ 小儿发热宜怎样选用退热药

感冒发烧是小儿的常见病，出现发烧症状怎样选用退烧药呢？

1. 要根据患儿的年龄选药　6 个月至 3 岁的小儿，神经系统发育不成熟，中枢神经的抑制能力差，发烧可增加大脑皮层的兴奋性，使惊厥阈值降低，因而可诱发高热惊厥，此时若用具有兴奋作用的退烧药如复方阿司匹林（即 APC，含有咖啡因）则可促使高热惊厥的发生。对这些患儿以用复方苯巴比妥（含阿司匹林和苯巴比妥）或扑热息痛为宜，尤其是有过高热惊厥的患儿，最好不用 APC。另外，所有退热西药都可能会使体温骤降而使小儿发生虚脱，小婴儿甚至导致死亡。因此，6个月特别是3个月内的小儿，不宜使用退烧药，可用物理的方法降温，如30%的酒精或温水擦澡，或用作用缓和的中药如柴胡、羚羊、水牛角等。

2. 要根据患儿的体温高度选药 低烧（38.5℃以下）应以治疗感冒为主，可使用退烧药或用安乃近、氨基比林滴鼻，中药如小儿金丹片、奇应丸等均可选用。中度发烧（38.6℃～39℃）可选用小儿扑热息痛、复方氨基比林。对于高烧（39.1℃以上）的患儿退烧不可操之过急，否则会因体温下降过快而引起虚脱，宜用物理降温，待体温稍降后再酌情选用上述药物，争取在12小时之内使体温降至正常。若患儿高热持续不退并有精神差等中毒症状，也可试用肾上腺皮质激素，如泼尼松、氢化可的松等，一般只用一次，最多不超过两次，而且应同时使用足量抗生素，以免热退后发生肺炎。

◎ 孩子服驱虫药时宜注意什么

（1）驱虫药物本身有致泻作用，一般不需同时服泻药。但临睡前服药，到第二天仍没有大便时，则应服泻药，以免死亡的虫体残留在肠腔内损坏肠壁。

（2）有些驱虫药物能溶于脂肪，故服药期间应避免食用过多的脂肪性食物，以免促进对药物的吸收，增加毒性反应。

（3）对体弱儿童应采用先补后驱虫的方法，如小儿贫血严重者应先治疗贫血，然后再驱虫。

（4）对有过敏史的儿童，应在医师指导下驱虫，切不可自作主张，乱服滥用。

◎ 小儿宜慎用止咳药

有的家长只要发现小儿咳嗽，就让孩子服用止咳药，这种做法十分有害。

咳嗽是呼吸道疾病常见症状之一。小儿支气管黏膜娇嫩，整个肺组织含血多，含气少，抵抗外界病菌感染的能力低，因而容易发生炎症引起咳嗽。一般情况下，咳嗽是一种防御性反射，通过咳嗽，可以将呼吸道内的痰液和异物排出，以保持呼吸道的清洁和畅通，痰或异物排出后，咳嗽可自行缓解。所以，只要不是过于频繁的剧烈咳嗽，可不必服用止咳药。特别是3岁以下的小儿，由于呼吸系统发育不成熟，咳嗽反射较差，加上支气管管腔狭窄，纤毛运动差，痰液不易排出，若服用较强的止咳药，就会使大量痰液堆积在气管中，造成气管堵塞，加重呼吸困难，引起发绀，脉搏加快，严重者还可发生心力衰竭等并发症。

一旦孩子得病咳嗽，应请医生检查，遵照医嘱服用止咳化痰药。如咳嗽轻，也可用梨一个，去核，内装川贝母3~6个，冰糖适量，置于碗内蒸服，有润肺止咳化痰的功效。

◎ 婴幼儿宜慎用红霉素及小诺米星

人们对红霉素、小诺米星的耳毒性还不太了解。现介绍如下。

红霉素主要用于耐青霉素的金黄色葡萄球菌的严重感染及对青霉素过敏的患者，还可作为军团菌感染的首选药。红霉素常见的不良反应是胃肠道反应，偶可出现肝肾功能损害及血栓性静脉炎。但近些年来又发现红霉素还具有耳毒性反应，可引起听力损伤。

红霉素的耳毒性反应主要与药物在血液中的浓度有关，而与其剂型及用药途径关系不大，据观察各种剂型的红霉素，如红霉素硬脂酸酯片剂、依托红霉素片剂、红霉素乳糖酸盐粉针剂等均可引起耳毒性反应。红霉素的耳毒性反应多在用药后2~10日发生，可单侧，也可累及双侧，患者出现耳鸣和听力减退。因此，红霉素的用量不宜过大，尤其是肝、肾功能不全的儿童更要慎用。

小诺米星是近年来新生产的抗生素，属于氨基糖甙类抗生素，一般认为其耳毒性较低，因此被广泛应用临床，尤其小儿科常用。随着临床用药的增多，发现小诺米星有时也产生严重的耳毒性作用而导致儿童急性耳聋。

因此，儿科医务人员和家长们都应引起重视，尽量避免给孩子使用具有耳毒性的药物，除非其他药物无效而又是适应证时才能使用，同时要注意小儿的听力变化，若发现听力下降，应及时停药，以防引起耳聋。

◎ 给孩子选用抗生素宜注意什么

一般来说，给孩子选用抗生素应注意以下几个方面的问题。

（1）用不用抗生素，最好由医生来决定。

（2）对于一般感冒伤风，用些抗病毒药即可，只要未合并细菌感染，一般无须使用抗生素。

（3）必须使用抗生素时，要坚持以下原则：能用口服剂解决的就不要打针，肌内注射能解决的就不要静脉滴注，用一种抗生素能解决的就不要用两种，能用普通抗生素解决的就不要用高级的特殊抗生素。

（4）用量和疗程依病情而定，不可自行加药，以免加重不良反应。

（5）严格按时用药，不能随便更改。

（6）有些抗生素如青霉素、链霉素用前必须做过敏试验，阴性者才能注射。

（7）用药期间，要遵医嘱做必要检查，一旦发现异常，应请医生及时处理。

◎ 给婴幼儿喂药宜注意什么

给婴儿喂药应注意以下几点。

（1）喂药前，不宜给患儿喂奶或水，尽量使患儿处于半饥饿状态，这样可避免因恶心而引起的呕吐。同时，又因患儿饥饿，使药物便于咽下。否则，患儿因刚吃饱，紧接着喂药，容易引起呕吐，不但喂不进药，反而影响了患儿的饮食及营养。

（2）要按照医生的要求，严格掌握药物的剂量。喂药量过少，影响治疗效果；喂药量过多，会事与愿违起反作用。因新生儿及婴幼儿的肝、肾等器官解毒功能发育尚不完善，若用药过量容易发生中毒。

（3）喂药时，先将药片研碎成末，将药面或药水放置小匙内，用温水调匀，对苦味或异味药，可放少许糖调味。喂药时将患儿抱在怀里，托起头部成半卧状，用左手的拇指和食指轻轻按压患儿的双侧颊部，使患儿张嘴，然后将药物缓缓地倒入患儿的口中，但应注意，不要用捏鼻的方法使孩子张嘴，也不宜直接将药物倒入患儿咽部，以免患儿将药物吸入气管发生呛咳，甚至引起吸入性肺炎。

（4）喂药后，应继续喂水 20 ～ 30 毫升，这样可将口腔及食道内积存的药物送入胃内；同时要注意，喂药后不宜马上喂奶，以免反胃引起呕吐。

◎ 小儿用药剂量宜细算

小儿的用药需要随年龄、体重而定。下面介绍几种简单的小儿用药量的计算方法。

1. 按成人药计算

小儿用药量：成人剂量 ÷60× 小儿体重（公斤）

2. 按小儿体重计算

6 个月前小儿体重 = 月龄 ×0.6+3（公斤）

7 ～ 12 个月小儿体重 = 月龄 ×0.5+3（公斤）

1 岁以上的小儿体重 = 月龄 ×2+8（公斤）

3. 按比例计算

初生儿 ～ 1 个月为成人剂量的 1/12 ～ 1/10

2 ～ 6 个月为成人剂量 1/10 ～ 1/8

7 ～ 12 个月为成人剂量 1/8 ～ 1/6

1 ～ 3 岁为成人剂量 1/6 ～ 1/4

3 ～ 5 岁为成人剂量的 1/4 ～ 1/3

5 ～ 7 岁为成人剂量 1/3 ～ 1/2

这种方法对计算新生儿及婴幼儿的药用量比较适用。

4. 按年龄与体重计算

即以两倍成人剂量与小儿体重（公斤）数乘积的百分之一为小儿剂量。

小儿用药量 = 成人剂量

本法适用于新生儿至成人，且不论何种剂量单位或剂型（包括针剂、粉剂）都可计算。

◎ 妊娠期宜使用的抗生素

妇女在妊娠期可以使用的抗生素有：青霉素类、红霉素、头孢菌素类、林可霉素等。

妇女在妊娠 4 ～ 6 个月可慎重选用下述抗生素：氯霉素、乙胺嘧啶、利福平、磺胺类和甲氧苄啶。一般来说，妊娠 1 ～ 3 个月期间使用上述药后，仍能引起细胞毒性和致畸的可能。

妊娠期不能使用的抗生素：庆大霉素、链霉素、妥布霉素；二性霉素 B、5- 氟胞嘧啶、灰黄霉素；甲硝唑哒；多粘菌素 B、多粘菌素 E；多西环素、四环霉素及万古霉素等。

有的药物可通过胎盘，妊娠使用时，可使儿发生耳损害。另有一些抗生素对成人具有高度潜在严重不良反应，包括对神经系统、血液、肝脏和肾脏等，而灰黄霉素可使人类胚胎致畸并可发生流产。四环素在脐带血液中的浓度占母体血液的 50%，这样高的浓度进入子宫后可使胎儿产生典型的四环素不良反应，突出的是牙齿及骨的缺失。

◎ 小儿囟门变化宜细心洞察

囟门是小儿特有的生理现象，也是小儿疾病的"窗口"之一。通过囟门的观察、检查，可以了解小儿某些疾病的性质、病情，并对确定治疗方法和判断疾病预后都起着重要作用。

囟门的变化，主要有以下几种情况。

1. 囟门较小，闭合过早 如果是一般健康儿童，囟门较小，或闭合较早，那么不一定是病。但在脑发育不全的小儿，则前囟门闭合提前，出现头小而尖的畸形，同时，智力发育也较差。

2. 囟门较大，闭合延迟 如果前囟门在 1 岁半时还未完全闭合，多是由于骨骼发育障碍，或颅内压持续较高的结果。如佝偻病、克汀病、脑瘤、脑积水等。其他如先天性心脏病，严重的肺结核等均可导致囟门较大或延迟闭合。

3. 囟门松弛、凹陷　多见于营养不良的儿童；幼儿因为腹泻、呕吐频繁、脱水、休克时，囟门也可显得松弛、凹陷。

4. 囟门紧张、膨出　小儿在哭闹时，由于颅内压稍有增高，囟门也会略有紧张、膨出，但在小儿安静后即恢复正常，这种情况是属于正常的。如果小儿的囟门出现持续地紧张、膨出，则常见于颅内压增高的疾病，如流行性乙型脑炎、流行性脑脊髓膜炎、结核性脑膜炎、化脓性脑膜炎、脑脓肿等。此时，除了囟门紧张、膨出外，还常发热、惊厥、抽搐、呕吐等其他症状出现。

◎ 哪些药物易使小儿尿液改变颜色

常见有以下几种药物。

（1）苯妥英钠（抗癫痫药）：尿色变粉红。

（2）利福平（抗结核药）、水杨酸（治关节炎药）、酚酞（治便秘药）：尿呈红色。

（3）呋喃唑酮、黄连素、四环素（治疗腹泻药），番泻叶（治便秘药）：尿色变成深黄或橙黄；长期服用复合维生素B、核黄素：尿液也变深黄色。

（4）消炎痛（治关节炎等）：尿液会呈淡绿色。

（5）对氨基水杨酸（抗结核者）、呋喃咀啶（抗泌尿道感染药），硫酸亚铁（抗贫血药）、甲硝唑：尿液呈棕、棕褐，甚至浅黑色。

（6）亚甲蓝（抢救食物中毒药）：尿液呈蓝色。

药物引起的尿色改变，停药后颜色即转为正常，不影响健康，不必为此担忧。但是，若由其他疾病如酚中毒、黑尿热、黑色素瘤等引起的尿液黑色，与某种药物使尿液颜色改变是不同的，要注意区别，及时处理。

◎ 闻味宜识别小儿遗传病

许多发生于婴儿的代谢性遗传病，大都有各自的特征性怪味。如苯丙酮尿症，可散发出鼠尿味；枫糖尿症，可散发出枫糖味、烧焦糖味和咖喱味；蛋氨酸吸收不良症，可散发出啤酒花烘干炉臭味；

高蛋氨酸血症，可散发出煮白菜味或腐败黄油味；丁酸乙酸血症，可散发臭鱼烂虾味；焦谷氨血症，可散发出臭汗脚味；三甲胺尿症，可散发出鱼腥味。代谢性遗传病是由于基因突变，造成体内酶或结构蛋白缺陷，使体内生化代谢紊乱，产生异常代谢物所致，这些代谢物在小儿体内蓄积，通过汗液、呼吸和尿液散发，往往成为早期发现疾病的重要临床表现之一。

代谢性遗传病越早发现越好，及时治疗，预防较好。但若延误，轻者病儿体内异常代谢物对肝肾等造成损害，影响生长发育，重者影响大脑发育，造成病儿不可逆智力障碍，导致永久性痴呆。

◉ 宜从吐物鉴别婴儿疾病

呕吐是婴儿疾病常见症状之一，多由消化管的畸形、梗阻或功能紊乱引起。家长如能仔细观察吐物的性状、颜色、气味，对疾病的诊断颇有帮助。

1. 清淡或灰白色吐物　这种吐物来自食管，稍带黏性的水状分泌物和咽下的奶水，因食管下端胃的入口（贲门）不畅而留滞。这种情况常见于贲门痉挛。如果吐物有奶块，并有酸味，说明它来自胃，提示胃的出口（幽门）有梗阻，常见于先天性幽门肥厚。

2. 黄绿色吐物　黄绿色来源于胆汁。胆汁由肝脏分泌，经胆道流到胃远侧的十二指肠。这种吐物表明十二指肠以远有梗阻。有一种叫"先天性肠旋转不良"的畸形，吐物就是如此。

3. 粪便性吐物　这种吐物是由于食物在小肠内停滞时间较长，经细菌和消化液的作用而产生臭味，说明小肠远侧有梗阻。

4. 带血的吐物　如果是鲜血，就是上消化道（食管和胃等）动脉出血；如果是紫黑色的血，则是静脉血。咖啡样吐物说明胃内有陈旧性出血。婴儿对失血代偿能力较低，一旦发现有带血的吐物，应赶快就医。

◉ 父母宜注重孩子头型后天发育

孩子的头型是否匀称美观，除了先天的遗传因素外，后天孩子的睡眠和营养对头型的影响也很大。因此，要想让你的宝宝有一个匀称美观的头型，请及早从以下几个方面加以重视。

1. 时间　孩子出生后头三个月尚不会翻身，其睡姿易于控制，此间系孩子头型形成的关键时期，倘若在此期内没有睡出好头型，待以后再来纠正就比较困难了。

2. 睡姿　以仰卧和侧卧两种姿势互相交替进行为最佳。若仅取仰卧姿势头则睡扁，仅取侧卧姿势又会使头变得太长，所以只有这两种姿势交替进行才能睡出匀称美观的头型。

3. 枕头　婴儿睡觉一般不需要枕头，但为了让孩子能睡出一个好的头型，可做一小枕内装大米（夏季宜装绿豆），但不宜装的太满，只装全枕的 3/4 就可以了。睡时将枕头做成马鞍形，使两端略隆起，再将头平放或侧放在中间。

4. 体位　宝宝睡觉的体位应经常变换，切忌只采取一种固定的体位睡觉，否则不利于孩子头型的正常形成，若始终向一侧睡则易导致宝宝睡成歪脸。

5. 营养　影响孩子头型除了以上因素外，营养也是不可忽视的。特别是及时补充钙元素尤为重要，否则将因缺钙而造成孩子"方头"。

影响影响人身材高矮的因素很多，归纳起来可分为先天和后天两大类。据研究，人体的最终身高有 75%取决于遗传因素，但身高也与后天的生长环境、生活习惯、卫生状况、伤病和锻炼情况有密切的关系。

后天因素是通过长骨两端骨骺软骨起作用的，而骨骺软骨的生长，一方面靠足够的营养，另一方面靠身体的内分泌激素，如生长激素、催乳素和性激素。这些因素可以通过人为的努力而改变的。

1. 注意身体的营养　人的骨骼是由有机质（主要是蛋白质）和无机质（主要是磷、钙）组成的。有机质和无机质的结合使骨骼既坚硬又富有弹性。钙和磷的吸收与维生素 D 有关，而维生素 D 是皮肤中的 7- 脱氢胆固醇在日光的照射下转化生成的。因此，儿童时期应当多吃维生素 D 含量丰富的食物，同时让孩子多到户外活动，呼吸新鲜空气，多接受阳光的照射，促进激素的分泌。

2. 适当进行体育锻炼 从婴幼儿开始，有助于长高的运动有伸腿、跳跃、体操、游泳等。适当运动可以促进肌肉韧带的生长发育，刺激软骨的生长。但耐力性的练习项目不宜太多，否则体力消耗过大，影响生长发育。

3. 要有充足的睡眠 保证足够的睡眠对增进身高也很有益。因为在睡眠中生长激素分泌量多，可以使身体获得理想的、静悄悄生长的机会。这是一种静态的激励长高的方式。

4. 情绪会影响孩子长高 要多给孩子温暖和抚爱，使其精神愉快。若神经经常处于紧张或压抑状态，会引起内分泌失调，导致生长发育不良。

◎ 小儿生长发育易受哪些因素影响

小儿生长发育的好坏，取决于各种内外因素。对小儿影响较大的因素有以下几种。

1. 遗传 遗传与小儿生长发育的关系比较明确。父母的体格发育和健康状况，各种发育特点如皮肤、头发的颜色，面型特征，身长高矮，性成熟的迟早等都可遗传给小孩。

2. 营养 充分和调配合理的营养是小儿生长发育的物质基础，为保证小儿健康生长极为重要的因素。长期营养不足首先导致体重不增，甚至下降，最终也会影响身长的增长。年龄越小受营养的影响越大。

3. 生活环境 生长环境是小儿所处环境的各种情况，包括室内外环境、气候、护理和体格锻炼。良好的居住环境、卫生条件如阳光充足、空气新鲜、水源清洁等能促进小儿生长发育，生活制度、护理、教养、锻炼的合理安排对小儿体格、智力的成长起重要促进作用。

4. 母亲状况 胎儿宫内发育受孕母生活环境、营养、情绪、疾病等各方面的影响。母亲的健康状况也影响到是否可以哺乳以及乳汁的质量，某些疾病可在宫内通过胎盘传播或在哺乳时通过乳汁传播。

5. 疾病 任何疾病均可对小儿生长发育产生不良影响，对小儿健康的危害尤以慢性消耗性疾病为重。

◎ 什么时候不宜给孩子做预防注射

孩子正处在快速生长发育阶段，身体抵抗力较弱，容易得各种传染病。而通过预防注射，可以使孩子身体抗病能力增强，并能预防白喉、百日咳、破伤风、麻疹、小儿麻痹、乙脑等，多种传染病的发生，这对孩子十分有益。但在下面一些情况下暂不宜进行预防注射。

1. 患急性传染病时　如患上呼吸道传染并发热、患急性气管炎、急性扁桃体炎和其他传染病。

2. 患过敏性疾病并在发作期　如患支气管哮喘、荨麻疹和其他过敏性疾病。

3. 患严重慢性疾病如结核、风湿病以及其他心、肝、肾脏疾病　此外有高热惊厥史、脑损伤、癫痫或其他神经系统疾病的，不宜接种百日咳菌苗，有腹泻的不宜服用小儿麻痹糖丸等。

◎ 哪些小儿不宜接种卡介苗

卡介苗接种，对小儿预防结核病的发生有着很好的效果，但有下列情况之一者，不宜接种卡介苗。

（1）急性传染病如麻疹、肺炎等恢复后未满 1 个月或患慢性全身性病的患儿。

（2）患全身皮肤病或过敏体质者。

（3）患有结核病者。

（4）有发热、腹泻等症状者。

（5）早产儿、难产儿、初生儿体重在 2.5 公斤以下及患有他疾病。

◎ 小儿预防接种不宜迟种

系统的有计划的预防接种，使人体内产生对传染病的特异性的免疫能力，可预防传染病的发生。如果过迟接种，就会失去良机，达不到预防效果。所以不同的预防针有它一定的接种程序和对象。

一般来说，学龄前儿童接种程序如下。

（1）出生后的婴儿可接种卡介苗，以预防结核病。

（2）2个月时口服三价脊髓灰质炎疫苗的第一次小儿麻痹糖丸，预防小儿麻痹症。

（3）3个月时口服第2次小儿麻痹糖丸，同时打白百破混合疫苗的第一针。以预防白喉、百日咳、破伤风病。

（4）4个月时口服第3次小儿麻痹糖丸，同时打百白破混合疫苗的第2针。

（5）5个月时打白百破混合疫苗的第3针。

（6）8个月时打麻疹疫苗，预防麻疹。

（7）1.5～2岁之间再打一次白百破加强剂。

（8）4岁时再服一次三价脊髓灰质炎的加强剂。

（9）7岁的孩子应接种一次卡介苗、麻疹疫苗和白百破制剂（吸附）。

（10）农村孩子到12岁时再接一次卡介苗。

不同地区流行疾病不同，需要接种的种类、时间、程度也不完全一致。

◎ 小儿麻痹糖丸不宜漏服

有的家长错误认为，孩子无病，糖丸服不服无所谓，所以常漏服，这就达不到预防效果。

我国制成的糖丸，分为Ⅰ、Ⅱ、Ⅲ型，Ⅰ型为红色，Ⅱ型为黄色，Ⅲ型为绿色，Ⅱ、Ⅲ混合糖丸为蓝色，Ⅲ型混合糖丸为白色。正确服用顺序，应按Ⅰ、Ⅲ、Ⅱ型先后服用。每次服1粒，两次间隔为4～6周，一般为1个月。也可按这个顺序服，先服Ⅰ型糖丸1粒，4～6周后服用Ⅱ、Ⅱ型混合糖丸1粒，或者服Ⅱ、Ⅲ型各1粒一起服下。以后连续2年，每年都重复1次。也可每年只服Ⅲ型混合糖丸1次。如果给孩子服用糖丸时，不按顺序和间隔时间的要求，或漏服，这样就会达不到免疫和预防效果，仍可发病。防止漏服最关键的是家长。所以，每位家长都要重视，一定在规定的时间内服完。服用的季节，以冬、春两季服用效果最佳。

◎ 婴幼儿服小儿麻痹糖丸后不宜马上喂奶

婴儿口服小儿麻痹糖丸后，乳母立即喂奶，会使糖丸失去免疫效果。

测定表明：小儿麻痹糖丸在 -20℃ 时的有效期可达 2 年，20℃ ~ 22℃ 时只有几天。母乳刚从母体分泌出奶的温度一般在37℃，很容易将服下的活疫苗的病毒烫死，而且也不利于胃肠黏膜的充分吸收。同时，母乳中含有小儿麻痹抗体，能中和糖丸中的小儿麻痹病毒，其结果达不到免疫效果。所以，婴儿宜在空腹时服糖丸，同样也禁用开水送服糖丸。

◎ 小儿麻痹糖丸不宜多服

小儿麻痹糖丸味甜易被接受，有的家长不按用量多给孩子服用，认为这样做效果会更好，服多了会失去预防作用。

小儿麻痹糖丸是一种特制的减毒活疫苗，服用后体内产生抗体与病毒中和，使病毒失去毒性而达到预防目的。如果让小儿多服糖丸，并不能使机体产生更多的抗体，因为在一定范围内抗原进入机体的量越多，免疫效越好。但超过一定量后，会引起免疫麻痹，即免疫无反应或反应性降低，而失去了预防目的。小儿服糖丸应按说明用量服用，不要任意多服，更不能让孩子当糖豆吃。

◎ 8个月以内婴幼儿不宜接种麻疹疫苗

婴儿不足 8 个月接种麻疹疫苗，会使疫苗失去效力，起不到预防麻疹的作用。

因为新生儿出生后血液中有母体带来的抗体，此时如果接种麻疹疫苗，疫苗中的活病毒就会被此抗体中和掉，疫苗不能发生效力，接种了疫苗和没接种一样，甚至还可能造成错觉，认为有了免疫力，而放松对麻疹传染的预防。小儿 8 个月以后，从母体带来的抗体已消失，这就应该接种麻疹疫苗来预防麻疹了。

⊙ 小儿创伤后不宜再注射 "TAT"

孩子外伤伤口处理后，若孩子做过全程白、百、破三联疫苗的注射，这就不需要再注射破伤风抗毒素（缩写 TAT）。

因为按规定注射这白喉、百日咳、破伤风三联疫苗的儿童，体内有足够的抵抗破伤风毒素的抗体存在。所以，可有效地保护 6 岁以内儿童外伤后不得破伤风病。由于 "TAT" 是一种异种蛋白抗毒素血清，若反复注射会刺激人体对其产生相应抗体，使其药效下降，而且孩子还易发生过敏反应，甚至得血清病。孩子外伤后要到医院就诊，并应携带孩子的预防接种卡片，以供医生参考。

⊙ 球蛋白不宜代替预防针

有人把球蛋白当成一种能防百病的灵丹妙药，这是没有科学根据的。

目前，使用的球蛋白有两种：一种是从胎盘提出，一种是从血清中提取出来的，它们都是一种蛋白质。一般来说，它们在注射后 3～4 周内，体内有一定的浓度，但过了这一时间，它在体内的量逐渐减少直至消失。所以，即使对麻疹、脊髓灰质炎、甲型肝炎、腺病感染等传染病，有预防作用，但这个时间是短暂的，而不能持久地增强体内的抵抗力。再则，注射球蛋白，对大多数传染病，尤其是细菌性传染病是没有明显的预防效果或无效果的。所以，球蛋白是不能代替预防针的。

⊙ 预防接种反应不宜处治

各种预防接种如活菌苗、活疫苗，对小儿引起不同程度的局部反应和全身反应。局部反应是接种后 24 小时左右，接种局部有红、肿、热、痛等现象。若反应极强，还会出现全身症状，引起附近淋巴结肿大及压触热，低至中度（<38℃）热、头痛、恶心、呕吐、腹痛、腹泻等。这些反应是短暂的，一般在第二天即可恢复正常，不用处治。如反应较重时，也可给予对症处理，服用退烧药、解热镇痛剂，但

不要用抗生素。当反应持续时间超 3 天，则应寻找其他原因，不可能是接种后反应。

◎ 哪些孩子不宜打预防针

正常的小儿进行预防注射后，一般都可能出现一些反应，发热、胃口差、呕吐、腹泻轻度不适等。所以，凡遇有感冒、发热、腹泻或其他疾病的婴儿，可以暂时不予注射，等病好了以后再补注。有脑炎、脑炎后遗症、癫痫及神经系统有病的婴儿也不宜注射预防针，尤其是乙型脑炎及百日咳防疫针，以免引起抽风。胸腺肥大的孩子、先天性心脏病及先天性免疫缺陷的婴儿均不应接受任何预防注射。

◎ 婴儿面部不宜涂奶汁

有些母亲在喂奶后，常喜欢用奶汁涂抹婴儿的脸，以为这可使婴儿面部更细嫩。其实，这会给孩子带来害处。

人的奶汁营养丰富，且带有黏性。如果把奶汁喷洒在婴儿面部，再进行反复涂抹，很容易使面部毛孔堵塞、汗液、皮脂分泌排泄就会受到阻碍。还可能会造成细菌大量增殖，若细菌进入毛孔产生"红润"，进而变成小疮而化脓，严重的还会引起全身感染。所以，当妈妈的不要挤自己的奶汁涂抹婴儿的脸。

◎ 婴儿面部不宜罩尼龙纱巾

有的年轻妈妈常给孩子脸上蒙上纱巾，以防风沙，其实这是不符合卫生要求的。

因为在人体中，脑组织对氧的需求较敏感。一般成人脑组织的耗氧量占人体耗氧量20%，而小儿却占50%。尼龙纱巾看起来是透明的，也很薄，但尼龙丝极细，织选细密，因而，透气性能很差，把尼龙纱巾蒙在小儿脸上，孩子呼出的二氧化碳就不容易散出，新鲜空气也不容易渗透到尼龙纱巾里去，这样，就形成一个供氧不足和二氧化碳潴留的小环境。时间长了，会给小儿脑组织的新陈代谢带来不利影响。

⊙ 婴儿头垢不宜当作"护脑盖"

孩子出生后，头顶上长有一块很厚的黑色硬痂，称为头垢。有的家长说它是"护脑盖"，不予洗掉，这是十分有害的。

头垢是出生以后头皮分泌的皮脂，沾上灰尘堆积而成的。留着它不但没有保护前囟门的作用，反而容易发生炎症反应，还会直接影响毛囊的生长发育，导致头皮不能很好生长，甚至损害和影响孩子的容貌。头垢一定要清洗，清洗时，可先用花生油、甘油或石蜡油等侵软后，再用温水洗净。洗揉动作要轻，切不可用指甲揭挖屑痂，防止感染。

⊙ 婴儿学走不宜过早

不少年轻的父母，把过早强行拉着孩子学走，看作是可喜的开端。你可知道，婴儿过早走路是有损于健康的。

婴幼儿期骨骼中含有机质多，钙盐较少，所以，具有骨骼硬度小、韧性大，富有弹性，不易骨折的特点。婴儿如果过早学走路，往往很难掌握正确的站立姿势，不是脚向内勾就是向外张，时间长了，易发生骨骼弯曲、变形。尤其是小腿骨，重力负荷可促使它变形，出现"O"形腿或"X"形腿。这种状态一旦形成，便会终生不变。再者，孩子走路时间的早晚与智力、体质都没有直接关系。因此，婴儿学走不宜过早。

⊙ 婴儿不宜随便吃钙粉

有的家长一听说自己的孩子缺钙，就拼命给他吃钙粉，这样不但不能改变孩子缺钙状况，反而会引起别的病症。

因为钙粉和牛奶会结成不易消化的奶块，使孩子的肠功能紊乱，引起食欲不振等不良后果。一般来说，发现孩子缺钙后，根据缺钙程度，适量服用鱼肝油或是注射维生素 D_2、维生素 D_3。婴孩成长中需要的钙质，只要每天吃一个鸡蛋就足够了。不过食物中的钙质却不是很容易被孩子吸收的，它常常会随同排泄物被排到体外。而鱼肝油和维生素 D 的作用，就是帮助孩子吸收钙质的。

◎ 婴儿不宜用滴鼻净

滴鼻净又叫鼻眼净。虽对小儿感冒鼻塞有效，但新生儿使用后，极易发生中毒。

因为这种药有较强的血管收缩作用，新生儿鼻腔较小，血管丰富，对滴鼻净很敏感，用量稍多，很容易发生中毒，引起恶心，呕吐，呼吸急促，体温升高，嗜睡，甚至昏迷。新生儿应禁用滴鼻净；幼儿也不宜长期、多次使用，以免引起萎缩性鼻炎。一般只能连续 2 ~ 3 天，两次滴药应间隔 4 ~ 5 小时。

◎ 婴儿不宜吃蜂蜜

蜂蜜虽是营养的滋补品，但婴儿吃了反无益有害。

科研人员在对蜂蜜检测结果，约有 10% ~ 15% 的蜂蜜样品中可检出肉毒杆菌芽孢，且它的适应环境能力很强，在 100℃的高温下仍可存活。对成人或较大的儿童，吃了被污染的蜂蜜后，通常并不会致病。但 1 岁内的婴儿、肠道内微生物生态平衡不够稳定，抗肉毒杆菌的屏障尚未形成，故食入的肉毒杆菌芽孢，可以在肠道中定居，并产生毒素，导致发病。

◎ 婴儿不宜服用中药凉茶

夏季天气闷热，婴儿容易发热，生痱子，口腔糜烂，烦躁不眠等。有些年轻的父母受传统习惯的影响，认为孩子"上火"了，就让孩子喝中药凉茶，以祛其火。这对婴儿健康是有害的。

中药凉茶的配方，是由夏枯草、桑叶、菊花、栀子、淡竹叶、芦根等多味药组成。方剂中的化学成分较复杂，含有鞣质、生物碱、挥发油、甙类以及无机盐等物质。婴儿肝脏正处在生长发育阶段，肝功能尚未完全健全，如服这种中药凉茶，对肝脏的新陈代谢会带来很大的负担。同时，还可以影响婴儿的胆红素代谢，使红细胞缺陷引起胆红素合成增加，而造成婴儿严重的黄疸。婴儿生长发育期不宜服用中药凉茶，若孩子上了火，可以煮点绿豆汤喝，病情重的应到医院就诊。

◎ 婴儿不宜滥用爽身粉

婴儿爽身粉如果长期使用不当，让婴儿吸入这种粉尘，会引起不良的反应。

有的家长给婴儿扑爽身粉时，总觉得扑得越多越好。爽身粉含有滑石粉，婴儿少量吸入尚可由气管的自卫机转排除，如吸收过多，则会使滑石粉将气管表层的分泌物吸干，破坏气管纤毛的功能，甚至导致气管阻塞。纽约一位毒素控制中心主任说：该医疗中心仅1981年上半年，就遇到92起因吸入爽身粉尘而引起中毒反应的病例。这些中毒的婴儿，大部分在2周岁以下。

因此，使用爽身粉时，应事先远离婴儿处，将粉倒在手中，然后再小心涂抹婴儿身上。

◎ 孩子出麻疹不宜忌口

过去有孩子出麻疹忌口一百天的说法，这是没有科学根据的。因为出疹子以后，孩子身体已经虚弱了，生病期间消耗了体内积存的许多养分，如果这也不让吃，那也忌口，体内维生素A缺乏，眼结膜上皮腺体细胞分泌泪液的功能降低，引起眼球干燥，随之角膜角化、软化或溃疡穿孔，最后致使双目失明。因此，孩子出疹子期间，切忌盲目忌口，而且应该多吃些容易消化的荤食，如牛奶、鸡蛋、鲜鱼和瘦肉汤等。

◎ 出水痘时不宜涂用龙胆紫

孩子出了水痘，有的家长常用龙胆紫（俗称紫药水）涂疱疹处，结果造成皮肤疤痕，酿成终生憾事。

水痘的发疹期，疹子先见于躯干，然后由头部逐渐移向面部，最后转向四肢。皮疹开始时为粉红色针尖大小的斑疹，数小时后变为丘疹，再经几小时变为水疱，数日后水疱开始干结，最后形成痂。

无继发感染而自然脱痂者都不会留下疤痕。因为龙胆紫涂在疱疹处，尽管表面的皮肤很快干燥结痂，但表皮下层的感染往往得不到有效控制，反而向皮肤深层发展，造成深层皮肤组织破坏，这样，覆盖着皮肤的于痂脱落后，就会留下浅疤痕。因此，水痘患儿应按医生嘱咐服些清热解毒的中药，同时，要给孩子勤剪指甲；还可让孩子戴上手套，以防因痒抓破患处，造成新的感染。

◎ 风疹不宜当麻疹

近年小儿风疹病例稍增，不少家长都误认为麻疹。但自使用麻疹疫苗后，麻疹发病率已下降到最低限度，所以，莫把风疹当麻疹。

下面把风疹与麻疹症状作一比较。

麻疹病儿的呼吸道症状重，怕光，流泪，流涕，颊黏膜红，附有白色小点，发热 3 ~ 5 天后，才开始出皮疹，退疹后，留有褐色素沉着斑，全病程需 2 周左右。而风疹病程短，起病急，发热 1 ~ 2 天或同时出疹，先见于面部，很快波及全身，手心足底都看见。皮疹呈红色斑丘疹，枕后、耳后、颈部淋巴结肿大，全身症状较轻，可伴有咳嗽，流涕，眼结膜充血，极少数可伴有风疹脑炎、风疹肺炎。

◎ 小儿鹅口疮不宜用抗生素

鹅口疮又称"雪白"，是小儿的一种常见病。婴幼儿患此病后，常流涎拒食，哭闹不安，口腔黏膜上出现许多散在小片状白膜。年轻的妈妈见状，常会自主地给小儿喂服一些消炎类药物，可结果患儿症状反而加重。

因为鹅口疮是白色念珠菌的真菌感染而引起的。在正常人的口腔内，有许多微生物如乳酸杆菌、链球菌、白色念珠菌、卡他球菌等。它们之间互相制约，互相拮抗，所以一般不影响人的健康。如果不合理地使用抗生素，会使一些微生物被抑制或杀死，而一些霉菌，如白色念珠菌因不受抗生素的抑制和杀灭作用而继续生长繁殖，加上原与之相制约、相拮抗的微生物数量减少，使其繁殖更快，故使病情加重。因此，发现孩子患鹅口疮后，不用随便用抗生素治疗，应加强对患儿口腔的护理，哺乳前用淡盐水洗乳头，保持哺乳清洁卫生，并带孩子去医院让医生诊治。

◎ 患流感儿童不宜服阿司匹林

儿童患流感时，应用阿司匹林会给孩子带来祸患。

医学家认为，这可能是流感病毒的分解产物与阿司匹林结合后，在机体引起的一种危害脑组织的变态反应性疾病：因为儿童脑组织尚处于发育阶段，血脑屏障尚不健全，如服用阿司匹林后，常使部分患儿留下程度不等的动作迟钝、言语不清或痴呆等后遗症。因此，医生和家长切莫给流感患儿服用阿司匹林或含有阿司匹林制剂的药物。

◎ 孩子扁桃体不宜轻易切除

扁桃体对儿童来说，显得格外重要。它能帮助抵御病菌等各种外来感染因素的侵入，还能分泌干扰素和抗链球菌，增强对疾病的抵抗力，因此不宜轻易切除。

一般认为，3～5岁婴幼儿的全身免疫系统尚未发育完善，而此时扁桃体的免疫功能处于活跃时期，对孩子有保护作用，此时，不宜做切除。此外，有严重的心脏病、贫血、结核病和出血性疾病，也不宜进行扁桃体切除手术。

若扁桃体炎常反复发作，丧失或降低它的保护作用者，出现病理性增生，能够诱发风湿热，急性肾炎和急性心肌炎等全身疾病，危害较大时，可考虑切除。

◎ 孩子脸上黑痣不宜挑除

有的家长觉得孩子脸上的黑痣有损容貌，于是就盲目地用尖针或小刀去刺挑。这样做不仅不能去除黑痣，而且有可能带来危险。

人们平常所说的黑痣，医学上称为"色素痣"，是由于皮肤中的色素细胞不正常生长造成的。色素痣是良性细胞赘生，对身体健康没有不良影响，不需做什么处理。良性的痣细胞不受到刺激，一股不会发生病变。可是在尖针、小刀的强刺激作用下，良性痣细胞也有可能会转变成恶性的黑色素瘤，那就会对孩子的生命健康造成威胁了。另外，刺挑时还会把细菌带到皮肤组织中，很有可能发炎感染，头面部血管丰富，一旦发生感染，易造成败血症。

黑痣虽是良性的，但极少数也可发生恶性病变。如果家长发现孩子脸上黑痣在短期内突然增大，颜色变深，这时最好请医生给检查一下。

◎ 孩子发热不宜捂得太严

有些家长往往把发热的小儿包得又厚又严，说是怕风，这样做是不对的。

孩子发热，无论吃药、打针还是冷敷，其目的是要使热有出路，即通过蒸发（出汗）与周围环境的对流、辐射、传导而散热。如果把发热的病儿，里三层外三层地包起来，体温不但不退，反而会越来越高。一些新生儿还可能因捂得太严，造成窒息，甚至致死。所以，家长千万不要把发热的病儿捂得过严，若体温在39℃以上，还可用凉水毛巾敷头部，出汗较多的应用温水擦身，再用软毛巾擦干，更换内衣，发热出汗易使皮肤受刺激泛红，要勤给病儿翻身，保持皮肤的清洁干燥，使孩子舒适，避免烦躁。

◎ 小儿斜颈不宜按摩

小儿斜颈多是胎儿期或分娩时，胸锁乳突肌发生血肿或肉芽肿，以后又产生瘢痕化造成的。家长多为此十分忧虑，往往在患儿出生后不久，经常按摩患颈部。这种做法有害无益。

据日本有关专家调查，斜颈不治自愈病例可达90%以上，多在1岁半左右完全恢复，遗留畸形的不足10%。调查统计，自愈的反而比按摩的比率稍高些，而且按摩对患儿的自愈有不利影响，使痊愈时间延迟。因为婴幼儿很娇嫩，按摩尤其是较用力地按摩，会加重胸锁乳突肌的血肿和肉芽肿瘢痕化，促进瘢痕组织与周围组织黏连，使日后不得不进行手术，且增加手术难度，影响手术的效果。

一旦发现孩子斜颈后，应经常用柔和的灯光音乐或玩具，引诱患儿的头颈向患侧偏移。若在 1 ~ 1.5 岁仍不能自愈，要请医生检查。

◉ 患急性肾炎小儿不宜长期忌盐

小儿患急性肾炎要忌盐一百天的说法，是不妥当的。

小儿患急性肾炎时，过量的钠和水进入体内，就会增加心脏和肾脏的负担，加重浮肿。所以小儿的饮食宜清淡，但也不是无限期地限制水和盐的摄入。如果机械地忌盐一百天或更长时间，不仅影响小儿食欲，而且对肾脏病变的恢复并无帮助，对生长发育中小儿的健康更有害，甚至可引起低钠血症，危及生命。因此，病儿忌盐要根据病情来决定，若急性期有心力衰竭、高血压、浮肿、尿少时，病人饮食不宜加盐和酱油，同时忌吃含碱性的食品，而用糖醋和番茄类作调味品，也可用人造盐或盐酱油代替调味品。待浮肿消退，尿量正常，血压基本恢复正常，可进行低盐饮食，但每日不宜超过 2 克，以后随病恢复而逐渐过渡到普通饮食。

◉ 腹泻患儿不宜饮高浓度糖水

小儿长期腹泻，可引起脱水与体内电解质丢失，此时应补充水分。有些家长常在水中放很多糖或加些橘子汁，认为孩子爱喝甜水，这样就能多饮水。其实，这样做反而会加重腹泻。

因为糖果汁本身有润肠作用，糖多细菌发酵加快，大便酸性增加，刺激肠蠕动，使腹泻次数增多。由于高浓度的糖水可使肠道分泌大量的肠液，当其分泌量超过肠道吸收能力时，便加重腹泻。

小儿腹泻脱水，最好口服补液，冲开水给孩子喝，也可以按比例配制糖盐水，少量多次地给孩子喝。

◉ 缺铁性贫血患儿不宜多喝牛奶

据调查统计，社会上约有 80% 左右的儿童，患有不同程度的贫血，尤其是 6 个月至 2 岁的儿童中更为多见。有些家长为给贫血患儿增加营养，便想方设法让孩子多喝牛奶，结果适得其反。

　　因为牛奶中含有磷的成分比较多，而磷与铁可结合成难溶解的物质，直接影响铁的吸收。如果孩子在治疗缺铁性贫血的同时，喝大量的牛奶，不但不能治愈儿童贫血，反而会使病情进一步恶化。因此，在治疗小儿缺铁性贫血时，千万不要同时服用牛奶，而要选择含维生素较多的食品或饮料，包括新鲜蔬菜、水果，多食含蛋白质食物，有利增进铁的吸收。

◎ 小儿肝炎不宜进补

　　小儿得了急性肝炎，家长总是想尽办法，增强病儿抵抗力，常购些人参蜂王浆、鸡胚宝宝素、双宝素等让孩子滋补身体。殊不如，这样做反使病情迁延，不利康复。

　　中医认为，小儿急性肝炎期，大多是舌苔黄腻，脉弦数，皮肤、巩膜黄染，这是邪实为主要矛盾，故不宜服用参芪之类的滋补之品。现代医学也已证实，参芪之类等中成药物，具有明显增强人体免疫功能的作用。急性肝炎病人应用后，造成免疫反应强烈，反促使肝细胞的损害和破坏，故对疾病康复不利。

　　小儿患了急性肝炎，应让其卧床休息1～2周，饮食清淡易消化，多吃新鲜蔬菜、水果，再服些维生素类及清热解毒药物，一般情况下，3周时间即可康复。

◎ 孩子要壮不宜胖

　　做父母的都希望养个胖娃娃，其实，小儿过于肥胖并不好。如果体重超过标准体重的20%以上，就是小儿肥胖症了。

　　这种肥胖多是由于家长对孩子溺爱，进食量多，饮牛奶过量，过多吃甜食，无定时的吃糕点、巧克力等零食，又缺乏体力活动和运动。天长日久，孩子皮下脂肪增多。由于大量的脂肪组织的堆积，形成机体的额外负担，使其耗氧量较正常增加30%～40%，影响呼吸和血液循环，孩子进行活动时，则气喘吁吁，行动笨拙。与同龄儿游戏中往往落后，造成心理压力，反而养成爱睡懒觉不爱动的习惯，结果胖体有增无减，以致影响智力和健康。另外，肥胖儿对感染的抵抗力，一般比正常儿差，易患下呼吸道感染。从长远来看，肥胖儿到成人期后易患高血压、冠心病、糖尿病等并发症。一句话，肥胖不是健康的表现。

◎ 癫痫患儿不宜多看电视

患癫痫儿童过多地看电视，易诱发癫痫发作。

癫痫是由于大脑功能一时性紊乱而引起的综合征，常常因进食过量、过度疲劳、情绪波动等许多诱因而发作。如果经常较长时间的看电视，会受到强烈而变幻不定的光和声音的连续或反复刺激，电视节目的情节波动，如过分的悲伤，激烈的武打，异常的激动等，都可以使患儿精神上受到极大的刺激。又加上看电视睡眠很晚，大脑疲乏。这样就很容易诱发癫痫的发作。因此，有过癫痫史或正服药治疗中的患儿，应尽量少看电视，尤其是不应当看故事情节惊险或有刺激性的电视节目。

◎ 孩子乳牙不宜轻易拔掉

有些家长认为乳牙早晚都得换掉，所以，在换牙前有龋病也不及时治疗，孩子牙痛，常给拔掉，结果酿成后患。

牙过早拔除后，可使空位造成恒牙重长错位，颌骨发育不良，牙颌发育畸形。有的长龅牙，也有的形成了反颌牙，使颜面部出现凹陷畸形。由于乳牙拔除后创面疼痛，牙齿缺失，迫使孩子只有健侧牙齿阻嚼食物，日久天长，便养成偏嚼的习惯，对食物咀嚼不充分，会造成营养消化吸收不良，食欲也会因此而下降。这对新陈代谢旺盛，消耗量大的儿童来说，生长发育会受到一定影响。

儿童患了牙病，尽管临近换牙期，也应积极治疗，不该轻易拔掉。

◎ 儿童换牙时期不宜吃甘蔗

儿童换牙时期吃甘蔗，易导致牙齿长歪。

因为吃甘蔗时，常用向外拉、掰、撅等用力过猛的动作，会使牙床组织受到一定的损害，新长出来的牙齿会向经常用力的方向生长。这样一来,牙齿慢慢就会长得歪歪扭扭,既影响孩子牙齿的发育,又显得不美观。儿童在换牙年龄中,最好少吃甘蔗,尤其是在小恒牙刚长出来的时候,不吃甘蔗或过硬的食物。

⊙ 孩子长疖子不宜挤脓

孩子身上生了疖子,有的家长往往喜欢用力挤脓,想把脓挤出来,这样是十分危险的。

因为用力挤压后,脓腔内压力增加,可促使脓液或细菌进到血液里,而引起全身或转移到其他部位的感染,即所谓败血症或脓毒血症等。孩子生了疖子,千万不能挤压,尤其长在面部上唇或鼻部的疖子更不能挤压,因面部的静脉与头颅部的静脉相通,若脓液或细菌进入血管可引起感染,会造成危险。

⊙ 小儿常见畸形矫治不宜过迟

年轻的父母,一旦得知孩子某个器官有先天性畸形,都会感到焦急,接着最为关心的就是能否矫治,什么时候矫正为最好。其实,矫治的最佳时间,应根据畸形发生的部位和性质、病儿全身情况以及目前医疗水平而定。有的畸形,如手术过早,会给病儿增加痛苦和麻烦。如果手术太迟,就将失去手术矫治机会,成为终生遗憾。

小儿常见先天性畸形矫治的最佳年龄。

1. 斜颈　1 岁以内可用手法推拿矫正,12 ~ 18 个月手术最合适。

2. 唇裂与腭裂　手术时间,唇裂 8 ~ 10 个月,腭裂 2 ~ 4 岁。

3. 脐疝　6 个月以内可用胶布粘贴法,大多能治愈,6 个月以后则以手术为宜。

4. 隐睾　宜在 3 ~ 5 岁内手术,否则会影响今后生育和发生睾丸肿瘤。

5. 小阴唇粘着　在 1 岁内做一简易分离手术,常可获得治愈。

6. 尿道下裂　宜在 3 ~ 7 岁内手术根治,以减少孩子的心理和生理上的痛苦。

7. 包茎　若包皮口像针孔样,影响排尿,稍加分离手术亦解除症状，重者在 4～5 岁手术。

8. 多指和并指（趾） 多指在 2 岁以后手术；并指末端的融合者在 1 岁左右，其余 5～7 岁。

9. 先天性马蹄翻足 新生儿可手法矫治，1～6 个月可石膏固定，6 个月后手术。

10. 先天性髋关节脱位 1 岁以内用三角垫或夹板使两髋处于外展位，1～3 岁用蛙式石膏或用支架固定，3～6 岁手术矫治。

◉ 婴幼儿倒睫不宜用镊子拔

婴幼儿倒睫者在临床上并不少见，过去有用镊子拔睫毛的习惯。这种做法往往导致毛囊炎或睑皮疖肿，给孩子带来痛苦。

婴幼儿倒睫的常见原因是，小儿长的较胖，两眼内角宽，合并内眦赘皮，由于赘皮向内上牵拉导致下睑缘内翻，故下眼睫毛也向内倒。还有的小儿下睑轮匝肌发育过强，睑板薄弱。也有的先天性小眼球所引起的倒睫。小儿倒睫可因眼毛摩擦黑眼珠（角膜），有异物感故常揉眼睛，下面白眼珠（球结膜）充血呈红色，畏光，流泪。重者会影响部分视力。家长如果用镊子去给婴幼儿拔睫毛，常会导致毛囊炎或睑皮疖肿，甚至引起多发性睑板腺炎，留瘢致睑外翻畸形。

小儿倒睫，家长不必惊慌，有的随年龄增长可逐渐消失，稍重者可贴膏条（一端贴在睑缘处皮肤上，一端贴在面颈部），使下睑向下牵拉恰使倒睫得以矫正。若到 5～6 岁仍不好，症状较重者，可行手术矫正。

◉ 小儿患哪些病不宜热敷

热敷是一种简便实用的治疗疾病的方法，但有些疾病或软组织损伤时，使用热敷不但起不到治疗作用，反而会加重病情，甚至造成严重的后果。

小儿患下列疾病不宜热敷。

1. 急性腹痛 在尚未确定腹痛的原因和性质时，热敷会掩盖病情发展，延误诊治。

2. 面部三角区炎症感染 如热敷会使局部血管扩张，细菌和病毒易进入血液而到脑内。引起败血症和脑膜炎等严重后果。

3. 软组织损伤 损伤的初期，热敷可造成软组织内出血肿胀，进一步加重和增加疼痛。

4. 红眼睛 热敷可使局部血液循环加快，出血和病情加重：

5. 患有皮肤湿疹和怀疑内脏有出血，或出血倾向时，热敷也可使病情和出血加重。

◎ 孩子不宜带病上学

孩子生了病，有些父母担心缺课，让孩子边吃药边上学，这种做法不利于恢复健康。

孩子患病，特别是传染性疾病，应及时进行治疗，并待在家里休息，暂时不要上学。让孩子带病上学害处很多。一是由于得不到休息，会使病情加重，甚至还会染上其他疾病，不利身体康复；二是如果孩子患传染病，有可能传染别的同学，甚至造成流行；三是孩子患病，精神萎靡，坐在课堂上，思想难以集中，学习效果降低。因此，倘若孩子患了病尤其是传染病，此期间不要让孩子上学，及时治疗，好好休息，尽早恢复健康。

◎ 大人不宜吻孩子

有些人见到活泼可爱的小婴儿，总喜欢抱起来吻一吻。这一吻，很可能给婴儿传染上疾病。

研究证实，通过接吻时的呼吸和皮肤接触，可以传染给婴儿10多种疾病，如流行性感冒、病毒性肝炎、肺结核等。即使是健康的人，也许他们的口、鼻、呼吸道部位带有病菌、病毒，若与孩子口对口接吻，同样会使孩子染上疾病。此外，有的男同志胡须很硬，在亲吻时戳得小婴儿眉头直皱，甚至有可能将其细嫩皮肤刺伤，发生感染。大人在逗笑孩子时，不宜用亲吻的方式为好。

◎ 婴幼儿不宜做X线透视

婴幼儿发热、咳嗽等，一般都是支气管炎或支气管肺炎等常见病，医生根据临床表现不难诊断，并非必须依赖X线透视才能确定治疗方案。据报道，婴幼儿因病接受X线检查后，白血病的发病率增高。国外曾有人观察了1300名经X线治疗的死亡率比一般居民高出10倍，最多见的是急性粒细胞性白血病。因此，尽管X线透视是一种简便的检查方法，也不要轻易给婴幼儿做X线透视为好。

◎ 孩子的眼毛不宜剪

有的年纪轻轻的妈妈，为了使自己的孩子长得美一些，就把孩子的眼睫毛剪掉，误认为这样做可使眼睫毛长得长。其实，并非如此。

据研究，一根眼睫毛的寿命大概只有90天，可想而知，给孩子剪眼睫毛，是不会使眼睫毛生得长的。再说，剪眼睫毛对孩子的身心健康是有害的。眼睫毛具有保护眼睛的作用，可以防止灰尘等进入眼内。眼睫毛剪掉以后，就失去了保护作用，灰尘等容易侵蚀眼睛，从而引起各种眼疾病。由此可见，孩子眼毛剪不得。

◎ 小儿眉毛不宜剃拔

有些家长在给孩子剃满月头时，要求理发师将婴儿的眉毛剃去；也有的家长为孩子漂亮，随便给孩子修拔眉毛。这些都是有害的。

眉毛能防止额部汗水和灰尘流入或落进眼内，眉下的降眉肌和皱眉机能增加眉部的隆起，保护眼睛免受强光刺激。如用剃刀刮去或修拔，一则会破坏眉毛的正常生理功能，还容易使婴儿细嫩的皮肤受伤，引起毛囊根部的急性皮脂化脓感染；二则由于眉毛根部一般两边向中隙长的，用剃刀从上向下刮，再生眉毛容易形成"倒挂"，影响美观。因此，家长不要经常修拔眉毛，更不能把眉毛用剃刀刮去。

◎ 大人不宜给孩子挖鼻孔

众所周知，正常完整的鼻腔黏膜具有很强的自卫作用；鼻毛则有阻挡灰尘及细菌侵入呼吸道的作用。如果经常给孩子挖鼻孔，会使鼻毛脱落，鼻黏膜受损，血管破裂出血，还可引起感染。严重者，细菌经面部血管回流到颅脑，造成脑血管急性感染的危险，后果是很严重的。

常给孩子挖鼻的习惯，是要不得的。

◎ 给孩子擤鼻不宜捏鼻孔

常见一些家长给孩子擤鼻涕时，用两指捏紧双侧鼻孔或用一指压紧一侧鼻孔，然后使劲一擤，这种擤鼻的方法常会引起一些并发症。

因为前鼻孔被压紧后，鼻涕不能经鼻孔顺利排出，加之用力过大，在鼻腔内形成很高的压力，有可能使带菌的鼻腔分泌物通过鼻窦口进入鼻窦或经咽鼓管进入中耳，造成鼻窦炎和中耳炎；有时因用力不当，还可以引起鼻内组织的损伤。家长在给孩子擤鼻时，千万要用手指捏紧鼻孔让其擤鼻涕。正确的擤鼻的方法是，在让两侧鼻孔充分开放的情况下同时微微张口，将鼻涕轻轻擤出。

◎ 孩子不宜玩猫

不少小孩子都喜欢猫，整天搂着小猫玩，甚至与小猫亲吻，这是很不卫生的。

在猫的唾液里，有一种叫衣原体的致病原。孩子如果被猫咬破或抓伤，衣原体可通过皮肤、黏膜进入人体，引起局部炎症甚至毒血症。奉劝家长平日里不要让孩子搂着猫玩，与猫贴脸亲吻，也不要让猫舔手和让猫上床睡觉。一旦不小心被猫咬伤或抓伤，应立即用肥皂水和清水反复冲洗，冲洗后擦上碘酒消毒，若出现毒血症，要马上就医。

◎ 儿童不宜常托腮

有的孩子平时看书、思考问题时，总爱用一手托着腮，这是一种不良的习惯体位。

因为儿童经常托腮，会使脸蛋承受外部压力，影响血液循环，久而久之，会使面部软骨变形，牙齿排列不齐。由于儿童托腮姿势，脊柱总是偏向一侧弯曲，时间长了，也会影响脊柱的发育。

◉ 儿童不宜咬铅笔头

儿童在用铅笔写字、绘画时，常习惯的咬铅笔头，这是一种坏习惯。

铅笔的主要原料是铅，而铅和它的化合物，对人体都有毒性反应。如果儿童经常咬铅笔头，可能会造成铅中毒反应，引起头昏、头痛，记忆力减退，睡眠不佳，食欲不振及腹胀腹痛等。铅还可以经消化道进入体内，贮存骨骼中，蚀害人体。颜色铅笔在体内毒性反应更为严重。如果吞入这种铅笔头，可使脸色发紫，呕吐，神志不清。这是因为颜料铅笔是从苯胺化合物制取的，其主要原料是甲基紫。虽然含量不多，却可直接损害肠胃，吸收后会发生溶血作用，促发各脏器的脂肪性变化。切记切记，要教育孩子不咬铅笔头。

◉ 儿童跑步不宜穿硬底鞋

儿童跑步穿硬底鞋，对发育生长不利。

儿童生长时期，大脑运动系统管理功能尚未完善，所以，身体的协调性和肌肉力量较差。由于快速的跑动，整个身体的力量最终落在脚上，使其承受着很大的运动应力，这样就很容易造成脚的急性和慢性损伤。如果儿童跑得过多过猛，天长日久，还会影响骨骼的正常生长发育。建议家长给孩子选择一双大小合适的软底鞋，最好不穿硬底鞋和塑料鞋。另外，儿童跑步时最好在土路或煤渣跑道上进行，以利缓冲脚落地的力量。

◉ 大人不宜抚弄孩子的"小鸡鸡"

在日常生活中，经常可以看到一些成年人，喜欢用手抚摸孩子的外生殖器，这一逗乐的方式，有害孩子健康。

因为经常抚弄孩子的"小鸡鸡"，会使孩子对外生殖器产生好奇感，往往模仿大人动作，把生殖器当成玩具，渐渐养成手淫的坏习惯。

据报载，社会科学家对 500 名 5 岁以下的婴幼儿调查后，吃惊在发现，有 55 个染有于淫毛病，其中 2 岁左右的居多。原来，有些孩子的母亲在喂奶时，喜欢让孩子一边吮吸，一边抚弄生殖器；还有的家长用抚弄孩子生殖器的方法让孩子排尿。结果诱发养成孩子手淫的习惯。此外，由于孩子用不干净的手，去玩弄外生殖器，会使局部皮肤容易破损，细菌便可侵入，引起感染。轻者，患阴部湿疹，奇痒难忍，孩子搔抓不已，或患龟头炎、包皮炎。重者感染上行，可导致泌尿系感染。

因此，不论大人或小孩都不宜玩弄孩子的外生殖器。一旦染上这种坏毛病，一定要尽早纠正，以免影响孩子的健康。

◎ 小孩不宜躺着看电视

有些孩子有喜欢躺在床上或沙发上看电视的毛病，长时间歪着脖子和偏转眼睛，容易引起眼球外的肌肉和眼球内的睫状肌收缩，造成眼眶、眼球胀痛，结膜充血，甚至视觉模糊和视力下降。由于儿童眼球的内外直肌、上下斜肌发育尚未健全，容易疲劳，日子久了，可使上述肌肉发育不全而造成斜视。此外，孩子躺着看电视，全身大部分肌肉已放松，呼吸和血液循环减慢，大脑中枢神经系统逐渐进入抑制状态，这对健康也是不利的。

◎ 儿童看电视不宜戴防护眼镜

据研究，电视机的显像管发出的红外线和紫外线，都比较弱，一般不会产生对眼睛有害的影响。因此，看电视戴防护眼镜就没有十分必要。

实验结果表明，在电视机屏幕前放一块浅蓝色玻璃，虽能改善电视屏幕产生的闪烁对眼睛的刺激，对保护视力可能有利。但戴蓝色电视防护眼睛就相当在电视屏幕前放置一块浅蓝色玻璃一样。由于加了浅蓝色玻璃会滤去红光、黄光和一部分绿光，使图像清晰度下降，眼睛接受的信息量也相应减少，反而增加眼睛的紧张度，显然对保护视力不利。因此，孩子看电视时，不宜佩戴防护眼睛，只是把电视机屏幕的亮度、色调、声音调节相宜就行了。

◎ 儿童不宜常听立体声音乐

儿童经常沉浸在立体声音乐之中，易损害听力。

因为孩子的听觉器官正处在发育阶段，鼓膜、中耳听骨以及内耳听觉细胞都很脆弱。孩子对声波的敏感度很强，而对声音辨别力较弱，很容易发生听觉疲劳。孩子若经常听立体声音乐，很强的音乐声压就被传递到很薄的鼓膜上，刺激听觉器官，引起听神经异常兴奋，时间稍长，孩子的听力就会受到影响。内耳的耳蜗听神经末梢细胞在长高音的刺激下，也会发生萎缩而造成听力减弱。美国和日本的医学专家曾对热衷于听立体声音乐和戴耳机收听立体声音乐的儿童进行听力测定，结果表明，许多孩子的听觉都有不同程度损害，而且年龄越小，收听音量越大，时间越长，其听力损害也越严重。因此，为了孩子身体健康和正常发育，不要让孩子长时间收听立体声音乐，也不要将立体音响音量开得过大，更不要给孩子带上立体声耳机收听音乐。

◎ 用耳塞机收听广播时间不宜过长

有的孩子常常用耳塞机收听广播节目，这也是一种不良习惯。

用耳塞机收听时，音频都集中在小小的耳塞机振动片上，耳膜接受的音频效应比扬声器放音时集中，且伴随着节目内容的起伏，精神处于比较紧张的状态；此外，耳塞机振动膜与耳膜之间的距离很近，声波传播的范围小而集中，对耳膜听觉神经的刺激比较大。这种刺激的时间一长，就容易引起失眠，头痛，记忆力减退，甚至听后大脑里常留有余音，听力下降。因此，孩子用耳塞机收听广播的时间不宜过长，两只耳朵应轮流收听，以防对健康产生有害影响。

◎ 孩子没病不宜乱服药

俗话说"是药都有三分毒"。有的家长怕孩子消化不好，便让其经常服用胖得生、多酶片等助消化药。实际上，这些消化酶，在正常情况下胃肠道是能分泌的，若无病长期服用，反而会减低自身分泌功能，久之会造成消化功能失调。还有的盲目让孩子吃宝锭、抱龙丹等，这类药都含有朱砂，长期服用可引起汞中毒。中医认为，疾病的发生是阴阳失去平衡的结果，健康的人体阴阳是平衡的，随便吃药可能会打乱这种平衡，甚至引起疾病。

◎ 孩子不宜滥用鱼肝油

许多人把鱼肝油看作是营养品，可使宝宝长得快，发育好，盲目地给小儿加用鱼肝油。结果事与愿违，反而造成孩子生长发育障碍。

鱼肝油富含维生素 A 和维生素 D，这两种维生素确是孩子生长发育中所必需的。但是孩子对维生素 A、维生素 D 的需要量并不太大，在合理喂养的条件下，孩子又有适度的户外生活，常晒太阳，就不一定再补充额外的维生素 A、维生素 D。由于维生素 A、维生素 D能在体内长期贮存，排泄又慢，如果服用多了，就会影响孩子的生长发育。维生素 A 用量过多，可使软骨细胞造成不可逆的破坏，使骨骺软骨板变窄，甚至消失，骨不再向长处生长，故长不高，导致两肢跛行或缩短畸形。过多的服用维生素 D 也容易发生过敏或中毒，甚至引起高钙血症。要知道，高钙血症的后果也许比佝偻病更加严重。

一般情况下，一个正常健康的小儿，是不会缺乏维生素 A、维生素 D 的，不可乱服此药，更不可把鱼肝油当作营养品给孩子长期服用。

◎ 孩子不宜乱吃宝塔糖

有的家长因为小孩肚子痛或是胃口不好，不经医院检查，就以为是生了蛔虫，随便给孩子吃宝塔糖，甚至当糖吃。这种做法会使孩子病上加病，引起多种并发症等恶果。

宝塔糖里含有能杀蛔虫的山道年粉和轻泻剂甘质。而山道年粉是有毒的药品，多吃会引起中毒。孩子肚子痛，并不一定是蛔虫，若尚未查是什么病，就让其服宝塔糖，不但耽误孩子治病，而且很有可能造成不良的后果。另外，确实检查出孩子有蛔虫，也不要乱用宝塔糖，孩子肚子痛时，正是蛔虫在肠内乱窜或成团扭结的时候，这时如果吃了驱虫药，蛔虫受了刺激，严重时钻破肠壁，进入腹腔或钻进胆道或胆囊，有的蛔虫钻进阑尾，造成严重的并发症。因此，孩子发生肚子痛时，一定要请医生诊治，千万不要乱给孩子吃宝塔糖。

◎ 儿童不宜长期服用葡萄糖

不少家长认为葡萄糖营养丰富，把它当作儿童的滋补剂，不管孩子喝牛奶还是喂糖开水，都用葡萄糖代替白砂糖。这种做法没有好处。

葡萄糖是纯碳水化合物，属单糖，不经消化步骤，可直接被胃肠吸收而进入血液。正常小儿，其胃肠道消化一定量的白砂糖也很容易，吸收也比较快。所以，非特殊情况，不必用葡萄糖代替砂糖。相反，若长期给儿童食用葡萄糖，往往会导致正常消化机能的减退，使肠道正常分泌的双糖酶和其他消化酶的机能发生失用性退化，并会影响儿童对其他食物的消化和吸收。

◎ 小儿不宜用氯霉素眼药水

有的家长不了解氯霉素眼药水的毒性反应，擅自给婴幼儿使用，结果引起中毒。

英国《新格兰医学杂志》曾载文指出：氯霉素眼药水和氯霉素片剂、针剂一样，也有引起再生障碍性贫血的危险。因为长时间频繁使用氯霉素眼药水，可通过局部黏膜迅速吸收并在血液中储积。氯霉素对有过敏体质的婴幼儿，可抑制其骨髓造血系统，引起进行性贫血、出血倾向和反复继发感染，甚至诱发再生障碍性贫血。若血中氯霉素浓度过高，会损害心肌组织，引起循环衰竭，导致"灰婴综合征"，表现为腹胀，面色青灰，体温降低，甚至休克。因此，在一般情况下，婴幼儿不宜使用氯霉素眼药水。

◎ 儿童不宜过量服六神丸

入夏后，有的父母往往给孩子吃六神丸，以求清热解毒，防止疖疖和痱子的发生。但却不知道过多服用会发生中毒。

六神丸含有牛黄、珍珠、麝香、雄黄、蟾酥等成分，其中引起中毒主要是蟾酥。蟾酥是由蟾蜍（癞蛤蟆）的干燥耳下腺和皮肤腺体分泌的毒液加工而成的，它是一种复杂的有机化合物，内含有 30 余种物质，其中蟾酥二烯内脂是主要成分。若小儿过量食用后半小时，就可出现恶心，呕吐，腰痛，腹泻，重者导致脱水。患儿常有头晕，口唇四肢发麻，心动过慢，心律不齐，甚至造成血压下降而危及生命。给孩子喂食六神丸，应遵医嘱，切不可过多的服用。

◎ 喉片不宜当糖吃

有的父母常用喉片当糖果哄孩子，这种做法是有害的。

喉片是常用的一种消炎润喉药物，一般可分为杜米芬喉片、薄荷喉症片、含碘喉片等。这些喉片均有很好的清热解毒、消炎杀菌、止痛作用。所以喉片不宜当糖果吃，因为在人们的口腔和胃肠里，都存在着一些细菌，在正常情况下，它们并不会致病，但若在口腔无疾病时随便含喉片，就会影响口腔乃至胃肠道中正常细菌代谢，造成菌群失调，加速某些细菌大量繁殖而引起疾病。同时，常含喉片还会使口腔黏膜干燥，导致口腔溃疡。把喉片给孩子当糖吃要不得。

◎ 中药不宜与乳汁混合

有些家长给新生儿喂中药，为减轻药的苦味而加入乳汁内，这种做法并不好。

因为中药和乳汁混合在一起，很容易产生凝结现象，降低中药的治疗作用。

新生儿味觉反射尚未成熟，可把中药煎剂放在奶瓶里，用乳胶奶头让患儿自己吸吮，一般情况下是可以服下的。因此，没有必要将中药与乳汁混合在一起喂。

◎ 儿童不宜多吃山楂

山楂虽好，但儿童多吃有害。

山楂有开胃消食的功能，是通过促进胃液和胆汁的分泌而起作用的。如果孩子把山楂当零食吃，则会促使胃液的大量分泌，造成胃肠功能紊乱而产生疾病。长期食用山楂或山楂制品，对换牙齿或已有龋齿的儿童来说就更不利了。有便秘的儿童也不宜多吃山楂，因山楂有收敛作用，会使便秘加重。

◎ 婴幼儿不宜吃人参

人参中含有人参素、人参副素、人参甙等三种配糖体，连续大剂量服用易使人兴奋，激动，失眠，食欲减退，神经衰弱等。儿童正当生长发育期，体内各器官、系统的功能尚未完善健全，对人参的有效成分十分敏感，如果服用过量，可扰乱机体各系统间的功能平衡协调，正常的体内激素分泌紊乱。轻者则削弱儿童机体的免疫力，抵抗力下降，容易感染疾病。重者引起大脑皮层、神经中枢麻痹，可造成心脏收缩减弱，血压下降，血糖降低而危及小儿生命。

奉劝年轻的父母们，切莫随意给健康的婴幼儿服用人参汤，或食用加有人参的各种保健食品、药品，谨防小儿发生人参中毒的危险。

◎ 小儿不宜长期使用糖皮质激素

儿童长期使用糖皮质激素，会影响身高发育。

常用的糖皮质激素有泼尼松、可的松、地塞米松等。儿童如长期服糖皮质激素类药物，一是有对抗体内生长激素作用，引起蛋白质的负性平衡；二是使骨骼软骨增殖受限制，新骨形成受阻，活动性或骨细胞数目减少，加之蛋白质组成也受到障碍，生长受到抑制，所以，儿童个子长不高。小儿生病时，应慎用糖皮激素，最好是在医生的指导下使用。

◎ 乳酶生不宜与抗生素同用

乳酶生是治疗小儿消化不良常用的药物之一。若乳酶生与抗生素同用，就会失去效力而达不到治疗的目的。

因为乳酶生是一种活的乳酶杆菌制剂，而抗生素是由真菌、放线菌等微生物代谢过程中产生的一种具有抑制或杀灭病原微生物的物质。它不但能杀灭或抑制肠道内的其他细菌，同时也能杀灭乳酶生中的乳酸杆菌。所以，使用乳酶生时，就不能同时使用抗生素。另外，乳酶生也不宜与磺胺类、酊剂、活性炭、次碳酶铋、鞣酸蛋白等同用。必要时，应在服乳酶生后 2 ~ 3 小时后，才可以服抗生素及以上药物。

◎ 小儿不宜长期打针

孩子一有伤风感冒或其他炎症性疾病，动不动就给孩子打针的情况是十分普遍的。

要知道，小儿在迅速生长发育时期，由于肌纤维柔弱，对刺激反应敏感，若反复多次打针，不仅造成多次机械损伤或出血，更由于某些化学作用，先引起局部硬结，进而纤维化，甚至形成臀大肌、臀中肌、三角肌、股四头肌挛缩症。

孩子有病，尽量吃药治疗，应避免长期肌内注射，以免引起不良反应。

◎ 婴幼儿不宜用成人痱子粉

天气热时，父母经常会给孩子身上扑些痱子粉，如误用成人痱子粉，那会损害婴幼儿健康。

因为成人痱子粉与小儿痱子粉，所含的药物、剂量都不相同。成人痱子粉中所含的薄荷脑、樟脑（或冰片），比小儿痱子粉多 3 ~ 4 倍；升华硫多 10 倍；对皮肤刺激大的水杨酸多 1 倍。尤其是成人痱子粉中含 8.5% 硼酸（或 4% 的硼砂），而小儿痱子粉中却一点也没有。如果给小儿误用成人痱子粉，会发生中毒现象，引起恶心、呕吐，皮肤起红斑.惊厥和小便不正常等。

◎ 给孩子喂药不宜捏着鼻子灌

有些父母由于不懂得给孩子喂药的知识，便捏住鼻子强塞硬灌，这种办法是非常有害的。

正常人的气管的起始处有块"会厌软骨"，当人进行呼吸、说话、唱歌等活动时，它便自然张开；在进食时它便关闭，防止食物误入气管。给孩子喂药时，如果捏着鼻子硬灌，这样就会弄得孩子精神紧张，嚎淘大哭，弄得会厌软骨也无所适从，使药物很容易呛气管，引起气管和肺的疾病，甚至有可能发生窒息而危及生命。

给孩子喂药，应采取诱导劝学的办法，使小儿自觉服药。对婴幼儿不要直接给服药片或药丸，应将药片或药丸研成粉末状，放入糖水或甜米汤内，用小勺从口角处慢慢喂服，千万不要捏着小儿的鼻子强行喂药。

◎ 给孩子喂药不宜用牛奶送服

有的父母在给孩子喂药时，不是用开水送服，而是用牛奶送，这显然是不对的。

牛奶及其奶制品中均含有许多钙、铁等离子，这些离子和某些药物（如四环素类等）能生成稳定的综合物或难溶性的盐，使药物难以被胃肠道吸收，有些药物甚至还会被这些离子所破坏。这样就降低了药物在血液中的浓度，影响了疗效。所以，孩子吃药时，应该用开水送服。

◎ 给孩子喂药不宜用果汁

有些家长在给孩子喂药时，喜欢用果汁代水送服，这也影响药物疗效。

因为各种果汁饮料中，大都含有维生素 C 和果酸，而酸性的物质容易导致各种药物提前分解溶化，以致药用成分到不了小肠，不能被小肠吸收，因而大大降低了药效；有多种药物在酸性环境中会增加副作用，对人体产生不利因素。如小儿发热时常用复方阿司匹林、消炎痛等解热镇痛药，本来就对胃黏膜有刺激作用，若在酸性环境中则会加剧对胃壁刺激，损伤胃黏膜而出血。又如常用的麦迪霉素、氯霉素、红霉素、黄连素等糖衣片，在酸性环境中会加速糖衣的溶解，这样不仅对胃造成刺激，而且使药物未进入小肠就失去了作用。有的甚至与酸性溶液反应生成其他有害物质，损害了孩子的健康。给小儿服药最好用温开水送服。切不可用果汁及酸性饮料。

◎ 孩子不宜躺着吃药

孩子有了病，大人常说："坐起来吃药"，这话是有道理的。

研究发现，服药时所采用的体位，对药物的吸收作用有着较大的影响。英国医学报报告，病人站立或坐立服药，用60毫升的水冲服，5秒钟之内就能全部进入胃里，而躺服用同样的药片，用了多几倍的水冲服，只有一半药入胃，另一半药在食道里就逐渐被溶化，并不能全部到胃，致使药物没有完全发挥作用，并且有些药物还会直接刺激食道黏膜。另外，孩子躺着服药，也易使药物碎后及水误入气管，引起呛咳。让孩子吃药时，最好是站着或坐着吃。

◎ 哺乳期妇女不宜服用避孕药

有的哺乳期妇女怕再怀孕，就服用避孕药。这不仅使奶汁分泌减少，而且会对婴儿产生不良影响。

口服避孕药，可影响乳汁的成分和母乳的产量。复方避孕药中只要有30微克的雌激素，就能明显地减少乳量。单纯含孕激素的避孕药，也稍能减少乳汁中的脂肪成分。这就潜在着对婴儿的生长发育带来影响。使用人工合成的雌激素避孕药后，约有母体摄入量的0.1%进入到婴儿体内，在婴儿体内很快通过肝脏代谢。这些外来的激素，特别是对婴儿出生的头4个月内，由于婴儿血液循环中自然激素有暂时升高的现象，这样可导致器官或系统对外来激素产生特异敏感性。因此，在哺乳期间应采用其他避孕措施，待断奶后再采用此法。

◎ 哺乳妇女不宜服用哪些药物

除了四环素外，还有下列药物对乳婴健康会产生不良影响。

1. 氨茶碱 服用后约有10%的药量进入乳汁，对婴儿心脏维持平衡大有影响。

2. 氯霉素 服用后进入乳汁的药量也很多，可破坏和抑制乳婴骨髓功能，使造血机能受到障碍。

3. 异烟肼 服用后，其乙醯化代谢物进入乳汁，可引起乳婴肝中毒。

4. 苯印二酮 用后约有 4% 散布于乳汁，可使乳婴凝血过程受碍，导致自发性出血。

5. 阿托品 虽进入乳汁的药量不多，但抑制乳汁分泌作用特强，极易导致母乳缺乏。

6. 敌敌畏 误服少量也极易进入乳汁，且排泄很慢，对乳婴神经发育大有损害。

⊙ 饥饿性腹泻不宜限制饮食

小儿腹泻时适当限制饮食量，可使消化道充分休息，减少腹泻次数。如长时间的控制饮食，对腹泻的治疗就不利了。

因为长时间控制饮食，食量过小。胃肠功能减弱，稍增加乳量，也可引起腹泻，即饥饿性腹泻。此时患儿大便多呈黏液便，不成型。虽然次数多，但每次量少。化验无异常，便培养阴性。所以说这种腹泻是非感染性的，无须用药。只要逐渐加强营养，改善喂养方法，增加辅食即可好转，绝不可滥用抗生素和反复限制饮食。

⊙ 草莓舌与杨梅舌不宜混淆

猩红热发热 1 ~ 2 天后，全身可出现猩红色鸡皮样皮疹。表现在舌部，也有其特殊症状，出现草莓舌与梅杨舌的改变，但两者是有区别的。

猩红热病初期舌披白苔，舌乳头红肿，凸出于白苔之上，以舌尖、舌前部边缘处更为明显，这时称为草莓舌。随着皮肤的脱皮，在舌部可见白苔脱落，舌面光滑呈肉红色，舌乳头隆起，并有轻度痛感，此时称为杨梅舌。也就是说，草莓舌发生在出疹时期，有白色舌苔，舌乳头呈红色。杨梅舌发生在脱皮时期，无舌苔，舌乳头与舌面均呈红色。

◎ 佝偻病患儿不宜单纯补钙

有些人认为佝偻病是缺钙引起的，其实这是一误解。如果单纯补钙，不但起不到治疗作用，反而影响孩子的食欲，给正常发育带来不良后果。

佝偻病的根本原因是缺乏维生素 D。维生素 D 是钙质吸收和利用的催化剂。催化剂不足，服再多的钙片也不会被吸收利用，人体不能合成维生素 D。人体维生素 D 的来源，一是靠食物供应；二是靠阳光中的紫外线照射皮肤合成。治疗佝偻病，因食物中有足够的钙质，所以不需要补充钙剂，关键是补充维生素 D。母乳、动物肝脏、牛奶、蛋黄含维生素 D 丰富，经常晒太阳，服鱼肝油或注射维生素 D。

◎ 婴儿出湿疹时九不宜

婴儿湿疹，又叫"奶癣"。常发生在出生后 1～2 个月内，多发于头部、面部，严重者可波及全身。如治疗不及时，或饮食不当，会引起感染而导致其他严重疾病。这里介绍一些禁忌知识，有利于治疗和预防。

（1）婴儿湿疹忌搔抓患处，减少或避免皮肤再受刺激，防止感染。

（2）婴儿湿疹忌用热水、肥皂或消毒药水清洗皮肤，以免碱和热的刺激而加重湿疹。

（3）婴儿湿疹忌橡皮、塑料布等透气和吸水性差的物品包裹皮肤，衣服、床单、尿布等要勤洗勤换。

（4）婴儿湿疹忌穿着皮毛制品。凡毛衣、毛毯、羽绒被，化学纤维品等均容易引起过敏反应。

（5）婴儿湿疹忌室温过高，衣被不宜过暖，以防血管过度扩张加重炎性渗出。

（6）婴儿湿疹急性期，忌给孩子吃鱼、虾、鸡蛋、牛羊肉、牛羊奶等食品。哺乳者除忌食以上外，还要忌食葱、蒜、辣椒、韭菜等物。

（7）喂养婴儿忌吃食物过量，以免引起消化不良。饮食应选择易消化食物，定时定量，多喂水、鲜果汁、菜汁，少吃糖，保持大便通畅。

（8）健康小儿忌与婴儿湿疹化脓性感染者接触，以防交叉感染，不要与单纯性疱疹接触。

（9）婴儿湿疹忌种牛痘，也不与种牛痘者接触，以免引起疱疹样或牛痘样湿疹。

◎ 小儿腹痛不宜随便服止痛药

小儿腹痛是常见症状之一，未查明原因之前盲目服用止痛药，会造成不良后果。

小儿腹痛原因很多，而且病情变化快。有些做父母的，看到孩子腹痛难忍，自作主张给孩子服用镇痛药，疼痛虽能暂时缓解，但会给孩子带来更大的危害和严重并发症。因为许多外科急腹症，在未诊断前用止痛药，掩盖了患儿的症状，病情仍在发展，反而延误了诊断和治疗，如急性阑尾炎、肠梗阻延误数小时就可能造成穿孔，导致化脓性阑尾炎，中毒性休克，甚至危及生命。所以，孩子出现腹痛，应卧床休息，作细致观察，认真全面检查，包括必要的辅助检查，未明确诊断之前，不宜随便服用止痛药。

◎ 婴儿出牙晚不宜盲目补钙

有些家长看到自己的孩子已8个多月还没出牙，心里很着急，认为婴儿可能是缺钙，便给孩子增服鱼肝油和钙粉量。其实，这种做法往往有损孩子的健康。

小儿出牙的早晚主要是由遗传因素决定的，有出生后第4个月就开始出牙，也有到10个月才萌出乳牙。只要孩子身体情况好，晚到1周岁时出第一颗乳牙也没关系。只要注意喂养，合理而又及时地添加辅助食品，多晒晒太阳，婴儿的牙齿会自然长出来的。如果婴儿不出牙，并伴有其他异常时，可请医生检查治疗。仅仅根据小儿出牙时间的早晚，并不能判定是否缺钙。即使缺钙引起出牙晚或生长发育缓慢，骨骼增长不快，也不宜盲目补钙，擅自给孩子大量服用鱼肝油、打钙针和维生素 D，就很容易引起维生素 D 过量甚至中毒，影响孩子的健康。因此，婴儿出牙晚不宜盲目补钙。

⊙ 小儿服用止咳糖浆不宜过量

一些年轻的爸爸妈妈误认为小儿止咳糖浆无毒无害，多喝点没什么，常给孩子当糖水喝，结果出现了不良反应。

因为任何药物都有其安全范围，小于最低用量则不产生治疗作用，而超过极量却会出现不良反应，甚至产生药物中毒。小儿止咳糖浆中的主要成分是盐酸麻黄素、氯化铵、苯巴比妥和桔梗流浸膏等药物。若服用过多，会出现盐酸麻黄素的不良反应，如头昏、心跳加快、血压上升，还可出现大脑兴奋，如烦躁和失眠等；苯巴比妥的不良反应是头昏、无力、困倦、恶心和呕吐等，氯化铵服用过量可产生酸中毒等一系列不良反应。

因此，小儿不宜随意自己喝或过多地服用小儿止咳糖浆，应按规定量遵照医生吩咐服药。

⊙ 健康孩子不宜服用 "胖得生"

有的家长生怕健康的孩子发生消化不良或营养缺乏，常让孩子吃胖得生、多酶片等助消化药。其实，这是有害无益的。

因为胖得生、多酶片等助消化药，在正常情况下，消化道可以自行分泌。如果长期服用助消化药，反而会降低自身的分泌功能，久而久之，造成消化功能失调。因此，没有消化不良的健康孩子不宜服用胖得生及多酶片。

⊙ 婴儿不宜长期服用依托红霉素

依托红霉素虽然是婴儿患病的常用药物，若长期服用会产生不良影响。

因为依托红霉素是一种耐酸、无味、高效口服制剂，不易被胃酸所破坏，服后吸收好，作用维持时间长。婴儿如果长期服用就会产生不良反应，轻者有腹痛、腹泻、恶心、呕吐、便秘等；重症可引起胆质瘀滞性黄疸。依托红霉素为红霉素丙酸脂的十二烷基硫酸盐，能促进药物溶解和吸收，对肝细胞有较大的穿透力，长期服用易使肝脏受损。因此，依托红霉素不宜长期服用，一个疗程应限制在 10～14 天以内。

◎ 乳母不宜代替婴儿服药

有些年轻母亲常为婴儿患病服药困难而发愁，利用某些药物可由乳汁排泄，就想替婴儿吃药，为孩子治病，这种方法是不可取的。

实验表明，有不少种药物可进入乳汁，但是吸收与排泄的浓度难以掌握，副作用可能明显，却达不到治疗作用。常常药物浓度低，难以取得疗效，反而耽误了孩子的病情。如抗生素药物，处于低浓度则不能杀菌或抑毒，造成耐药性的产生，为以后治疗带来麻烦。因此，乳母不宜代替婴儿服药。

◎ 儿童不宜玩砂土

砂土堆，常常是儿童们的游乐场地。虽然可以引起孩子们的兴趣，但也可以引起后患。

因为砂土是坚硬的颗粒，玩砂土时可摩擦，浸渍刺激皮肤，从而产生砂土皮炎。过敏体质的儿童还可能出现变态反应性皮炎，表现有粟粒大小的丘疹、水疱、局部灼热、瘙痒、糜烂、流水等。穿开裆裤的幼女，还可以引起外阴炎。因此，家长要教育儿童不要玩砂土。

◎ 孩子不宜侧坐自行车架

有不少的家长骑自行车载小孩，常让孩子侧坐在自行车架的横梁上，殊不知，这样弊端很多。

因为人的骨骼在 3～8 岁时发育最快。小孩侧坐在自行车架横梁上，下身轻微扭转，时间久了易致脊椎骨扭曲变形。同时，因下肢血管受压，血液流通受阻，影响下肢发育。此外，自行车行驶时的震动通过脊椎迅速传给大脑，会对大脑产生不良影响。因此，小孩不宜侧坐自行车架，宜配置小藤椅，让孩子正身而坐，这样既安全，又舒适。

◎ 婴儿睡觉不宜偏靠一侧

婴儿在睡觉时，如果经常偏在一边，时间久了，紧贴在枕头那面的颅骨就会因经常受压而变形，成为偏头。同时，婴儿肌肉发育也会因受压而受到限制，导致一边的脸长得大，一边脸长得小。

婴儿的头部在出生一个月里比人的一生中任何时期都长得快。从生下来到满一个月，婴儿头部周长长大了约3厘米，头颅在迅速成长的过程中是左右均匀地成长。如果婴儿经常偏向一侧睡觉，那就容易形成偏头或脸长偏。怎样防止呢？①婴儿在睡觉时，大人要定时帮助变换头部的位置，以免一侧长期受压；②当发现一侧稍偏时，就要有意识地其头部另一侧枕枕头；当发现头型窄时，可以使婴儿仰卧，眼睛看着天花板，用后脑勺枕枕头，以此交叉变换睡觉的方向来矫正偏头；③婴幼儿如果已经形成偏头或偏脸时，当父母的不必过分着急，只要及时纠正不良习惯，孩子的头、脸会慢慢平衡的。

◎ 婴幼儿玩具不宜挂在小床一侧

婴幼儿的视力训练应在出生后就及时进行。可选择色彩鲜明，反差较大的玩具逗孩子。但要注意训练时间，要由短到长，否则引起视力过度疲劳，适得其反。但一定要注意不要把单独的玩具挂在小床栏杆上。要挂时可在小床四周分散地多挂几件玩具。这样有利于防止小儿因长时间注意一个物体，而引起屈光不正、斜视及对眼。所以，婴幼儿玩具不宜挂在小床时一侧。

◎ 乳母不宜食用腌不透的菜

乳母吃了不新鲜的蔬菜及没有腌透的腌菜、泡菜或煮后隔天的青菜等，往往引起小儿皮肤、黏膜青紫，有害健康。

因为这些食物中亚硝酸的浓度较高，进食后体内亚硝酸盐的含量急骤增加；小儿吃含有高亚硝酸盐乳汁后，经肠道把亚硝酸盐吸收入血。在血液中，亚硝酸盐可使正常人红细胞内血红蛋白中的二价铁离子氧化成三价铁离子，血红蛋白转变为高铁血红蛋白。这种高铁血红蛋白没有携带氧气的能力。当体内 20% 以上的血红蛋白转变为高铁血红蛋白时，便会发生组织缺氧，表现为指趾端及口唇黏膜的青紫，并兼有头晕、气急、恶心、呕吐等症状，严重时可致死亡。

因此，为了孩子的健康，乳母必须重视饮食卫生，不吃不新鲜的、煮后隔天的蔬菜，不吃或少吃没有腌透的腌菜或泡菜。

◉ 哺乳时不宜只喂一侧乳房

哺乳婴儿如果长期只喂一侧乳房，不仅可使乳房一大一小，而且使婴儿摄取蛋白质减少一半，影响小儿的生长发育。

母亲两侧乳房的乳头、乳管、乳腺的发育不尽相同，婴儿有时很快就表现出喜欢吃某侧的乳房，对另侧乳房表现出不耐烦，有意粗暴地拉与咬一侧的乳房，或拒绝在这侧哺乳。这时不受欢迎的乳房应在饥饿时先吃，然后再吃对侧乳房。每侧乳房均应尽量吸空，有利于泌乳增多。两侧乳房轮流喂奶，以防吸吮少的一侧乳房变小，喜欢吃的一侧增大，双乳变得不对称，停止哺乳后也不易改变，影响美观。此外，每侧乳汁开始时蛋白质含量高，继续分泌的乳汁中含有较多的脂肪和糖，每次吃空乳房可得到较全面的营养。因此，哺乳时不宜让婴儿只吸一侧乳房。

◉ 乳母不宜从事有害作业

哺乳期妇女从事有害作业，会损害乳母和婴儿的身心健康。

母亲乳汁的质和量能间接反映母体的健康、营养状况等。当授乳妇女受到环境中的有害化学物质侵害，母体的毒素就可能随乳汁排出，婴儿吃了这种乳汁，就会影响发育。大量的资料表明，乳母生产中接触高浓度的铅尘和铅烟，可导致乳儿铅中毒，即所谓母源性小儿铅中毒，在我国各地屡有发生。因此，为了保护乳儿健康，哺乳女职工应禁忌参加接触可从乳汁中排泄的工业毒物的工作，如接触铅、汞、锰、镉、砷、氟、溴、苯、二硫化碳、甲醇、有机磷和有机氯化合物的生产或作业。如果确无条件完全脱离有毒作业，应注意多吃些能够帮助机体解毒的食品，如牛奶、绿豆、豆腐等，并注意个人卫生，工作喂奶前要认真洗手，不穿工作服喂奶等。

第八章 体育锻炼宜忌

◎ 孕妇宜选择哪些锻炼项目

越来越多的女同志都知道，怀孕后参加锻炼不但有利于分娩和产后的康复，而且对腹中的胎儿也有一定的益处。但是，如果锻炼不当，则会带来害处。因此，怀孕后选择参加锻炼项目就显得尤其重要了。

怀孕的前 3 个月和后 2 个月，可散散步、打太极拳、舞剑健身等运动，做一些没有跳跃运动的体操、踢腿、转身等项目；绝不要参加剧烈的体育活动，以免引起流产或早产，怀孕的中间 4 个月胎盘已形成不易流产，除可参加上述项目外，还可以打打乒乓球、羽毛球、骑自行车和慢跑，也可用篮球投篮或两人对托排球，记住不可运动过分。在整个怀孕期间，一定要根据自己的身体情况去参加锻炼，不要勉强。无论参加哪一项锻炼，都应避免挤压和震动腹部。同时注意不应持续时间长，以致筋疲力尽，寒冷炎热和潮湿的天气也不宜进行锻炼，若体重不增加或患有先天性子痫胎胲过早破裂、高血压心脏病等疾病的症状，则不建议锻炼。

怀孕前 4 个月要多做有氧运动，游泳为首选项目，游泳可以让全身肌肉参加活动促进血液循环，改善情绪，减轻拉振支点。

◎ 宝宝三"浴"

1. 阳光浴 晒太阳有很多好处，因为阳光中的紫外线不仅可以促进血液循环杀菌和增强抵抗力，而且可使人的皮肤中含有 7- 脱氢胆固醇转化为维生素 D，有利于钙的吸收，预防佝偻病。

婴幼儿进行日光锻炼应注意以下几点。

（1）新生儿满月后便可以抱到室外晒晒太阳，户外温度达20℃左右时，可按手脚→膝盖→大腿→腹→胸→全身的顺序慢慢来。开始时每天晒3～5分钟，以后随着月龄的增长，逐渐延长时间，可达10分钟、15分钟、20分钟。

（2）日光浴不宜空腹进行，一般以早餐后1～1.5小时为宜，如温度条件允许，可在午餐后1～1.5小时进行。

（3）晒太阳不要隔着衣服或玻璃，不要在尘埃、煤烟，甚至烟雾较多的地方，因这里不仅空气不洁，而且这些因素都能阻止紫外线的透过。

（4）注意避免阳光直接照射小儿的头部尤其是眼睛，也不要让强烈的阳光照的时间太长。

（5）日光浴完后，要及时擦汗、洗涤拧内衣，同时及时补充水分，给点果汁、凉开水、蔬菜汤等食用。

（6）如发现孩子出汗过多，精神萎靡，皮肤发红，头晕，头痛，心跳加快时，应立即停止日光浴。

2. 空气浴　婴儿出生后过了3周，就要逐渐与外界空气接触。在夏天要尽量把窗户和门打开，让外面的新鲜空气自由流通。在春、秋季，只要外面的气温在18℃以上，风又不大时，也可以打开窗户和门。就是在冬天，在阳光好的温暖时刻，也可以每隔1小时打开一次窗户，以换换空气。

2～3个月的婴儿，除了寒冷的天气外，只要没有风雨，就可包着抱到院子里去，让外面的新鲜空气接触脸、于、脚的皮肤，使之受到锻炼；让婴儿呼吸比房间里的温度要低的室外空气，以锻炼气管黏膜，对防止日后易发生的呼吸道疾病是大有好处的。每天可以抱出去2次，每次5～10分钟左右，但当室外温度在10℃以下时，就不要把婴儿抱到外面去了。

3. 水浴　当小儿进行了空气浴、日光浴锻炼后，最后可开始水浴的锻炼。水浴分擦、冲、淋三种。

（1）冷水擦浴。这是最温和的水浴锻炼，适用6～7个月以上的婴儿和体弱儿童。室温应在20℃以上，夏季可在室外进行。开始时的水温 35℃左右，每隔 2～3 天降低水温 1℃，较小的儿童水温可逐渐降至 20℃左右，较大儿童的水温可降至 17℃～18℃左右，以后维持此水温。擦浴者蘸水轮流擦婴儿左右上肢、下肢、胸、腹及背部等部位。擦四肢时应由手向肩部，由足部向腹股沟处。整个过程约 5～6 分钟。擦浴动作要轻柔而快，完毕后用毛巾擦干，再穿上衣服。

（2）冷水冲淋浴。适用于 2 岁以上的小儿。水温可降至 26℃～28℃，较大儿童水温降至 22℃～24℃。冷水冲淋全身，但不要冲淋头部。淋后用毛巾吸干，再进行干擦，使皮肤发红。

（3）冷水浴。利用自然的水场如江、河、海滨或游泳池，但要注意防止溺水意外。

如果小儿从夏天开始一直保持水浴锻炼，就可预防孩子手脚生冻疮。一旦儿童适应"三浴"锻炼，则"三浴"可同时进行。如早上空气浴与日光浴，睡前水浴。

◎ 体操宜从婴儿期做起

在婴儿从出生后两个月左右开始，由成人帮助做些简单的体操，有助于促进他们的身体发育。

1.2～4 个月 使婴儿习惯于四肢运动。婴儿平卧，先将其两上肢交叉伸屈，再将两下肢交叉伸屈，最后上下肢同时伸屈。每一动作重复 2～3 次，以锻炼肩部及腿部的肌肉。

2.4～6 个月 开始身体的运动。握住婴儿双脚，将其身体左右各翻转一次。婴儿翻身尚不自如时，可一手持其脚，一手扶其上身帮助翻身。

3.6～8 个月 为开始爬行、站立做准备运动。使婴儿仰卧，缓慢抬起其上身，使之坐起再躺下。重复两三次，以锻炼颈肌和腹肌。

4.8～10 个月 独自站立的准备运动。使婴儿俯卧，手持其脚脖子，待其两手撑地后，将两脚提起，再慢慢地放下 : 这样重复两三次，以锻炼上身及腕部力量。

5.10～14 个月 步行的准备运动。使婴儿蹲着或跪着，拉住婴儿双手，使其立起，这样重复 2 ～ 3 次，以锻炼其下肢肌肉。

帮助婴儿做体操时，态度要和蔼，动作要轻柔，不可强迫进行，并防止损伤婴儿筋骨。每日 1 ～ 2 次，每次体操时间以不使婴儿疲倦为原则，一般不超过两、三分钟，除患病等特殊情况外，不要间断锻炼，坚持才能取得效果。

◎ 宜重视幼儿的基本动作锻炼

大量资料调查表明：经常参加体格锻炼的孩子，比起那些缺乏锻炼的孩子长的更结实、更健壮，也少患病。年轻父母应该从孩子能够独立行走时开始，就帮助他进行体格锻炼。

孩子的体格锻炼，应先从基本动作开始，随着孩子年龄的增长，逐步学会正确的坐、立、走、跑、跳、攀登、爬行和投掷等。注意姿势一定要正确，锻炼的量也要由小到大，时间由短至长，项目由少到多。

1. 立得直 宝宝会站之后，首先要教他立得正确。头颈部保持正直、两眼平视前方、两肩稍向后挺、胸部扩展、腰部前挺、收腹、两臂自然下垂体侧、两腿伸直立正，使身体自然地挺直。一天至少炼 2 次，每次 10 ～ 15 秒。

2. 坐得正 正确的坐姿是上半身保持正直、挺胸、收腹、两膝弯曲并向两侧，足距等于肩宽。桌椅的高度要适宜。桌子过高身体会引起侧弯，长久则会致脊柱变形；桌子过低，易引起驼背。坐姿不当还会影响幼儿的内脏器官正常发育。合理的桌高等于幼儿身长一半减去 1 厘米。椅子高度等于幼儿足底到膝的高度。为孩子准备的桌椅应随他们的生长进行调整。

3. 走得稳 正确的走路姿势是躯干挺直，两臂自然地摆动，两膝稍屈，步伐轻松，脚尖先轻轻落地。

4. 跑得对 要求眼睛向前看，躯干要直，两臂屈曲。应先教会摆动上臂，然后再炼跑步，不要急于跑得快或跑得远，要跑的对。

5. 跳得轻 应先双脚稍蹲，然后脚尖蹬地，两膝伸直，两臂用力向前向上摆动。落地时两膝稍屈，轻轻地用脚尖着地。

◎ 婴儿宜多练爬

有些年轻的父母，总盼着自己的孩子早点会坐、会走。当他们看到自己的孩子能独立地迈出第一步时，会感到无比的兴奋和喜悦。但是，如果让婴儿过早的练坐或学走路，容易使孩子的骨骼变曲或变形，因为每个孩子的发育进程各不相同。

婴儿利用四肢爬行时，颈部需要抬高，并左右转动，这对颈部的发展有很大帮助，婴儿爬行时用手支撑身体，有助于腕力的提高，婴儿爬行的过程中，更可以促进宝宝膝、臂动作的协调和四肢的灵敏，婴儿在爬行中顶用四肢交脊向前运动可以促使大脑左右半球协调指挥。美国费城研究所的专家认为：爬能促进大脑的发育，爬对脑控制眼、手、脚协调的神经发育有很大的促进作用，认为孩子爬得越早越多，对开发孩子的智力潜能越有利。

◎ 宝宝初学走路宜赤足行走

其实，应在干净、安全的环境里，经常让宝宝赤足行走，是大有益处的。

赤足行走有效地提高踝关节的柔韧性，有利于足弓的形成，运动时不易跌倒受伤。经医学家研究证实，赤足行走可调节人体的许多功能，如增强大脑的灵活性；改善大脑皮层对刺激的反应能力；调节和促进内分泌活动素。此外，脚部周围皮层有着丰富的毛细血管和神经末梢，赤足行走可使脚底肌肉群受到摩擦，改善血液循环和新陈代谢，增强人体对外界环境的适应能力。

◎ 幼儿宜早用筷子

俗话说："心灵手巧"是有一定的科学道理的，凡是手指动作灵活的幼儿，他们的智力发育也比较好。而且前一些家庭和幼儿园给3～5岁幼儿吃饭时只习惯于让幼儿使用汤匙，这种做法是不太妥当的。

据报道，日本学者对手和脑的关系，认为要想培养出智力发达的孩子，那就必须让幼儿锻炼手指的活动能力。因为手指活动刺激脑髓的手指运动中枢，能使智力提高。

幼儿应从 2 ~ 3 岁时学习使用筷子，促进脑发育。现代医学研究也表明，人们在运用筷子时，会牵动手指、掌、腕、肘、肩 30 多关节和 50 多条肌肉的活动，这对大脑皮层是一种有益的锻炼。幼儿拿筷子有个逐渐改进的过程，家长不必强求，可让孩子自己摸索并适当帮忙，对初学的小儿来说，竹木筷子比较合适，安全而不易掉食物。

很多家长认为小孩子适早进行体育锻炼，有利于身心健康发展，其实这种人只是片面的，儿童处于生长发育期，其体内的器官组织尚未发育成熟，有些体育运动是不宜过早开展的。

1. 儿童不宜过早练肌肉 儿童过早的练肌肉，不利儿童心肺功能的正常发育。

因为在人的生长发育过程中，身高的增长先于体重的增长。8 岁的肌肉重量仅占体重的 27.2%，到了成年才增长到 45%。由于儿童时期肌肉含水分较多，含蛋白质和无机盐较少，力量弱，易疲劳，不宜过早地练肌肉。另外，在负重的力量练习中常有憋气，憋气会引起胸腔内压力急剧上升，甚至可升成正压，有碍静脉回流，使心脏发生空虚性收缩。憋气后，静脉内滞留的大量血液迅速流入心脏，又可使心脏充盈过度，对心脏产生过强的刺激。生理医学研究表明：让儿童过早进行肌肉负重练习，可能使心壁肌肉过早增厚而限制心腔容积的增加。由此可见，儿童时期不宜过早进行肌肉负重的力量练习。

2. 幼儿不宜参加拔河 拔河虽是群众体育活动中经常开展的比赛项目之一，但对幼儿来说是不宜参加比赛的。

幼儿的骨、关节娇嫩，易引起关节受伤，经常进行有可能使骨骼畸形、脊柱弯曲。拔河时，幼儿全身肌肉群需要大量的血液供应氧气和营养物质，由于幼儿肌肉内毛细血管数量少，因而血液供不应求，易造成缺氧，损害肌肉的生长发育。拔河时，幼儿大脑皮质的相应中枢产生强而集中的兴奋过程，神经系统容易疲劳，这对神经系统的发展是不利的，拔河时，幼儿过多过长的勉强憋气，势必导致静脉回心血流减少，心输出量降低，心肌负担骤增，大脑出现暂时性缺血，严重的可能发生晕厥。拔河憋气时，声门紧闭，腹肌和呼气用力收缩，使胸廓向内压缩，胸内压加大，呼吸不能正常进行，肺内气体无法呼出，氧气又不能吸进，而拔河时，人体的需氧量，往往超过人体最大吸氧量，这样幼儿的身体就缺氧，有损于健康了。

3. 幼儿不宜长跑　长跑虽是一项增强体质的很好运动，但对幼儿来说并不合适。

因为长距离跑步会给心脏带来过重的负担，幼儿时期心脏发育尚未完善，心肌纤维柔嫩，心缩力弱，承担不了这样重的负担，常容易影响幼儿心脏的发育，甚至造成不良后果。幼儿骨质富有弹性，坚实性较差。如果参加长跑锻炼，在长时间的重力和肌肉拉力的影响，下肢容易弯曲和变形。由于长跑运动剧烈，会使其骨盆、膝、踝等部位的生长板分离，影响骨的生长发育，而使孩子长不高。

4. 幼儿不宜牵行散步　有些托儿所组织幼儿集体散步时，常让成队的孩子，后一个拉着前一个的后衣襟行走，这种方法对幼儿发育不利。

须知，当孩子伸出手臂拉前幼儿的后衣襟时，就把两人之间的距离固定了，而且，距离很近，影响迈步，这样，孩子只好斜侧着身体走，时间长了，容易形成"八字脚"。也有的孩子抬起脚跟用前脚掌擦碎步行，这同样影响孩子正确走路姿势。为了便于管理孩子，可用拉塑料绳行走的办法，也可让两幼儿手拉手，一对接一对自然地向前走。

5. 幼儿不宜倒立锻炼　如时长过长或过于频繁，会损害眼睛压力。

6. 不宜掰手腕比手劲　儿童长时间用一只手臂练习掰手腕可能造成两侧腹体发育不均衡。

7. 幼儿骑车不宜过早　过早地天天给幼儿骑车，则会导致两腿发育畸形。

大家知道，幼儿正处在迅速发育成长的早期阶段，身体内的骨结构以软骨成分为主，肌肉的力量较弱，骨骼可塑性很强，容易变形弯曲。而童车的设计一般是两个脚蹬之间距离过宽，鞍应与脚蹬之间相距过长，幼儿腿短，勉强伸到脚蹬，所以骑车时很费力，长期下去，由于幼儿经常地两下肢过度外展，脚趾前伸，就会引起两下肢弯曲畸形，容易形成"X"形腿。另外，幼儿大多穿开裆裤，由于坐垫质地坚硬，骑车时会摩擦和压迫会阴部，造成皮肤红肿疼痛，严重时还会引起排尿疼痛、排尿困难，发生幼儿尿道炎。因此，幼儿不宜过早地长时间骑车。因骑车已形成"X"腿者，应及时矫正，其方法是，两脚外侧着地走，或每日盘膝 1～3 次，每次 20～30 分钟。针对儿童的身体特点家长又让孩子进行跳绳、拔河、游泳、体操等体育运动。

8. 儿童不宜跳"迪斯科"　由于"迪斯科"舞节奏强烈，而幼儿控制能力差，过分的扭动身子，容易失去平衡而跌跤扭伤。同时，儿童的身体正处于发育时期，肌肉力量不强，骨骼也未长合，"迪斯科"舞主要动作以扭腰和扭髋为主，结合全身的"迪斯科"，对幼儿各关节的运动量要求过大，尤其是髋关节的强烈运动，对幼儿稚嫩的骨骼发育具有不良的影响。此外，节奏过强的迪斯科音乐，对小儿的神经有较大的刺激，会使他们经常处在兴奋状态之中，有碍幼儿神经系统的正常发育，进而也不利于其他各部的发育。

9. 儿童不宜贪玩电子游戏　儿童经常贪玩电子游戏有害健康。单从游戏本身来看，适当地让孩子接触一些电子游戏能锻炼孩子的神经反应能力集中注意力，加强其注意力的分配，然而孩子极易沉迷电子游戏，使孩子减少户外活动的时间，影响与伙伴们的交流，使孩子感到抑郁孤独不利于其社会性的发展，使孩子分不清现实与虚拟世界。过渡的沉迷，习惯游戏强烈的日光刺激，直接导致孩子注意力不集中，影响孩子其他兴趣爱好，一些游戏的暴力行为也对孩子的道德形成不利。

据日本有关专家调查研究结果表明：每天在家中玩电子游戏的日本儿童，通常较为任性，而且无精打采。受父母严厉管教和每天在家中玩电子游戏的小孩的患病率，分别是 20% 和 48.6%。每周玩

3次电子游戏的儿童，很容易感到疲劳，经常咳嗽，生气时眨眼睛或做其他怪动作。每天玩几回电子游戏的儿童，肩膀僵直，少气无力，常跟家长顶嘴，学习成绩也明显下降。这样的顽童26％常会出皮疹，15.9％很容易患伤风，8.7％晚上尿床，34.5％和父母顶嘴，19.8％易动肝火。父母限制严，但仍偷偷玩电子游戏的儿童，34.5％常伤风流鼻涕，27.6％容易疲倦，13.8％吮吸手指，13.8％精神萎靡不振。由此可见，儿童不宜经常贪玩电子游戏。

10. 儿童不宜玩弹子 有些孩子喜欢三五成群地趴在地上玩弹子球（玻璃球），这是一种很不卫生的游戏，它会增加许多传染病和寄生虫病传播机会。

因为在居民区地面表层的土壤中，有大量的细菌、病毒、寄生虫卵和其他病原体。孩子玩弹子时，在地上扒来扒去，很容易通过被污染的手将病原体直接带入口内，引起寄生虫病和消化道疾病；随着游戏时扬起的尘埃吸入体内，会引起呼吸道疾病；在潮湿的土壤中玩弹子，钩蚴有可能直接钻入皮肤引起钩虫病；破伤风杆菌也能乘机侵入手部微小的伤口繁衍致病。老师和家长应教育和引导孩子，多开展一些对身体有益的游戏和体育活动，最好不要玩弹子。

◎ 宜让孩子从小学会游泳

近年来，"新生儿游泳池"在国外像雨后春笋般地发展起来。研究证明，让孩子尽早学游泳有很多好处：可促进全身肌肉发育，感觉的敏感性和身体的协调性，增大肺活量，使血氧含量增多，并能改进睡眠、增进食欲，刺激并促进脑神经发育，建立婴儿对新环境的安全感。此外，由于阳光、空气和水的作用，增强了皮肤的抵抗力，能使孩子不生或少生痱子、热疖头及其他皮肤病。通过观察表明，从小进行游泳训练的孩子智力发育比同年龄而未参加游泳训练的孩子强得多。

那么，家长在教孩子游泳时应注意什么呢？首先，要带孩子进行体格检查，经医生检查合格才能游泳。入池后要带领孩子，不能离开他，最好不要到深水去，以免发生意外。幼儿学游泳，一定要做到循序渐进，不可操之过急。要经常注意孩子的情绪、动态，水中停留时间不宜过长，一般 10 ～ 15 分钟后应出池，并在池边用干毛巾擦干身体，稍休息后再下水。注意温度的控制。要注意的是孩子饱餐后，是不宜立即游泳的，餐后立即下水会使大量血液集中到四肢，而减少到消化道的血液从而影响食物的消化吸收并且在水中，饱餐后的胃受到水的压力和其他脏器的挤压，造成蠕动困难难以消化，有时还会引起胃痛。要预防感冒、中暑和晒伤皮肤。游泳完毕后，须滴消炎眼药水，如耳内进水，要及时用消毒棉棒把耳道内的水液拭干，以防发生眼、耳、鼻方面的疾病。

◎ 家长宜常给宝宝按摩

给婴儿按摩，可使宝宝身心放松。这种按摩把爱和抚摸结合，是一种不用语言的深层次的沟通。

这种按摩法简单易学，最重的是母婴双方都要处于舒适状态。按摩应在孩子不饥饿、不困倦的时候进行，最好是给婴儿洗澡前后。母亲背靠墙坐在地板上，婴儿裸体躺在柔软的垫子上。按摩前，母亲先用几滴植物油（杏仁油、橄榄油、椰子油均可）擦手，然后按以下方式给婴儿按摩。

1. 胸部　从右肋下开始向上抚摸，穿过胸部直到后肩，然后从左肋下到后肩，双手交替进行。

2. 腹部　从胸骨开始往下，做波浪式推动，两手交替进行。

3. 腿部　用双手抓住婴儿的腿轻柔地拧动，从大腿一直到脚踝。脚踝要放在柔软的织物上。

4. 脚部　用手掌或手指肚按摩脚掌，同时对脚弓轻轻施以压力。

5. 背部　婴儿面朝下，母亲用左手托着婴儿，右手从肩部到脚，再从脚到肩部做小波浪式的按摩。

6. 脸部　用手指肚从前额中间向外按摩，以颧骨为中心向四周按摩脸部。下额则自下而上按摩。在按摩过程中，母亲应不停地与婴儿讲话、唱歌，使小宝贝全身轻松。

第九章　意外事故与急救宜忌

◎ 小儿平安过节六宜

为了让孩子平安健康、快快乐乐地度过节日，家长应注意做好以下几件事。

一宜节制孩子饮食。节日期间饮食多样化，鸡鸭鱼肉、糖果糕点应有尽有，油腻大、糖分多，难以消化和吸收。孩子吃多吃杂了容易损伤脾胃，引起消化不良、呕吐、腹泻、腹痛。要教育孩子不要暴饮暴食，不食腐变、生冷或不洁净的食物。

二宜防鞭炮炸伤。据往年春节期间医院急诊统计，95%以上患者是因鞭炮炸伤眼睛、手、面部，尤以少儿居多。因此，在节日期间，家长要做到不给孩子买烟花爆竹，并力戒孩子放鞭炮。

三宜注意交通安全。节日期间是交通事故高发期，家长应教育孩子不要在马路上逗留玩耍，不要追逐或扒乘来往车辆，过马路时要走人行横道。不让幼小的孩子单独外出，免发生伤亡。

四宜预防传染病。春节正值冬春之交，是流感、流脑、百日咳、腮腺炎等呼吸道传染病的多发期，家长应少带孩子串亲访友或去公共场所。外出时应给孩子穿好衣服，戴好口罩，防止感冒和冻伤手脚、面部。

五宜防意外事故。准备节日饭菜时，不要让孩子在厨房或火炉旁跑来跑去，以防烧伤或烫伤；不要让孩子边吃东西边跳蹦打闹；不要让孩子把气球碎片、泡泡糖放在嘴里吹，以防发生呛咳、憋气、危及生命。

六宜保证充分休息。每天应让孩子有 10 小时左右的睡眠时间，不要让孩子长时间地看电视。此外，还应该让孩子适当参加一些体育锻炼和文娱活动，以保证健康、快乐地过节。

◎ 婴儿呛奶性窒息宜马上急救

有的婴儿因体质弱或伴有发热、腹泻等疾病，或因喂养不当而发生吐奶。奶量较大时又可发生呛奶，婴儿的神经反射尚弱，不能把呛入气道奶汁咯出，奶汁阻塞气道可引发窒息，窒息5分钟即可导致婴儿死亡。呛奶窒息的婴儿表现为颜面青紫、双眼上翻、全身抽动、无呼吸或呼吸不规则，可吐出奶液或泡沫、黑水等。这时立刻弄醒婴儿，如果婴儿能哭出一声，抢救便成功一半。无效时，可将婴儿头转向一侧，扒开婴儿口腔，手指伸入口中，清除咽喉部的奶液，也可用小纱布轻擦。对吸入较深的奶液可口对口吹气，以迅速缓解缺氧状态。值得强调的是，上述的抢救动作一定要快，丝毫不能迟疑。若经抢救无效，应以最快的速度送医院急救。

当然，对有病的婴儿及频繁吐奶的婴儿可适当抬高床头，让婴儿侧卧，或在哺乳之后将婴儿抱立起来，轻拍后背，立即打嗝后再放到床上。夜间应每隔3小时观察一次婴儿呼吸与睡姿等情况。乳母喂奶时，还应防止奶头堵住婴儿的口鼻。

◎ 宜防范小儿中毒

近年来，小儿急性中毒方式及中毒物的种类日益增多，应高度重视，加强防范。

一是农药中毒。多见于农村学龄前儿童，主要原因是家庭对农药及盛装农药的空瓶保管不当，有的家长还将农药与口服药物混放。有的小儿将农药误为"糖浆水"、"果汁"而吞服，用盛过农药的空瓶装水喝，或进食高残留剧毒农药喷洒的瓜果及被甲胺磷等毒饵致死的禽畜。一些乳母在田间喷洒农药后不洗澡换衣就给婴儿喂乳，用农药包装薄膜作尿垫，用有机磷农药给孩子灭头虱，结果造成接触吸收中毒。

二是药物中毒。城市家庭"小药箱"较普遍，有的家长不懂儿童用药特点，擅自按成人剂量给小儿服用，或错把一些有毒药品如癣药水当作止咳糖浆给小孩喂服。有的孩子将爷爷、奶奶服用的"安眠药"、"降压药",妈妈服用的"避孕药"等误作糖丸吞服。

三是食物中毒。主要是动植物和伪劣食品中毒,如进食腐败、变质的肉类、剩菜饭、毒蕈、甘蔗等。

四是气体中毒。有的孩子擅自走进阴暗潮湿不通风的地下道、阴沟玩耍,导致缺氧及各种有害气体中毒。

无论何种毒初期多有呕吐、烦躁、嗜睡,还有抽搐、昏迷、流涎等,年龄越小症状越明显,一经发现,需尽快救治。

◉ 婴儿发生事故后宜采用哪些应急措施

(1)眼中进砂粒后,一般人习惯用手揉眼睛,这是很不好的。因为小砂粒在眼皮上,如果轻轻地翻转上眼皮,用棉签轻轻蘸些白开水就能拭去眼皮上的砂粒。如果用手揉眼皮就会把砂粒深深嵌入角膜上,用湿棉签不容易拭掉,则必须去看眼科。

(2)鼻孔异物:婴儿因好奇而将异物塞入鼻腔,引起鼻塞。异物如是软纸片、棉花,可用镊子取出,如是小异物,用手紧按无异物的鼻孔,引导婴儿擤鼻涕将异物带出,也可用棉花或纸捻刺激鼻黏膜,使婴儿打喷嚏将异物喷出。

(3)吞食异物:误食异物进入消化道后,可让孩子吃下大量芹菜、韭菜、菠菜,促使异物排出。较大异物或带锋尖的锐利物品,要急送医院。

(4)烧(烫)伤:轻度烧伤可用苏打水(1平匙苏打加1杯水)浸过的纱布冷敷局部,然后涂清凉油。若是起子泡,局部消毒后,可在水泡底部剪一小口,用消毒的棉签挤出积液,再用消毒的油纱布包扎好,2~4天换1次药。面积大而有深度的烧烫伤应立即脱去患儿湿热衣服鞋袜,也可用剪刀剪破,手要轻,不可硬脱。创伤面不要随便涂药或油一类的东西,应用清洁被单掩盖伤面,急送医院。

◉ 幼儿宜远离有毒花木

据调查资料记载一位5岁孩子,在家中阳台玩耍时,把盆栽的夹竹桃叶片摘下，放在嘴里嚼咬，不久便大哭不止，连呼腹痛，接着呕吐。父母急送他去医院，确诊为夹竹桃中毒，幸得及时抢救才脱险。

有毒的花木很多，家庭常栽的有夹竹桃、一品红、花叶万年青、闹羊花、曼陀罗等，误食这些花木后，便会出现头晕、恶心、呕吐、腹痛、腹泻、四肢冰冷，严重者休克、昏迷，甚至死亡。

预防措施：首先弄清家庭栽培的花木哪些是有毒的，并逐一向幼儿讲明，不能随便采摘、啃咬。同时要将有毒的花木放在幼儿够不到的地方，地栽的要设围栏。此外无毒的花木在喷药和施肥后，也不要让幼儿任意触摸、掐弄。

◉ 哪些食物易使小儿中毒

能够引起中毒的食物可分为三大类，一类是被细菌或真菌污染了的食物，一类是含毒素的动植物，一类是含化学毒物的食物。

（1）容易被细菌污染的食物有鸡、鸭、鱼、蛋、凉菜、凉糕等；容易被真菌污染的食物有甘蔗、地瓜等。这些食品营养丰富，一旦气温适宜就会被病原菌产生的毒素污染，引起中毒。

（2）含有毒素的动植物食品有扁豆、土豆、白果、豆浆、动物肝脏、河豚等，如处理不当或食用方法不正确，就会造成小儿中毒。还有一些水果核仁、如苦杏仁、苦桃仁、枇杷仁、李子仁、樱桃仁、苹果仁、亚麻仁以及一些植物的叶子如夹竹桃等都有剧毒，食入几粒果仁或几片叶子，就会中毒，甚至导致死亡。

（3）含有化学毒素的食物，大多为被农药、化学物质所污染的蔬菜、水果，或因贮存不当、制作方法不适宜而产生了有毒物质，如腌制品、熏制品、烤制品、油炸制品等，这些都有可能导致小儿食物中毒。

◉ 宜当心小儿烧烫伤

每到热天，小儿各种烧伤，烫伤的发生明显增多。其原因除了热天小儿穿着单薄，活动量大，以及小儿好奇心强，动作不够协调，回避反应迟缓等因素外，主要由于家长们对发生烧、烫伤的情况估计不足，疏忽麻痹所致。常见的原因有以下几方面。

（1）给小儿洗澡或洗衣服时，先倒开水，然后再去拎冷水，这时开水盆旁无人，小儿跑来跑去，不慎跌入盆内，或不知凶险的将手插入盆内而烫伤。

（2）小儿好奇心强，喜欢东张西望，爬高蹬低，特别喜欢到桌面上抓攀，不注意将热汤、热茶、热稀饭打翻，甚至碰到热水瓶，致将头、颈、胸部和手烫伤。

（3）小儿跟大人在厨房跑来跑去，不小心在炉子旁跌倒，或乘大人不备，到炉子上去揭壶盖、锅盖，以及被沸腾的蒸汽熏出泡来。

（4）抱着孩子端热汤，热水、汤水未凉，因怕孩子吵闹，就边吹边喂，大人不注意，小儿手脚快，动手一抓即被烫伤。

（5）存放易燃品如汽油、煤油等的地方不妥，小儿发现后当一般空瓶摔着玩，结果瓶破油溢，碰上火源一烘而起，小儿躲避不及而致烧伤。

（6）任意让小孩玩火柴和打火机，或平时玩火不加教育，以及因大人吸烟或小孩玩鞭炮而被烧伤。

所以，家长一定要重视和预防小儿烧、烫伤。

◉ 小儿溺水后宜怎样急救护理

溺水后若是水灌入呼吸道内，会引起窒息，5～6分钟后呼吸、心跳即可停止；也有因为喉头痉挛或心脏停跳立即死亡者，所以抢救应争分夺秒。要记住急救的要点是离水上岸后马上用各种方式使呼吸道内的积水倾出，比如把孩子腰部抱起，背向上，手足下垂，并不断地颠动；或把孩子头脚下垂地俯卧在大人肩上，大人来回跑动，可以把呼吸道及胃内的水倒出，并有助于呼吸道通畅。然后迅速地施行口对口人工呼吸法，即用口对准小儿口吹气，为防止漏气可捏住鼻子，吹气的频率应以一般呼吸次数为准，不可过快或过慢。此时也可用手掐人中，并做胸外心脏按压，方法是把手掌放在孩子的胸骨下端剑突以上（即胸部下正中处)，进行冲击压迫，用力不要过猛，每分钟约 60～90 次，这样可以促使心脏排血到周身去。人工呼吸与心脏按压应持续进行到心跳出现并有自动呼吸，情况好转立即送往医院。

◎ 石灰、氨水溅入眼宜如何急救

碱性物质如石灰、氨水入眼极易渗入深部组织引起眼内组织的严重破坏，比酸性物质更为危险，必须马上去除致伤物，防止其扩散，其急救方法是：①冲洗：立即在现场用清水冲洗，包括自来水、河水、井水。可以取一盆水，把眼浸入水中做睁、闭眼动作，至少洗 10 分钟，务求彻底。②中和液冲洗：石灰烧伤的患儿可送医院用 0.5% 依地酸二钠溶液充分冲洗结膜囊。氨水入眼者则应用 3% 硼酸溶液中和冲洗。③严重的氨水、石灰烧伤，由于这些碱性物质很快渗入前房引起虹膜反应，需及时采取前房穿刺或冲洗，以放出渗入眼内的碱性物质，减少其对眼内组织的腐蚀。而且前房穿刺后新形成的房水对眼组织有营养和保护的作用。④局部用药：维生素 C1 毫升作球结膜注射，隔日 1 次，或自家血 1 毫升，每日 1 次。均可促进组织愈合，增加营养，维持角膜透明。

◎ 小儿触电后宜如何急救

小儿触电后要注意有无呼吸及心跳，在送医院或等待急救车到来之前、心跳呼吸停止的一定要及时做人工呼吸及心外按摩。人工呼吸除按抢救溺水的方式外，还可采用俯卧压背法，即被救人取俯卧位，胸腹贴地，头偏向一侧，两臂伸过头，一臂枕于头下，另一臂向外伸展开，以便使胸廓能扩张。救护者面对患儿，两腿屈膝跪于被救人的大腿两旁，把手平放于患儿的背部肩胛下角，同时俯身向前，慢慢用力向下压缩，用力的方向是向下、稍向前推压，当救护人肩膀与被救人肩膀将成一直线时，不要用力。在向下向前推压的过程中，就将肺内空气压出，形成呼气。停止推压，放松后，由于压力解除，胸廓扩大，外界空气进入肺内，形成吸气。上述动作反复有节律的进行，每分钟 15 次。儿童胸壁较薄，在背部处施加压力能起较大的作用，所以在小儿尚有心跳，不需要同时进行胸外心脏按压时，可用俯卧压背式人工呼吸进行抢救。

◉ 婴儿不宜在厨房内久留

有些母亲常带婴幼儿下厨房，边烧火边看护孩子，甚至让孩子在厨房玩耍或用餐。在农村里这一情况更为普遍。

我国大多数家庭都是以煤、柴、草作为燃料，而这些燃料在燃烧的过程中，一些有害的气体和烟尘，如煤能产生二氧化硫、一氧化碳等，对人体呼吸系统有较强的刺激性。柴草燃烧时，能向空气中排出上百种化学物质，大多对人体是有害的。如果婴幼儿长期接触超过规定浓度的有害物质时，会使呼吸正常生理防御功能受到破坏，排出异物的能力降低，可导致急、慢性疾病，如鼻炎、咽喉炎、气管炎和肺炎等。还有研究表明：吸入和接触硫化氢、碳氧化物等化学物质后，婴幼儿容易发生过敏性疾病，如支气管哮喘、气喘性肺炎、湿疹和荨麻疹等。

◉ 父母不宜把孩子锁在家中

父母上班把孩子锁在家中，不是个好办法，有时会发生意外事故的。

据法医介绍，某大城市一个研究所里的一对夫妻，有个心爱的6岁小女孩，孩子不愿上托儿所，他们就把女孩锁在家中，去上班了。结果女孩子在玩耍中，不自觉地将跳绳缠到颈部，因刺激颈部迷走神经分支或颈动脉窦，引起反射性的心跳停止而死亡。某城市一机关干部搬新居不久，便把5岁的男孩锁在家中，结果发现孩子气管被一块彩色气球橡皮膜，堵塞呼吸道而窒息死亡，类似这样的案例，每年都发生若干起。至于被锁在家中的小孩误吃药片，被暖瓶的开水烫伤，被剪刀扎伤，从楼房的阳台上摔下来等等，也屡有发生。这些事故的发生，我们应一一记取的。

◎ 大人不宜牵着婴幼儿的手走路

生活中常常可见到，大人牵拉小孩过马路、上下台阶或学走路，这样很容易使幼儿桡骨小头半脱位。

因为 4 岁以下的幼儿，桡骨头上的骨骺尚未发育完全，桡骨头也较小，包绕在桡骨头周围的环状韧带也比较松弛，头与颈的直径几乎相等，如幼儿肘关节处在伸直位，并受到突然的牵拉时，桡骨头就很容易从环状韧带的包围中滑脱出来，造成半脱位，又称为"牵拉肘"。桡骨头半脱位的复位手法并不难，可将孩子的肘部弯曲成 90 度，并用左手托住，大拇指稍用力按住桡骨头部位，右手握住孩子的前臂轻轻地作旋前、旋后转动几下，使患儿的掌朝天时，会感觉到一声弹响，桡骨头就复位了，孩子的手臂也能举起来了。

◎ 大人不宜打孩子的耳光

家长打孩子的耳光，会导致听力损害。

当大人打小孩的耳光时，很容易打在孩子的耳朵上，这样就会有股大的气流向孩子耳迅速压进去，由于耳道内唯一与咽喉相通的部位——咽鼓管处于关闭状态，仅在说话和吞咽时才开放，而压进去的气流就不能从此处流入咽喉，而是反流回来，且形成更强的气流会把鼓膜冲破，导致听觉减弱或消失。父母们可要注意，一失手打孩子一个耳光，说不定会造成终生遗憾。

◎ 大人不宜打孩子的后脑背

孩子常常淘气闯祸，有些家长恼怒之下，顺手朝孩子的后脑背打去。你可知道，后脑背是打不得的。

孩子的大脑神经系统发育尚未成熟，而神经系统主要分布在后脑和后背的脊椎骨中，若用力拳打孩子的后脑和脑后背，就有可能会造成局部压强和震动过大，很容易使其大脑神经受到损伤。

◎ 孩子跌伤不宜按摩

孩子跌伤后，父母总是习惯赶忙搓揉孩子伤痛处，似乎揉几下就会使孩子的伤痛减轻。这样做反而会加重病情的。

孩子急性外伤后，局部深处正在渗血，若盲目按摩会加重软组织内的出血肿胀，使血肿不易吸收，甚至还可导致外伤性骨化肌炎，使患肢发生永久性的功能障碍。若是伤势较重并伴有骨折等，如再去胡乱搓揉，便会加重骨折移位，或骨折的断端刺伤患处深部的血管和神经，以致加重病情，造成不良后果。当孩子腰部和四肢关节扭伤后，不能在患处按揉，可用冷水外敷，使血管收缩以减少出血，也可临时抱扎固定后送医院治疗。

◎ 孩子的耳孔不宜掏挖

有些家长常常喜欢用发夹、火柴棒、毛线针给孩子掏耳屎，有的甚至用长的手指甲抠耳，这是一种有害的习惯。

小儿的耳道皮肤娇嫩，如果在掏耳时，一不小心将外耳道戳破，沾染在这些挖耳器上的细菌很容易侵入，引起发炎、感染。如把鼓膜戳破，还会影响听力，甚至成为聋子。

其实，耳屎尚有一定的保护作用，可以防止小虫爬入耳内。耳屎多了，随人体的运动会自行掉出来的，不要经常给孩子掏耳孔。

◎ 孩子不宜吃过烫食物

有的家长把刚刚煮沸的开水或滚烫的食物放在桌子上，小儿年幼无知，端起来就大口吃喝，这样很容易造成咽部烫伤。

小儿咽喉保护性反射还不健全，吞咽滚烫食物后不会立即吐出，反而大哭大喊，加深吸气，可造成咽部广泛的烫伤。咽部烫伤后，咽痛难忍，吞咽时尤重，随之发生咽下困难，流口水，继而发热。病变部位的黏膜出现水肿，糜烂、溃疡，还有纤维素渗出形成白膜覆盖其上，重者组织坏死。由于小儿咽喉腔很狭小，一旦伴有喉水肿，咽部分泌物堵塞，可出现呼吸困难。为了防止孩子咽部烫伤，家长平时除注意对孩子进行教育外，盛有开水或滚烫的饭菜要放在孩子拿不到的地方，然后由大人照料就餐。

◉ 孩子口含糖果时不宜打针

有的家长，抱着生病孩子去医院打针时，为了哄着孩子不哭闹，总爱买袋糖豆让孩子含在口里。这样很是不好。

无论打什么样的针，必然有疼痛，这时小儿往往哭叫，如口里仍含着糖粒，很容易将嘴含异物吸入，堵住喉头或气管，甚至造成窒息的严重状态，危及生命。因此，在打针前，千万要注意小儿嘴里有无异物，切不可大意。

◉ 孩子打针后不宜用手按摩

孩子打针后，家长常习惯地用手按摩。要知道，针头刚拔出，用沾有许多致病菌的手按摩注射部位，很容易使致病菌沿着未闭合针眼侵入孩子体内，引起局部组织发炎。严重时，细菌侵入血液可导致败血症。另外，按摩可促使或加重注射部位"伤口"的毛细血管出血，引起血肿，影响肢体活动。孩子打过针后，可用一个消毒的干棉球，在针头损伤处稍稍压一下，出血就停止了。一旦局部发生硬块时，可用热敷或硫酸锌溶液作热敷。

◉ 孩子不宜玩塑料袋

婴幼儿哭闹是件常见的事，有时母亲会随手拿只塑料袋给孩子玩。殊不知，这也会发生预料不到的意外。

孩子玩塑料袋时，常把它蒙在自己脸上，一旦贴套在头面部，就会在孩子吸气的一刹那间，将塑料袋壁紧贴鼻孔和嘴巴，难以呼吸，如发现不及时，会引起窒息。家长及托儿所老师，都不要让孩子玩塑料袋，以免发生意外。

◉ 孩子不宜玩微电池

随着电子工业迅速发展，微电池已广泛应用于电子手表、电子计算器、微型儿童玩具和微型收音机之中，由于这类电池体积微小、表面光滑，故很容易被儿童所吞服。

现今流行的微电池有水银电池、碱锰电池，及氧化银电池三种。如果孩子吞服的微型水银电池，吞服后的 4 ~ 6 小时，其金属外壳就会被胃酸所溶解，电池中的水银则可因其大的比重而堕胃壁。若吞下的是碱锰或氧化银电池，金属外壳溶解后，电池中的氢氧化钾就有导致胃穿孔的可能，甚至危及生命。为了避免发生不测，家长要妥善保管好新、旧的微电池，不让孩子玩耍这种危险的"小玩意"。

◎ 父母不宜用绳子拴孩子

婴儿会翻身了，会爬了，稍不注意就不知爬到哪里去了。为了防止意外，有的父母用绳子把婴儿拴在一个安全牢靠的东西上。实际上，这种做法是很不妥当的。

因为婴儿在不断的翻动，时间一长，就有绳子把脖子、手脚缠住的危险。用绳子把婴儿拴住常有出现骨折、绳子勒住婴儿窒息的事故发生。因此，奉劝一些父母千万不要用绳子把孩子拴住。如果怕孩子到处爬，可以把婴儿放到婴儿车上。

◎ 小儿眼里进异物后不宜乱揉

小儿在玩耍时，不慎将异物弄到眼里，这时让孩子不要乱揉眼，否则会损伤角膜。

异物进入眼里让人难受，有摩擦感，不敢睁眼，怕光、流泪等，直至异物取出为止。取异物时一定要注意，不同部位有不同的方法。异物进入眼里，常可停留在三个部位。多见于上下眼睑（皮）的内侧面即睑结膜处，其次为眼睑与眼球相接壤之穹窿处。这两部位的异物较容易取出，把手洗干净后翻起上下眼皮，暴露出结膜，或进一步用手轻压眼球，暴露穹窿部，然后用清洁的水冲洗，或用棉签蘸水轻轻沾出即可，下眼皮只要向前牵拉，即可翻开进行。最困难是异物嵌在角膜表层，此时切不可乱揉，否则会损伤角膜，必要时求助医生。

⊙ 孩子不宜随便摘食野果

某些野果或果仁具有一定的毒性，幼儿食后会引起中毒，轻者出现不适症状，重者发生生命危险。

下面列举几例：①苦楝子，又名金铃子，有毒成分为苦楝素，对消化道有刺激作用，果实即可中毒。②白果，又称银杏，核仁中含有白果酸，对皮肤、黏膜有刺激作用，对中枢神经系统先兴奋，后抑制，并可引起肝脏损坏及心血管障碍。食人6～8个可引起末梢神经障碍。幼儿生食5～10粒即可中毒。③荔枝，种子中所含的甲基环内基肝氨酸有降低血糖作用，连续大量服食后可导致肝脏脂肪变性，食欲减退，发生低血糖。④桃、杏、枇杷、梨、杨梅、樱桃的核仁中皆含有苦杏仁甙和苦杏仁甙酶，苦杏仁甙遇水，在苦杏仁甙酶的作用下分解出氰氢酸、苯甲醛等毒性物质。因此，服食上述果实的核仁即可发生氰氢酸中毒。苦的桃仁、杏仁比甜的毒性高出数倍至数十倍，幼儿生食数粒即可出现症状，甚至死亡。

⊙ 孩子不宜做有危险游戏

随着年龄的增长，孩子的活动范围越来越大，玩耍和游戏的花样也越来越多。如果玩不适宜自己体力和有危险的游戏，就会发生意外事故。如从高处摔下来发生外伤；鞭炮放在玻璃瓶或汽油桶内放会发生炸伤或烧伤；没有受游泳训练私自去游泳发生溺水；放风筝不慎触及高压电线而发生触电等。这些事故常常给孩子带来肉体上的痛苦，给家长带来精神上和经济上的负担，甚至可造成终生残疾，给社会带来损失。

因此，为了避免事故的发生，需要做到以下几点。

（1）家长要提高警惕，精心照看孩子，在孩子活动周围一定不要存放有棱角或坚硬的物体，以避免碰着孩子。

（2）凡孩子的小手能够拿到东西的地方，都不要存放刀、剪、针、锥、开水等。

（3）要让孩子只参加适宜自己年龄和体力的游戏和运动。

（4）发现孩子玩有危险的游戏，就应立即制止，并告诉孩子这种游戏的危险性。

附 小儿养护参数对照表

表1 我国城区儿童体重、身长、头围、胸围计量表年龄

年龄	男				女			
	身长	体重	头围	胸围	身长	体重	头围	胸围
初生	50.6	3.27	34.3	32.8	50.0	3.17	33.7	32.6
1月~	56.5	4.97	38.1	37.9	55.5	4.64	37.3	36.9
2月~	59.6	5.95	39.7	40.0	58.4	5.49	38.7	38.9
3月~	62.3	6.73	41.0	41.3	60.9	6.23	40.0	4.03
4月~	64.4	7.32	42.0	42.3	62.9	6.69	41.0	41.1
5月~	65.9	7.70	42.9	42.9	64.5	7.19	41.9	41.9
6月~	68.1	8.22	43.9	43.8	66.7	7.62	42.8	42.7
8月~	70.6	8.71	44.9	44.7	69.0	8.14	43.7	43.4
10月~	72.9	9.14	45.7	45.4	74.4	8.57	44.5	44.2
12月~	75.6	9.66	46.3	46.1	74.1	9.04	45.2	45.0
18月~	80.7	10.67	47.3	47.6	79.4	10.08	46.2	46.6
24月~	86.5	11.95	48.2	49.2	85.3	11.37	47.1	48.2
2.5岁~	90.4	12.84	48.8	50.2	89.3	12.28	41.7	49.0
3岁~	93.8	13.63	49.1	50.8	92.8	13.10	48.1	49.3
3.5岁~	97.2	14.45	49.4	51.5	96.3	14.00	48.5	50.5
4岁~	100.8	15.26	49.7	52.2	100.1	14.89	48.9	51.2
4.5岁~	103.9	16.07	50.0	53.0	103.1	15.03	49.1	51.8
5岁~	107.2	16.88	50.2	53.6	106.5	16.46	49.4	52.5
5.5岁~	110.1	17.65	50.5	54.4	109.2	17.18	49.6	53.0
6岁~7岁	114.7	19.25	50.8	55.6	113.9	18.67	50.0	54.2

表2 婴幼儿呼吸、脉搏表

年龄（周岁）	呼吸数（每分钟）	脉搏数（每分钟）
1	30 ~ 40	120 ~ 140
2 ~ 4	25 ~ 30	100 ~ 120
5 ~ 10	20 ~ 25	90 ~ 100

表3 婴幼儿睡眠时间表

初生	20小时	2个月	16 ~ 18小时
4个月	15 ~ 16小时	9个月	14 ~ 15小时
12个月	13 ~ 14小时	15个月	13小时
2周岁	12.5小时	3周岁	12小时
5周岁	11.5小时	7周岁	11小时

表4 出牙时间及顺序

牙齿种类		出牙时间	牙齿总数
乳牙	下中切牙 （2个）	5 ~ 10月	2
	上切牙 （4个）	6 ~ 14月	8
	下侧切牙 （2个）		
	第一乳磨牙 （4个）	10 ~ 17月	12
	尖牙 （4个）	18 ~ 24月	16
	第二乳磨牙 （4个）	20 ~ 30月	20
恒牙	第一磨牙 （4个）	6 ~ 7岁	4
	切牙 （8个）	6 ~ 9岁	12
	双尖牙 （8个）	9 ~ 13岁	20
	尖牙 （4个）	9 ~ 14岁	24
	第二磨牙 （4个）	12 ~ 15岁	28
	第三磨牙（智齿） （4个）	17 ~ 30岁	32

表5 常见出疹性疾病的鉴别

病名	发热与出疹关系	出疹顺序	出疹特别及演状	皮疹分布	全身症状及其他特点	实验室检查
麻疹	发热3~4日出疹，出疹时体温升高	耳后，颈→前额→面部→躯干→四肢约3日出齐	红色斑丘疹，充血性，疹间皮肤正常，手脚心有疹子，疹后有色素沉着及麦麸状脱屑	全身性	全身症状及结膜炎症状较重，有麻疹黏膜斑	出疹期白细胞减少，中性粒细胞与淋巴细胞无明显差异

病名	发热与出疹关系	出疹顺序	出疹特别及演状	皮疹分布	全身症状及其他特点	实验室检查
风疹	发热1~2日出疹	面部→躯干→四肢，一日出齐	淡红色充血性小斑丘疹，脱屑细小或无	全身性，较麻疹为稀少，分布较均匀，面及四肢往往融合	全身症状及结膜炎症较轻，耳后淋巴结肿大	白细胞减少，淋巴细胞在最初1~4日减少，以后增多
幼儿急疹	发热3~4日，热退出疹	颈→躯干→全身，腰臂较多，一日出齐	红色或暗红色斑丘疹或斑疹	多为分散性亦可融合	全身症状轻微	白细胞减少，淋巴细胞增高
猩红热	发热1~2日出疹，出疹后体温高	颈部→躯干→四肢当日出齐	皮肤普遍充血，上有鲜红斑点疹，疹间无健康皮肤，疹退后大片脱皮	可见口周围苍白圈	全身症状重，咽部充血明显，扁桃体肿大，杨梅舌	白细胞增多，中性粒细胞增多
药物疹	热度高低不一，出疹前或出疹同时有发热	无规律	可呈各种类型皮疹，麻疹样、猩红热样、疱疹或溃疡	多少不等，分布不一	有服药史	白细胞可增多或减少
肠道病毒感染	发热2~3天出疹，出疹同时有发执	自面部、躯干到四肢	大小不等的斑疹或斑丘疹，可有水泡	出疹的性质、形态、数量和分布变化较多	常同时有疱疹性咽炎及病毒性脑膜炎，肌痛，腹泻	白细胞稍增多

表6　小儿预防接种实施程序表

预防病名	免疫原	接种方法	接种部位	接种次数	剂　量	初种年龄	复　种	反应情况及处理	注意点
结核病	卡介苗（减毒结核菌活苗结核菌悬液）	皮内注射	左上臂三角肌上端	1	0.1毫升	生后2～3到2个月内	接种后第一年及以后每年进行复查，结核菌素阴性时加种	接种后4～6周局部有小溃疡，保护创口不受感染，个别腋下或锁骨下淋巴结肿大或化脓，处理：肿大用热敷，化脓用于针挑抽出脓液，溃破涂5% PAS软膏或20% PAS软膏	2个月以上小儿接种前应做菌素试验，结核菌素阴性才能接种 1：2000阴性
脊髓灰质炎	脊髓灰质炎减毒糖丸活疫苗	口服		2（同隔1个月）	第一次1颗（I型）第二次2颗（II、III型）	出生～5岁	每年加服各1颗，(I、II、III型)三年	一般无特殊反应，有时可有低热或轻泻	冷开水送服或含服，服后一小时禁用热开水
麻疹	麻疹减毒活疫苗	皮下注射	上臂外侧	1	0.2毫升	6～8个月以上易感儿	5～6年不定	部分小儿接种后9～12天，有发热及卡们症状，一般持续2～3天；也有个别小儿，出现散在皮疹或麻疹口腔斑	接种前一个月及接种后两周避免用胎盘球蛋白，丙种球蛋白等被动免疫制剂
百日咳白喉破伤风	百日咳菌液白喉类毒素破伤风类毒素	皮下注射	上臂外侧	3（间隔4～6周）	第一次0.5毫升 第二次0.5毫升 第三次0.5毫升	5个月以上儿童	三年后加强一次	一般无反应，个别轻度发热，局部红肿、疼痛、发痒，有硬块处理：多饮开水，时肿块逐渐吸收	掌握同隔期，避免无效注射

预防病名	免疫原	接种方法	接种部位	接种次数	剂　　量	初种年龄	复　种	反应情况及处理	注意点
流行性乙型脑炎	乙脑疫苗	皮下注射	上臂外侧	2（同隔7～10天）	1～6岁0.5毫升 7～12岁1.0毫升 12～14岁1.5毫升 15岁以上2毫升	1岁以上	每年加强一次	一般无反应、个别低热，轻度红肿、疼痛，很快消退	每年加强一次，第一年漏打一年全程注射
流行性脑脊髓膜炎	流行性脑脊髓膜炎吸附菌苗	皮下注射	上臂外侧	2（同隔4～6周）	1～6岁0.3毫升 7～14岁0.5毫升 复种0.5毫升 加强0.5毫升	1岁以上	每年加强一次	一般无反应、个别发热，局部红肿，有硬块，日久自动吸收	每年加强一次，第二年漏打一年全程注射

表7　婴儿哭喊的原因及表现特点

分类	原　因		表　现　特　点
生理性	饥饿性哭喊		饥饿之哭喊在初起时哭声响亮，常有觅食及吸吮动作。人工喂养食物过浓、过热，以及口渴时也可表现为这种哭喊
	不舒适时的哭喊		婴儿尿布湿了被褥过重、过热或过冷以及捆绑过紧或蚊虫叮咬都会引起哭喊并有躁动不安，小儿受惊时也会忽然哭喊并有面色改变、神色惊慌
	失去依靠和带有要求性的哭喊		当亲人离开或失去心爱玩具时常有哭喊，并带有要求意向。1岁以上小儿，当某种要求未能满足时常以哭喊为手段，企图达到目的
病理性	新生儿剧烈哭喊	新生儿颅内出血	有尖叫、声调高、发声急，多于生后2～3天出现，有难产史，可伴头颅血肿
		新生儿破伤风	生后4～6天发病，有不洁接生史，起初张口不能、吸乳困难而致饥饿，故见乳而哭，但又哭不出声来，呈苦笑状，哭声弱
		维生素B$_6$缺乏症	以惊叫、惊跳或局部肌肉抽搐为主，生后2周内多见。维生素B$_6$治疗有效
	口腔炎	疱疹性咽峡炎、鹅口疮、舌炎、口腔溃疡及咽炎	由于病痛而致、每食必哭，流涎多，有口臭，检查口腔可见鹅口疮及瘢疹，小溃疡
病理性	肠寄生虫病	蛔虫、鞭虫、钩虫、蛲虫	卫生习惯不好，农村更多见。患儿消瘦、厌食，腹膨大，睡眠时辗转反侧、磨牙、口呓语，常夜啼哭，大便或肛门拭纸可查见虫卵
	腹痛	急性胃炎	有不洁饮食史，哭闹、恶心、呕吐，吐后可暂时安静
		肠痉挛	为婴儿哭喊最常见的原因之一，白天、晚上均可发生突然剧烈哭闹，表现为不规则的阵发性绞痛、手脚乱蹬、挺腰挺腹，可有呕吐腹泻、面色苍白，多有不洁喂养史或受凉
		肠套叠	见"小儿肠套叠"一节
		泌尿道结石	少见，多在幼儿发生，夜啼
	痉挛性支气管炎		以往有此类病史，多在天气转变时、夜间或黎明时突然哭喊，伴有呼吸困难，肺部可闻哮鸣音
	低血钙症		婴儿低血钙有以剧烈哭喊不止为主要表现的，并伴其他神经精神敏感症状，应注意喂养史，必要时测血钙

分类	原　因	表　现　特　点
病理性	晕动病	常在乘车船时，突然哭喊，烦躁不安、面色苍白、无力下车休息即停止哭喊，车船继续开行，症状重现
	婴儿癫痫	有以哭喊为主要表现的，也有以哭喊为先导的，其他表现如癫痫
	头痛脑膜炎	如结核性脑膜炎、流脑、其他细菌性引起的化脓性脑膜炎
	荨麻疹或痒疹	因瘙痒过甚而引起哭喊，皮肤潮红、灼热及特殊皮疹
	鼻塞	多由上感引起鼻塞，由鼻塞致呼吸困难，引哭喊起
	意外事故	如外耳道异物、鼻腔异物，针刺人皮肉以及烧伤烫伤、割伤等

表8　小儿生长发育综合表

年　龄	体格发育	动作发育	适应周围人物的能力	语言发育
新生儿	体重3公斤，身长50厘米，头围34厘米，胸围33厘米	不规则，不协调的动作	仅有无条件反射｛食物性　防御性｝大部分时间在睡眠中	能哭叫
一月		姿势不对称，弯弓反射试抬头，手紧握拳	形成喂奶姿势条件反射，在视线内能见，面带笑容，对铃声有反应	喉头作微声
二月		抱起时抬头，仍不稳	头随光亮而转动，视线集中，开始注视人面，可引起微笑	时发和谐的喉音
三月	后囟关闭	抬胸，触摸物件，两手相对	注视物件，见母微笑，随声转头	咿呀发音
四月		头竖直，转头自如，仰卧变侧卧，扶而坐起，能向前抓物，纳入口中	能较有意识的笑和哭、见食物表示喜悦，自己弄手玩	可发声笑
五月	体重6公斤（2×初生时）	仰卧能翻身，依物坐，扶站片刻，牢握物件，眼手协调	能辨亲人声，伸手取物，望镜中人影笑	发出音节，喃喃语，会尖声叫

续表

年 龄	体格发育	动作发育	适应周围人物的能力	语言发育
六月	开始出牙	试独坐，会翻身，牵手站起，全掌握物	认识陌生人，自拉衣服，握足玩	转头找发声处，对人或玩具发出声音
七月		扶腋下站较稳，试爬，自己能坐起，会松手	注意大人行动，懂自己名字，自握饼干吃	出现长而重复音节，如"爸爸""妈妈"，但无意识
八月		独坐较稳，扶立好，会拍手，将物换手	逐渐认识物体大小、形态、颜色，感觉自身各部分	模仿常听到的讲话声
九月		自由爬行，自己坐下，可两手玩物	要熟人抱，开始与人合作简单游戏	将"妈妈""爸爸"与人结合，开始了解成人语如"再见"
十月		独立片刻，以手指取物，会倒出瓶中小球	招手"再见"，抱奶瓶自食，会模仿大人动作	开始用单词，一个单词表示很多意义
十一月		试牵着走，扶物可蹲下，用杯饮水，指尖取小球	逐渐知道常见物品名称及自己身体各部分名称，学用杯、匙	可有意识地叫"爸"，"妈"
十二月	体重9公斤（3×初生时）身长75厘米（1$\frac{1}{2}$×初生时）头围46厘米胸围47厘米牙6~8个	扶走稳，开始独行，会自己蹲下，以手指拾物	对人物可表示爱、憎及需要，穿衣时能合作，肯将玩具给人	已懂几个常用物品名如杯、碗、灯等，除"爸"，"妈"外可说2~3个字
十五月		独走几步，会蹲着玩，可叠两块方木，把小球放入瓶内	会表示谢谢，以及自己的意见如同意不同意	会讲3~4个字和自己的名字
十八月	前囟已闭	自由行走，爬上梯，扶物双脚跳，叠三块方木，会抛球，一次翻书2~3页	懂得命令，有自己的主意，会抱娃娃玩，白天能控制大小便	会用4~5个字，指出自身某部分

年　龄	体格发育	动作发育	适应周围人物的能力	语言发育
2岁	体重12公斤（4×初生时）牙16只	跑不稳，扶栏上下梯，自用匙吃，把方木排成行，一页页翻书，会画直线	开始鉴别物体大小、距离，能表达喜、怒、怕等，会主动找人玩	能讲2～3个字组成的话，表示要吃、大小便，懂得三个方向
3岁		会跑，独自卜下楼，骑三轮车，画圆圈，折纸张，用筷，在帮助下穿衣，洗手，扣纽扣	自称"我"，能表现自尊心、同情心、帕羞，能认识画上的东西，认识男女	能与人交谈，记短歌谣
4岁		能爬滑梯，会跳，画十字，剪纸，用方木搭桥，在帮助下脱衣、穿鞋	初步思考问题，记忆力强、好发问，能分轻重，有数的概念	能把字较好地组成句，语言较有意义，能唱短歌
5岁		能单脚跳，可抓住抛来的球，自己穿衣，会系鞋带，画简单人像	知道物品性能用途，能作较多对比，会分辨颜色，能数十个数	讲述句子排列有次序，用代名词，想原因，用虚字，开始识字
6～7岁		会简单劳动，玩皮球，做手工，结绳，泥塑等	喜独立自主，个别性格形成，能数几十个数，可简单加减，分辨上下午及左右	语言连贯，词汇较丰富，能表达自己的思维和印象，会讲故事，开始写字

《育儿指导》（七本）

本书由北京大学生育健康研究所专家文晓萍主持编写。

作者30年磨一剑，把她宝贵的儿科临床经验、育儿方法，结合数百位年轻父母所提出的问题，在这里同您悉数分享。

丛书脉络清晰、内容翔实。跨越0~7岁各个年龄段，从处处需要护理的新生儿讲到能够独立行动的小幼儿；谈知识也讲方法，为年轻父母普及喂养知识、注意事项，并给出喂养中各种问题的解决办法，让新父母一册在手，便能轻松应用。

《孕期全程指导》
定价：28.00元

《0~1育儿指导》
定价：28.00元

《1~2育儿指导》
定价：25.00元

《2~3育儿指导》
定价：25.00元

《3~4育儿指导》
定价：25.00元

《4~6育儿指导》
定价：28.00元

《学龄前育儿指导》
定价：28.00元

《图解中医入门》丛书 (五本)

中医学博大精深，大部分的中医书都是以文字为主体，中医的理论学说和术语较多，对于想了解中医的普通人的确是比较困难；因此我们特别邀请专业画师在作者的指导下为本书添加插图，让读者能更加清晰地学习书上的专业知识，同时也可以体会到读书的乐趣和享受。

丛书本着深入浅出，易懂易学，易记易用的原则，力求内容丰富，文字通俗，重点突出，图文并茂，集实用性、科学性，通俗性、新颖性于一体，希望能够成为中医爱好者的一套有实用价值的参考书。

《最新图解中医入门》
定价：26.00元

《最新图解脉诊入门》
定价：19.80元

《最新图解中医诊断》
定价：19.80元

《最新图解针灸入门》
定价：25.00元

《最新图解中药入门》
定价：19.80元